国土资源部、上海市人民政府合作项目“上海市三维城市地质调查”
(基［2004］011-02)项目赞助
同济大学“十五”规划教材

软土环境工程地质学

唐益群　周念清
王建秀　严学新　编著

人民交通出版社
China Communications Press

内 容 提 要

本书内容主要以软土地区环境工程地质问题作为研究对象，紧扣工程性环境地质问题，从工程建设中环境工程地质灾害产生的原因着手，探讨环境工程地质问题产生的机理，提出环境工程地质问题整治措施。本书绝大部分内容是作者近些年的科学研究成果，资料翔实可靠。全书共分 8 章：绪论、地下水引起的环境工程地质问题、土的工程性质对地下工程环境的影响、地下工程施工引起的环境工程地质问题与保护、堤坝管涌模型试验与渗流数值模拟、软土地区密集建筑群引起的工程性地面沉降灾害与防治、软土地区浅部地层中沼气工程地质灾害与防治、冲填土的工程特性及其工程处理措施。

本书可作为大专院校的地质工程、岩土工程、土木工程防灾、水文学与水资源等专业的本科生、研究生的教材，还可供工程建设设计、施工、监理等技术人员和管理人员参考使用。

图书在版编目(CIP)数据

软土环境工程地质学 / 唐益群等编著. —北京：人民交通出版社，2007.5
ISBN 978-7-114-06528-6

Ⅰ. 软… Ⅱ. 唐… Ⅲ. 软土地基 - 环境地质学 Ⅳ. X141

中国版本图书馆 CIP 数据核字（2007）第 060051 号

书　　名：软土环境工程地质学
编　　著：唐益群　周念清　王建秀　严学新
责任编辑：吴有铭（wym64298973@126.com）
出版发行：人民交通出版社
地　　址：（100011）北京市朝阳区安定门外外馆斜街 3 号
网　　址：http://www.ccpress.com.cn
销售电话：（010）85285838，85285995
总 经 销：北京中交盛世书刊有限公司
经　　销：各地新华书店
印　　刷：三河市吉祥印务有限公司
开　　本：787 × 1092　1/16
印　　张：17.5
字　　数：430 千
版　　次：2007 年 6 月　第 1 版
印　　次：2007 年 6 月　第 1 次印刷
书　　号：ISBN 978-7-114-06528-6
印　　数：0001 - 3000 册
定　　价：35.00 元

前言

随着我国经济的持续快速发展，全国各地工程建设如火如荼，呈现出欣欣向荣的景象。但与此同时，软土地区大量的工程技术活动对地质环境的影响程度越来越显著，如基坑开挖引起的基坑变形和滑坡、地下工程施工中地下水导致的流沙和管涌、工程性扰动及高层建筑群诱发的地面沉降、软土地层中浅层沼气释放引起的地质灾害、新近堆积冲填土对工程建设的影响等。在工程实践中发生的各种环境工程地质问题与不断增多的工程事故，已经引起了土木工程界和地质工程界工程技术人员的高度关注。如何更好地对工程实践中积累起来的经验教训加以总结，并在保护和提高以生态环境为中心的城市地质环境质量过程中，正确解决工程建设中所引发的各种环境工程地质问题，已成为城市实施可持续发展中一项具有重大意义的、迫切的工作。为此，作者在长期从事环境工程地质科学研究与教学的基础上，在本书中对软土地区工程建设中环境工程地质问题的理论与实践进行了概括与总结，旨在为推动环境工程地质学的发展奉献自己一份绵薄的力量。

本书稿原为研究生教学系列专题讲座材料，通过几年的科研与教学实践，不断地吸纳最新研究成果，使本书内容逐渐充实和完善，并具有自己的风格。书中内容主要以软土地区工程建设中环境工程地质问题作为研究对象，紧扣工程性环境地质问题，从工程建设中环境工程地质灾害产生的原因着手，探讨环境工程地质问题产生的机理，提出环境工程地质问题整治的措施，直接服务于国民经济与建设。

《软土环境工程地质学》共分 8 章：绪论、地下水引起的环境工程地质问题、土的工程性质对地下工程环境的影响、地下工程施工引起的环境工程地质问题与保护、堤坝管涌模型试验与渗流数值模拟、软土地区密集建筑群引起工程性地面沉降与防治、软土地区浅部地层中沼气工程地质灾害与防治、冲填土的工程特性及其工程处理措施。本书的特点是针对我国沿海经济发达地区工程建设中频发的环境工程地质与地质灾害问题而撰写的，书中大部分内容是作者近些年通过大量的现场试验、工程实例、室内试验以及理论探索的研究成果，资料翔实可靠，对工程实践具有重要的指导意义。

本书由同济大学唐益群教授、周念清副教授、王建秀副教授和上海市地质调查研究院总工程师严学新教授级高工共同撰写，上海市地质调查研究院王寒梅工程师、史玉金工程师参加了部分研究和撰写工作，最后由唐益群教授、周念清副教授统稿。作为教材，考虑其内容的连贯性与延伸性，书稿中引用了部分前人的研究成果，在此表示衷心的感谢。

本书中绝大部分内容是作者负责的国家自然科学基金(批准号:40372124)、国土资源部与上海市人民政府联合资助项目《上海市三维城市地质调查》子课题“软土地区密集建筑物等的工程环境效应与地面沉降机理研究”、“冲填土工程地质特性的试验、测试及理论分析研究”的部分研究成果。另外，本书的出版还得到同济大学教材、学术著作出版基金委员会的资助。在此向国家自然科学基金委员会、项目资助单位上海市地质调查研究院和同济大学教材、学术著作出版基金委员会致以深深的谢意。

本书的所有试验都是在同济大学“岩土及地下工程教育部重点实验室”完成的。试验期间得到了该室陈宝副教授、吴晓峰工程师、杨慧芳实验师、唐国钧实验师、洪积敏工程师、徐仁龙工程师、叶志成等的大力支持，在加工和试验材料的准备方面以及在室内试验的过程中他们付出了大量的时间和精力，陈宝副教授、吴晓峰工程师、杨慧芳实验师有时还牺牲了休息时间在实验上给予了大力支持，在此一并表示感谢。

我的学生杨坪博士后、张曦博士、崔振东博士、吕少伟博士、林志博士、刘冰洋硕士、卢辰硕士、王兴汉硕士等直接参与了有关项目的研究与试验工作，特别是他们在现场取样、现场试验和室内试验方面付出了艰苦的劳动。崔振东博士、赵书凯硕士和周念清副教授的学生夏明亮硕士参加了本书图件的制作与清绘工作。

本书的读者对象主要是地质工程、岩土工程、土木工程防灾、水文学与水资源等专业的本科生、研究生及相关科研院所、设计生产单位研究员、技术人员和管理人员。由于书稿整理时间仓促，书稿中有些环境工程地质问题的研究还处于探索阶段，加之作者水平有限，书中错误和疏漏在所难免，望广大同仁不吝指正，并提出宝贵意见，以便不断完善。

作　者

2007 年 3 月于上海

目录

第1章 绪论

大量的土木工程建筑都是建在松散地层之上，由于地基问题而引发的环境工程地质问题直接关系到人民生命财产的安全，已经成为工程防灾的重要课题。而软土地区是城市人口密集居住区，在工程建设中引起的环境工程地质问题概率较大，且有些环境工程地质问题诱发的工程地质灾害破坏程度严重，已引起各级政府和单位的密切关注。

随着软土地区经济建设的发展和对外改革开放的需要，不断兴建各类工厂企业、商业大厦、宾馆饭店、高层住宅、办公大楼、地铁、地下商场等工程，其中有许多建筑物都坐落在软土或沙土这类不良场地上。以上海为例，据调查统计，在上海发生的建筑工程事故中，因基坑滑动、土坡失稳、沉井歪斜、流沙、沙土液化、沉桩挤土作用时对邻近建筑物的破坏作用等地基基础失事占多数。此类事故的前兆不易被察觉，一旦失事，难以补救，甚至造成灾难性的后果。另外，近年来密集建筑群的工程环境效应诱发的区域性地面沉降已经作为一个棘手的工程地质灾害问题，引起了有关科技人员的高度重视。

软土地区的不良地基土主要为软粘土、杂填土、冲填土、饱和粉细砂(包括砂质粉土和粘质粉土)。地基问题的处理恰当与否，关系到整个工程的质量、投资、工程进度以及是否会发生工程地质灾害，因此在这些地区的环境工程地质问题的重要性已越来越为人们所认识。

沿海地区软粘土是第四纪后期形成的海相、泻湖相、三角洲相、溺谷相和湖沼相的粘性土沉积物或河流冲积物，属于新近淤积物。其中最为软弱的是淤泥和淤泥质土。这类土的特点是天然含水量高、孔隙比大、抗剪强度低、渗透系数小。在荷载的作用下，软粘土地基承载力低，地基沉降变形大，不均匀沉降也大，而且沉降稳定历时比较长。在厚度大的软粘土层上，结构物基础的沉降往往持续数年乃至数十年之久。在基坑开挖中，软粘土自立性差，易坍塌和产生土坡滑动。软粘土地基是软土地区工程实践中遇到的较棘手和产生环境工程地质问题的一大因素。

饱和粉细砂、砂质粉土及部分粘质粉土，虽然在静载条件下具有较高的强度，但在机器振动、车辆荷载、波浪或地震力及剪切力反复作用下有可能产生液化或大量振陷变形。地基会因液化而丧失承载力。在基坑开挖，特别是深基坑开挖过程中，容易产生流沙现象。因此，砂类土是软土地区产生或可能产生环境工程地质问题的又一大因素。

软土地区工程建设中，由建筑地基产生的环境工程地质问题实例很多，如书中论述开挖深大基坑、建筑地下排水隧道与地下铁道等工程中的土体稳定、变形或渗流问题对基坑或地下工程产生的破坏作用等，这些环境工程地质灾害均产生在软粘土(特别是淤泥质软粘土)或砂类土地层中，因此，对工程地质灾害必须引起高度的重视。

《软土环境工程地质学》一书讨论的主要内容有：

(1)地下水引起的环境工程地质问题与防治措施：主要介绍在地下工程勘察、设计、施工过程中，地下水始终是一个引发环境工程地质灾害中极为重要的问题。由此对地下水既作为岩土体的组成部分直接影响岩土的性状与行为，又作为地下建筑工程的环境影响地下建筑工程的稳定性和耐久性问题作了较详细地讨论。

(2)土的工程性质对地下工程的环境影响与防治措施：主要内容有地下工程中的几种水土压力，土的应力历史、应力路径的工程环境影响，土的流变性产生的环境工程地质问题与防治措施。

(3)地下工程施工引起的环境工程地质问题与保护：主要针对基坑工程、盾构隧道工程、顶管管道工程及井点降水工程，阐述地层移动的机理，分析其影响因素，找出影响的范围，介绍对环境影响进行预测的各种方法，以及一些行之有效的环境保护方法。

(4)堤坝管涌模型试验与渗流数值模拟：河道堤坝是我国防洪工程体系的重要组成部分。在长江、黄河等七大江河的中下游地区，堤坝是防御洪水的最后屏障。目前，我国建有各类堤坝25万km，其中主要堤坝6.57万km。我国现有的堤坝有三大特点：一是堤基条件差。堤坝傍河而建，堤线选择受到河势条件制约，基础大多为沙基。同时由于堤线过长，绝大部分堤坝未作基础处理，防灾任务过重。二是堤身建筑质量差。不少堤坝是在原民堤的基础上，经历年逐渐加高培厚而成，往往质量不佳。三是堤后坑塘多。尤其是长江干堤和洞庭湖、鄱阳湖区，多年来普遍在堤后取土筑堤，使堤后坑塘密布，覆盖层薄弱。因此，当遭遇洪水时，堤坝经常发生管涌、滑坡、崩岸和漫溢等险情，严重者导致大堤溃决。在1998年长江特大洪水时，仅长江中下游干堤就出现险情6100多处，高水位时每天出险300余处。这里从堤坝管涌的形成机理展开研究，提出堤坝工程抗渗稳定性分析方法和堤坝工程的设计参数及管涌的预防与治理措施，具有重要的理论和实际意义。

(5)软土地区密集建筑群引起的工程性地面沉降灾害与防治措施：从上海地区典型地质条件下高层建筑群工程环境效应对地面沉降的影响作为问题研究的切入点，探讨了在高层建筑群作用下不同土层的变形特点、相邻建筑物之间的相互影响状况、高层建筑群对中心及周边区域地面沉降的影响以及沉降影响范围、土层中应力(包括土压力、孔隙水压力)的变化规律等，指出软土地区密集高层建筑群之间地表变形存在明显的沉降叠加效应，研究结果对高层建筑群工程环境效应引起地面沉降的控制提供了有价值的参考。

(6)软土地区浅部地层中沼气工程地质灾害与防治措施：在开发利用地下空间的过程中也遇到了许多棘手的环境工程地质问题，软土地区浅部地层中的沼气工程地质灾害就是其中之一。软土层中浅层沼气对地下工程的影响主要有以下三方面：

①浅层沼气的存在会增加地下工程施工的难度，威胁施工人员的安全，影响施工的质量，严重时会造成停工、建筑物损毁、人员伤亡等事故；

②在已建成的建筑物下部若有浅层沼气存在，一旦沼气释放，会引起建筑物周围土体失稳，对建筑物造成毁灭性的破坏；

③若沼气泄漏进入地下建筑中，当达到一定浓度时将威胁建筑物中人员的生命安全。近年来，随着经济的迅猛发展，软土地区地下工程及高层建筑(深基础)逐渐增多，浅层沼气引起的工程灾害事故也相应增加，有必要从环境工程地质灾害的角度重新考虑软土地区的

浅层沼气问题，研究如何穿越含沼气软土地层的隧道施工技术难题。

(7)冲填土工程特性及其环境工程地质问题：冲填土是采用人工方法把江河和湖海底部的泥沙通过水力冲填方式而形成的沉积土。近年来，随着我国经济的快速发展，城市化进程步伐不断加快，对土地资源的需求日益迫切，在沿海及江湖地区将疏浚出来的淤泥和泥沙用来造地，已成为沿海城市缓解土地资源紧张的有效途径，但由此也带来许多环境地质问题，为了尽快开发利用冲填土场地，对新近堆积冲填土场地的工程地质特性亟待进行专项研究。

第2章 地下水引起的环境工程地质问题

在地下工程的勘察、设计、施工过程中，地下水问题始终是一个极为重要的问题。地下水既作为岩土体的组成部分直接影响岩土的性状与行为，又作为地下建筑工程的环境，影响地下建筑工程的稳定性和耐久性。在地下工程设计时，必须充分考虑地下水对岩土及地下建筑工程的各种作用。施工时应充分重视地下水对地下工程施工可能带来的各种环境工程地质问题而采取相应的防治措施。

第1节 地下水的工程环境影响

1.1 土的透水性

土中水除了有一部分是受分子引力作用及静电引力作用吸附在颗粒表面的结合水之外，其余都是自由水。自由水能够传递静水压力，并能在重力和表面张力作用下在土体内流动。

在地下水位以上土体中存在毛细水，这种水是靠毛细作用沿土的微细孔隙上升到一定高度。毛细水同时受表面张力和重力的影响，水中压力小于大气压力，而承受张力的作用。毛细水的存在，增加了土粒间的接触压力，这对土体的稳定是有利的，但在寒冷地区会加剧土的冻害。

地下水位以下土体中的自由水称为地下水，它连续充满所有孔隙，对土粒产生浮力作用。浮力使土的重度由饱和重度 γ_{sat} 减小到有效重度 γ'，亦即

$$\gamma' = \gamma_{sat} - \gamma_w$$

式中：γ_w——水的重度，kN/m^3。

可见，地下水改变了土体的自重应力。如果地下水位不是水平的情况，则地下水中存在水头差（压力差），水就会从水头高处流向水头低处，产生渗流现象。渗流对工程实践有很重要影响，主要引起两个问题：①渗流量有多大？②渗流对土体稳定会不会构成威胁？

当基坑开挖到地下水位以下时会遇到的就是这类问题。

研究渗流问题，必须首先了解土的透水性以及影响渗流的各项因素。

1.2 水头概念

考虑地下水位以下土层中的单元体 A（图 2-1-1）。地下水位以下所有孔隙都是连通的，而且充满水，因此单元体 A 中的水具有静水压力 u_w。如果在单元体 A 处插入一根开口管子（通常称测压管），水将在管中上升，一直到管底端的水压力与 u_w 平衡为止，亦即

$$h_w = \frac{u_w}{\gamma_w} \tag{2-1-1a}$$

或

$$u_w = \gamma_w \cdot h_w \tag{2-1-1b}$$

式中：γ_w——水的重度，kN/m^3；

h_w——A 至测压管水面的铅直距离，m，通常称压力水头；

u_w——静水压力，kN/m^2，又称为孔隙水压力。

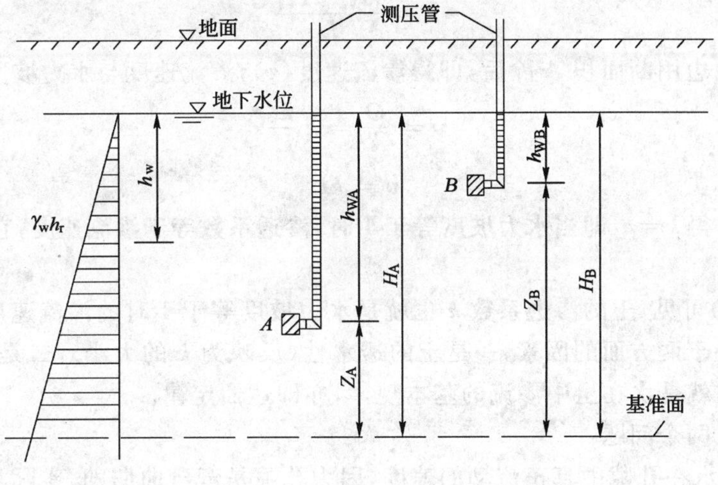

图 2-1-1　土层中地下水位以下的单元体

这里必须注意区别 3 个水头：压力水头 h_w、位能水头 Z 和总水头 H。位能水头 Z 指的是所考虑的单元体至某一任意指定基准面的铅直距离（图 2-1-1）；总水头 H 指的是压力水头与位能水头之和，亦即

$$H = h_w + Z \tag{2-1-2}$$

一般水总是从水头高处流向水头低处，这里的水头是指总水头 H，而不是指压力水头 h_w 或位能水头 z。在图 2-1-1 中，$h_{wA} > h_{wB}$，$Z_B > Z_A$，但因 $H_A = H_B$，故水并不流动。考虑孔隙水压力 u_w 的绝对值时，需要注意的是压力水头 h_w；在地下水位处，$h_w = 0$，所以 $u_w = 0$，u_w 沿土层深度呈线性变化。考虑水的流动问题时，需要注意的是总水头 H，又称测压管水头（测压管中的水面至某指定基准面的铅直距离）。

1.3　层流渗透定律

地下水的运动有层流、紊流和混合流三种形式。层流是地下水在岩土的孔隙或微裂隙介质中渗透，产生连续水流；紊流是地下水在岩土的裂隙或洞穴中流动，具有涡流性质，各流线有互相交错现象；混合流是层流和紊流同时出现的流动形式。

地下水在土中的运动（渗透）属于层流（图 2-1-2），且遵循达西（Darcy）线性渗透定律。公式如下：

$$Q = kA\frac{h}{L} \tag{2-1-3}$$

式中：Q——单位时间内的渗透水量，m^3/d；

k——渗透系数，m/d；

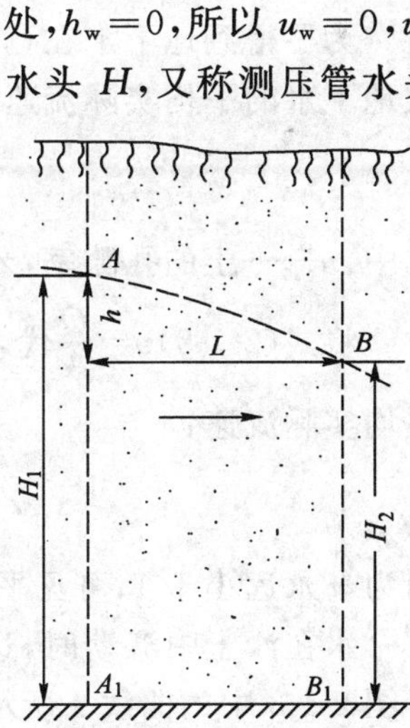

图 2-1-2　地下水层流断面图
AB—潜水面；A_1B_1—隔水层

A——水渗流的断面积，m^2；

L——断面间的距离，m；

h——距离为 L 的断面间的水位差，m，$h=H_1-H_2$；

$\frac{h}{L}$——水力坡度，用符号 I 表示，代表单位长度渗流途径上所产生的水头损失，亦称水力梯度（无因次）：

$$I=\frac{H_1-H_2}{L} \tag{2-1-4}$$

达西公式两边用断面积 A 除后，即得渗流速度(v)，渗流速度与水力坡度成正比：

$$v=\frac{Q}{A}=k\frac{h}{L} \tag{2-1-5}$$

$$v=kI \tag{2-1-6}$$

当 $I=1$ 时，得 $k=v$，即当水力坡度等于 1 时，渗透系数等于渗流速度，它的单位为 cm/s 或 m/d。

由式(2-1-4)可见，土的渗透系数 k 也就是水力坡度等于 1 时的渗流速度。水在土中的渗流速度 v 取决于两方面的因素，一是土的透水性（反映为 k 的大小），二是水力条件（反映为 I 的大小），这就是水在土中渗流的基本规律，亦即达西定律。

这里要注意两个问题：

①v 并不是水在孔隙中真正流动的速度，因为孔隙是弯弯曲曲的，实际渗流途径并不等于 L；横截面积 A 中不全是孔隙，实际过水面积不等于 A，因此实际平均流速大于渗流速度 v。但工程实践中关心的不是水质点的真正流速，而是流经整个土体的平均流量，所以用表观的流速 v，同时按表观的 A、L 考虑是可以的，而且更为方便。

②达西定律 $v=kI$ 只适用于砂及其他较细颗粒中，因为孔隙太大时（如卵石、溶洞），流速太大，会有紊流现象，水质点的流线互相交错，不是层流，v 不再与 I 的一次方成正比。

渗流速度不是孔隙中的实际流速(u)，它只是换算速度，因为在这个公式中用的断面积不是孔隙的横断面积。

为了得到地下水在孔隙中运动的平均实际流速，可用流量 Q 除以孔隙所占的面积 A'，故地下水的平均实际流速为

$$u=\frac{Q}{A'}=\frac{Q}{A\cdot n} \tag{2-1-7}$$

式中：n——土的孔隙率，%。

将式(2-1-5)$v=\frac{Q}{A}$代入式(3-1-7)中，即得地下水的平均实际流速：

$$u=\frac{v}{n} \tag{2-1-8}$$

因为 n 永远小于 1，可见平均实际流速大于渗流速度。

水在沙土中流动时，达西公式是正确的，如试验所得图 2-1-3 中的曲线 I 所示。但是，在某些粘性土中，这个公式就不正确。因为在粘性土中颗粒表面有不可忽视的结合水膜，因而阻塞或部分阻塞了孔隙间的通道。

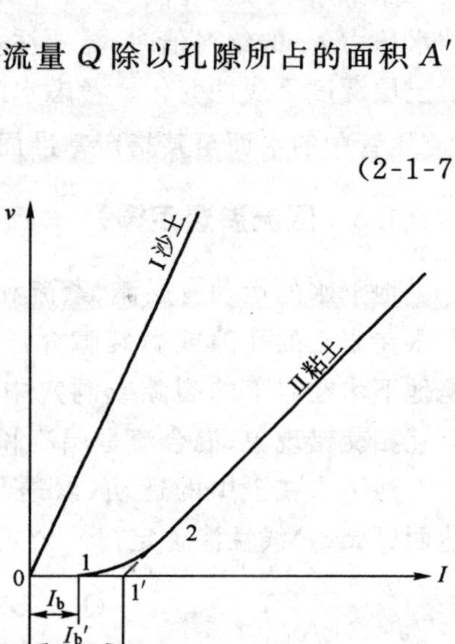

图 2-1-3　渗流速度与水力坡度的关系曲线

试验表明，I 值比较小时克服不了结合水膜的阻力，水渗流不过去，只有当水力坡度 I 大于某一值 I_b 时，粘土才具有透水性(见图 2-1-3 中的曲线 II)。如果将曲线 II 在横坐标上的截距用 I'_b 表示(称为起始水力坡度)，当 $I>I'_b$ 时，达西公式可改写为

$$v = k(I - I'_b) \tag{2-1-9}$$

1.4 土的渗透系数

渗透系数 k 反映土的透水性大小，其常用量纲为 cm/s 或 m/d，一般通过做室内渗透试验或现场抽水或压水试验进行测定。

1.4.1 影响土的渗透系数的主要因素

(1)土的粒度组成

一般土粒愈粗、大小愈均匀、形状愈圆滑，k 值也就愈大。对于洁净的(不含细粒土的)砂土，可按下列经验公式估计 k(cm/s)值：

$$k = 100 \sim 150(d_{10})^2 \tag{2-1-10}$$

式中：d_{10}——土的有效粒径(mm)，亦即土中小于此粒径的土重占全部土重的10%。

粗粒土中含有细粒土时，随细粒含量的增加，k 值急剧下降。

(2)土的密实度

土愈密实，k 值愈小。试验资料表明，对于沙土，k 值大致上与土的孔隙比 e 的二次方成正比。对于粘性土，孔隙比 e 对 k 的影响更大，但由于涉及到结合水膜厚薄而难以建立二者之间的经验关系。

(3)土的饱和度

一般情况下饱和度愈高，k 值愈大，这是因为土的孔隙中气泡的存在会减小过水截面积，甚至堵塞细小孔道。

(4)土的结构

细粒土在天然状态下具有复杂结构，结构一旦扰动，原有的过水通道的形状、大小及其分布就会全都改变，因而 k 值也就不同。扰动土样与击实土样的 k 值通常均比同一密度原状土样的 k 值要小。

(5)水的温度

试验表明，渗透系数 k 与渗流液体(水)的重度 γ_w 以及粘滞系数 η(Pa·s)有关。水温不同时，γ_w 相差不多，但 η 变化较大。水温愈高，η 愈低，k 愈大；k 与 η 基本上呈线性关系。因此，在 T℃测得的 k_T 值应加温度修正，使其成为标准温度(10℃)下的渗透系数 k_{10} 值：

$$k_{10} = \frac{\eta_T}{\eta_{10}} k_T \tag{2-1-11}$$

式中：η_T、η_{10}——T℃、10℃时水的粘滞系数(可查物理手册)。

对于 T 为5℃的情况，$\frac{\eta_T}{\eta_{10}}=1.161$，对于 T 为20℃的情况，$\frac{\eta_T}{\eta_{10}}=0.773$。由此可见，水温因素的影响不容忽视。

地下水的温度一般在10℃左右，故采用10℃作为标准温度，但有的国家也有以15℃或20℃作为标准温度的。

(6)土的构造

土的构造因素对 k 值的影响也很大。例如，在粘性土层中有很薄的沙土夹层的层理构

造，会使土在水平方向的 k 值比垂直方向的 k 值大许多倍，甚至几十倍。因此，在室内做渗透试验时，土样的代表性很重要。另外，所测得的 k 值也只能代表天然土层中一个点的渗透系数，不一定能代表整个土层的透水性。有条件时，做现场抽水试验或压水试验来测定天然土层的 k 值较为可靠。

1.4.2 渗透系数的测定

渗透系数测定的试验装置如实例 1、实例 2 中图 2-1-4 和图 2-1-5 所示，有定水头和变水头两种，量测 Q 后反算 k。室内渗透试验的原理如图 2-1-6 所示。

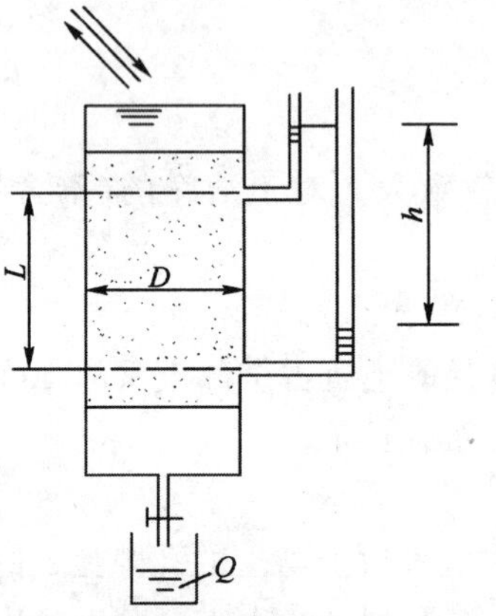

图 2-1-4 定水头渗透仪

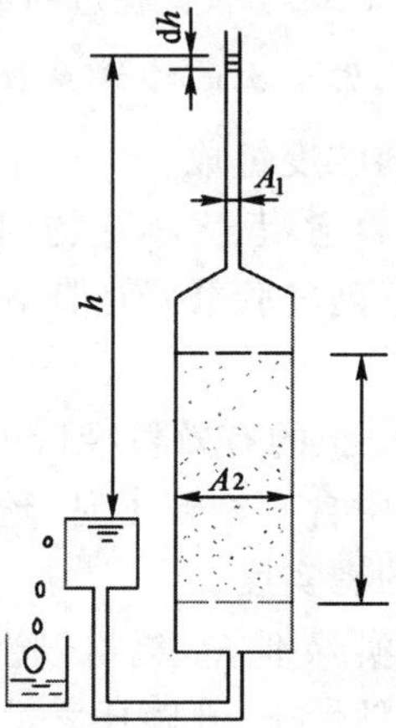

图 2-1-5 变水头渗透仪

【实例 1】 定水头渗透仪如图 2-1-4 所示。已知渗透仪直径 $D=75\text{mm}$，在 $L=200\text{mm}$ 渗流途径上的水头损失 $h=83\text{mm}$，在 60s 时间内的流量 $Q=71.6\text{cm}^3$，求土的渗透系数。

［解］ 因 $v=k\cdot I=\dfrac{kh}{L}$

$$Q=v\cdot A\cdot t=\frac{kh}{L}\left(\frac{\pi D^2}{4}\right)t$$

故 $$k=\frac{4QL}{\pi D^2\cdot h\cdot t}=\frac{4\times 71.6\times 20}{\pi\times 7.5^2\times 8.3\times 60}=6.5\times 10^{-2}\text{cm/s}$$

【实例 2】 变水头渗透仪如图 2-1-5 所示。已知 $A_1=1.77\text{cm}^2$，$A_2=44.18\text{cm}^2$，$L=15\text{cm}$，$h_1=130\text{cm}$，$h_2=80\text{cm}$，$t_2-t_1=135\text{s}$，求土的渗透系数。

［解］ 设 $\mathrm{d}t$ 时间内，储水管的水面下降 $\mathrm{d}h$，则

(1)从储水管流出的水量为 $\mathrm{d}V=A_1\cdot \mathrm{d}h$

(2)此水量必等于同一时间内流经土样的流量 $\mathrm{d}Q=k\cdot\dfrac{h}{L}\cdot A_2\cdot \mathrm{d}t$

(3)由于 $\mathrm{d}V=\mathrm{d}Q$，则

$$A_1\cdot \mathrm{d}h=\frac{kh}{L}\cdot A_2\cdot \mathrm{d}t$$

当时间从 t_1 变化到 t_2 时，储水管水面从 h_1 降至 h_2，可写成

$$A_1\cdot\int_{h_1}^{h_2}\frac{\mathrm{d}h}{h}=\frac{kA_2}{L}\int_{t_1}^{t_2}\mathrm{d}t$$

$$A_1\cdot \lg\frac{h_1}{h_2}=\frac{kA_2}{L}(t_2-t_1)$$

所以 $$k=\frac{A_1}{A_2}\cdot\frac{L}{(t_2-t_1)}\cdot\lg\left(\frac{h_1}{h_2}\right)$$
$$=\frac{1.77\times 15}{44.18\times 135}\lg\left(\frac{130}{80}\right)=2.16\times 10^{-3}\text{cm/s}$$

1.4.3 渗透系数经验值

表 2-1-1 可用于粗略估计土的渗透系数。

各类土的渗透系数 表 2-1-1

土的种类	透水性大小	k(cm/s)	土的种类	透水性大小	k(cm/s)
卵石、碎石、砂石	很透水	$>1\times 10^{-1}$	粉质粘土	低透水性	$1\times 10^{-5}\sim 1\times 10^{-6}$
砂	透水	$1\times 10^{-2}\sim 1\times 10^{-3}$	粘土	几乎不透水	$<1\times 10^{-7}$
砂质粘土	中等透水性	$1\times 10^{-3}\sim 1\times 10^{-4}$			

1.5 流网

土体中的稳定渗流(水流运动要素不随时间而变化,土的孔隙比和饱和度不变,流入单元体的水量等于流出单元体的水量以保持平衡)可用流网表示。流网由一组流线和一组等势线组成。

以图 2-1-6 所示的渗流为例。如果在 $A—A$ 面上若干点放置一些颜料,就会出现若干条反映水流方向的流线,如图中 $\overline{mn}$ 和 $\overline{m'n'}$;两条流线之间的空间称为流槽。在 $A—A$ 面上各点的水头均等于 H_A,故称线 $A—A$ 为等势线。$B—B$ 和 $C—C$ 也都是等势线,即凡总水头相等的各点的连线称等势线。图 2-1-6 所示的方格网(不一定必须是方格)就称流网。

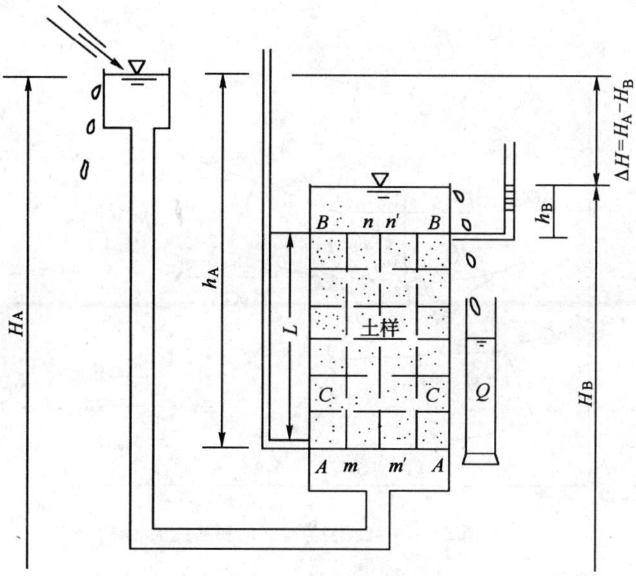

图 2-1-6 一维渗流实验装置示意图

绘制流网的目的是可直观地考察水在土体中的渗流途径,更重要的是可用于计算渗流量以及确定土体中各点的水头和水力坡度。如图 2-1-6 所示的一维流动情况,实际上没有必要绘制流网,直接应用达西定律就可计算流量,确定各点的水头和水头差。但实际工程中遇到的很多是二维流或三维流情况,这时绘制流网就很有用。

以图 2-1-7 所示的基坑排水为例。基坑中段可看作是二维稳定渗流问题，在这种情况下，要计算渗流量以及土层中各点的水头损失，只有靠绘制流网最为方便。

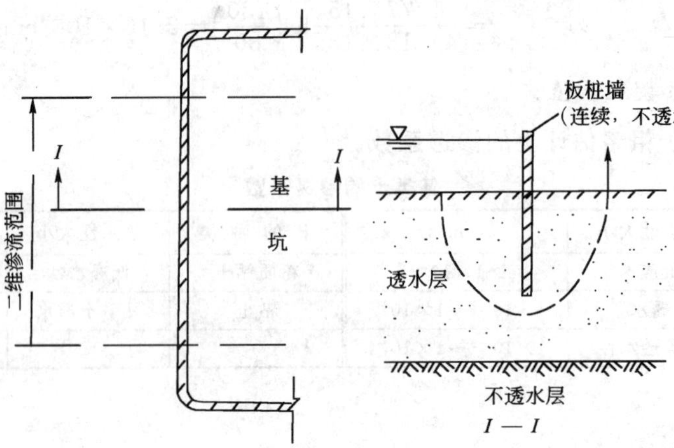

图 2-1-7　二维渗流问题

绘制流网前，必须首先明确任何流网必须满足两个基本条件：

①流线反映水流方向，这是由流线和等势线的定义所决定的。

流线反映水流方向，流线上任一点的切线方向也就是流速矢量的方向。在图 2-1-8 中，m 是流线 1-1 与等势线 a-a 的交点，在点 m 处，流线的斜率可写成：

$$\left(\frac{\mathrm{d}y}{\mathrm{d}x}\right)_{\text{流线}} = \frac{v_{\mathrm{y}}}{v_{\mathrm{x}}} \tag{a}$$

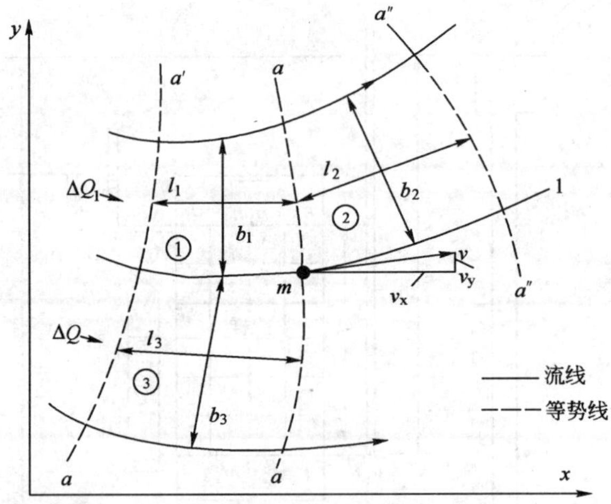

图 2-1-8　流线与等势线的相互关系

等势线是水头 H 相等的各点的连线，沿等势线 a-a 上各点之间的 $\Delta H=0$。在二维稳定流中 $H=f(x,y)$，与 z、t 无关，因此可写成：

$$\Delta H = \frac{\partial H}{\partial x}\mathrm{d}x + \frac{\partial H}{\partial y}\mathrm{d}y = 0 \tag{b}$$

根据达西定律：

$$v_x = k \cdot I_x = k\frac{\partial H}{\partial x}$$

$$v_y = k \cdot I_y = k\frac{\partial H}{\partial y}$$

代入式(b),得

$$\frac{v_x}{k}\mathrm{d}x + \frac{v_y}{k}\mathrm{d}y = 0$$

由此得出等势线的斜率为

$$\left(\frac{\mathrm{d}y}{\mathrm{d}x}\right)_{等势线} = -\frac{v_x}{v_y} \tag{c}$$

结合式(a)和式(c),得

$$\left(\frac{\mathrm{d}y}{\mathrm{d}x}\right)_{流线} \cdot \left(\frac{\mathrm{d}y}{\mathrm{d}x}\right)_{等势线} = -1 \tag{d}$$

由此可见,流线与等势线恒成正交。

②在流网中,由流线和等势线所包围的各个渗流区的$\frac{b_i}{l_i}$值应相同(见图 2-1-8,b_i 为 i 流区的流线平均距离,l_i 为 i 流区等势线平均距离)。这是为了计算方便,有意使各个流槽的流量 ΔQ 相等,使各条等势线之间的水头差 ΔH 相等。

考察图 2-1-8 中的渗流区①、②、③,根据达西定律存在如下关系:

$$\Delta Q_1 = k \cdot \frac{\Delta H_1}{l_1} \cdot b_1 \times 1 = k \cdot \frac{\Delta H_2}{l_2} \times b_1 \times 1 \tag{e}$$

$$\Delta Q_3 = k \cdot \frac{\Delta H_3}{l_3} \cdot b_3 \times 1 \tag{f}$$

式中:$\Delta H_1(=\Delta H_3)$、ΔH_2——等势线 a'-a' 与 a-a 以及 a-a 与 a''-a''之间的水头差。

从式(e)和(f)可见,只要

$$\frac{b_1}{l_1} = \frac{b_2}{l_2} = \frac{b_3}{l_3} = \cdots = \frac{b_i}{l_i}$$

则

$$\Delta H_1 = \Delta H_2 = \cdots = \Delta H_i$$

$$\Delta Q_1 = \Delta Q_2 = \cdots = \Delta Q_i$$

比值$\frac{b_i}{l_i}$可以是任意值,但通常采用$\frac{b_i}{l_i}=1$ 比较方便,因为$\frac{b_i}{l_i}=1$ 时,各个渗流区域接近"方块",最容易直观地看出是否满足要求。

(1)流网绘制步骤如下(仍以图 2-1-7 所示的基坑渗流为例):

①按一定比例尺绘出结构物和土层的剖面图(图 2-1-9)。

②判定边界条件,如:$a'a$ 和 bb'为等势线(透水面);acb 和 ss'为流线(不透水面)。

③先试绘若干条流线(应接近相互平行,不交叉,而且是缓和曲线;因为水总是沿最短的途径流,改变方向总是沿缓和曲线)。流线应与进水面、出水面(等势线)成正交,并与不透水面(流线)接近平行、不交叉。

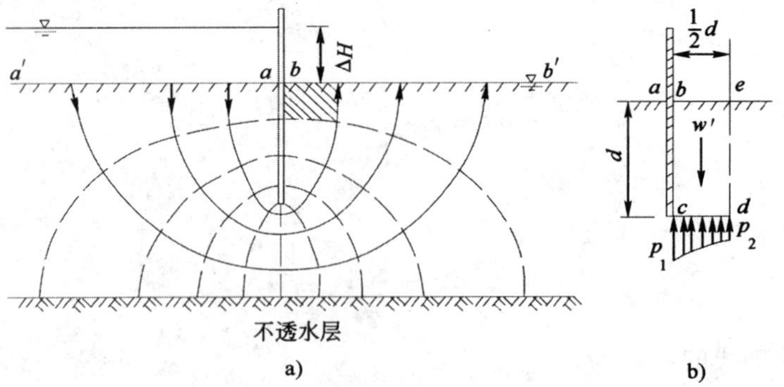

图 2-1-9　流网绘制(图试法)

④加若干条等势线上去(必须与流线正交,而且每个渗流区的形状必须接近"方块",亦即$\frac{b_i}{l_i}\approx 1$)。一般不可能一次就合适,须反复修改、调整所有流线和等势线,直到满足上述条件为止。

上述绘制流网的方法称为图试法。除了图试法外,可通过模型试验(如在水槽中用砂做模型)或电模拟试验求得,也可推导出流网微分方程,再根据边界条件求解。但只有很简单的情况才能获得解析解,大多数情况只能获得数值解。关于这几种方法的详细介绍可参阅水力学书籍。从工程角度看,上述图试法最为简便,精度也够,故一般应用最多。

(2)根据流网,可以得到以下有关数据:

①计算渗流量 Q:

设流槽数为 N_f,则流量 $Q=N_f\cdot\Delta Q$。设水头落差数为 N_D,则 $\Delta H_i=\frac{\Delta H}{N_D}$;因此

$$\Delta Q = k\cdot\frac{\Delta H_i}{l_i}b_i = k\cdot\Delta H_i\left(因\frac{b_i}{l_i}=1\right)$$

$$Q = N_f\cdot\Delta Q = N_f\cdot k\cdot\frac{\Delta H}{N_D} = k\cdot\left(\frac{N_f}{N_D}\right)\Delta H \tag{2-1-12}$$

在图 2-1-9 中,$N_f=4$,$N_D=10$,只要知道 ΔH 和 k,就可很容易求得沿基坑边长每延长米的渗流量。

②计算土体中任何一处的水头 H 和水力坡度 I:

已知 $\Delta H_i=\frac{\Delta H}{N_D}$,亦即沿水流方向每前进 n 条等势线,水头就下降 $n\cdot\Delta H_i$。在图 2-1-9 中,设等势线 aa' 上各点的总水头为 H_a,则沿水流方向各条等势线上的总水头依次为 $H_a-\frac{1}{N_D}\cdot\Delta H, H_a-\frac{2}{N_D}\cdot\Delta H,\cdots$。最后一条等势线 bb',$n=N_D=10$,上面各点的总水头等于 $H_a-\Delta H=H_b$。两条等势线之间某点的总水头 H 可用直线插入法求得。当得知任意两点的总水头,那么,这两点之间的水力坡度 I 也就知道了。不难看出,等势线愈密集的地方(亦即"方块"愈小的地方),水力坡度愈大。

以上只介绍了最简单的情况,目的在阐明流网的基本概念和用途。对于较复杂的情况(如自由水面在土体内部的情况,成层地基或水平方向渗透系数不同于垂直方向渗透系数的情况)基本原理相同,具体绘制及计算方法可参阅有关水力学书籍。

1.6 动水力与渗流破坏

水在土的孔隙内流动时受到土粒(骨架)的阻力,从作用力与反作用力大小相等、方向相反的原理,可知水流过时必定作用压力于土的颗粒骨架上。单位体积土颗粒骨架所受到的压力的总和,称作动水力 G_D(kN/m³)。

仍以图 2-1-6 所示实验装置为例。当 $\Delta H=0$ 时属静水状态而无渗流。取饱和土体 $AABB$ 为隔离体,考虑作用在隔离体上的力,如图 2-1-10a)所示,其中 F 代表土体底面铜丝网承受的力(在实际土体中,相当于隔离体底下的土层对隔离体的支撑力)。根据力的平衡原理,可知 F 等于隔离体的有效重量 $\gamma' Al$。这说明土体在水中传递给下面土层的重力是有效重力。

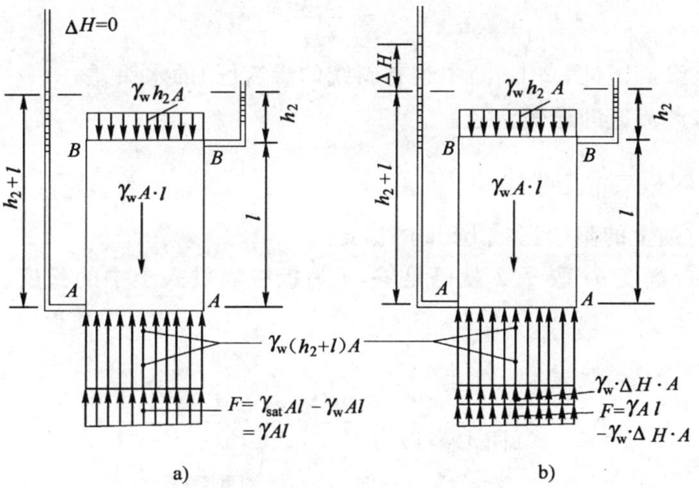

图 2-1-10 作用于饱和隔离土体上的力

当 $\Delta H>0$ 时,有自下向上的渗流(图 2-1-10b))。此时与静水状态相比,AA 面上增加一个水压力 $\gamma_w \cdot \Delta H \cdot A$。这部分水压力是由于水头差 ΔH 造成的,正是由于有这部分水压力才有渗流产生,故称渗透力。在水从 AA 面渗流到 BB 面的过程中,渗透力被用于克服颗粒骨架对水的阻力而全部消耗掉。土的颗粒骨架对水的阻力也就等于水对颗粒骨架的压力——动水力。按照动水力的定义:

$$G_D = \frac{\gamma_w \cdot \Delta H \cdot A}{l \cdot A} = \gamma_w \cdot I \qquad (2\text{-}1\text{-}13)$$

由此可见,动水力 G_D 大小与水力坡度 I 成正比,方向与水流方向一致,单位是重度单位(kN/m³)。

另外,再观察铜丝网上的作用力 F(代表上下土层交界面上的有效接触压力)。根据力的平衡条件有:

$$F = \gamma' A \cdot l - \gamma_w \cdot \Delta H \cdot A \qquad (2\text{-}1\text{-}14)$$

其中,第一项为原来压在网上的有效重力,第二项为新增加的上托力。

若 $F>0$,则表示土体仍压在铜丝网上,相互接触;若 $F<0$,则表示土体被顶起,与铜丝网脱开而失去稳定,称为渗流破坏,上下土层脱离接触,出现流沙、流土现象。$F=0$ 表示临界状态,从式(2-1-9)可知,此时

$$I_c = \frac{\Delta H}{l} = \frac{\gamma'}{\lambda_w} \approx 1 \tag{2-1-15}$$

式中：I_c——临界水力坡度。

实际工程问题中，必须保证 $I < I_c$，而且留有一定安全系数，才能保证不发生渗流破坏。

以上是指渗流向上的情况。如果渗流方向朝下，动水力方向与重力一致，只会增加土颗粒间作用压力，$F=\gamma' A \cdot l+\gamma_w \cdot \Delta H \cdot A$，则有利于稳定。

再观察前述基坑排水的例子(图 2-1-9)。在基坑内水流方向朝上，有可能产生渗流破坏，必须验算 I 是否小于 I_c。从流网可看出，最危险的是贴近板桩墙的地方。一般应作两种验算：

(1)水流逸出处的水力坡度 I

$$I = \frac{\Delta H_i}{l_{min}}$$

式中：ΔH_i——该渗流区(图 2-1-9a)中绘有斜线的渗流区)的水头差；

l_{min}——该渗流区的最短渗径。

要求安全系数 $k_c = \frac{I_c}{I}$ 不小于 2.0。

(2)水流方向朝上的整个区域 bcde 的稳定

图 2-1-9b)中，宽度 be 取 $d/2$ 就已足够，d 为板桩墙贯入土中的长度。安全系数 K_c 可按下式计算：

$$K_c = \frac{\text{向下有效重力 } W'}{\text{向上渗透力 } P} = \frac{\gamma' \frac{1}{2} d^2}{\left(\frac{P_1 + P_2}{2}\right) \frac{1}{2} d} \tag{2-1-16}$$

式中：P_1、P_2——c、d 两处(图 2-1-9b)的渗透压力，可根据等势线求得。

一般要求 $K_c \geqslant 1.5 \sim 2.0$。

渗流破坏可能造成严重工程事故，必须加以重视。此外，还要注意潜蚀或管涌现象的产生，这也是一种渗流破坏。整个土体虽然稳定，但细颗粒被水从粗颗粒之间带走，这种现象如任其发展下去，则孔隙扩大，水的实际流速增大，稍粗颗粒亦被带走，便会形成孔道，恶性循环，孔道不断扩大、加深，最终也会造成严重破坏。这种管涌现象也是由于水力坡度太大所致，特别是不均匀系数 $\mu_u > 10$ 的无粘性土在较小的水力坡度(0.3～0.5)下就可能出现管涌。因此，作为防止渗流破坏(无论是流土、流沙还是管涌)的根本措施，设计中应尽可能减小水力坡度，必要时在水流逸出处增设反滤层(由细到粗的过渡层)。

第 2 节　潜水的环境工程地质问题

2.1　潜蚀对地基土强度的影响

2.1.1　潜蚀作用分类

(1)机械潜蚀

在动水压力作用下，土颗粒受到冲刷，将细颗粒冲走，使土的结构破坏。

(2)化学潜蚀

水溶解土中的易溶盐分，使土颗粒间的胶结破坏，削弱了结合力，松动了土的结构。机械潜蚀和化学潜蚀一般是同时进行的，潜蚀作用降低了地基土的强度，甚至在地下形成洞穴，以致产生地表塌陷，影响建筑物的稳定。在黄土地区和岩溶地区的土层中最易发生潜蚀作用。

2.1.2 产生潜蚀的条件

主要有两方面：一是土的组成适宜；二是足够的水动力条件。

(1)当土层的不均匀系数即 d_{60}/d_{10} 愈大时，愈易产生潜蚀。一般 $d_{60}/d_{10}>10$ 时，即易产生潜蚀。

(2)两种相互接触的土层，当二者的渗透系数之比 $k_1/k_2>2$ 时，易产生潜蚀。

(3)当渗透水流的水力坡度 $I>5$ 时，水流呈紊流状态，易产生潜蚀。但天然条件下这样大的水头是少见的，故根据工程实践提出产生潜蚀的临界水力坡度 I_c 按下式计算：

$$I_c=(G-1)(1-n)+0.5n \tag{2-2-1}$$

式中：G——土粒重度，kN/m^3；

n——土的孔隙度，以小数计。

2.1.3 潜蚀的防治措施

(1)加固土层(如灌浆等)；

(2)人工降低地下水的水力坡度；

(3)设置反滤层。

反滤层是防止潜蚀的保护措施，可布置在渗流从土中逸出的地方，特别是直接布置在排水的出口处。反滤层一般用几种粗细不同的无粘性土的颗粒做成。通常这些层与渗流线正交，而且按颗粒大小顺序增加(图 2-2-1)，若能正确地选择反滤层则可防止土中的潜蚀，甚至当渗流水力坡度很大的时候($I=20$ 或更大)，也可防治。反滤层的层数大多采用 3 层，也有 2 层的，各层厚度通常为 15～20cm，这主要取决于施工条件和反滤层颗粒的粗细。当反滤层的铺填不均匀或质量难以保证时，每层的平均厚度应该稍大，以保证反滤层不被破坏。

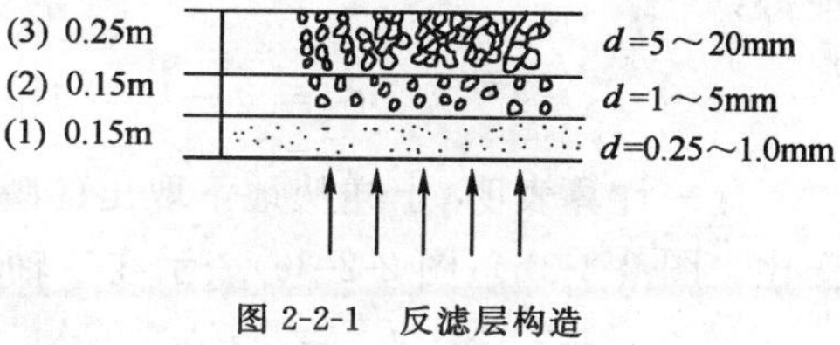

图 2-2-1 反滤层构造

2.2 孔隙水压力对基坑稳定性的影响

在饱和的软粘土地基中，凡有应力场的微小变化，首先就引起孔隙水压力的变化。根据有效应力原理，其变化关系可表示为

$$\begin{cases}\sigma=\sigma'+u\\ \Delta u=B[\Delta\sigma_3+A(\Delta\sigma_1-\Delta\sigma_3)]\end{cases} \tag{2-2-2}$$

式中：σ——总应力，kPa；

σ'——有效总应力，kPa；

$\Delta\sigma_1,\Delta\sigma_3$——大小总应力的增量，kPa；

A、B——孔隙压力系数，其中 B 与土的饱和度有关，完全饱和时 $B=1$，完全干燥时 $B=0$；A 与土的应力历史有关，可以是正值，也可以是负值，超固结比越高，A 越小。

应力场发生变化后，可以产生正的孔隙水压力(u)，也可能产生负的孔隙水压力，因为土颗粒骨架上有效法向应力等于总应力与孔隙水压力两者之差。所以在不排水条件下孔隙水压力的变化主要影响骨架上有效法向应力的大小，而对作用在骨架上的剪应力大小无影响。

$$\tau = \frac{\sigma_1 - \sigma_3}{2}\sin 2\alpha = \frac{(\sigma_1 - u)(\sigma_3 - u)}{2}\sin 2\alpha = \frac{\sigma_1 - \sigma_3}{2}\sin 2\alpha \quad (2\text{-}2\text{-}3)$$

在给定的总应力下，土体中形成正孔隙水压力将降低其抗剪切的能力。从图 2-2-2 可以看出，如果初始应力状态用摩尔圆 A 表示，在不排水条件下产生某一正孔隙水压力时，有效应力摩尔圆向左移动，靠向强度包线，土越接近破坏状态，当它相切时，土体就发生破坏，如摩尔圆 B。如果产生负孔隙水压力时，摩尔圆向右移动，离开强度包线的距离越远，相当于骨架上法向应力增大了。产生负孔隙水压力的情况，在实际工程中常会遇到，掌握它的变化规律具有重要的意义。

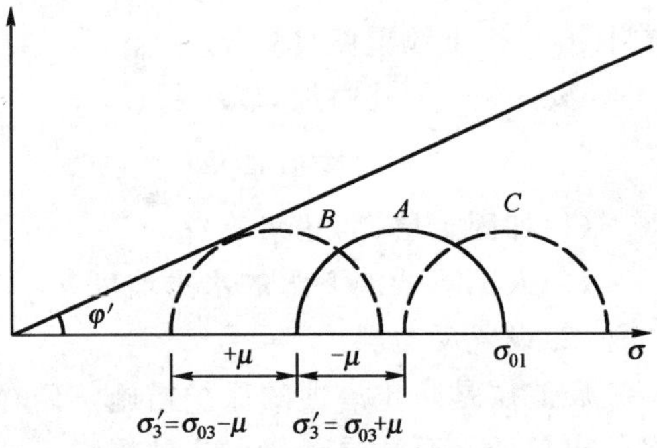

图 2-2-2 孔隙水压力对强度的影响

图 2-2-3 是在饱和软粘土中采样试验过程中应力变化的例子。图 2-2-3a)表示现场原位的应力状态。假定静止土压力系数 $k_0=1$，则原位固结应力 $P'_0=\gamma'\cdot Z$；初始孔隙压力 $u_0=\gamma_w Z$，总应力 $P=\gamma\cdot Z$。如果采样技术丝毫不引起土的扰动，将土样取到地面，作用在土样四周的力全部解除，总应力变化 $-P=-\gamma\cdot Z$，转化为孔隙水压力 $\Delta u=-\gamma\cdot Z$，土样内总的孔隙水压力为 $u=u_0+\Delta u=\gamma_w Z-\gamma\cdot Z=-\gamma'\cdot Z$。这时土骨架上的有效应力，根据有效应力原理得：

$$\sigma' = \sigma - u = 0-(-\gamma'\cdot Z) = \gamma'\cdot Z = P'_0$$

这一计算表明，土样从地下取出的瞬时，虽然周围应力解除，但骨架上的有效应力没有变化。图 2-2-3b)、图 2-2-3c)表示在三轴室内施加围压时的应力状态。

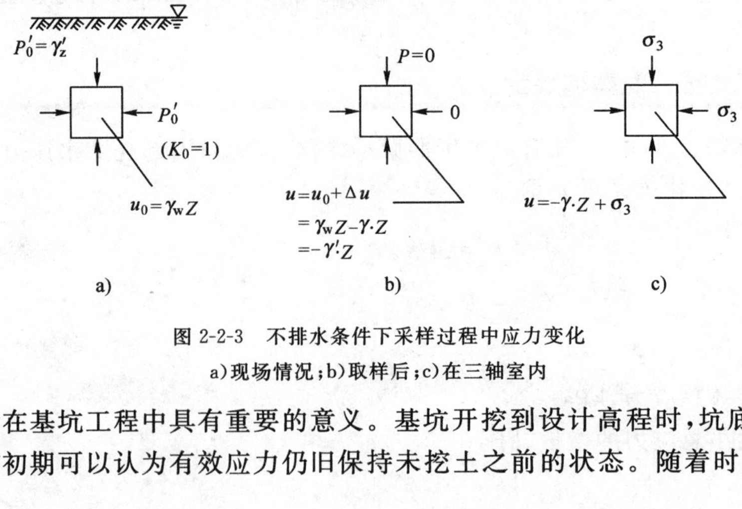

图 2-2-3 不排水条件下采样过程中应力变化

a)现场情况；b)取样后；c)在三轴室内

上述概念在基坑工程中具有重要的意义。基坑开挖到设计高程时，坑底土经历一个卸荷过程。开挖初期可以认为有效应力仍旧保持未挖土之前的状态。随着时间增加，土体回弹，孔隙水压力降低，有效应力减少，强度降低，所以基坑施工时要求坑底土尽量加以保护，减少扰动，在最短的时间里铺设垫层和浇筑底板。

2.3 饱和软粘土基坑的瞬时稳定性和长期稳定性

在基坑稳定性分析中，必须考虑土的抗剪强度会受荷载类型和时间的影响。分析应力和强度的相对变化就成为稳定性研究中第一步，也是最重要的一个步骤。通过这一步骤，工程师可以得到贯穿整个工程各个阶段基坑稳定性变化的清晰概念。

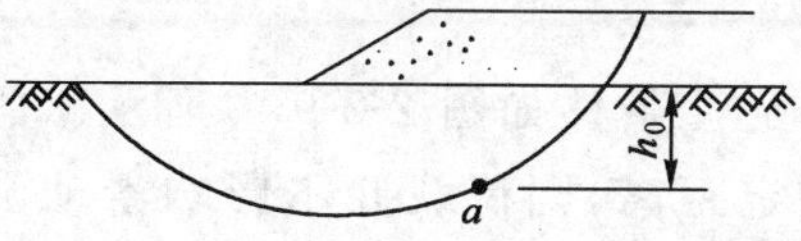

图 2-2-4 软土地基上的填方

图 2-2-4 表示在饱和软粘土地基上一个填方工程，土中 a 点的应力状态在图 2-2-5a）和图 2-2-5b）中进行了描述。a 点的剪应力随着填土荷载增加而增加，并在竣工时达到最大值。初始孔隙水压力等于静水压力 $\gamma_w h_0$。由于软粘土的渗透性很低，假定在施工过程中不排水，超孔隙水应力不消散。也就是说，软粘土是在不排水条件下受荷。孔隙水压力随着填土高度而增大，如图 2-2-5b）所示。图中孔隙水压力系数 A 是任意假定值。除非 A 具有较大的负值，否则孔隙水应力总是正值。填方竣工时，土的抗剪强度仍保持与施工开始时的不排水抗剪强度一样，见图 2-2-5c）。

竣工以后，即在时间 t_1，总应力保持常数，而超孔隙水压力则由于固结而消散，并在完全固结时（t_2）为零。固结使孔隙水压力下降，孔隙比减小和有效应力与抗剪强度增加。只要孔隙水压力已知，任何时间土的抗剪强度均可根据有效应力指标 c'、φ'估算而得。

竣工时的稳定性，应该采用总应力法和不排水强度来分析，而长期稳定性应该用有效应力法和有效应力参数来分析。从图 2-2-5d）可以清楚看出，施工结束时，地基处于最危险状态，若度过这一阶段，地基的安全系数随时间而增加。

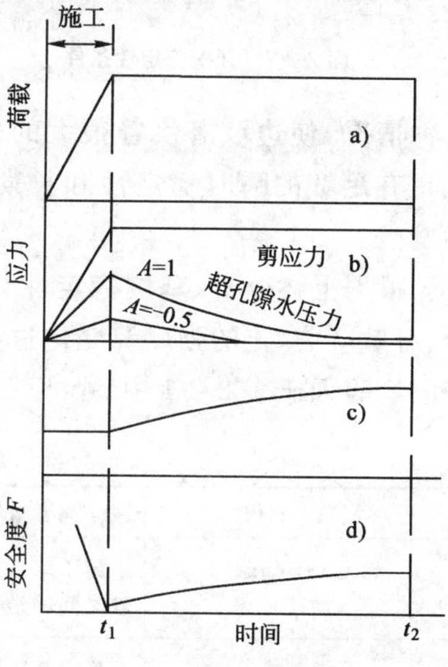

图 2-2-5 填土稳定性条件

图 2-2-6 表示在饱和软粘土中挖方的情况。土中 a 点的应力状态在图 2-2-7 中进行了描述，挖土使 a 点的平均上覆压力减小，并引起孔隙水压力下降，甚至出现负的超孔隙水压力。

若孔隙水压力系数 $B=1$，则孔隙水压力的变化为

$$\Delta u = \Delta\sigma_3 + A(\Delta\sigma_1 - \Delta\sigma_3) \tag{2-2-4}$$

在挖方边坡中，小主应力 σ_3 要比大主应力 σ_1 下降得多，于是 $\Delta\sigma_3$ 为负值，在大多数情况下 Δu 为负值。施工结束时，边坡中 a 点的剪应力达到最大值，由于负的超孔隙水压力，a 点的抗剪强度仍等于施工前的抗剪强度。随后伴随着软粘土的膨胀，负超孔隙水压力逐渐消散，土的抗剪强度也随之下降。在开挖后较长一段时间里，负超孔隙水压力消散至零，土的强度降至最低值。

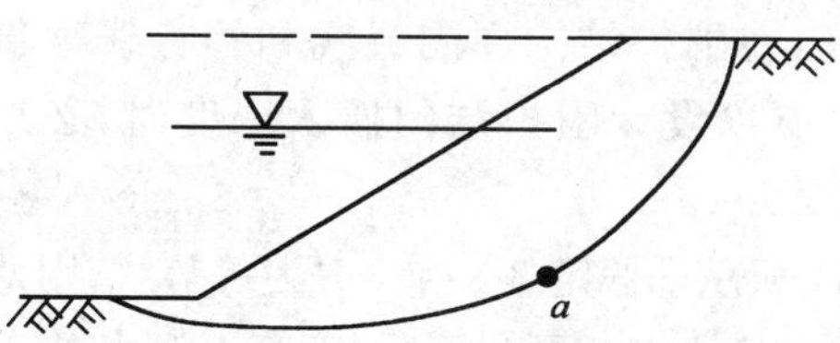

图 2-2-6 软土中挖方

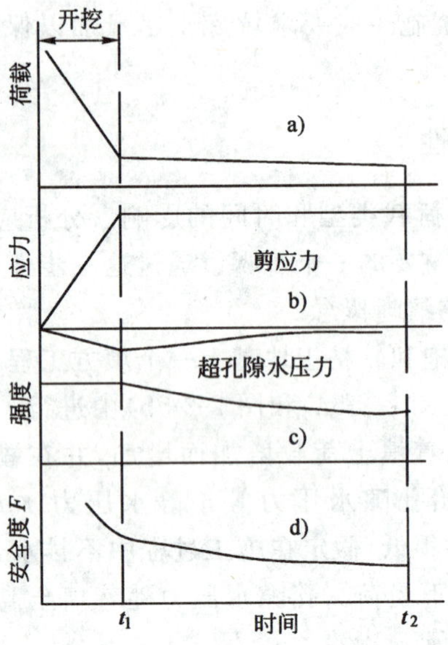

图 2-2-7 开挖稳定性条件

因此，不难理解，与填土情况相反，基坑竣工时的稳定性优于长期稳定性，稳定安全度随着时间而降低。

图 2-2-8 表示坡顶超载对基坑稳定的影响。在坡顶附近大面积堆荷，建造重型建筑物或打桩等工程活动时所引起的超孔隙水压力，将因沿着辐射向排水而消散。水从 b 至 a 流动，使 a 点的孔隙水压力慢慢增大。

基坑边坡的稳定性条件如图 2-2-9 中所示。假设荷载离边坡有一定距离，则荷载并不影响滑动圆弧上的应力状态，并且剪应力随时间保持为常数，图 2-2-9a)。荷载使 b 点孔隙水压力增加，随着辐射向排水，a 点的超孔隙水压力也慢慢增加至最大值，孔隙水压力的上升使 a 点的抗剪强度和安全度下降。可以看到，在某一中间时间 t_2 时，安全度达到最小值。这种情况，使边坡潜伏着很大的危险性，因为，即使边坡具有足够的瞬时稳定性和长期稳定性，破坏仍有可能发生。

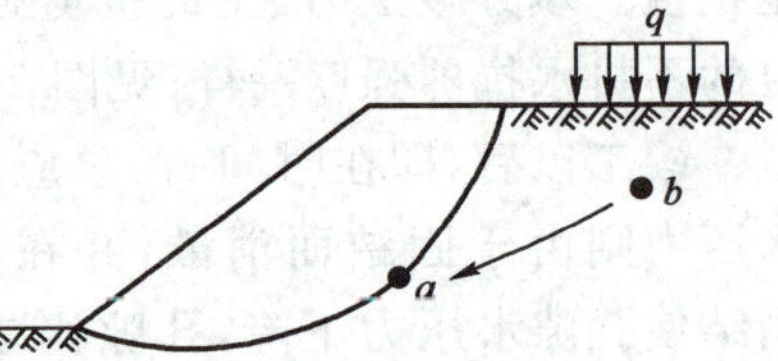

图 2-2-8 临近超载

根据上述分析，基坑稳定性与荷载条件、孔隙水压力、有效应力、土的强度等变化过程有密切关系，归纳得到的经验列于表 2-2-1 中。

提高地基及基坑稳定性的措施　　表 2-2-1

荷载条件	稳定性变化	提高基坑稳定性注意事项
软土地基加载（加荷）	施工结束阶段稳定性最低，随着时间的延长稳定性提高	控制加载速率，使孔隙水压力有足够的消散时间，地基可采用砂井等排水措施
开挖基坑（卸载）	施工结束阶段，稳定性较高，随着时间的延长稳定性降低	保护坑底土不受扰动，开挖到设计高程后，立即铺设垫层，不允许基坑长期暴露
坡顶有限距离内超载	最危险状态是在施工结束后某一时期内	合理布置堆荷区，不允许在坡顶附近进行打桩、爆破等工程活动

2.4 地下水渗流对围护基坑稳定性的影响

在饱和软粘土中开挖基坑时，需要进行维护，围护结构通常采用板桩、地下连续墙、胶板桩或具有止水措施的钻孔灌注桩。由于地下水位很高，在围护结构周围流线和等势线很集中，如图 2-2-10 所示，很容易造成基坑底部渗流破坏，所以设计围护结构插入深度时，必须考虑抵抗破坏的能力，使之具有足够的渗流稳定安全度。

具有维护结构的基坑，平面渗流计算图式如图 2-2-11 所示。假定 3-3′和 7-7′为等势线，则地基被分为 I、II 两段。第 I 段与闸坝地基渗流计算中的进出口段有相同的形式，而第 II 段相当于长为 $2s_2$ 平面底板渗流阻力的一半，见图 2-2-12。这两种情况由流体力学的解给出阻力系数值。

如图 2-2-13 所示，其中 ξ_1 表示第 I 段阻力系数，根据参数 $\frac{s_1}{T_1}$ 由 $\frac{T_2}{b}=0$ 的一条曲线确定。ξ_2 为第 II 段阻力系数，根据参数 $\frac{s_1}{T_2}$ 及 $\frac{T_2}{b}$ 确定。由此可知，由板桩一侧渗入基坑的流量为：

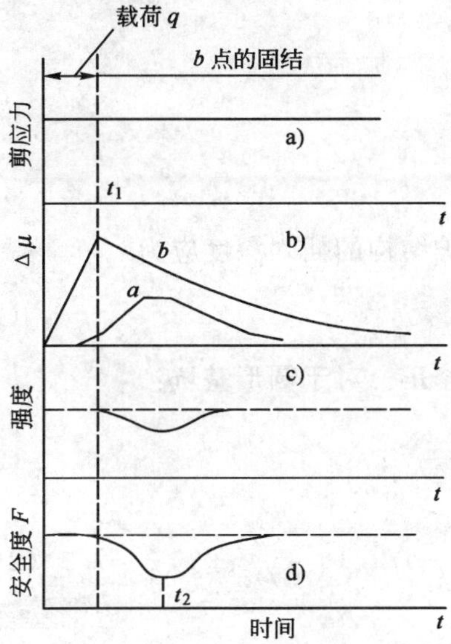

图 2-2-9 变荷载作用稳定性条件

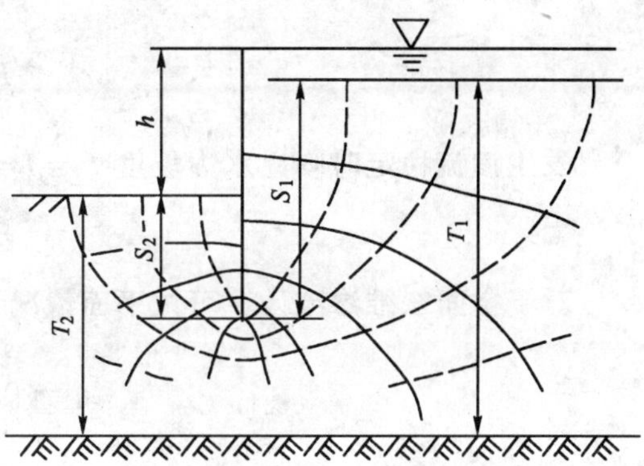

图 2-2-10 地下水流线和等势线图

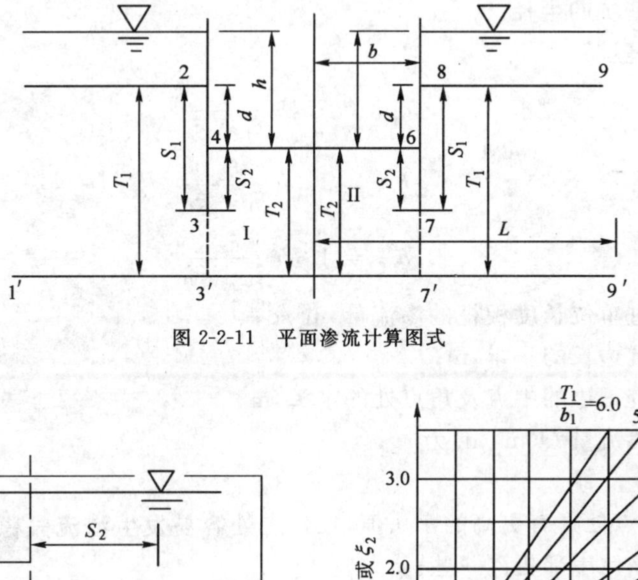

图 2-2-11 平面渗流计算图式

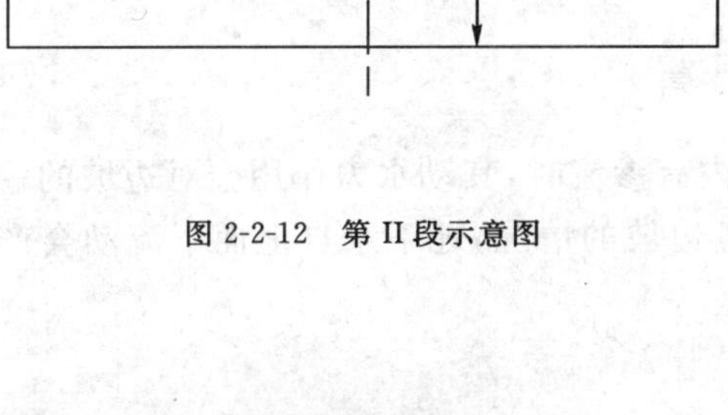

图 2-2-12 第 II 段示意图

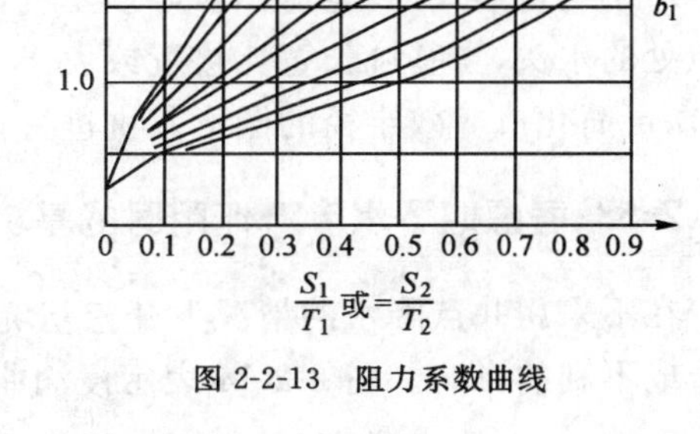

图 2-2-13 阻力系数曲线

$$q = kh \frac{1}{\xi_1 + \xi_2} \tag{2-2-5}$$

围护结构端部 3 点或 7 点的水头为

$$h_F = h \frac{\xi_2}{\xi_1 + \xi_2} \tag{2-2-6}$$

基坑底板出口平均水力坡度为

$$I_F = \frac{h_F}{s_2} \tag{2-2-7}$$

发生渗流稳定时临界水力坡度 $I_c = I = I_F$，则维护结构的插入深度应为

$$S_2 \geqslant h_F \tag{2-2-8}$$

对于空间三维渗流计算可按平面情况计算再作修正。对于圆形基坑：

$$q = 0.8kh \frac{1}{\xi_1 + \xi_2} \tag{2-2-9}$$

$$h_F = 1.3h \frac{\xi_2}{\xi_1 + \xi_2} \tag{2-2-10}$$

则基坑的总渗流量应为 $Q = 2\pi R q$

式中：q——绕过单位长度板桩的渗流量；

R——圆形基坑的半径。

对于正方形基坑：

$$q = 0.75kh \frac{1}{\xi_1 + \xi_2} \tag{2-2-11}$$

$$h'_F = 1.3h \frac{\xi_2}{\xi_1 + \xi_2} \tag{2-2-12}$$

$$h''_F = 1.7h \frac{\xi_2}{\xi_1 + \xi_2} \tag{2-2-13}$$

式中： q——绕过单位长度板桩的渗流量，m^2/d；

l——基坑边长的一半，m；

h'_F 和 h''_F——基坑一边的中点及角点处的水头，m。

因此基坑总渗流量 $Q(m^3/d)$ 为

$$Q = 8lq$$

计算表明，角点处具有更高的水头值，在角点处容易发生渗流失稳，所以角点处围护结构的插入深度应该比中部更深一些。

对于其他形式的基坑，如长方形基坑，对短边角点的水头可用正方形基坑计算，而长边中点处的水头，当基坑长宽比接近或大于 2 时，可按平面渗流计算，不作修正。对于多边形基坑，可简化成等效半径的圆形基坑进行计算。

2.5 考虑地下水渗流作用时的基坑稳定计算

在不采用井点降水的情况下开挖基坑，坡面内有渗流时，其动水力作用会对边坡的稳定性造成不利的影响。图 2-2-14 表示浸润曲线通过边坡的情况，地下水自上而下流动会产生

一个动水力，动水力的作用，促使土体向下滑动。动水力可通过流网分析来进行计算，但在实用上可取平均水力坡度来计算。

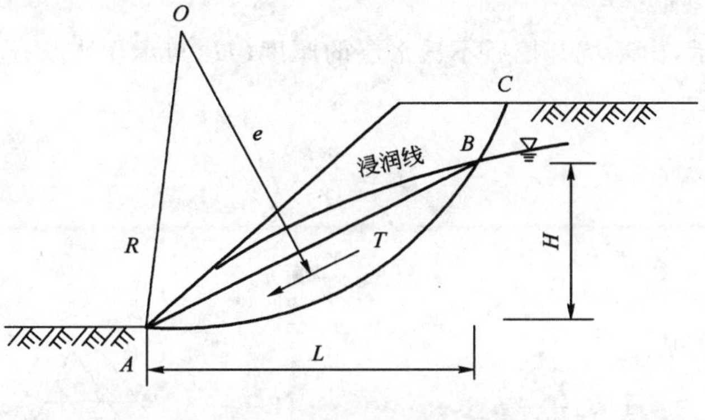

图 2-2-14　渗流力对稳定性的影响

图 2-2-14 中，A、B 两点为浸润曲线与滑动面的交点，则平均水力坡度即为 AB 线的斜率。因此，作用在浸润曲线以下滑动土体上的总动水力 T 可表示为

$$T = \gamma_w IA \tag{2-2-14}$$

式中：γ_w——水的重度，kN/m³；

I——作用于面积内的水平水力坡度，$I=H/L$；

H——A、B 两点之间的水位差，m；

L——A、B 两点之间的水平距离，m；

A——浸润曲线以下，滑动面以上土体的面积，m²。

渗流力 T 向下，增加一个滑动力矩 $T \cdot e$，e 为渗流力 T 至圆心 O 的距离。T 的作用点位置，可假定在面积 A 的形心处，方向与 AB 线平行。因此，边坡的稳定性计算公式可改写为

$$F_s = M_{抗滑}(M_{滑动} + T \cdot e) \tag{2-2-15}$$

式中：$M_{抗滑}$——抗滑力；

$M_{滑动}$——滑动力；

$T \cdot e$——滑动力矩。

第 3 节　承压水的环境工程地质问题与防治

地表以下充满于两个稳定隔水层之间承受静水压力的含水层中的重力水称为承压水。它的形成过程与所在地区的地质发展史关系密切，在地下工程中也是产生环境地质问题的主要因素之一。

3.1　基坑突涌

当基坑之下有承压水存在，开挖基坑减小了含水层上覆不透水层的厚度，当它减小到一定程度时，承压水的水头压力能顶裂或冲毁基坑底板，造成突涌。

3.1.1　突涌的形式

(1)基底顶裂，出现网状或树状裂缝，地下水从裂缝中涌出，并带出下部的土颗粒。

(2)基坑底发生流沙现象，从而造成边坡失稳和整个地基悬浮流动。

(3)基底发生类似于"沸腾"的喷水现象，使基坑积水，地基土扰动。

3.1.2　基坑突涌产生条件

如图 2-3-1 所示，由基坑开挖后不透水层的厚度(H)与承压水头压力的平衡条件可知，H 应为

$$H=\frac{\gamma_w}{\gamma}\cdot h \tag{2-3-1}$$

当

$$H>\frac{\gamma_w}{\gamma}\cdot h \tag{2-3-2}$$

基坑不发生突涌。

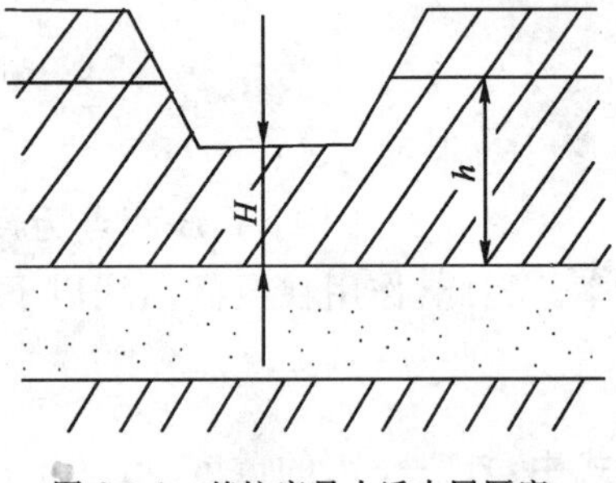

图 2-3-1　基坑底最小透水层厚度

当

$$H<\frac{\gamma_w}{\gamma}\cdot h \tag{2-3-3}$$

可能发生突涌。

式中：H——基坑开挖后不透水层厚度，m；

γ——土的浮重度，kN/m³；

γ_w——水的重度，kN/m³；

h——承压水头高于含水层顶板的高度，m。

3.1.3　突涌的防治措施

当 $H<\frac{\gamma_w}{\gamma}\cdot h$ 时，则应用减压井降低基坑下部承压水头，防止由于承压水压力引起基坑突涌。在减压井降水过程中，应对孔隙水压力进行监测，要求承压含水层顶板 A 点的孔隙水压力应小于总应力的 70%，见图 2-3-2。当基坑开挖面很窄时，此条件可放宽一些，因为土的抗剪强度对抵抗坑底隆起起到一定的作用。

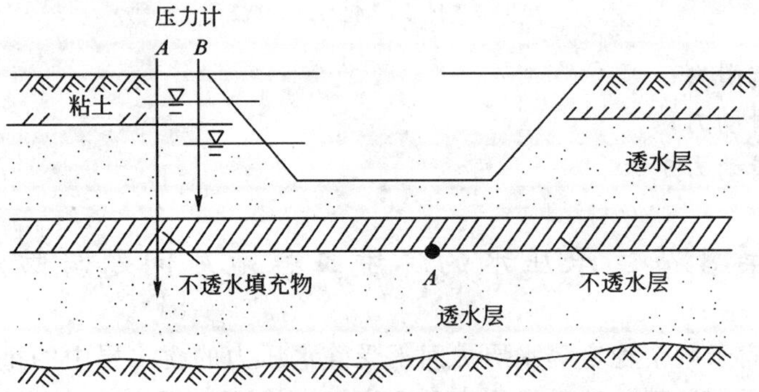

图 2-3-2　基坑下存在承压水层情况

3.2　基底抗承压水层的基坑稳定性

如果在基底下的不透水层较薄，而且在不透水层下面有较大水压的承压含水层时，当上覆土重力不足以抵挡下部的水压时，基底就会隆起破坏，墙体就会失稳，如图 2-3-3。所以在地下墙设计、施工前必须查明地层情况及承压含水层水头情况。底鼓的稳定验算可按以下

规则进行。

先考虑上覆土层重量与承压水的水压力平衡，此时的安全系数取 1.1～1.3。当不满足此条件时，对有空间效应的小型基坑或较窄的条形基坑，可考虑上覆土层重量及其支护壁的摩擦力与水压力的平衡。土与支护壁间的摩擦系数根据具体工程的条件由实验慎定。土作用于支护壁上正压力可采用主动土压力，这是偏于安全的，安全系数可取1.2。若还不能满足稳定条件，则应采取一定的措施以防止基坑的失稳。常见的措施有下面两种：

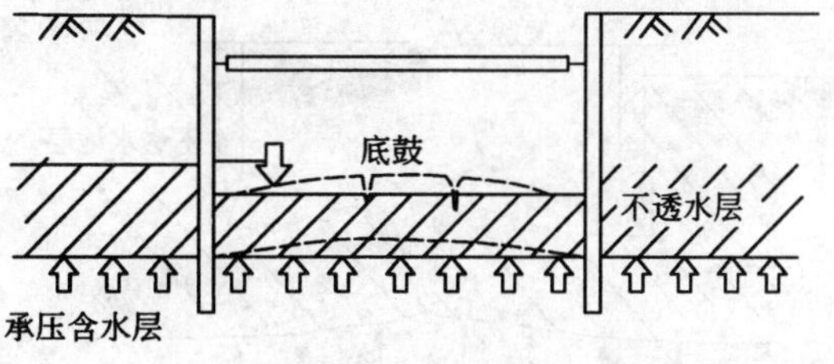

图 2-3-3　承压水产生的基底隆起

(1)用隔水挡墙隔断含水层；

(2)用深井点降低承压水头。

当基坑底面下的粘土层(隔水层)厚度不足以抵抗承压水的向上压力时，常采用深井点降低承压水头，以确保坑底的稳定，见图 2-3-4。在这种情况下，坑底稳定的条件是：

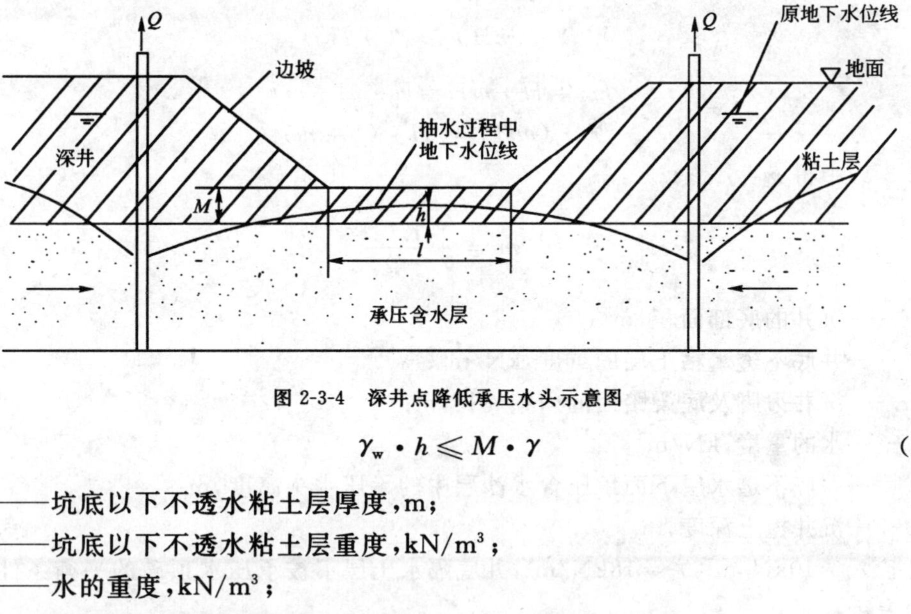

图 2-3-4　深井点降低承压水头示意图

$$\gamma_w \cdot h \leqslant M \cdot \gamma \tag{2-3-4}$$

式中：M——坑底以下不透水粘土层厚度，m；

γ——坑底以下不透水粘土层重度，kN/m^3；

γ_w——水的重度，kN/m^3；

h——降低承压水位后，坑底粘土层中存在的承压水头高度，m。

3.3　沉井井底承压水引起的土体移动

当沉井排水下沉接近设计深度时，如果井底以下不透水层厚度不足，就可能被下面承压含水沙层中的承压水顶破，如图 2-3-5。其后果是井底大量涌入泥沙，沉井突沉，并导致沉井四周地面产生大幅度大范围的沉降；当沉井采用不排水下沉时，如果井内水深不足，或封底的素混凝土厚度不足以平衡承压水压力，则井底以下不透水层底面上的向上压力大于向下压力，也会导致井底被顶破而产生井底涌沙，因而导致井周的地面产生大范围大幅度的下沉。出现上述问题的主要原因是在做沉井施工组织设计前，未得到足够钻深的地质资料，不了解沉井开挖深度以下大于 1.3 倍开挖深度范围的工程地质和水文地质条件。判断井底有限厚度隔水层在承压含水层中水压力作用下的稳定性(图 2-3-6)，可按下式分析：

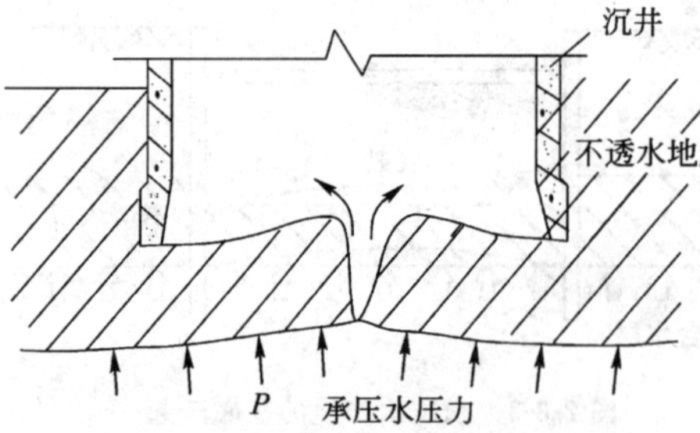

图 2-3-5　井底承压水引起土体移动

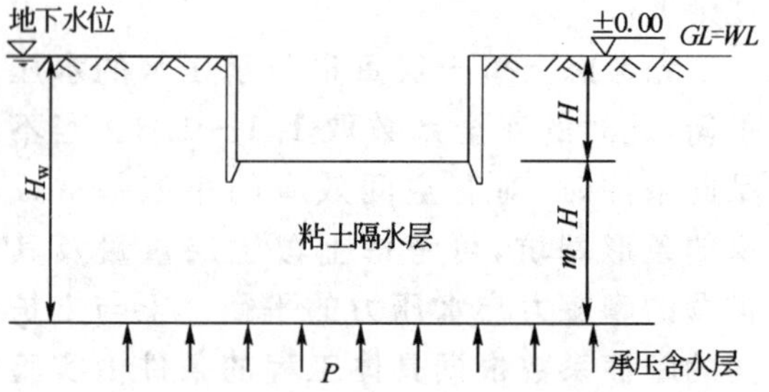

图 2-3-6　井底有限厚度隔水层的沉井

设承压水位稳定在高程±0.00,则有如下平衡方程：

$$C \cdot u \cdot (mH) + F \cdot \gamma \cdot (mH) \geqslant \cdot F \cdot \gamma_w \cdot H_w$$

由于土的受拉力学性能很差,一般不考虑土的内聚力 c 的作用,所以井底土体的平衡条件是：

$$F \cdot \gamma \cdot (mH) \geqslant F \cdot \gamma_w \cdot H_w$$

$$\gamma \cdot (mH) \geqslant \gamma_w \cdot H_w$$

因为 $$H_w = H + mH = H \cdot (1+m)$$

则 $$\gamma_s \cdot (mH) = H \cdot (1+m) \tag{2-3-5}$$

从式(2-3-5)中得 m：

$$m = \frac{\gamma_w}{\gamma_s - \gamma_w} \tag{2-3-6}$$

式中：F——沉井的底部面积,m^2；

γ_s——井底不透水粘土层的重度,kN/m^3；

u——沉井刃脚及底梁踏面的内壁周长,m；

γ_w——水的重度,kN/m^3；

H_w——井底不透水层下面承压含水沙层中的承压水头高度,m；

H——沉井挖土深度,m。

假定 $\gamma_w = 10kN/m^3$,$\gamma_s = 18kN/m^3$,井底隔水土层不被承压水顶破的平衡条件,可以式(2-3-7)表示：

$$m = \frac{10}{18-10} = 1.25 \tag{2-3-7}$$

3.4　承压水冲溃坑底的验算

在深基坑开挖中,随时都要考虑水压力的存在,水压力的问题如能解决,则基坑稳定就有了保障,否则将导致灾难性的结果。

图 2-3-7 表示基坑下有一隔水的不透水层,而基坑处于不透水层之上,下为承压含水层,其水头为 $h+M$。此时应验算坑底是否会被承压水冲溃,若有可能冲溃,则需采用减压井降水以策安全。

不透水层底面受到承压水的压力为 $\gamma_w(h+M)$,而土的自重力可看作土的重度 γ_s 与 M

的乘积，则两者达到平衡时：

$$\gamma_s M = \gamma_w (h + M)$$

$$M = \frac{\gamma_w h}{\gamma_s - \gamma_w} \qquad (2\text{-}3\text{-}8)$$

式中符号含义同前。如 $\gamma_s = 18 \sim 20\text{kN/m}^3$ 时，$\gamma_w = 10\text{kN/m}^3$，则 $M = h \sim 1.25h$，即 $\frac{M}{h+M} > 0.5 \sim 0.56$ 为安全。

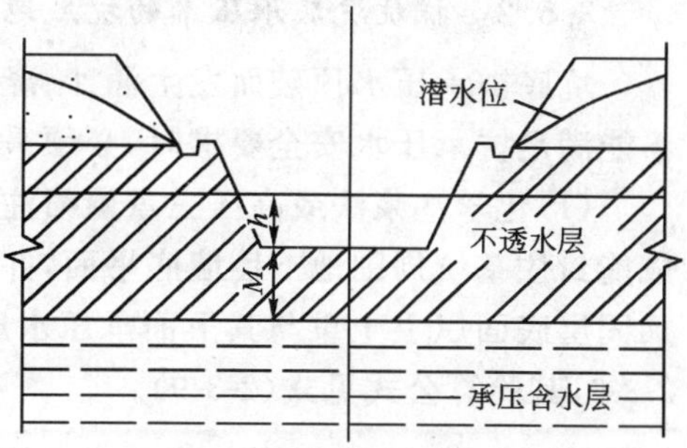

图 2-3-7　基坑开挖时水压力验算

（承压水冲溃坑底示意图）

3.5　抵抗坑底承压水的坑底地基加固

3.5.1　加固范围的确定

当遇到基坑突涌、管涌等承压水问题时，如因环境条件不能采用降水法处理则可采用地基加固的方法解决。

经过深入地质调查和坑周地层位移对保护对象影响的计算分析，之后，针对基坑地基的薄弱处预先进行可靠而合理的地基加固。必须加固的位置和范围要选在以下处于有可能引起突发性、灾害性事故的地质或环境条件之处：

(1)液性指数大于 1.0 的触变性及流变性较大的粘土层；

(2)基坑底面以下存在承压含水层，坑底不透水层有被承压水顶破之险；

(3)在基坑底面与下面承压含水层之间存在不透水层与受压透水层互层的过渡性地层；

(4)基坑承受偏载的条件：

①坑周地面和地下水位高程有较大差异；

②坑周挡墙外侧有局部的松土或空洞；

③基坑立面挡墙外侧超载很大；

④基坑内外地层软硬悬殊；

⑤部分挡墙受邻近工地打桩、压浆等施工活动影响引起附加压力。

(5)含丰富地下水的砂性土层及废弃地下室管道等构筑物内的贮水体；

(6)地下水丰富且连通流动大水体的卵砾石地层或旧建筑垃圾层；

(7)基坑周围外侧存在高耸桅塔、易燃管道、地下铁道及隧道等对沉降很敏感的建筑设施。

针对上述困难和风险较大问题，按具体的工程地质和水文地质条件以及施工条件，预测基坑周围地层位移。当经过精心优化挡墙与支撑体系结构设计及开挖施工工艺后，预测周边地层位移仍大于保护对象的允许变形量时，则必须考虑在计算分析所显示的基坑地基薄弱部分，预先进行可靠而合理的地基加固，对于风险性特大处的地基加固的安全系数应适当提高，并采取在开挖施工中跟踪注浆等防渐杜微的加固方法以可靠地控制保护对象的差异沉降。对于有管涌和水土流失危险之处，则更须预先进行可靠的预防性地基处理。地基加固的部位、范围、加固后介质性能指标及加固方式选择均应经计算分析，还要明确提出检验加固效果的规定。加固方式的选择可参考下述有代表性的类型。

3.5.2　抵抗坑底承压水的坑底地基加固

坑底被承压水顶破而发生涌沙、隆起是基坑工程中最大的危险事故之一。当坑底地基不能满足抗承压水安全要求时，必须采取安全可靠的地基处理措施，有以下 3 种方法：

(1)化学注浆法或高压三重旋喷注浆法。在开挖前于基坑周围地下墙墙底平面以上做成能封住基坑周围地下墙墙底平面，并与坑周地下连续墙结成整体的不透水加固土层。此加固层底面以上土重与其下面承压水压力相平衡，使基坑工程安全地完成，见图 2-3-8 和图 2-3-9，其验算公式见式(2-3-9)。

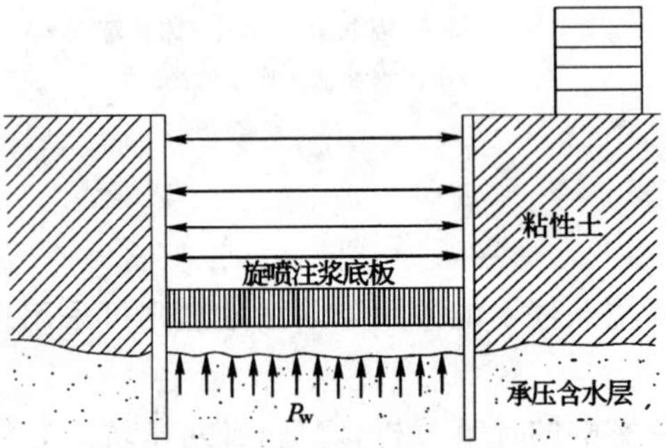

图 2-3-8　旋喷桩加固土体抗承压水图

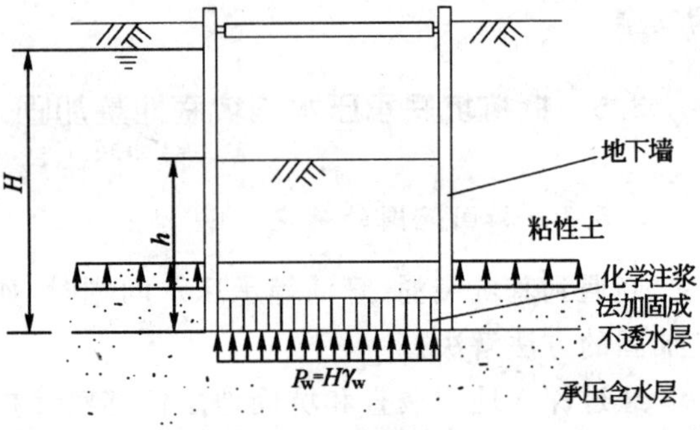

图 2-3-9　化学注浆法加固土体承压水图

$$h \cdot \gamma_{cp} \geqslant H \cdot \gamma_w \qquad (2\text{-}3\text{-}9)$$

式中：h——坑底至加固底面高度；

γ_{cp}——加固层底面以上土层平均重度；

$H \cdot \gamma_w$——承压水压力。

上海合流污水治理一期工程中，彭越浦泵站进水总管的条形深基坑邻近居民多层建筑，其长度 160m，宽 5.8m，深 15m，坑底不透水层仅 5m，不能承受其下 160kN/m^2 的承压水压力，后采用该法得以安全完成该基坑工程，见图 2-3-9。荷兰鹿特丹市地铁区间隧道基坑工程中，也用此法解决了承压水问题。

(2)在基坑外侧或内侧以深井点降低承压水水压，同时在附近建筑物旁边地层中用回灌水法控制地层沉降，保护建筑设施。当基坑处于空旷地区可不用回灌水措施，见图 2-3-10。

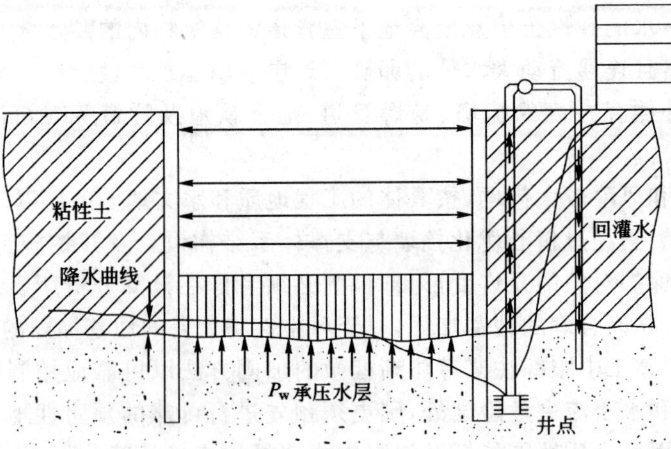

图 2-3-10　井点降水降低承压水位稳定坑底示意图

(3)基坑外设防水帷幕。在地下水位以下的松散沙、砾或渗透性较大的地层中，进行基坑开挖前，必须根据地层透水性和流动性，在排桩式挡墙或密水性较差的挡墙外侧，采用搅拌桩、旋喷桩、水泥系列或化学注浆法，做成防水帷幕，严防挡墙缝隙水土流失和挡墙底部管涌。防水帷幕在坑底以下的插入深度必须满足抗管涌的安全要求，见图 2-3-11。

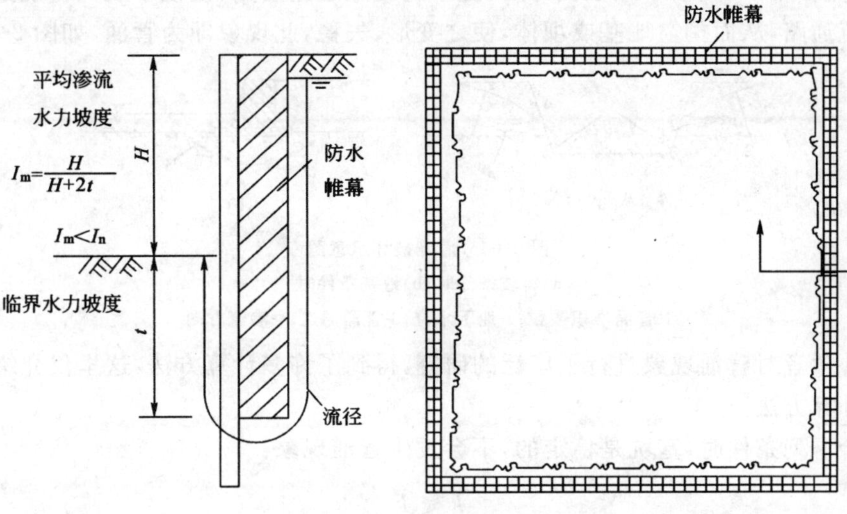

图 2-3-11　基坑挡墙防水帷幕

(4)坑内降水预固结地基法。在市区建筑设施密集地区，对密封良好的围护墙体基坑内的含水砂性土或软弱粘性土夹薄沙层等可适于降水的地层，合理布设井点，在基坑开挖前超前降水，将基坑地面至设计基坑底面以下一定深度的土层疏干并排水固结，以便于开挖土方，更着重于提高挡墙被动区及基坑中土体的强度和刚度，并减少土体流变性，以满足基坑稳定和控制土体变形要求。在开挖前开始降水的超前时间，按降水深度及地层渗透性而定。在上海夹薄沙层的淤泥质粘土层中，水平渗透系数为 10～4cm/s，垂直渗透系数≤10～6cm/s，当在此地层中的降水深度为 17～18m，自地面挖至坑底的时间为 30d 时，超前降水时间≥28d。实践说明降水固结的软弱粘土夹薄沙层强度可提高 30%以上，对砂性土效果则更好。大量工程总结资料可证明适于降水的基坑土层，降水法加固是最经济有效的方法。为提高降水加固土体的效果，降水深度要经过验算确定，如图 2-3-12。

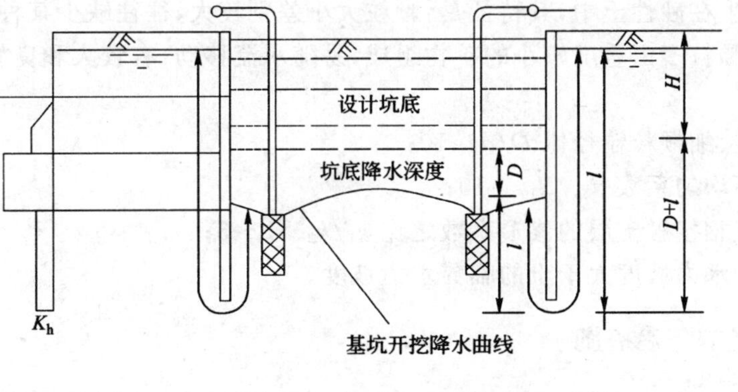

图 2-3-12　基坑降水预固结地基示意图

第 4 节　基坑施工中管涌的环境工程地质问题与防治

当基坑底面以下或周围的土层为疏松的沙土层时，地基土在具有一定渗透速度(或水力坡度)的水流作用下，其细小颗粒被冲走，土中的孔隙逐渐增大，慢慢形成一种能穿越地基的细管状渗流通路，从而掏空地基或坝体，使之变形、失稳，此现象即为管涌，如图 2-4-1 所示。

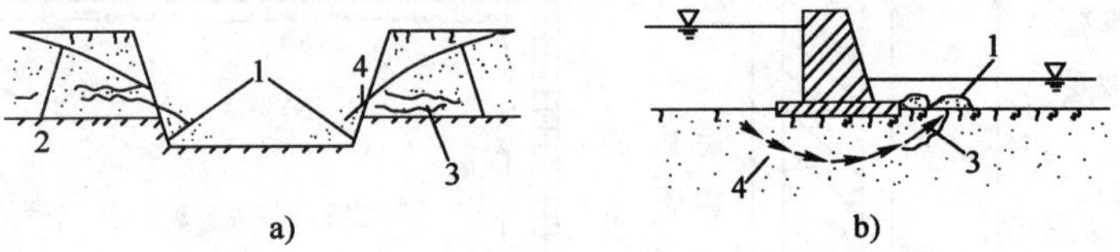

图 2-4-1　管涌破坏示意图

a)斜坡条件时；b)地基条件时

1-管涌堆积颗粒；2-地下水位；3-管涌通道；4-渗流方向

国内外学者对管涌现象进行了广泛的研究，得到了许多计算方法，这里仅介绍一种较简便可行的计算方法。

当符合下列条件时，基坑是稳定的，不会发生管涌现象：

$$I < I_c \tag{2-4-1}$$

式中：I——动水坡度，可近似地按下式求得：

$$I = \frac{h_w}{l} \tag{2-4-2}$$

h_w——墙体内外面的水头差；

l——产生水头损失的最短流线长度；

I_c——极限动水坡度，$I_c = \dfrac{\gamma_s - 1}{1+e}$；

γ_s——土粒重度，kN/m^3；

e——土的孔隙比。

4.1　产生管涌的条件

管涌多发生在砂性土中，其特征是：颗粒大小差别较大，往往缺少某种粒径，孔隙直径大且互相连通。颗粒多由重度较小的矿物组成，易随水流移动，有较大和良好的渗流出路。具体包括：

(1)土中粗、细颗粒粒径比 $D/d > 10$；

(2)土的不均匀系数 $d_{60}/d_{10} > 10$；

(3)两种互相接触土层的渗透系数之比 $k_1/k_2 > 2 \sim 3$；

(4)渗流的水力坡度大于土的临界水力坡度。

4.2　管涌的防治措施

(1)增加基坑围护结构的入土深度，见图 2-4-2，使地下水流线长度增加，降低动水水力坡度，对防止管涌现象的发生是有利的。

(2)人工降低地下水位，改变地下水的渗流方向。

当基坑面以下的土为疏松的砂土层时，而且又作用着向上的渗透水压，如果由此产生的动水坡度大于沙土层的极限动水坡度时，沙土颗粒就会处于冒出状态，基坑底面丧失稳定。要消防这种管涌现象(如图 2-4-2 所示)，必须增加地下墙的入土深度，增加流线长度，从而降低水动水坡度。因而增加入土深度对防止管涌现象的发生是有利的。

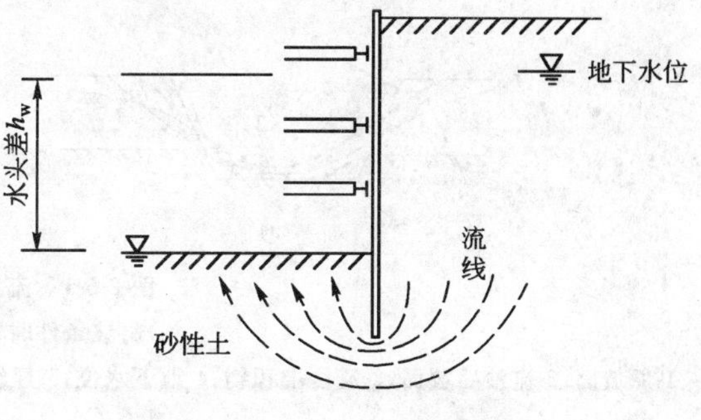

图 2-4-2 由水引起的管涌

【实例】 某工程的基坑底在地面以下 6.5m，基坑底宽 12m，采用 1∶1.25 边坡，坑底以下为粘性土及砂性土互层，采用二级轻型井点降水，见图 2-4-3。在基坑挖至设计深度后，坑底逐渐隆起，在 24h 后坑底中心隆起量为 20cm，再过一昼夜又隆起 30cm，3d 后隆起量累计为 1.5m。开始隆起时坑底无管涌流沙现象，到最后时才产生管涌流沙。在基坑隆起过程中，边坡及坡顶相应地下陷和向坑内滑动。

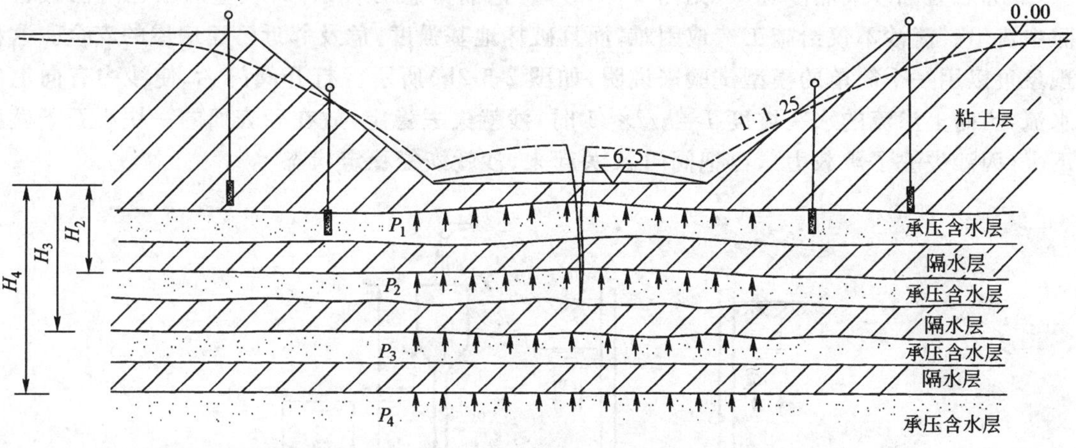

图 2-4-3 二级轻型井点降水示意图

原因分析：井点深度不够，坑下面的承压含水层中的水压力将坑底土层顶起，使粘性土层裂开，然后发生管涌流沙。

处理办法：把井点加深到第 n 层沙性土中，使第 n 层中的承压水向上压力 $P_n < \sum_{i=1}^{n} H_i \cdot \gamma_i$。其中 H_i 为第 n 层承压水层顶面以上 i 层土的土层厚度；γ_i 为 H_i 厚度的土层的土重度。

第 5 节 基坑施工中流沙的环境工程地质问题与防治

流沙是指含水饱和的松散细、粉砂(也包括一些砂质粉土、粘质粉土)在动水压力即水头差的作用下产生的悬浮流动现象。它多发生在颗粒级配均匀而细的粉、细砂等砂性土中，有时在粉土中亦会发生。其表现形式是所有的颗粒同时从一近似管状通道中被渗透水流冲走，发展结果是使基础发生滑移和不均匀下沉、基坑坍塌、基础悬浮等，见图 2-5-1。它的发生一般是突然性的，对工程的危害极大。

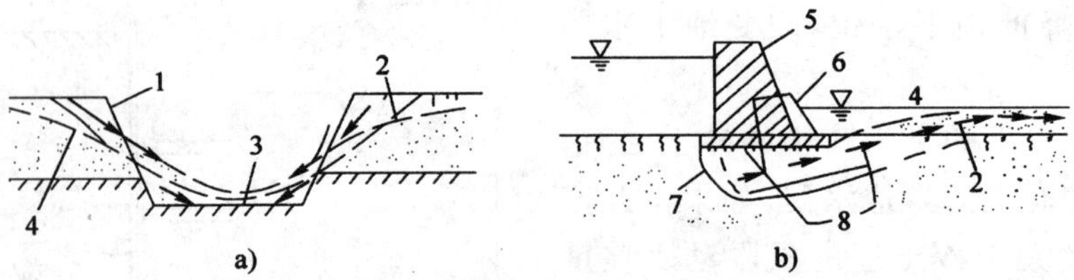

图 2-5-1　流沙破坏示意图

a)斜坡条件时；b)地基条件时

1-原坡面；2-流沙后坡面；3-流沙堆积物；4-地下水位；5-建筑物原位置；6-流沙后建筑物位置；7-滑动面；8-流沙发生区

5.1　流沙的形成

(1)由于水力坡度大，流速快，冲动土的细颗粒使之悬浮而造成；

(2)不是由于水冲力，而是由于土颗粒周围附着亲水胶体颗粒，饱和时胶体颗粒吸水膨胀，使土粒密度减小，因而在不大的水冲力下即能悬浮流动；

(3)沙土在振动作用下结构被破坏，体积缩小，使土颗粒悬浮于水中而随水流动。

实际工程中，在地下水位以下开挖基坑时，往往会发生地下水带着泥沙一起涌冒的现象，此称之为翻沙或涌沙现象(见图 2-5-2a)，愈挖涌得愈历害，有时坑壁的土也可由板桩缝隙中流出。流沙不仅给施工造成困难，而且破坏地基强度，危及邻近已建房屋的安全。这种现象可以用一个简单的模型试验来说明，如图 2-5-2b)所示。打开阀门 A，使沙中有向上的水流，当向上渗流的水头坡度 $I=h/L\approx1$ 时，沙就失去稳定，放在砂表面的一块小石子就沉下去(因沙失去了承载力)，再把阀门 A 关起来，沙就恢复稳定状态。

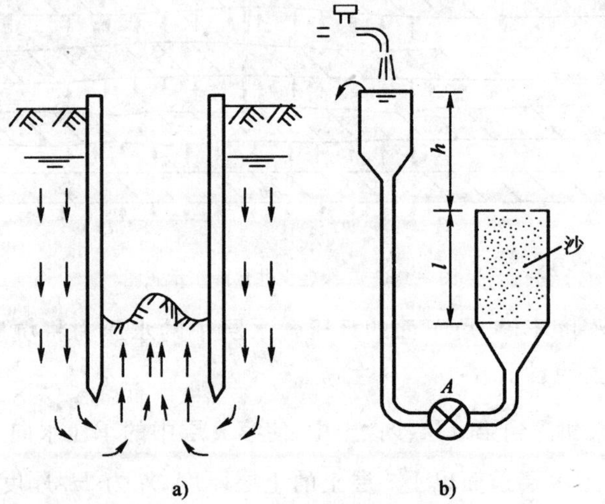

图 2-5-2　流沙现象模型试验

5.2　产生流沙的条件

(1)水力坡度较大，动水压力超过土粒重量能使土粒悬浮；

(2)沙土孔隙度愈大，愈易形成流沙；

(3)沙土的渗透系数愈小，排水性能愈差时，愈易形成流沙；

(4)沙土中含有较多的片状矿物，如云母、绿泥石等，易形成流沙。

上海地区根据钻孔资料和土工试验的分析，并和常易发生流沙地区的工程实践相验证，初步掌握该地区流沙现象的因素及其分布，这些因素是：

(1)主要外因取决于该地区的地下水动水压力差值。随着开挖的加深，压力差值亦越大，就越易发生流沙现象。

(2)土的颗粒组成中，粘粒含量小于10％，粉、砂粒含量大于75％。

(3)土的不均匀系数小于5(不均匀系数 $\mu_u \dfrac{D_{60}}{D_{10}}$，$D_{60}$ 为颗粒小于土总重60％的直径；D_{10} 为颗粒小于土总重10％的直径)，易发生流沙地区工程施工中取得的不均匀系数在1.6～3.2之间。

(4)土的含水量大于30％。

(5)土的孔隙率大于43％(或孔隙比 e 大于0.75)。

(6)在粘性土层中夹有沙层时，粘质粉土或沙层的厚度应大于25cm。

国外文献资料也有类似的判别标准：天然孔隙率＞43％～45％(e＞0.75～0.80)，有效粒径 d_{10}＜0.1mm及不均匀系数 μ_u＜5的细砂，特别容易发生流沙现象。

在上海地区，地下水位平均在地面以下0.7m左右，当一般开挖深度大于3m，土质符合上述条件时，易于产生流沙现象；当开挖深度≤4m时，通常可采用板桩方式进行开挖。当开挖深度超过4m时，宜采用井点降水措施。

5.3 动水压力及流沙现象

流沙的形成与地下水的动水压力有密切关系。地下水在渗流的过程中受到土骨架的阻力，同时水对土产生一种反力，这种反力叫做动水压力，单位为 g/cm^3。

图2-5-3是水在土中渗流时取出的任一土柱体，它的长度为 l，横断面 F，A_1 及 A_2 点的测压管水位高度分别是 H_1、H_2。因 H_1 大于 H_2，水从 A_1 点流向 A_2 点，因为渗流速度很小，所以惯性力略去不计。渗流时，作用在土体上的力有：$\gamma_w h_1 F$——作用在 A_1 点的土柱横断面上的静水压力，其方向与水流方向一致(γ_w 是水的重度)；$\gamma_w h_2 F$——作用在 A_2 点土柱横断面上的静水压力，其方向与水流方向相反；$\gamma_w lF\cos\alpha$——水柱的重力在渗流方向上的分力；TlF——水渗流时受到骨架的阻力，其值与动水力相等，方向相反，其中 T 为单位体积土对渗流水的阻力。

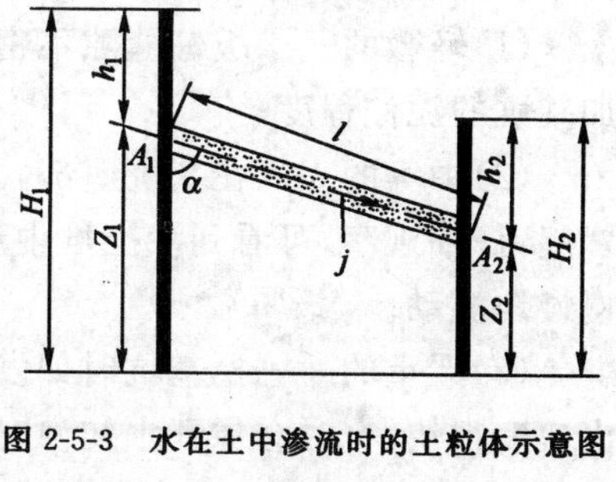

图2-5-3　水在土中渗流时的土粒体示意图

根据力的平衡条件得：

$$\gamma_w h_1 F + \gamma_w lF\cos\alpha - \gamma_w h_2 F - TlF = 0 \quad (2\text{-}5\text{-}1)$$

因为

$$\cos\alpha = \frac{Z_1 - Z_2}{L}$$

代入式(2-5-1)得：

$$\gamma_w h_1 + \gamma_w Z_1 - \gamma_w Z_2 - \gamma_w h_2 - TL = 0 \quad (2\text{-}5\text{-}2)$$

或

$$\gamma_w[h_1 + Z_1 - Z_2 - h_2] - TL = 0 \quad (2\text{-}5\text{-}3)$$

因为

$$[h_1 + Z_1 - (h_2 + Z_2)] = H_1 - H_2$$

而水力坡度

$$I = \frac{H_1 - H_2}{l}$$

代入式(2-5-3)得： $T=\gamma_w I$ (2-5-4)

动水压力 $i=-T=-\gamma_w I$ (2-5-5)

式(2-5-5)中负号是表示动水压力的方向和土骨架对水流的阻力方向相反。由该式可见，如取水的重度 $\gamma_w=1$，则动水力的大小与水力坡度的绝对值相等。在渗流过程中，如水自上而下渗流，则动水压力的方向与重力方向相同，加大了土粒之间的压力；若水自下而上地渗流，则动水力的方向与重力方向相反，减小了土粒之间的压力。当动水压力等于土的浮重度 γ' 时，则

$$i=\gamma_w I=\gamma'=\frac{\gamma-1}{1+e} \tag{2-5-6}$$

此时土粒之间毫无压力，土粒处于悬浮状态，它将随渗流的水一起流动。这就是流沙产生的原因。

产生流沙时的水力坡度叫做临界水力坡度(I_c)，其值等于：

$$I_c=\frac{\gamma-1}{1+e} \tag{2-5-7}$$

式中：γ——土粒重度，kN/m^3。

其他符号含义同前。

临界水力坡度与土的相对密度及孔隙比有关，约在0.8～1.2之间。

由上述讨论可以得出，当地下水的动水压力大于土粒的浮重度或地下水的水力坡度大于临界水力坡度时，就会产生流沙。

5.4 流沙现象的判断

在施工中所遇到的流砂现象有：

(1)轻微的——板桩缝隙不密，有一部分砂土随着地下水一起穿过缝隙而流入基坑，增加基坑的泥泞程度。

(2)中等的——在基坑底部，尤其是靠近板桩的地方，常会发现有一堆细颗粒沙土缓缓冒起，仔细观察，可看到沙土堆中形成许多小小的排水槽，冒出的水夹带着一些沙土颗粒在慢慢地流动。

(3)严重的——挖基坑时如发生上述现象而仍继续往下开挖，在某些情况下，流沙的冒出速度很快，有时会像开水初沸时的翻泡，此时基坑底部成为流动状态。

在上海地区发生流沙现象的例子很多，如解放前沟渠工人曾在上海福建路七浦路排沟管时遇见流沙，但仍继续用铅桶作工具掏泥和水，坑底液化严重，工人立足困难，半身陷在流沙之中，只好草草竣工。又如上海叶家宅路泵站，因挖掘较深，同时板桩的长度又不够，因此发生流砂现象，沟壕下部完全液化，使得工程无法进行，结果沟管不能达到设计的深度，不得不将其提高60cm。中途泵站施工采用沉井法，挖掘时，流沙现象严重，沉井自动很快下沉，无法用人力控制，以致沉井发生倾斜，结果未能挖至设计高程，也只好勉强竣工。

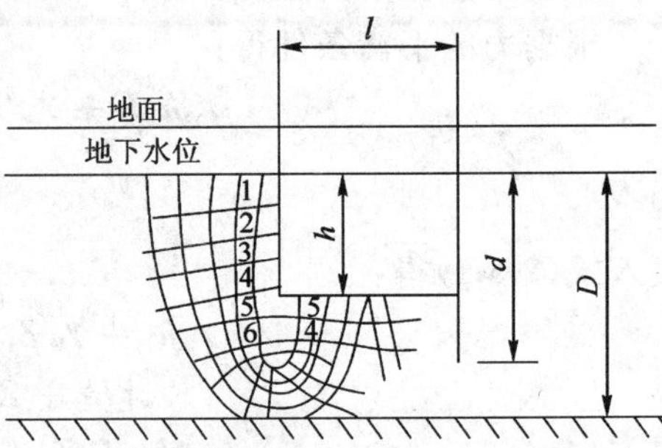

图 2-5-4 板桩挖土时流沙现象示意图

图2-5-4表示在挖掘狭而长的沟槽时的情况。

这种现象固然也是受动水压力的影响所致，但是在涌流作用下，愈靠近板桩边缘的部分，流砂现象愈是严重，同时在实际施工中常发生板桩附近地面的沉降现象。这就说明了沟槽宽度很小，而在邻近地区内槽外流来的水，接近沟槽逐渐集中进入槽内，所以愈靠近桩边，水流愈急。其水流的流量可由下式估算：

$$q = bkI \tag{2-5-8}$$

上式仅在 d(见图 2-5-5)远远小于 D 时才准确。若板桩入土更深，则 d 与 D 的比例愈小，需乘上一个折减系数，如表 3-5-1 所示。

折 减 系 数 表 3-5-1

d/D	0.1	0.2	0.3	0.4	0.5	0.6	0.7	0.8	0.9	1.0
q 的折减系数(%)	5	10	15	20	25	30	40	50	65	100

在计算板桩长度以防止流沙现象时，除考虑式(2-5-7)中的临界值外，还要用流网法来计算，见实例。

在实际工程中，还要考虑一个大于 1 的安全系数，因为在透水性较好的土中，常会使土粒移动。

在粘土和粉质粘土中，由于不会发生渗流或渗流量很小，一般不会发生流沙现象；同样，在砾石中，由于它的高透水性而允许大量的抽汲，因而自然地形成较长的渗流路径，所以也不易发生流沙现象。因此，流沙现象大多数在具有相当高的渗透性的粉细砂中发生，这种细颗粒的沙土由于受渗流水压力的影响而易形成较陡的降落曲线，迫使水流向基槽流动。因此在这种土中挖掘，必须采用各种有效措施。

【实例】 某一沟槽用板桩施工，如图 2-5-4 所示，砂粒密度 G 为 $2.8\mathrm{g/cm^3}$，孔隙比 e 为 0.8，$\gamma_w=1\mathrm{g/cm^3}$，$h$ 为 21m，组成流网时流径数 $n=15$，若沿沟槽长度 L 为 1 时，试求是否会产生流沙现象。

【解】 由式(2-5-7)求临界水力坡度 I_c：

$$I_c=\frac{G-1}{1+e}=\frac{2.8-1}{1+0.8}=1$$

按流网组成的水力坡度：$I=\dfrac{h}{n\times L}=\dfrac{21}{15\times 1}=1.4>1$

由此可知将发生流沙现象。

5.5 基坑开挖中流沙验算

图 2-5-5 为流沙验算示意图，由于在基坑内边沟排水而出现水头差 h'，产生由高处向低处的渗流，水经过板桩下端之前渗流的流向大致向下，流过板桩下端之后而向上到达坑底表面后通过边沟进入集水井，再用水泵抽走。因此坑底下的土处于浸没在水中状态，其有效重量为有效重度 γ'，当向上的渗流力或动水压力 i 达到能够抵消土粒的有效重度 γ'时，土粒变为流砂或翻腾状态。要避免这种现象，应满足下列条件式：

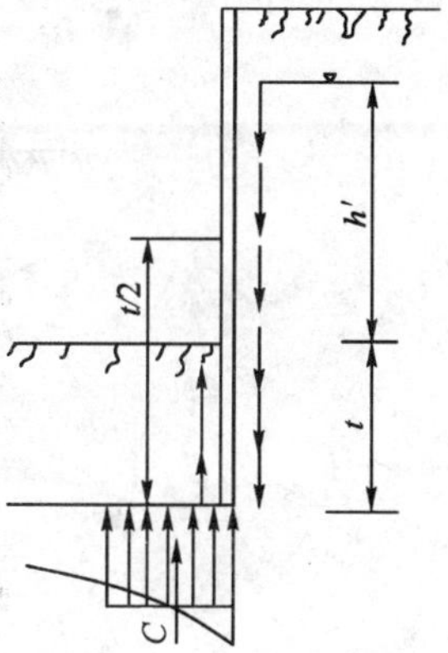

图 2-5-5 基坑内排水流沙现象

$$\gamma' \geqslant K_i \tag{2-5-9}$$

式中：K——安全系数，视挡水结构的性质和土质而定，一般取 $K=1.5\sim2.0$。

试验表明，流沙现象首先发生在离坑壁大约等于板桩深度一半的范围内。由于板桩是临时结构，为简化计算，可近似地取最短路径，而紧贴板桩位置的路线最短，可用来求得最大渗流力：

$$j = i \cdot \gamma_w = \frac{h'}{h' + 2t} \cdot \gamma_w$$

故条件式应为

$$\gamma' \geqslant K \frac{h'}{h' + 2t} \cdot \gamma_w$$

也可改写为

$$t \geqslant \frac{Kh'\gamma_w - \gamma' h'}{2\gamma'} \tag{2-5-10}$$

式中：t——板桩入土深度；

其他符号含义同前。

如坑底以上土层为粗粒硬石层、松散填土或多裂隙土等，在坑壁一侧水流经此层的水头损失很小，可略而不计，则条件可简化为

$$t \geqslant \frac{Kh'\gamma_w}{2\gamma'}$$

或

$$K \leqslant \frac{2\gamma' t}{h'\gamma_w} \tag{2-5-11}$$

h'/t 为板桩背后的动水坡降。h'/t 增大到 K 小于 1 时，流沙就冒出。$K=1$ 时的 h'/t 称为极限动水坡降。在决定板桩的埋入深度时，宜取安全系数 $K=1.2 \sim 1.5$。

5.6 沉井井底流沙引起的土体移动

沉井在砂性土层中采用排水下沉时，如降水深度不够或井点失效，则沉井刃脚下面的砂性土在动水压力作用下发生流沙如图 2-5-6，并引起周围地面沉降和土体的水平位移。

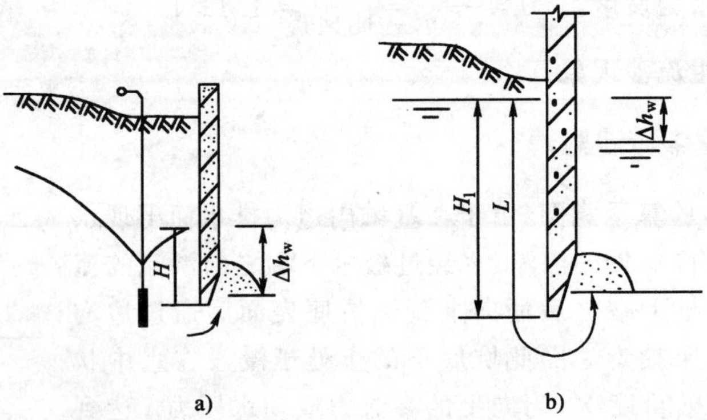

图 2-5-6 井底流沙引起土体移动

a)排水下沉，因井底深度不够，井底发生流沙：$\frac{\Delta h_w}{H} > \frac{\gamma'}{\gamma_w}$；b)不排水下沉，因井内外水位相差很多，井底发生流沙：$\frac{\Delta h_w}{H} > \frac{\gamma'}{\gamma_w}$

沉井在砂性土层中采用不排水下沉，如井内水位高程比沉井外面的水位低很多时，也会产生较大的动水压力，造成井底涌沙，并导致四周地面沉陷和土体位移。

因井底流沙，在井周产生的沉降范围一般可达(1～3)H，H 是井深。沉降幅度一般随水土流失量而定。长时间的流失，可产生灾害性的沉降。特别应指出的是：当砂性土上覆盖着较硬粘土层时，在流砂发生后，粘土层下面开始被淘空，随着流沙时间的延长，有可能发生突然的大面积塌陷。

井底产生流砂不仅影响邻近浅基础建筑，也能影响有桩基的建筑。在有桩基建筑物附近的含水砂性土层中进行沉井施工时，引起建筑物桩基位移和柱子倾斜的主要原因是由于沉井下沉过程中井周土体向井底移动，而不是井点降水引起的土体固结。如果井底发生流沙，则四周土体可能发生大幅度流动，近旁即使是较深桩基的建筑物，也会受到很大的危害。

5.7 流沙的防治

前面已谈到，当地下水的动水压力大于土粒的浮容重或地下水的水力坡度大于临界水力坡度时，就会产生流沙。这种情况的发生常是由于在地下水位以下开挖基坑、埋设地下管道、打井等工程活动而引起的，所以流沙是一种工程地质现象。流沙在工程施工中能造成大量的土体流动，致使地表塌陷或建筑物的地基破坏，能给施工带来很大困难，或直接影响建筑工程及附近建筑物的稳定，因此，必须进行防治。

在可能产生流沙的地区，如其上面有一定厚度的土层，应尽量利用上面的土层作为天然地基，也可用桩基穿过流沙，将上部荷载传给下部稳定土层，总之应尽可能地避免开挖。如必须开挖，可用以下方法处理流沙：

(1)人工降低地下水位，使地下水位降至可能产生流沙的地层以下，然后开挖，见图 2-5-7。

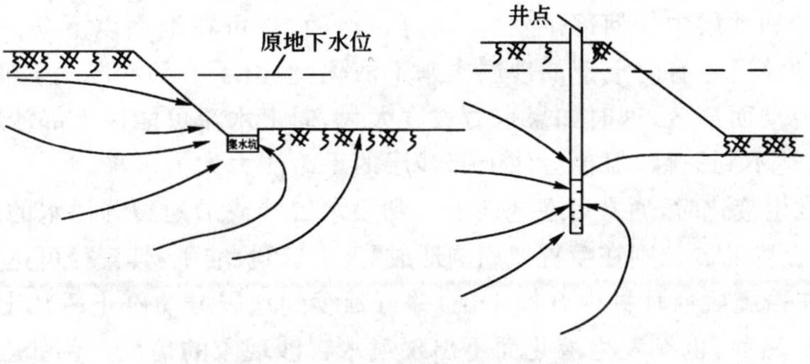

图 2-5-7　井点降水防止流砂现象

降水防治流沙现象的原理：基坑开挖时地表以下的土层受到向上的地下水渗透力的作用。对砂性土层而言，当渗流的水力坡度增大到一定程度时，砂性土会呈流土破坏形式，即呈流态状涌出坡面。产生流沙时的渗流水力坡度(临界水力坡度)也可采用太沙基提出的临界水力坡度 I_c：

$$I_c = (1-n)(G-1) \tag{2-5-12}$$

式中：n——孔隙率；

G——土粒重度。

对均匀的砂性土，I_c=0.8～1.2。在实际工程中应该有一定的安全度，对不均匀的粉砂土，容许渗流水力坡度 I=1/3。当水力坡度超出容许范围时，采用井点降水是防治流沙现象产生的直接有效的措施。井点降水降低了坑内、外的渗流水头差，把渗流水力坡度控制在容许范围之内，从而防范了流沙现象的产生，如图 2-5-8 所示。简单的集水坑并不能减小渗流水力坡度，而井点降水不但降低了渗流水力坡度，还可改变渗流方向，使地下水仅流向抽水井管。

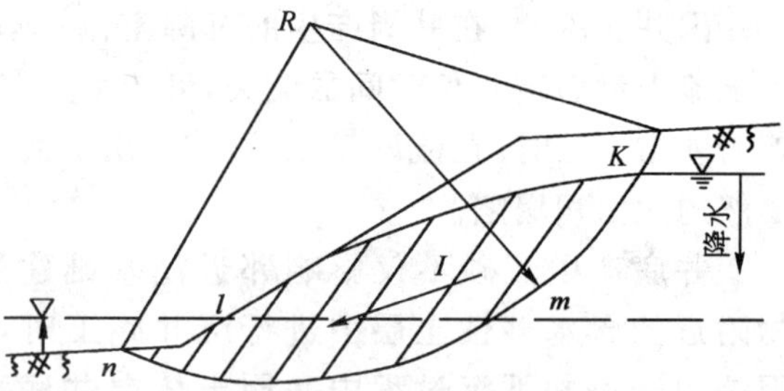

图 2-5-8 基坑渗透力

(2)打板桩：在土中打入板桩，一方面可以加固坑壁，同时延长了地下水的渗流路程以减小水力坡度，减小地下水流速。

(3)冻结法：用冷冻方法使地下水结冰，然后开挖。

(4)水下挖掘：在基坑(或沉井)中用机械在水下挖掘，避免因排水而造成产生流沙的水头差。为了增加沙的稳定，也可向基坑中注水并同时进行挖掘。此外，处理流沙的方法还有化学加固法、爆炸法及加重法等。在基槽开挖的过程中如局部地段出现流沙时，可立即抛入大块石等，也能克服流沙的活动。

第 6 节　建筑场地地基沙土液化的环境工程地质问题与防治

6.1 概述

饱和松散的沙(包括某些粉土，以下同)受到振动时，如果孔隙水来不及排出，体积减小的势趋将使孔隙水压力不断增高，有效应力逐渐减小。当有效应力降低为零时，土便丧失抗剪强度，成为液体状态，这就是常说的液化现象。

液化可在饱和沙层中任何部位发生，既可在地面，也可在地面以下某一深度处，取决于砂的状态和振动情况。有时上部的沙层本来不液化，但由于下部沙层发生液化，超静水压力随着水的向上流动而消散，这时如果水力坡度太大，向上水流可能使上部沙层发生渗流破坏而失稳，或即使达不到失稳，但也会使上部沙层的承载能力大为下降。

饱和沙层发生液化时，通常可在地面上看到喷水冒沙或沿地裂缝涌水的现象。喷水可高达数米，随水流上冒的砂粒则在喷冒口周围形成“火山口”状堆积，其直径可达数米。这种喷水冒沙现象一般在强震后数秒钟内开始出现，并可延续到地震振动停止后几十分钟至数小时，甚至十余小时。然而，也有发生液化而不出现喷水冒沙现象的情况。例如，当发生液化的饱和沙层位于地面下较深处而厚度又比较薄时，向上排放的孔隙水和砂粒不足以喷出地面，只在上覆土层中形成“沙脉”。这种潜伏在地面以下的液化通常不产生明显的宏观震害。

沙类土液化使地基土丧失承载力，并伴随有一定的活动性，往往给工程建筑造成灾害性的破坏。

例如：1964 年 6 月 16 日日本新泻地震，由于沙土液化，地基丧失承载力，使工程建筑物遭到广泛的破坏，许多构筑物下沉大于 1m，并有一公寓倾斜达 80°。液化时，有地下水从地面裂缝冒出，同时，汽车、房屋和其他物体下沉到液化的沙土中，而有的地下构筑物则被浮托到地面，港口设施等也遭到严重破坏。

荷兰西南海边，1861～1947 年间先后发生过 229 次沙土液化事件，总面积达250 万 m^2，移动液体的体积达到 2500 万 m^3，海岸原来地面坡度为 10°～15°，液化后地面坡度坍塌为 3°～4°。

新疆某水库，坝高 3.5～7.1m，1959 年建成，1961 年 4 月库区发生 9 度以上的地震。1962 年 10 月又发生第二次地震，使坝基下砂质粉土(厚仅数十厘米)发生液化，从坝下挤出，导致坝基毁坏。又如 1966 年邢台地震 8 度区沙从地层裂缝喷出，水工闸门普遍下降。

又如唐山地震中发现地基液化的地层至少有 4 种情况。从平面分布看有片状和带状(图 2-6-1)，从垂直剖面看有浅层液化与深层液化。片状和浅层液化多出现在河流冲积扇地区，而带状和深层液化出现在填平的古河道的下游。这些土层的分布情况，对工程危害性并不相同，所以认真分析土层的分布，对保证设计的正确性有很重要的意义。

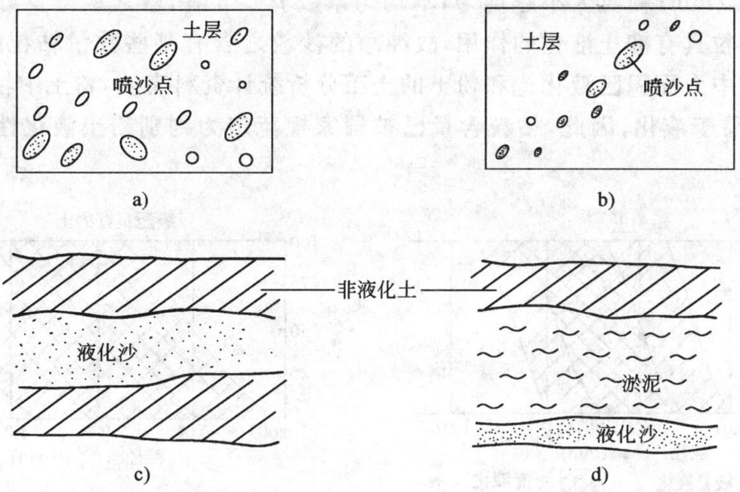

图 2-6-1　液化性状

a)片状液化平面；b)带状液化平面；c)浅层液化平面；d)深层液化平面

震害调查统计表明，平原地区的地震震害中有半数以上是由于液化造成的。以海城、唐山地震为例，由于地基液化造成严重损坏的建筑物数目约占地基基础震害总数的 54%。地基液化可使房屋倾斜、倒塌、地坪隆起、开裂，路基滑移纵裂，岸坡滑动，并使有些浅埋地下的轻量构筑物(如管道)托出地面。总之，位于液化地区内的各种工程设施几乎无一可幸免于难。

然而，值得注意的是，场地一旦发生液化，一方面固然会造成上述各种震害，但另一方面也会使地面运动减弱，这是因为液化层对剪切波自下而上的传递起一定的阻隔作用，并且由于液化及相随的喷水冒砂消耗比较多的能量，使分配到地面运动的能量减少，从而缩短地面运动的振动历时。这就是为什么发生液化场地的宏观烈度往往并不比同一震中距离内未发生液化场地的宏观烈度高，甚至反而有所降低。认识地震液化在宏观震害中不利和有利的这一双重作用，对提高地基抗震设计水平是有重要意义的。在工程应用中，首先必须判别地基是否会发生液化，然后再考虑采取何种对策措施。

6.2　产生液化的因素

从沙土液化的本质而言，人们开始的认识是密沙不容易液化，而松沙则容易液化，因此认为沙土的密度是关键问题。对不同密度的沙剪切时的变化进行研究，发现松沙在剪切时体积发生收缩，而密沙在剪切时会发生膨胀(剪胀性)，于是提出临界孔隙比的概念，即当孔隙比 e 等于临界孔隙比时，沙受剪时，体积既不发生收缩也不发生膨胀。当沙土的孔隙比低于临界孔隙比时，就不会发生液化；只有当沙土的孔隙比高于临界孔隙比时，受振时发生收缩，孔隙水压力上升，粒间有效应力减小，使沙土的强度降低甚至丧失，则会发生液化。

对沙土液化进行大量的试验研究后，发现仅按“临界孔隙比”评价是片面的，孔隙比小于临界孔隙比的沙，在某些条件下也会发生液化，因此孔隙比大小不是液化的唯一因素。沙土、粉土液化的发生既与其土质特性（内因）有关，也与液化前该土体所处的应力条件以及使之发生液化的动力作用特性等外部因素有关，是上述因素综合作用的结果。

(1)沙土、粉土的特性（包括土的类别、颗粒组成及密实度）

一般条件下，因饱和粉、细砂比中、粗砂透水性差，受震（振）时易于液化。由已经发生液化现场的土工分析统计资料（图 2-6-2）来看，一般认为特别容易发生液化的沙土的平均粒径 $d_{50}=0.075\sim0.2$mm；颗粒大小越均匀，不均匀系数 $\mu_u>5$ 者，较之级配良好的沙土易于液化；土中粘土颗粒具有抑止液化的作用，故纯净的沙较之含有某些数量粘粒的砂易于液化。海城、唐山地震中大面积已液化饱和粉土的土工分析统计资料表明，粉土中粘粒含量≤10%的沙质粉土更易于液化，因此，粘粒含量已被国家规范定为判别粉土液化性能的一个重要指标。

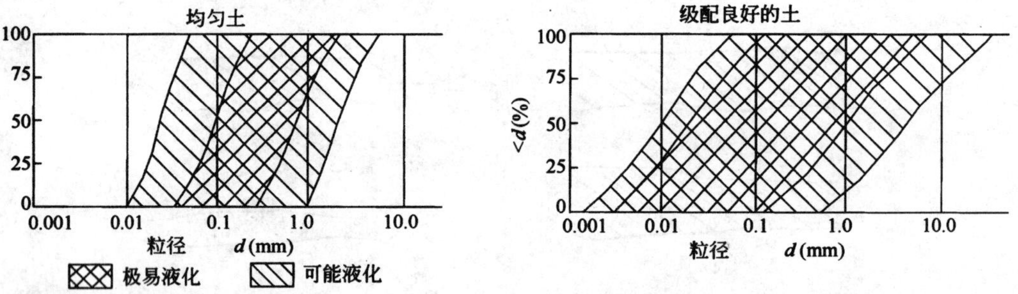

图 2-6-2 沙的颗粒组成与液化可能性的关系

土工分析与现场观测表明，液化的敏感性在很大程度上取决于沙土或粉土的密度（D_r 或 e），上述易于液化沙土的颗粒组成条件也说明这一问题。临界孔隙比的概念说明密实度是引起液化的重要因素之一。我国《水利水电工程地质勘察规范》(GB 50287—99)，认为当饱和沙土的相对密度 D_r 小于表 2-6-1 的数值，地震时可能发生液化。日本新泻 1964 年地震时，烈度 7 度区 $D_r\leqslant0.5$ 地段液化很普遍，而在 $D_r\geqslant0.7$ 地段则未发生液化。

可能发生液化的相对密度 D_r 指标　　表 2-6-1

设计烈度	6	7	8	9
D_r	0.65	0.70	0.75	0.80～0.85

(2)液化前沙土、粉土所处的起始应力条件

天然沙土或粉土由于地面有无超载、先期压力和埋深不同，地下水位不同，使其土体处于不同的起始应力状态。当沙土、粉土所处围压增大，液化的可能性就减小，或发生液化所需的动力作用强度也就增大。在我国邢台地震时，该地一村庄下面埋藏砂层与周围地区相同，但因该村庄填土 2～3m 厚，未发生液化，而其周围地区广泛液化。在日本新泻地震时，当地有 2.75m 厚的填土区是稳定的，而无填土区则液化严重。室内试验资料也证明这一点。

(3)动力作用的特性

对类别和密实度一定的沙土或粉土，起始应力状态也一定时，要使之产生液化就必须使动力作用的强度超过某一临界值。对地震来说，可用地面最大加速度作为指标。一般经验，当地面最大加速度为 $0.1g$（g 为重力加速度，$1g=980\text{cm/s}^2$）则可能发生液化。现场观测和

室内外的实验资料还表明，土在动力作用下液化的产生还与应力应变的变化频率及振动延续时间有关。如阿拉斯加地震时，由沙坡液化而产生的滑坡多产生在地震后90s，如地震延续时间只45s，则不发生液化，也不发生滑坡现象。室内试验表明，液化在振动频率达一定数值后才发生。

综合以上因素可以看到，要正确地评定砂土和粉土液化，就必须很好地研究上述这些因素和它们之间的相互关系。

6.3 液化势判别

如前所述，影响沙土或粉土的因素是多方面的，目前已发展了多种综合考虑这些因素的判别液化的方法，归纳起来有两大类：一类是以地震现场的宏观调查及现场试验为依据的方法；另一类是以计算地震剪应力与试验室确定的沙土或粉土在相应动力作用下的抗剪强度相比较的方法。由于当前受取原状饱和沙土或饱和粉土和室内液化试验等条件的限制，应用于工程实际的判别常以前者为主，并已纳入有关的规范。根据产生液化的各主要影响因素，通过某种或几种现场试验取得能综合反映土的工程性状的参数，与地震经验相结合，找出有关因素相互关系的规律性，用以进行液化判别，这是一种简便并行之有效的方法。标准贯入试验、静力触探试验及剪切波速试验等都能提供这种参数，其中标准贯入是许多国家惯用的一种土工现场试验方法。一些国家，尤其是中国、日本和美国，通过标准贯入试验进行地震现场调查，发表过大量论文，所以用标准贯入法进行沙土和粉土液化的判别，有比较充分的条件。

判别沙类土液化可能性的方法：

液化是否发生与上述多种因素有关，比较复杂（实际上还有一些因素未提到，如场地微地形、地貌特征，历史地震背景等），不确定性较大。因此，判别只能是一种估计，预测土层在一定假设条件下是否发生液化的总趋势。

判别可分两步进行，先初判，确定有没有可能液化，如可能，才进一步做必要的勘探试验工作，确定液化势。这样可节省勘探试验工作量而避免浪费。

根据经验，初判可按下列几条进行：

①在第四纪晚更新世（Q_3）或更早地质年代形成的土层，可判定为不液化土层，因为年代老的沉积层经长期固结作用，抗液化性能较好。在我国几次大震中发生液化的都是全新世（Q_4）的洪积、冲积层，没有晚更新世或更早的。

②在抗震设防烈度为7度、8度和9度地区，粘粒含量分别大于10%、13%和16%的粉土（少粘性土）可判定为不液化土层。这是根据大量液化实例资料统计得出的数据。

③上覆粘性土层厚度 d_u 和地下水位深度 d_w 落在图2-6-3所示界线以下的土层可不考虑液化影响。这也是根据震害调查资料统计得出的准则，其中含一定安全系数。

上面已经讲到，根据沙土的颗粒分布曲线可作粗略的估计，但由于影响沙土液化的因素是多方面的，因此单纯按颗粒分布曲线来评定是不全面的，下面介绍几个能综合考虑这些因素的评价方法。

(1)我国《建筑抗震设计规范》判别沙土、粉土液化的方法

我国国家标准《建筑抗震设计规范》（GB 50011—2001）在前抗震规范（GBJ 11—89）、（TJ 11—78）的编制、修订工作基础上，特别是分析总结了我国1975年海城地震（震级M=7.3）和1976年唐山地震（M=7.8）时大范围的粉土液化的现场勘察资料和大量研究文献，确定

了进一步考虑近震与远震影响，并同时适用于饱和砂土和饱和粉土液化的标准贯入试验判别式。该规范总体采用初步判别与进一步判别两步骤作法，不仅使液化判别建立在可靠的基础上，并可大量节省勘察工作量及缩短工期。其具体判别方法和内容为：

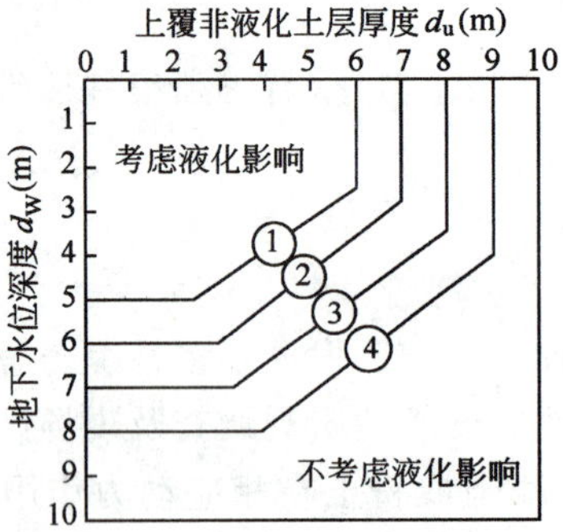

曲线	适用烈度	
	沙土	粉土
①	/	7度
②	7度	8度
③	8度	9度
④	9度	/

图 2-6-3　按土层深度及地下水位初判是否需要考虑液化影响

注：1.计算 d_w 时，应扣除淤泥、液泥质土厚度；2.d_w 应按历年平均最高水位采用；3.基础埋置深度 $d>2$m 时，应从 d_u、d_w 中各扣除$(d-2)$以后再查图

1)饱和的沙土或粉土，当符合下列条件之一时，可初步判别为不液化或不考虑液化影响：

①当抗震设防烈度为 6 度时，一般情况下可不考虑，但对液化沉陷敏感的国家重点抗震城市的生命线工程的建筑可按 7 度考虑；

②地质年代为第四纪晚更新世(Q_3)及其以前时，可判为不液化土；

③粉土的粘粒(粒径小于 0.005mm 的颗粒)含量百分率，在设防烈度 7 度、8 度和 9 度分别不小于 10、13 和 16 时，可判为不液化土；

④采用天然地基的建筑，当上覆非液化土层厚度和地下水位深度符合下列条件之一时，可不考虑液化影响：

$$d_u > d_0 + d_b - 3 \tag{2-6-1}$$

$$d_w > d_0 + d_b - 3 \tag{2-6-2}$$

$$d_u + d_w > 1.5d_0 + 2d_b - 4.5 \tag{2-6-3}$$

式中：d_u——上覆非液化土层厚度，m，计算时宜将淤泥和淤泥质土层扣除；

d_w——地下水位深度，m，宜按建筑使用期内年平均最高水位或近期内年最高水位采用；

d_b——基础埋置深度，m，不超过 2m 时应采用 2m；

d_0——液化土特征深度，m，可按表 2.6.2 采用。

液化土特征深度 d_0(m)　　表 2-6-2

饱和土类别	设防烈度		
	7	8	9
粉土	6	7	8
沙土	7	8	9

2)当初步判别认为需进一步作液化判别时，应采用标准贯入试验判别法。即当地面以下 15m 深度范围内的饱和砂土或饱和粉土的标准贯入锤击数实测值(未经杆长修正)N 小于按下式(2-6-4)计算的液化判别标准贯入锤击数临界值 N_{cr}时，应判为液化土。

$$N_{cr} = N_0[0.9 + 0.1(d_s - d_w)]\sqrt{\frac{3}{P_c}} \tag{2-6-4}$$

式中：N_0——液化判别标准贯入锤击数基准值，按表 2-6-3 采用；

d_s——饱和土标准贯入点深度，m；

d_w——意义同式(2-6-2)；

P_c——粘粒含量百分率，当小于 3 或为沙土时，均采用 3。

标准贯入锤击数基准值 表 2-6-3

近、远震	设防烈度		
	7	8	9
近震	6	10	16
远震	8	12	—

3)对存在液化土层的地基，应按式(2-6-4)计算地基的液化指数 I_{le}，并按表 2-6-4 确定地基的液化等级，作为预估液化危害性及采取工程措施的依据。

$$I_{le} = \sum_{i=1}^{n}\left(1 - \frac{N_i}{N_{cri}}\right)d_i w_i \tag{2-6-5}$$

式中：N_i、N_{cri}——所考虑土层的第 i 点标准贯入锤击数实测值和液化临界值，当 $\left(1-\frac{N_i}{N_{cri}}\right)$为负值时$\left(1-\frac{N_i}{N_{cri}}\right)$取零；

d_i——第 i 个标准贯入点所代表的分层厚度，m，但上、下界分别不小于地下水位深度和不大于液化深度，参见图 2-6-4；

w_i——d_i 厚度中点深度处的层位影响权函数，(m^{-1})，按图 2-6-4b)采用；

n——所考虑深度范围内每一个钻孔标准贯入点的总数。

应该指出，表 2-6-4 液化等级的划分只是一般性地反映了浅基础建筑的震害，并没有较多地考虑具体建筑物的特殊性。

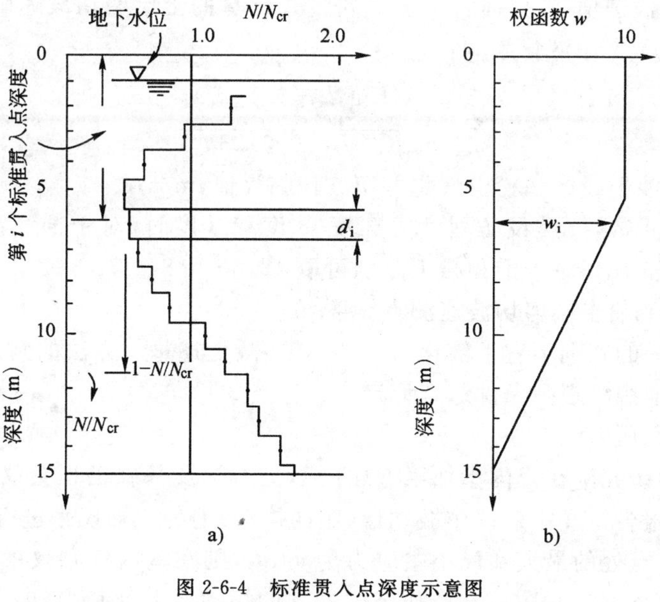

图 2-6-4 标准贯入点深度示意图

地基液化等级 表 2-6-4

液化指数	液化等级	液化指数	液化等级
$0<I_{le}\leqslant 5$	I(轻微的)	$I_{le}>15$	III(严重的)
$5<I_{le}\leqslant 15$	II(中等的)		

(2)我国《岩土工程勘察规范》(GB 50021—2001)推荐采用静力触探判别沙土液化的方法。

该判别方法为铁道部科学研究院等提出，并已在国际专业会议上得到推荐应用的方法。该法主要根据唐山地震不同烈度地区125份试验资料，用统计方法的判别函数进行了分析。在统计中考虑了沙层埋深(1～15m)，上覆非液化土层厚度(0～10.6m)、地下水位深度(0.2～6.8m)、震中距(3.1～105km)及比贯入阻力(34～423kg/cm²)等5个因素，提出了饱和沙土液化临界比贯入阻力判别标准。其判别式为

$$P_s' = P_{s0}[1-0.05(d_u-2)]\cdot[1-0.065(d_w-2)] \tag{2-6-6}$$

式中：P_s'——饱和沙土液化临界比贯入阻力，MPa；

d_u——上覆非液化土层厚度，m；

d_w——地下水位深度，m；

P_{s0}——当 $d_u=2\text{m}$，$d_w=2\text{m}$ 时，饱和沙土的液化临界比贯入阻力，MPa，规范按表2-6-5取值。

P_{s0} 值 表 2-6-5

设防烈度	7	8	9
P_{s0}(MPa)	5～6	11.5～13	18～20

对该判别式经在海城地震区，7、8、9三个烈度区计9个场地、21个静力触探孔的资料检验，判别成功率为91%。分析认为误判点(2个孔)主要与地形等因素有关。

用该式如将粉土按极细砂考虑进行判别，较为保守。

(3)《岩石工程勘察规范》中列出的依据土层的剪切波速判别液化的方法

当实测的剪切波速值 v_s 分别大于按下列公式计算的土层剪切波速临界值 v_{scr} 时，可初步判别为不液化或不考虑液化影响：

沙土：
$$v_{scr}=\sqrt{K_c(d_s+0.01d_s)} \tag{2-6-7a}$$

粉土：
$$v_{scr}=\sqrt{K_c(d_s-0.0133d_s)} \tag{2-6-7b}$$

式中：v_{scr}——饱和沙土或饱和粉土液化剪切波速临界值，m/s；

K_c——经验系数，抗震设防烈度为7度、8度和9度时，对于饱和沙土分别可取92，130和184；对于饱和粉土分别可取42，60和84；

d_s——沙层或粉土层剪切波速测点深度，m。

规范规定，单一的判别不宜下液化与否的结论，故上述每一方法的判别结果均应与其他方法，特别是地形地貌等宏观条件综合评定。

(4)最大孔隙水压力法

水利水电科学研究院在我国参加第五届国际土力学及基础工程会议上提出“沙基和沙坡的液化研究”的报告。文中建议用振动台(竖向振动)上的三轴仪来进行室内试验研究，设土体在砂基中某一点处的最大和最小主应力为 σ_1、σ_3，则在室内三轴仪中使侧向压为 σ_3，垂直向压力为 σ_1。试验时三轴仪放在能作竖向振动的振动台上，则垂直向压力就可在规定的

$\sigma_1+\Delta\sigma_1$ 范围内变化，其中 $\Delta\sigma_1=\sigma_1\dfrac{\alpha}{g}$（$\alpha$—振动加速度），测定在 σ_3 及 $\sigma_1\pm\Delta\sigma_1$ 的动荷载下出现的最大孔隙水压力 u（不排水试验），u 也就是应力状态为 σ_1，σ_3 的某点遭受动力荷载时所可能产生的最大孔隙水压力。由此即可以用土力学的方法验算砂基在该动力荷载作用下的稳定性。

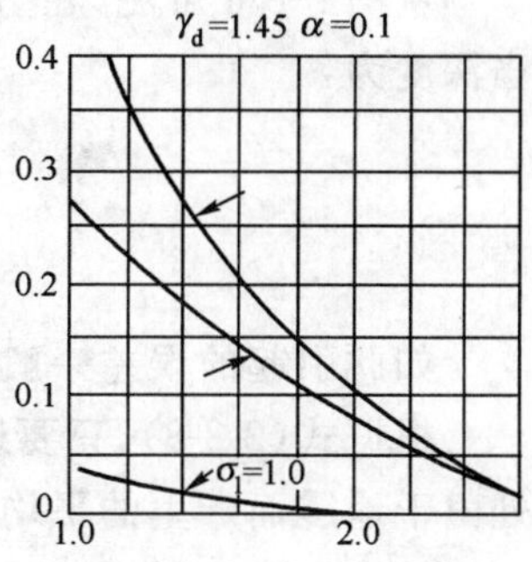

图 2-6-5　某种淤泥细砂实测数据图

图 2-6-5 即为某种淤泥质细砂（$D_{50}=0.06$mm，不均匀系数 $M_U=1.4$）在动力作用下不同应力状态时的最大孔隙水压力的实测数据。从图 2-6-5 可看出，侧向压力 σ_3 越小，在动力荷载下产生的最大孔隙水压力越大，u/σ_3 值随着 σ_1/σ_3 值的增大而减小。

（5）应力比较简化法

该方法的实质是比较沙土中由振动作用产生的剪应力与产生液化所需的剪应力（即在相应动力作用下，沙土抗剪强度），判别可能产生液化的范围。为此目的，就必须解决①沙土在动荷载作用下不同深度处的剪应力值——通过实测或理论计算；②不同应力状态下，在同样动力作用下产生液化所需的剪应力——对发生液化地区及未发生液化地区进行实地分析，或通过室内试验来测定。室内试验方法主要有：振动三轴试验及反复单纯剪切试验。解决这两个问题是比较繁重的，这里介绍美国西特（Seed，H. B）提出的一个简化的方法。

1）确定地震时产生的剪应力的简化计算法

$$\tau_{av}\approx 0.65\frac{\gamma h}{g}\alpha_{max}\cdot\gamma_d \tag{2-6-8}$$

式中：τ_{av}——τ 平均剪应力（土层中地震产生的实际剪应力是随时间变化的）；

γ——所研究深度以上土体的重度；

h——所研究土体的埋深；

α_{max}——地震地面最大加速度；

γ_d——动应力衰减系数，其值小于 1，随土的类别及深度而变化，见图 2-6-6。

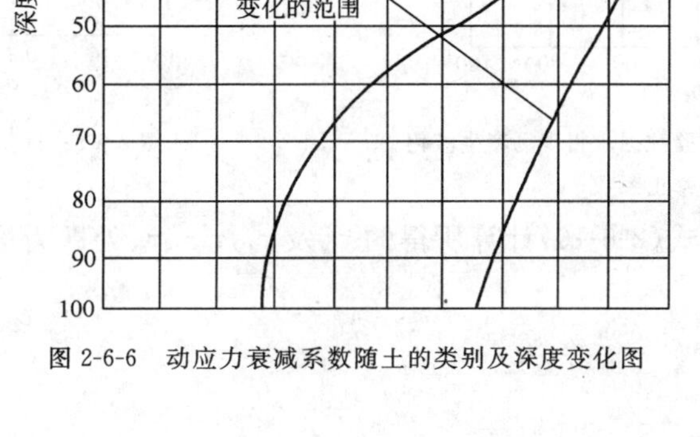

图 2-6-6　动应力衰减系数随土的类别及深度变化图

从图 2-6-6 可见，在上部 9.00～12.00m 深度内 γ_d 变化范围不大，可取用虚线平均值，当深度为：

$$3m, \gamma_d = 0.98$$
$$6m, \gamma_d = 0.95$$
$$9m, \gamma_d = 0.92$$
$$12m, \gamma_d = 0.85$$

如此引起的误差一般小于 5%。

根据式(2-8-8)，只要地震地面最大加速度已知，土的重度已测定，即可计算出不同深度处由于地震而产生的平均剪应力 τ_{av}。

2)产生液化所需的剪应力的简化计算法

在一定反复周数的剪应力作用下产生液化的剪应力值可以用分析地震区砂土产生液化的应力条件来加以确定，也可以用专门的试验室方法来确定。

根据前人积累的资料，现场条件下产生液化的剪应力比 $\frac{\tau_d}{\sigma_0}$ 与室内三轴试验产生液化的应力比 $\frac{\Delta\sigma_1}{2\sigma_3}$ 的关系为

$$\left(\frac{\tau_d}{\sigma'_0}\right) = \left(\frac{\Delta\sigma_1}{2\sigma_3}\right)_{50} \cdot C_r \frac{D_r}{50} \tag{2-6-9}$$

式中：τ_d——产生液化的水平面上剪应力；

σ'_0——起始正向应力；

σ_3——使土样固结的初始围压，即侧向压力；

C_r——用室内三轴试验数据求得现场产生液化的剪应力比的一个修正系数，见图 2-6-7；

$\left(\frac{\Delta\sigma_1}{2\sigma_3}\right)_{50}$——三轴试验产生液化的应力比，试验时控制砂样相对密度 $D_r = 50\%$。

图 2-6-8 为用平均粒径 d_{50} 表示的不同粒径的和相对密度为 50% 的沙样的一些试验成果，两曲线尽管是由不同研究者提出，但这些成果还是相当一致的，因此可以利用图 2-6-8，按引起砂土液化所需的剪应力，近似地与砂土相对密度 D_r 成正比关系，根据式(2-8-9)推算 $\left(\frac{\tau_d}{\sigma'_0}\right)$。

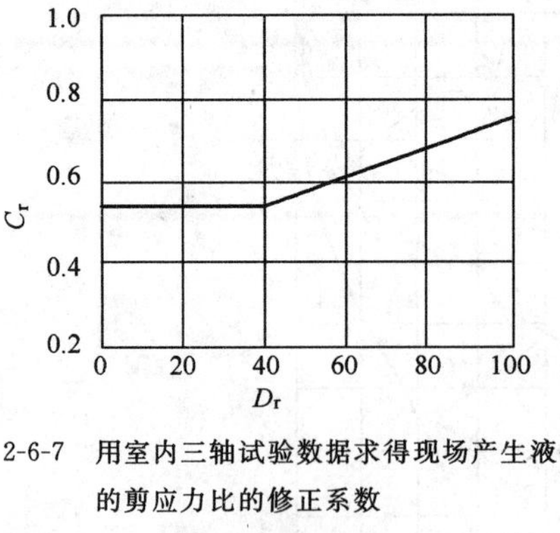

图 2-6-7 用室内三轴试验数据求得现场产生液化的剪应力比的修正系数

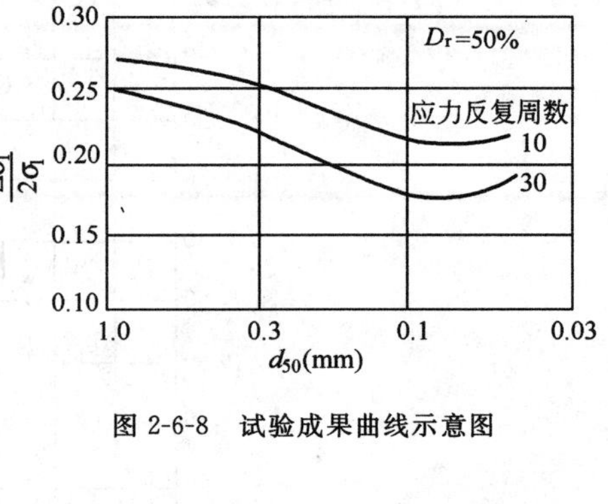

图 2-6-8 试验成果曲线示意图

比较式(2-6-9)及式(2-6-10)计算所得的 τ_{av} 及 τ_d，$\tau_d < \tau_{av}$ 处即为液化可能发生的范围，见图 2-6-9。

(6)临界加速度法

本法也是以振动三轴试验资料为依据。试验时，先使饱和沙样（其密度与原状土相等）在围压 σ_3 应力下排水，然后关闭排水管，用一定的振动加速度使沙样受振，逐渐加大振动加速度，找到在 σ_3 作用下，使砂样发生液化的临界加速度 a_c；然后重新制备砂样，变更 σ_3，再测定临界加速度，可得一组 σ_3-a_c 关系曲线。另外，找出不同 σ_1、σ_3 作用上的临界加速度 a_c，找出在同样测压力 σ_3 下，但不同 $(\sigma_1-\sigma_3)$ 的某种密度砂土的临界加速度。可得测压力为 σ_3 时 $(\sigma_1-\sigma_3)-a_c$ 关系曲线，不同的 σ_3，有不同的 $(\sigma_1-\sigma_3)-a_c$ 曲线。

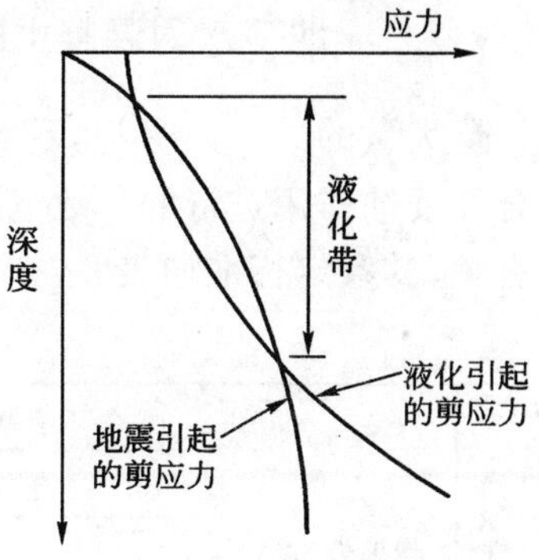

图 2-6-9　液化可能发生的范围

在判别液化可能性时，可利用计算方法或试验方法，找出砂基内各点在设计荷载下的有效主应力 σ_1、σ_3；根据 $(\sigma_1-\sigma_3)-a_c$ 曲线，确定各点相应 a_c 值，把 a_c 值相等的各点连接成 a_c 等值线。如工程所在的地震加速度为 a_c'，则凡 $a_c \leqslant a_c'$ 的部分，即为由于地震而发生液化危险的范围。

以上 6 种方法，除最大孔隙水压力法、临界加速度法要进行室内振动三轴试验，工作量比较大外，其余方法都是比较简便的，因此可作为初步判别液化可能性手段。当要专门研究时，可进行室内振动三轴试验。

6.4　抗液化措施

抗液化措施主要分为两类：

一类是将可液化土层全部或部分处理（加密或挖除换土），或者是采用桩基或深基础将建筑物荷载穿过可液化土层传到下面非液化土层上。这类方法比较彻底，但费用较贵，应视具体情况（如建筑物的重要性和重量、可液化土层的液化危害系数、厚度和位置深浅等）慎重决定是否采用。用振冲法、强夯等加密可液化饱和沙层能取得良好效果。

另一类是不作地基处理，着重增加上部结构的整体刚度和均衡对称性（包括避免采用对不均匀沉降敏感的结构型式）以及加强基础的整体性和刚性（如采用箱基、筏基或交叉条形基础），以提高建筑物均衡不均匀沉降的能力，减少地基液化可能造成的危害。

震害调查表明，可液化土层直接位于基础底面以下和可液化土层同基础底面之间有一层非液化土层，两种情况不大相同，后种情况震害可大大减轻。因此，如果靠近地表有一定厚度的非液化土层而建筑物荷载又不是特别重，应尽量利用上面这层非液化土层作为持力层，采用浅基础方案。同理，提高地面设计高程，利用填土增加作用于可液化土层上的覆盖压力也是一种防止液化的有效措施。

总之，选择合理的抗液化措施十分重要，既要保证必要的安全度，又要防止造成浪费。应结合地基液化等级和建筑物具体情况全面综合考虑，可参照以往工程经验，也可参照建筑抗震设计规范中的有关规定进行选择。

第 7 节　建筑场地中地下水对混凝土、钢筋的侵蚀性评价

地下水中含有某些成分时，对建筑材料中的混凝土、金属等有侵蚀性和腐蚀性。当建筑物常期处于地下水的作用时，则应评价地下水的侵蚀性。

7.1 地下水对混凝土的侵蚀作用

大量的试验证明，地下水对混凝土的破坏是通过分解性侵蚀、结晶性侵蚀及分解结晶复合性侵蚀作用进行的。地下水的这种侵蚀性主要取决于水的化学成分，同时也与水泥类型有关，其鉴定标准如表 2-7-1 所示。

水泥对混凝土的侵蚀性鉴定标准　　　　表 2-7-1

侵蚀性类别	侵蚀性指标		大块碎石类土				砂类土				粘性土			
			水泥类											
			A		B		A		B		A		B	
			普通	抗硫酸盐	普通	抗硫酸盐	普通	抗硫酸盐	普通	抗硫酸盐	普通	抗硫酸盐	普通	抗硫酸盐
分解性侵蚀	分解性侵蚀指数 p_s^H		$p^H < p_s^H$ 有侵蚀性，$p_s^H = \dfrac{HCO_3^-}{0.15HCO_3^- - 0.25} - K_1$								无规定			
同上	同上		$K_1 = 0.5$		$K_1 = 0.3$		$K_1 = 1.3$		$K_1 = 1.0$		同上			
同上	p^H		<6.2		<6.4		<5.2		<5.5		同上			
同上	游离 CO_2(mg/L)		游离(CO_2)$>a(Ca^{2+})+b+K_2$ 时有侵蚀性								同上			
同上	同上		$K_2 = 20$		$K_2 = 15$		$K_2 = 80$		$K_2 = 60$		同上			
结晶性侵蚀		Cl (mg/L)	>250		>250		>300		>300		>400		>400	
同上	SO_4^{2-} (mg/L)	<1000												
同上	同上	Cl (mg/L)	$>100+$	>3000	$>100+$	>4000	$>150+$	>3500	$>150+$	>3500	$>250+$	>4000	$>250+$	>5000
同上	同上	1000—6000	$0.15Cl^-$		$0.15Cl^-$		$0.15Cl^-$		$0.15Cl^-$		$0.15Cl^-$		$0.15Cl^-$	
同上		Cl (mg/L)												
同上		>6000	>1050		>1050		>1100		>1100		>1200		>1200	
分解结晶复合性侵蚀	弱盐基硫酸阳离子[Me]		[Me]$>$1000mg/L　[Me]$>K_3 - SO_4^{2-}$								无规定			
同上	同上		$K_3 = 7000$		$K_3 = 6000$		$K_3 = 9000$		$K_3 = 8000$		同上			

注：1. 表中 A 为硅酸盐水泥，B 为火山灰质、含砂火山灰质、矿渣硅酸盐水泥。

2. 表中系数 a、b 另查表 2-7-2。

(1)分解性侵蚀

系指酸性水溶滤氢氧化钙以及侵蚀性碳酸溶滤碳酸钙而使水泥分解破坏的作用，又分为一般酸性侵蚀和碳酸侵蚀两种。

一般酸性侵蚀就是水中的氢离子与氢氧化钙起反应使混凝土溶滤破坏，其反应式为

$$Ca(OH)_2 + 2H^+ = Ca^{2+} + 2H_2O$$

酸性侵蚀的强弱主要取决于的 pH 值，pH 值越低，水对混凝土的侵蚀性就越强。

碳酸性侵蚀是由于碳酸钙在侵蚀性二氧化碳的作用下溶解，使混凝土遭受破坏。混凝土表面的石灰在空气和水中 CO_2 的作用下，首先生成一层碳酸钙，进一步的作用形成易溶于水的碳酸钙，重碳酸钙溶解后则使混凝土破坏。其反应式为

$$CaCO_3 + CO_2 + H_2O = Ca^{2+} + 2HCO_3^-$$

这是一个可逆反应，碳酸钙溶于水中后，要求水中必须含有一定数量的游离 CO_2 以保持平衡，如水中游离 CO_2 减少，则方程向左进行，发生碳酸钙沉淀。水中这部分 CO_2 称为平衡二氧化碳。若水中游离 CO_2 大于当时的平衡 CO_2，则可使方程向右进行，即碳酸钙溶解，直至达到新的平衡为止。与 $CaCO_3$ 反应消耗的那部分游离 CO_2 称为侵蚀性二氧化碳。

分解侵蚀性的鉴定按表 2-7-1 中的标准来判断，有 3 个指标：

①分解性侵蚀指数 p_s^H 是分解性侵蚀总指标。

$$p_s^H = \frac{HCO_3^-}{0.15HCO_3^- - 0.025} - K_1 \tag{2-7-1}$$

式中：HCO_3^-——水中 HCO_3^- 含量，meq/L；

K_1——按表 2-7-1 中查得的数值，当水的实际 $p^H \geqslant p_s^H$ 时，水无分解性侵蚀；当实际 $p^H < p_s^H$ 时，则有分解性侵蚀。

②p^H 值为酸性侵蚀指标。当水的实际 p^H 值小于表 2-7-1 中所列数值时，则有酸性侵蚀。

③游离 CO_2 为碳酸侵蚀指标。当水中游离 CO_2 含量（mg/L）大于表 2-7-1 中公式的计算值（$[CO_2]_3$）时，则有碳酸性侵蚀。计算公式为

$$([CO_2]_3) = a[Ca^{2+}] + b + K_2 \tag{2-7-2}$$

式中：$[Ca^{2+}]$——水中 Ca^{2+} 含量，mg/L；

a 和 b——按表 2-7-2 查取的数值；

K_2——按表 2-7-1 查取的数值。

根据以上 3 个指标的判断，如有任何一种侵蚀性存在，均为具有分解性侵蚀。

（2）结晶性侵蚀

主要是硫酸侵蚀，是含硫酸盐的水与水泥发生反应，在混凝土的孔洞中形成石膏和硫酸铝盐（又名结瓦尔盐）晶体。这些新化合物的体积增大（例如石膏增大体积 1～2 倍，硫酸铝盐可增大体积 2～5 倍），由于结晶膨胀作用而导致混凝土力学强度降低，以至破坏。石膏是生成硫酸铝盐的中间产物，生成硫酸铝盐的反应式为

$$4CaO \cdot Al_2O_3 \cdot 12H_2O \cdot 3CaSO_4 \cdot nH_2O \rightarrow 3CaO \cdot Al_2O_3 \cdot 3CaSO_4 \cdot 3H_2O + Ca(OH)_2$$

应当指出，这种结晶性侵蚀并不是孤立进行的，它常与分解性侵蚀作用相伴生，往往有分解性侵蚀时更能促进这种作用的进行。另外，硫酸侵蚀还与水中氯离子含量及混凝土建筑物在地下所处的位置有关，如建筑物处于水位变动带，这种结晶性侵蚀作用就更增强。近年来为了防止 SO_4^{2-} 对水泥的破坏作用，在修建 SO_4^{2-} 含量高的水下建筑物时均采用抗硫酸盐的水泥。

SO_4^{2-} 的含量是结晶性侵蚀评价指标，当水中 SO_4^{2-} 含量分别大于表 2-7-2 中数值时，便有结晶性侵蚀作用。普通水泥还与 Cl^- 的含量有关，抗硫酸水泥则无关。

（3）分解结晶复合性侵蚀

主要是水中弱盐基硫酸盐离子的侵蚀，即水中 Mg^{2+}、Fe^{2+}、Fe^{3+}、Ca^{2+}、Zn^{2+}、NH_4^+ 等含量很多时，与水泥发生化学反应，使混凝土力学强度降低，甚至破坏。例如水中的 $MgCl_2$ 与混凝土中结晶的 $Ca(OH)_2$ 起交替反应，形成 $Mg(OH)_2$ 和易溶于水的 $CaCl_2$，使混凝土遭受破坏。

分解结晶复合性侵蚀的评价指标为弱盐基硫酸盐离子 M_c，主要用于被工业废水污染的侵蚀性鉴定。当 $M_c > 1\,000$mg/L，且满足下式时即有侵蚀性：

$$M_c > K_3 - SO_4^{2-} \tag{2-7-3}$$

式中：M_c——水中 Mg^{2+}、Fe^{2+}、Fe^{3+}、Ca^{2+}、Zn^{2+}、NH_4^+ 等的总量，或其中任一种或几种离子的含量，mg/L；

SO_4^{2-}——水中 SO_4^{2-} 的含量，mg/L；

K_3——按表 2-7-1 中查得的数值。

系数 *a* 和 *b* 值 表 2-7-2

酸性碳酸盐碱度 HCO_3^- (mep/L)	Cl^- 和 SO_4^{2-} 的总含量(mg/L)											
	200		201～400		401～600		601～800		801～1000		>1000	
	a	*b*	*a*	*b*	*a*	*b*	*a*	*b*	*a*	*b*	*a*	*b*
1.4	0.01	16	0.01	17	0.07	17	0.00	17	0.00	17	0.00	17
1.8	0.04	17	0.04	18	0.03	17	0.02	18	0.02	18	0.02	18
2.1	0.07	19	0.08	19	0.05	18	0.04	18	0.04	18	0.04	18
2.5	0.04	21	0.09	20	0.07	19	0.06	18	0.06	18	0.05	18
2.9	0.13	23	0.11	21	0.09	19	0.08	18	0.07	18	0.07	18
3.2	0.16	25	0.14	22	0.11	20	0.10	19	0.09	18	0.08	18
3.6	0.20	27	0.17	23	0.14	21	0.12	19	0.11	18	0.10	18
4.0	0.24	29	0.20	24	0.16	22	0.15	20	0.13	19	0.12	19
4.3	0.28	32	0.24	26	0.19	23	0.17	21	0.16	20	0.14	20
4.7	0.32	34	0.28	27	0.22	24	0.20	22	0.19	21	0.17	21
5.0	0.36	36	0.32	29	0.25	26	0.23	23	0.22	22	0.19	22
5.4	0.40	38	0.36	30	0.29	27	0.26	24	0.24	23	0.22	23
5.7	0.44	41	0.40	32	0.32	28	0.29	25	0.27	24	0.25	24
6.1	0.48	43	0.43	34	0.36	30	0.33	26	0.30	25	0.28	25
6.4	0.54	46	0.47	37	0.40	32	0.36	28	0.38	27	0.31	27
6.8	0.61	48	0.51	39	0.44	33	0.40	30	0.37	29	0.34	29
7.1	0.67	51	0.55	41	0.48	35	0.44	31	0.41	30	0.38	30
7.5	0.74	53	0.60	43	0.53	37	0.48	33	0.45	31	0.41	31
7.8	0.81	55	0.65	45	0.58	38	0.53	34	0.49	33	0.44	33
8.2	0.88	58	0.70	47	0.63	40	0.58	35	0.53	34	0.48	34
8.6	0.96	60	0.76	49	0.68	42	0.63	37	0.57	36	0.52	36
9.0	1.04	63	0.81	51	0.73	44	0.67	39	0.61	38	0.56	38

7.2 地下水对钢筋等铁质材料的侵蚀

当地下水的 p^H 值低，水中含有溶解氧、游离硫酸、H_2S、CO_2 及其他重金属硫酸盐时，便对钢筋、铁管或其他铁质材料产生强烈的侵蚀破坏作用。因此，当设计长期浸没于地下水中的钢筋铁质管道或其他构件时，应当考虑地下水的侵蚀破坏性。特别在硫化物矿床中，常形成酸性矿井水，对探矿采矿设备的破坏性很大。

水对铁的侵蚀性主要与水中的氢离子浓度有关。当水的 p^H 值小于 6.8 时，将有侵蚀性，p^H 值小于 5 的水对铁有强烈的侵蚀性。

水中含有溶解氧时，与铁质材料发生氧化作用，使铁质材料锈蚀。当 O_2 与 CO_2 同存于水中时，氧的侵蚀作用加剧。

水中含有游离 H_2SO_4 时，产生的侵蚀作用同样是由于氢离子置换而引起的。为了防止铁质材料受硫酸的侵蚀，水中 SO_4^{2-} 的含量最好不超过 25mg/L。

当水中溶有 CO_2 或 H_2S 时，可以使水成为电导体而不断发生电化学作用，并使侵蚀过程加速，其反应式为

$$CO_2+H_2O+H_2CO_3=H^++HCO_3^-$$

$$H_2S=H^++HS^-$$

此时，铁放出电荷，氢接受电荷，即

$$Fe=Fe^{2+}+2e$$

$$2H^++2e=H_2\uparrow$$

当水中含有重金属硫酸盐时，如 $CuSO_4$，也能加速对铁的侵蚀，因为金属铜和金属铁构成微电池而使反应不断地进行，加速了腐蚀作用。此时，铁放出电荷，铜接受电荷，即

$$Fe=Fe^{2+}+2e$$

$$Cu^{2+}+2e=Cu$$

地下水对铁的侵蚀性，目前虽尚无统一的鉴定标准，但在地下工程设计过程中，必须按上述结论考虑地下水对钢筋等铁质材料的侵蚀破坏作用。

第3章 土的工程性质对地下工程环境的影响

第1节 地下工程的几种水土压力

1.1 基坑支护结构上的水土压力

基坑工程中所采用的支护结构型式多样，而各种支护结构各自应采用何种计算理论和相应的土压力计算公式，在工程界又存在许多不同的看法，要列举所有类型的支护结构和各种土压力计算理论，既无可能，也无必要。这里就这一问题作一小结。

(1)无支撑的支护结构

将悬臂式板桩和自立式水泥土挡墙作为不设置支撑的支护结构的代表。由于此类结构变位较大，可采用土体极限平衡理论计算土压力，一般采用朗肯理论计算主动土压力和被动土压力。

(2)有支撑的支护结构

有支撑(包括拉锚)的支护结构，特别是有两道以上支撑的支护结构，由于施工阶段包括许多不同的受力工况，宜采用弹性地基梁杆系有限元法以及相应的土压力计算方法。

当无条件采用杆系有限元法或支护结构只有一道支撑的情况，也可采用图3-1-1所示的土压力分布图式。该土压力模式假定在基坑开挖面以上主动土压力随深度成线性增加，可用朗肯土压力理论计算；在基坑开挖面以下主动土压力则保持常量；支护结构基坑内墙前被动区的土体未达到被动极限状态，故采用降低后的被动土压力修正值。需要指出的是：开挖面以下主动土压力为常量的处理方法，是根据一些土压力实测资料而采用的简化假定，并经过许多实际工程检验认为是较为合理的计算图式。

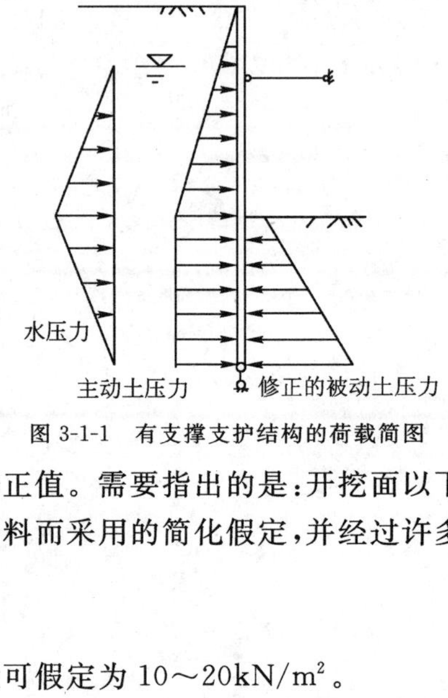

图3-1-1 有支撑支护结构的荷载简图

(3)地面超载情况

地面超载值的大小应根据工程的实际情况确定，一般可假定为10～20kN/m^2。

1.2 浅埋矩形结构的水土压力

处于软土地层中浅埋的矩形结构，无论是单跨还是多跨，在正常使用阶段，可参照图

3-1-2 的荷载图式计算土压力。结构顶盖上竖向土压力一般按土柱理论计算(除非跨度很小,埋置很深的情况)。顶盖上荷载 q_1 包括了地面超载、土柱重量和结构顶盖自重等荷载。侧向土层压力一般应按水土分算原则计算,水压力单独计算,而土压力计算时地下水位以下土的重度应采用浮重度。侧向土压力一般不采用静止土压力计算公式,而是按工程界习惯采用的朗肯主动土压力理论计算。矩形结构底板上作用的荷载 g,即为地基反力,其值为顶盖的均布荷载 q_1 再加上结构自重平均到单位面积上的荷载,但在分析底板内力时,应扣除底板自重引起的地基反力。此外,还要与作用于底板的地下水浮力作比较,当水浮力值大于地基反力值时,取水浮力为底板荷载。

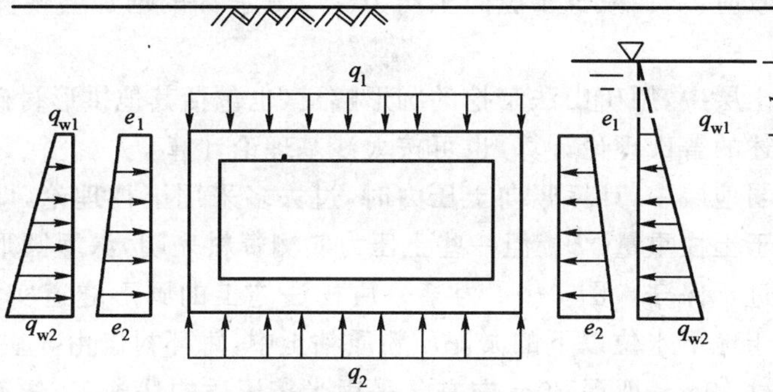

图 3-1-2 饱和土中的地下结构顶盖和底板的荷载

1.3 圆形隧道的水土压力

(1)浅埋圆形隧道

大开挖施工的大型地下圆管道以及埋深较浅的小直径顶管衬砌结构等都属于浅埋圆形隧道结构。浅埋圆形隧道在正常使用期间的土压力计算,与浅埋矩形结构大同小异。图3-1-3 为其地层压力的分布图形。圆形隧道顶部作用的竖向土压力 q_1 由土柱理论计算式(3-1-1)。拱背弧形部分的土体重量可近似简化为均布荷载。圆形隧道侧向土压力一般也是按朗肯土压理论计算。圆形隧道的底部地基反力也可由静力平衡条件确定。

$$q_1 = \gamma h \tag{3-1-1}$$

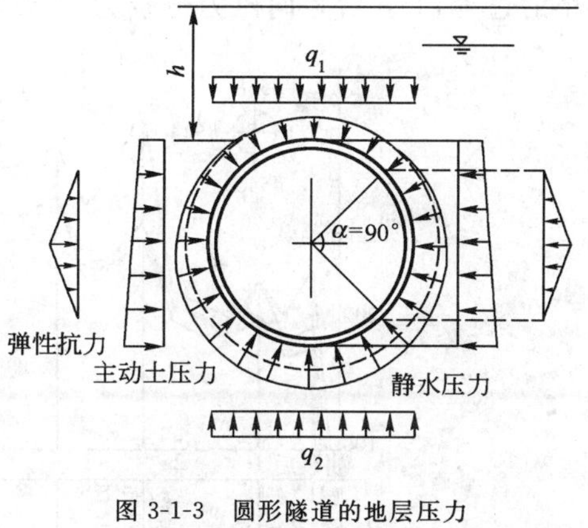

图 3-1-3 圆形隧道的地层压力

圆形隧道与矩形隧道所不同的是要考虑侧向被动土抗力的作用。由于圆形隧道结构属于跨变结构,也就是在竖向荷载作用下结构的横向跨度会发生变化。圆形衬砌横向直径将变大,竖向直径将变小,形状由圆形变成了椭圆。由跨度变化引起圆环的侧向位移量较为可观,故在地层的相对刚度较大的情况下,侧向弹性抗力的作用将会明显地表现出来,改善了结构的受力情况。弹性抗力的作用区域照理应根据结构的侧向变形情况确定,但为简化计算也可假定弹性抗力作用区为图中圆心角 $\alpha=90°$ 的范围内,弹性抗力图形为线性分布的三角形。弹性抗力的最大值为:$P_K=K\delta$,其中 K 为弹性抗力系数,δ 为圆环中腰的侧向水平位移值。

由于弹性抗力对结构的受力有帮助作用,将弹性抗力估计过大会使结构设计偏于危险,所以在土回填不密实或土质很松软的情况下,也可忽略弹性抗力的作用,这样圆形结构就成为无侧向约束的“自由变形圆环”。

静水压力径向作用在圆形隧道的衬砌上，静水压力值沿拱圈逐渐变化，在拱顶最小，底部最大(图 3-1-3)。为便于结构内力分析，也可将静水压力分解为两项：一项为沿圆环均匀分布的径向压力，它只引起衬砌的轴力，不产生弯矩；另一项为从圆环顶部向下呈月牙形变化的径向压力。

(2)深埋的圆形隧道

用矿山法暗挖或用盾构法暗挖施工的圆形隧道称为深埋的圆形隧道。深埋圆形隧道的土压力计算与浅埋圆形隧道有两个不同点：一是要考虑周围土体对隧道顶面以上土柱的夹制力以及土体卸载拱效应，从而减少了竖向土压力。二是埋深的增加会使侧向压力数值与竖向土压力数值趋向一致。

在非饱和水土的土层中，用矿山法暗挖的圆形隧道(也包括其他拱形衬砌结构)，其竖向土压力的确定可用前述的普氏理论计算，也可按太沙基理论计算。

在饱和水土的软弱地层中，计算竖向土压力时，过去多采用土柱理论，即圆形隧道上方的均布竖向土压力等于土柱重量 γh。但一些土压力实测资料表明，深埋圆形隧道的竖向土压力用土柱理论计算过于保守。图 3-1-4 为某一盾构法施工的圆形隧道实测土压力曲线。该隧道外径 2.9m，位于地下水位以下的淤泥质粉质粘土中，每环衬砌由 5 块砌块组成，衬砌厚 20cm，宽 50cm，内衬 10cm，埋深 20m 左右。采用半挤压盾构法施工，隧道正面进土量为 80%～100%。量测环埋深 19.5m，按土柱理论，竖向土压力为 $\gamma \cdot h$=351kPa。其中两个量测环刚出盾尾时的顶部竖向地层压力分别为 180kPa 和 250kPa，以后随盾构和衬砌之间的空隙被土体填实和注浆加固以及土体再固结等影响，地层压力经历了先快速增长，后逐渐减小的过程，17d 后竖向压力分别为 225kPa 和 270kPa。

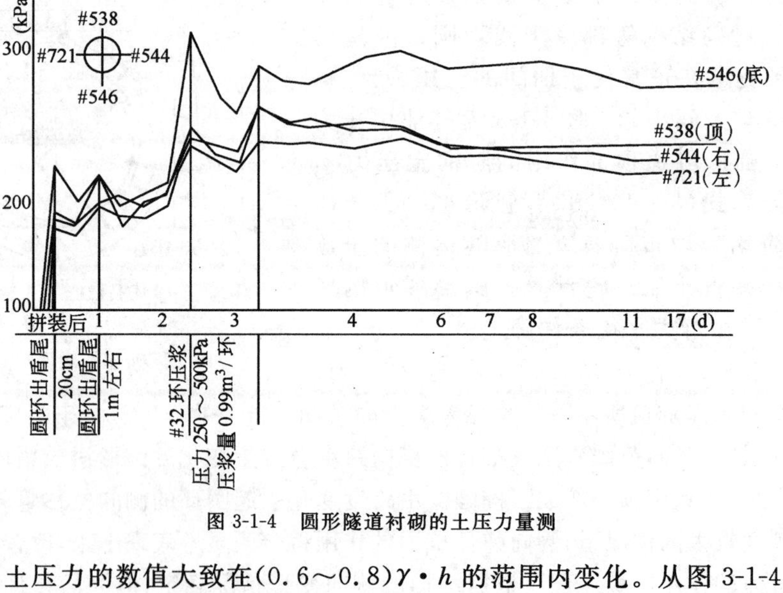

图 3-1-4　圆形隧道衬砌的土压力量测

实测竖向土压力的数值大致在(0.6～0.8)$\gamma \cdot h$ 的范围内变化。从图 3-1-4 中可以看出该圆形隧道的侧向土压力随时间的变化规律与顶部竖向土压力的变化规律相类似，侧压力在 186～280kPa 之间变化。若令隧道侧向土压力与顶盖的竖向土压力的比值为 λ，则实测的比值为 λ=0.9～1.14，实测的侧向土压力与竖向土压力相当接近。若将侧向土压力与土层竖向应力 γh 比较，侧向土压力约为(0.55～0.8)$\gamma \cdot h$。另外，作用于圆形隧道上的土压力值还与施工工艺有关，有资料表明当盾构闭胸推进时（不出土），圆形隧道实测竖向土压力值可以大于 $\gamma \cdot h$ 值。

图 3-1-4 所示的土压力实测资料，虽然只是由个别具体工程实测所得，但却具有一定的代表性。从中可以得到两个结论：深埋圆形隧道的竖向土压力一般小于土柱理论的计算值；深埋圆形隧道的侧向土压力值与竖向土压力的比值 λ 接近于 1，明显大于浅埋圆形隧道的比值。

在饱和土软弱地层中的深埋圆形隧道，虽然理论上和实测资料数据均证明这样一个事实：圆形结构所受的地层压力要比用土柱理论和朗肯土压理论得到的地层压力对结构受力有利。然而，考虑到盾构在施工阶段的受力复杂性，出于安全的原因，衬砌结构上的水、土压力仍然采用图 3-1-3 的计算图式。对于竖向土压力 q_1，一般仍按土柱理论式（3-1-1）计算，但当埋深 h 与隧道外径 D 的比值 $h/D \geqslant 5$ 时，可取：

$$q_1 \leqslant 0.8\gamma \cdot h \tag{3-1-2}$$

圆形隧道侧向土压力的确定也是从安全的目的出发。因为过高估计侧向土压力的数值，往往对结构是不安全的。我们知道，当取用的侧向土压力与竖向土压力相等，即 $\lambda = 1.0$ 时，那么圆环衬砌只会产生轴力，不产生弯矩，按轴心受压设计的钢筋混凝土结构的配筋数量是很小的，一旦出现不均匀土压时，结构将会不安全，所以工程上仍采用图 3-1-3 的计算图式。竖向土压力按式（3-1-1）计算，侧向地层压力一般按水土分算，其中侧向土压力用朗肯主动土压力公式计算。通常也应考虑弹性抗力的影响。图 3-1-3 的计算图式可偏安全地得到深埋圆形隧道顶部的最大正弯矩和圆环侧面最大负弯矩。

盾构施工时，当采用敞胸全断面进土时，衬砌圆环脱出盾构后成“横鸭蛋”变形，其侧压系数小于 1.0，上述图 3-1-3 土压力计算图式是合适的。但当盾构用闭胸拥挤压推进时，衬砌脱出盾尾后，衬砌为“竖鸭蛋”变形，侧压系数会大于 1.0，采用图 3-1-3 土压力图式就不合适了。为使结构设计符合实际受力情况，这时应增大侧向土压力（例如取侧向压力为 $\gamma \cdot h$），降低衬砌顶部竖向土压力（例如取 $0.7\gamma \cdot h \sim 0.8\gamma \cdot h$），从而才能求得衬砌圆环拱顶最大负弯矩和侧腰最大正弯矩。此外，还应考虑注浆压力或相邻隧道的盾构推进时所引起的地层压力增加。

1.4 沉井上的水土压力

沉井法施工也是深基础地下工程的主要施工方法之一。沉井本身是一个上无盖下无底的筒状结构物，它作为地下结构物完全建成以前的半成品，要承受施工阶段的各种荷载。这里仅讨论作用于沉井井壁上的水、土压力。

（1）矩形沉井井壁上的水、土压力

沉井在下沉整个过程中，井壁始终受到水、土压力的作用。图 3-1-5 为沉井下沉过程中，井壁受到的水土压力分布图式。当忽略了沉井下沉过程中因倾斜纠偏所引起的土压力不均匀因素，侧向土压力可用朗肯主动土压力理论计算。位于饱和土地层，且不采取井点降水时，井壁上的水压力通常可用静水压力公式计算。当沉井采用不排水下沉时，井壁内侧也受到水压力作用，其水压力值也可用静水压力公式计算。如要避免计算图式中井壁刃脚处内外水压力不平衡的矛盾，也可采用本章第 3 节考虑地下水渗流影响的有关水压力计算公式。

确定作用于沉井井壁上的土压力，除了用于求算井壁内力和进行配筋设计所需外，还用来估算井壁与周围土体之间摩阻力的大小。沉井的下沉系数验算和抗浮验算均需知道井壁摩阻力的大小。理论上井壁摩阻力应该等于作用于井壁上的侧向土压力与土和井壁间摩擦系数之乘积。一般取极限摩擦系数为 0.4～0.5。根据这种假设，侧壁摩擦阻力是随深度增加近似三角形分布，国外有些国家（如日本）就是采用这种假定计算井壁上的摩阻力。然而，实际上侧壁摩擦力的大小和分布规律还没了解的很清楚，因此，工程中往往是根据当地实践经验取用。例如上海地区的一些工程假定摩阻力的分布如图 3-1-6 所示。它假定从地表到 5m 深度范围内摩阻力按直线由零增长到最大值，在深度 5m 以下可认为摩阻力是常数。土对井壁的单位面积摩阻力参数参考表 3-1-1 选用。

土对井壁的单位面积摩阻力参考 表 3-1-1

土 的 种 类	侧面单位摩阻力 f(kPa)	土 的 种 类	透水性大小
沙类土与沙	15～25	淤泥质粘土	15～20
粗沙与沙卵石	20～30	泥浆润滑套	3～5
粘性土	25～50		

(2)圆形沉井井壁上的土压力

从理论上讲，确定圆形沉井井壁所受的土压力的原则应该和矩形沉井没有区别。然而，沉井在下沉过程中，由于各种原因会产生倾斜和偏移，沉井施工的纠偏过程会使沉井各个侧面所受到的土压力不均匀。不均匀土压力对矩形沉井的受力情况不会造成很大的影响，而对于圆形沉井情况就不同。圆形结构当受到径向均匀土压力作用时，仅产生轴力，不产生弯矩。当受到非均匀土压力作用时，圆形沉井将会产生弯矩，使井壁由中心受压构件转变为偏心受压构件，使其受力大为不利，因此圆形沉井必须考虑不均匀土压力的作用。

由于实际工程施工情况的千差万别，事实上不可能精确计算每个具体工程中圆形沉井的不均匀土压力的大小和分布规律，在实际工程中可采用等代内摩擦角的方法来模拟土压力的不均匀性。图 3-1-7 表示用等代内摩擦角方法计算的圆形沉井的土压力分布。图中截取圆形沉井某一高程的圆环井壁为计算结构。

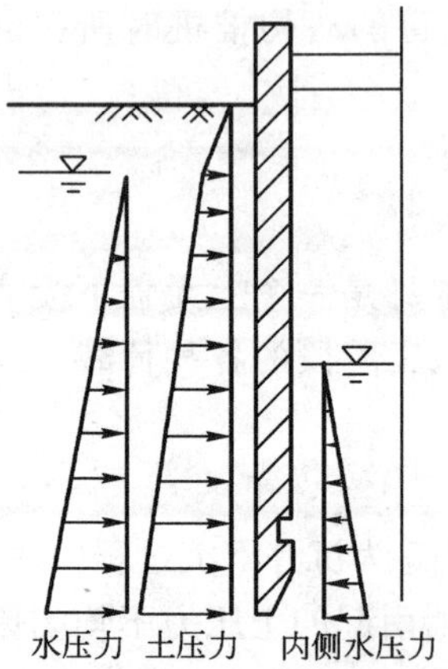

图 3-1-5 沉井井壁上的水土压力

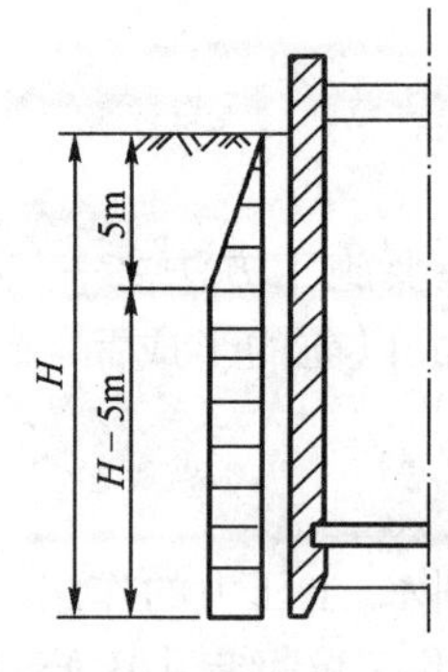

图 3-1-6 沉井侧壁摩阻力分布

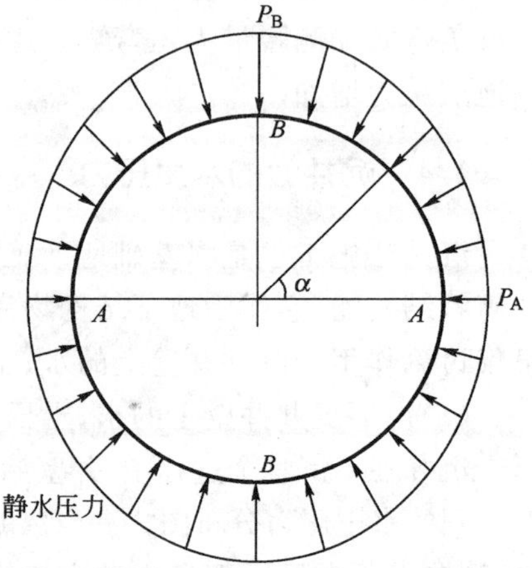

图 3-1-7 圆形沉井的不均匀土压力

可以设想，在同一高程处，沿井壁各点的土层内摩擦角 φ 均相同，则计算得到的主动土压力也各点相等。现假设在井圈上互成 90°的两点处的内摩擦角不同，其差值为 5°～10°，即 A，B 两点的等代内摩擦角分别为

$$\varphi_A' = \varphi + \Delta\varphi \tag{3-1-3}$$

$$\varphi_B' = \varphi - \Delta\varphi \tag{3-1-4}$$

$$\Delta\varphi = 2.5° \sim 5.0° \tag{3-1-5}$$

式中：φ——土层原来的内摩擦角；

$\Delta\varphi$——内摩擦角的修正值。

由此计算得到 A,B 两点的主动土压力强度值必不相等，因此可以模拟土压力不均匀的情况，沿井圈周边各点径向分布的土压力强度可由式(3-1-6)确定：

$$P_\alpha = P_A(1+\beta\sin\alpha) \tag{3-1-6}$$

$$\beta = \frac{P_B}{P_A} - 1 \tag{3-1-7}$$

式中：P_α——圆心角为 α 处的井圈土压力强度值；

α——圆心角，$0° \leqslant \alpha \leqslant 180°$；

β——土压力不均匀系数；

P_A、P_B——A、B 两点处的主动土压力强度值，分别采用 A、B 两点的等代内摩擦角计算确定。

由于地下水只会产生均匀的压力，因此当采用水土分算原则时，不均匀压力仅由主动土压力这一项产生，这时地下水位以下要采用土的浮重度计算。另外，在应用式(3-1-3)、式(3-1-4)确定等代内摩擦角时，角度修正值有一个幅度(2.5°～5°)供选择。工程实践表明当圆形沉井直径越大，下沉深度越深时，井圈两个互相垂直方向的倾侧和偏移相对较小。相应两个方向的土压力的差值也不大，故角度修正值 $\Delta\varphi$ 应取小值。反之，应取大值。

第 2 节　土的应力历史和应力路径对地下工程环境的影响

2.1　土的应力历史对地下工程的影响

土体应力历史状态的描述主要通过先期固结压力 P_c 与超固结比 ORC 值等物理量来反映。国内外有许多学者对此作了大量的研究。根据土的应力历史状态划分为 3 种土：超固结土、正常固结土、欠固结土。

所谓超固结土是指现状土体的地表比历史上的地表低；正常固结土是指现状土体的地表与历史上的地表一致；欠固结土是指现状土体的地表比历史上的地表高。

本节并不讨论如何测定先期固结压力、超固结比值，也不判断当地的某种土体处于什么固结状态，只是试图把应力历史的概念广义化，即把地质年代缩短为当前地下工程的施工活动时期，以提醒人们，土体应力历史的影响时刻都会出现在我们身边。我们把目前地下工程中经挖方后留下的土体称为"超固结土"；经填方后的土体称为"欠固结土"。

下面列举常见的地下工程实例，以说明这种应力历史对工程的影响。

(1)基坑开挖后，挡墙在基底面以下的墙面上侧压力的计算

基坑开挖后，随着土重的卸除，作用在基底面上的垂直压力变为零。挡墙在基底面以上的墙面上，其侧向压力也变为零。作用在基底面以下的墙面上的侧压力，按传统的观念，它应等于开挖后传统的侧压力(呈三角形，基底面处为零)加上挡墙向土体变位后产生的土抗力。但是实测侧向土压力的结果比这两者之和要大得多，见图 3-2-1。实测曲线随着深度的增加逐渐向初始侧压力线靠拢，至某深度(5～15m)以下，实测曲线完全与初始侧压力线重合。这说明，虽然基坑开挖挖去了上部的土体，卸去了基底面以上的土重，但是基底面以下

的土体还保留了(或部分保留了)历史上的应力状态,换句话说,它们还残余了(或部分残余了)历史上的应力状态。我们把基底面以下(5～15m)范围称为部分残余区,而在此以下称为完全残余区。当土体强度较高,较密实时,部分残余区较小;当土体强度不高,不紧密时,部分残余区较大。

这种历史应力的残余对地下工程是有利的,它能减少挡墙、支撑的变形和受力,能提高基坑的稳定性。以往从理论上来推求基坑开挖后基底面的向上隆起量时,都采用平面的或空间的有限元法,此时都在基底面上作用一个向上的土体释放应力(其值取为 γh,h 为本次的开挖深度),计算结果,发现隆起量特别大,与实测结果相差甚远。究其原因,就是因为没有考虑到基底面以下有历史应力的残余。欲使计算结果较符合实际,必须考虑基底面以下的残余应力。

(2)基坑顶削去某一厚度土体后,挡墙上侧压力的计算

在基坑挡墙结构设计时,有时在基坑顶削去一层土体,这样也可减小挡墙的总深度,如图 3-2-2 所示。现在的问题是,挡墙上的侧向土压力是否减少了 $h_1\gamma \cdot K_a$(K_a 为侧压力系数),如果是,那么 S 值能否小一些(这样削去的土体也少又能减少土压力)。

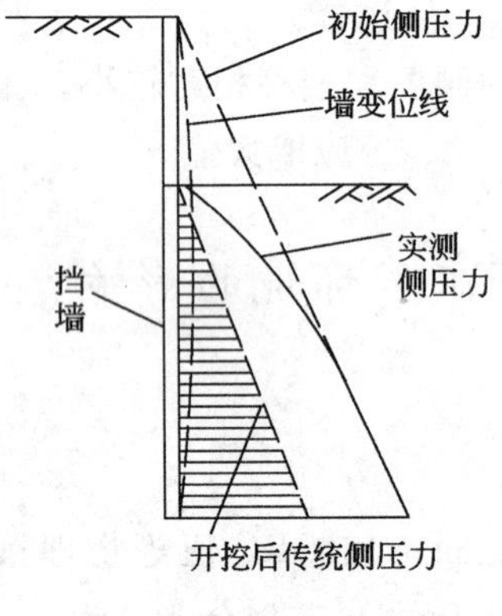

图 3-2-1 基底下墙上的侧压力

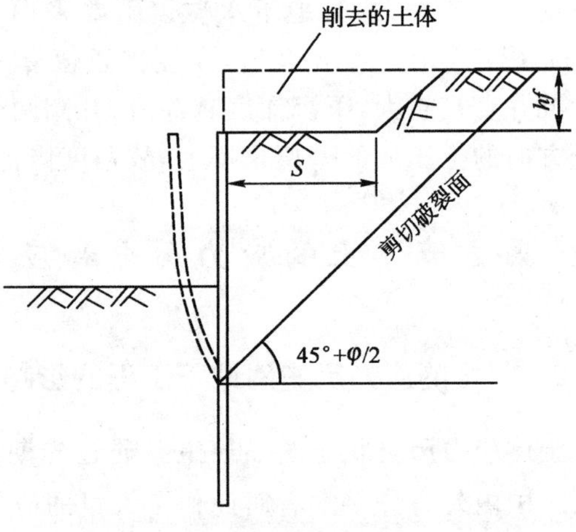

图 3-2-2 坑顶削土

乍一看,此问题在(1)中已解决,因有应力残余,所以土压力不会减少,其实不然。(1)中讨论的土体是基底面以下,土体处于被动受压状态,而现在讨论的是基底面以上的土体,该土体处于主动受力状态(土体压向挡墙),挡墙在土压力作用下向坑内变形。一般情况,当挡墙变形达到变形挡墙高度的1‰～3‰时,在墙背土体中就会产生剪切破裂面。因此,挡墙变形极易产生墙背剪裂面,基本上不存在残余应力问题。所以本题的结论是,当削土距离 S 超过剪切破裂面时,作用在挡墙上的土压力可以减少 $h_1\gamma \cdot K_a$。如图 3-2-2 那样的削土范围,土压力不应减少 $h_1\gamma \cdot K_a$,如不精确计算减少量,为安全计,可当无削土的情况来计算土压力,尽管如此,也已达到了节约的目的。

(3)在现有地表面上的填方或堆物对工程的影响

在国内某地一污水排海顶管工程,在顶进施工过程中发现管道轴线偏离预定位置很多,已无法进入顶管接收井。通过检查,发现在离管道轴线不远的地表面上近来堆积了数量可观的钢材,造成顶管轴线的严重偏移,见图 3-2-3。经理论计算,证实管道的偏移主要原因是地表面堆物。

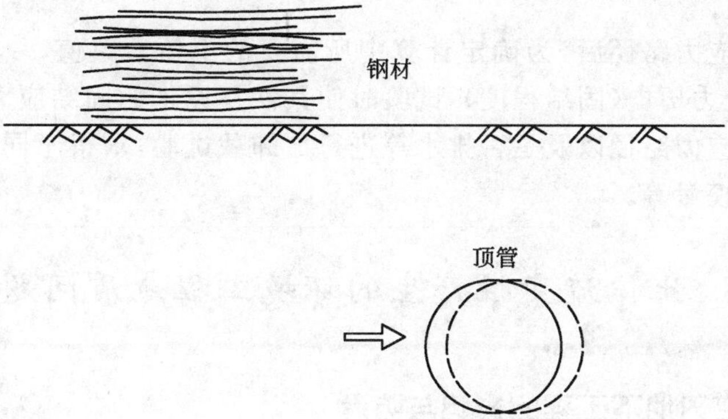

图 3-2-3　地表过量超载引起顶管偏移

类似情况在基坑工程施工中也有出现。一般在基坑围护结构设计中设定地面超载为 $20kN/m^2$，这一数值对正常的机械停放施工、机械设备的通行或临时堆放一些材料、器材等（即刻往坑内运送）是满足要求的，它们对基坑的变形与稳定未构成威胁，也是设计中所允许的，然而，有时往往会发生大量堆放钢材（1m 高度的钢材，起码会产生 $60 \sim 70kN/m^2$ 的荷重，或者临时堆放坑内挖出的土体（形同山一座）），这些情况都是不允许的，是基坑大变形、构件破坏、失稳等事故的隐患。施工人员应及时加以制止。

2.2　土的应力路径对地下工程的影响与防治

对于设计与研究人员来说，总是希望自己的计算结果符合施工实际情况，这就要求力学模型选得适当，各项计算参数取得正确。对于软土地下工程而言，正确选取土体的各项参数值尤为重要。因为软土是有明显的不可逆变形和流变特性，因此，为了正确地选取参数值，必须研究开挖（应力释放）、支撑或隧道衬砌（阻止土体继续变形）、循环反复情况下的土体应力路径。下面以基坑工程为例说明土体的应力路径。

图 3-2-4 中墙背的某土体单元，以挡墙施工完以后的土体应力状态为起点。

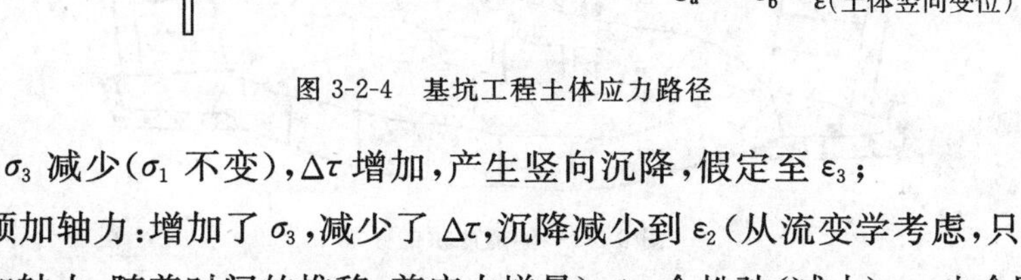

图 3-2-4　基坑工程土体应力路径

基坑开挖：σ_3 减少（σ_1 不变），$\Delta\tau$ 增加，产生竖向沉降，假定至 ε_3；

加支撑并预加轴力：增加了 σ_3，减少了 $\Delta\tau$，沉降减少到 ε_2（从流变学考虑，只要支撑顶住挡墙并不一定预加轴力，随着时间的推移，剪应力增量），$\Delta\tau$ 会松弛（减小），σ_3 也会随时间增大；

进一步开挖：由于支撑的变形、挡墙的进一步变位，重新又使 σ_3 减少，$\Delta\tau$ 增加，沉降增加。

从应力路径图中可以看出，土体应力与应变并非成一一对应关系。要想知道土体受了某剪应力后变形有多大，必须先了解它处于哪条应力路径上。可见应力路径对土体变形的影响程度。

在研究了土体应力路径后，为确定计算中所需要的土体参数值，一般对钻孔取得的土样，首先考虑它的应力历史(固结程度)，试验时使其恢复原来的固结应力状态，然后根据本工程所可能出现的应力路径以及是否排水等进行加卸载试验，求得不同应力路径时所对应剪应力的土体变形模量等。

第3节　土体流变性产生的环境工程地质问题与防治

3.1　土的蠕变对地下工程的影响与防治

蠕变的定义，即荷载恒定，变形随时间而增加。英国伦敦某粘土边坡于1893年开挖，并建造了高4m的挡土墙。在1948年，即建成后55年，发现挡土墙移了90cm，并出现裂缝。另一挡土墙建于1912年而毁于1941年，位移速率从观察开始(1929年)的每年6mm发展到破坏前的每年457mm。前苏联列宁格勒某护岸工程的板桩挡土墙，板桩顶部的位移，在头3个月变位移速率最大，变位移量约占总变位移量的70%，以后变位移率逐渐降低，接近固定速率，4.5年后达到95mm。上海徐家汇地铁车站的地下墙，在基坑开挖阶段，曾对不及时支撑造成地表沉降的增加现象作了观测，对于第二道支撑，每迟1d，增加2.3mm；对第三道支撑，为2.4mm/d；对第四道支撑，为3.4mm/d；对第五道支撑，为4.1mm/d。宁波甬江隧道引道段地下墙工程，在基坑开挖后近两个月，地下墙下沉、支撑断裂，造成基坑失稳、人员伤亡的后果。不仅基坑工程有明显的蠕变现象，对于隧道工程，同样存在。浙江绍兴深埋的人防地道，埋设于地下23m处，隧道周围的土质为淤泥质粘土，含水量接近液限，孔隙比大于1。隧道衬砌采用当地的石材。建成2～3年后，地坪开始出现轻微开裂与隆起，后来裂缝变宽，隆起加大，底鼓最大有50cm之多，见图3-3-1，侧墙下沉，地面建筑发生开裂。有关软土地下工程中的蠕变现象举不胜举，但是仅就以上所举的实例，可以发现，有的工程蠕变发展是收敛的，最终没有导致工程破坏；但有的工程蠕变发展的最终结果是导致工程破坏。对其原因，人们从一个简单的实验中得到启迪：

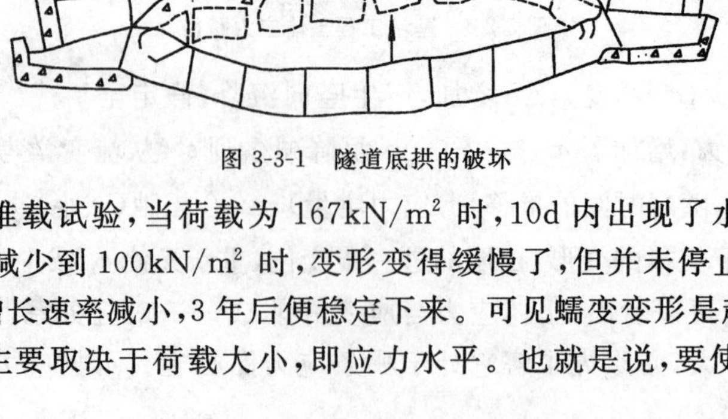

图3-3-1　隧道底拱的破坏

在一码头上作堆载试验，当荷载为167kN/m²时，10d内出现了水平位移33cm，沉陷13cm。后来将荷载减少到100kN/m²时，变形变得缓慢了，但并未停止。最后将荷载减少到60kN/m²，变形增长速率减小，3年后便稳定下来。可见蠕变变形是趋于稳定还是加剧变形，最后导致破坏，主要取决于荷载大小，即应力水平。也就是说，要使工程不发生蠕变破坏，应严格控制应力水平，不使应力过大(对基坑工程、隧道工程等主要是不使剪应力过大)。除控制应力水平以外，还需尽量减少蠕变持续时间，因为有时应力水平并不高，并不引起人们的重视，但是由于长时期的蠕变变形同样会造成工程破坏或影响了使用要求，因此应及时支撑，及时衬砌，加快施工速度，缩短工期等。

3.2 土的应力松弛对地下工程的影响与防治

应力松弛的定义，即变形恒定，应力随时间而减少。

任何物体都有应力松弛性质。Maxwell 于 1868 年提出了松弛理论。大家熟知的预应力构件中的钢筋，在受到预拉力后被固定在台座上(钢筋的拉应变保持不变)，钢筋中的预拉应力会随着时间而减小，即拉应力松弛，但钢筋预拉应力不会松弛到零。可以想像到，如将橡皮筋拉长后两端固定起来，过了一定期间后，橡皮筋的弹性会丧失，即拉伸时橡皮筋中的拉应力已松弛到零。同样，土体亦有应力松弛现象。

在基坑工程中，由于支撑等构件顶紧挡墙，使墙背土体剪应力增量松弛，使作用于挡墙上的侧压力增加。此种剪应力增量随着时间的推移会松弛到零，而侧压力会增加到原先基坑未开挖时的应力状态，即静止土压力状态。日本国在设计基坑挡墙时，采用的多是静止土压力。上海市的规范，挡墙设计多采用主动土压力，从流变学看，确是降低了安全度，或以发生一定量的挡墙变位为代价来弥补此不足。

在盾构法建造隧道时，当盾构刚脱尾的时候(假定向盾尾的灌浆不及时或不充分)，衬砌外的地层处于应力释放状态，在土体剪应力增量作用下发生蠕变变形，地层向衬砌方向移动。当灌浆充填密实或土体已完全密贴衬砌时，地层的变形受到衬砌结构的限制，亦即衬砌上开始作用着来自地层的土压力。由于地层变形受到阻止，根据流变学原理，土体中的剪应力增量会松弛，随着剪应力松弛，作用在衬砌上的土压力会随时间而增加。这就是为什么隧道上的地层压力会随时间增加的原因(有建成隧道后两年地层压力仍在增加的报道)。对于处于软弱土层中的隧道结构，这种地层压力往往会增加隧道上的全部土柱重，设计者应引起注意。

3.3 土的长期强度

土的长期强度定义为土体的蠕变变形能达到无穷大时间的应力。

当荷载产生的土体应力超过长期强度时，蠕变变形最终会导致土体破坏。如果某地下工程的施工周期相当长，设计者就应当注意，不要让土体应力超过或接近长期强度。至于如何测定土体的长期强度，请读者参阅有关资料。

第4章　地下工程施工引起的环境工程地质问题与保护

大量的软土地层中地下工程建设的实践表明，施工过程中都会给周围的建筑物或地下构筑物、地下管线带来不同程度的影响。对于用盾构法建造的隧道或顶管法建造的管道，在建成后的一段相当长时期内，还会发生地层移动，这是由此类施工方法的特点以及土体具有流变性质造成的。

地下工程施工给周围环境带来影响，严重者会造成建筑物的不均匀沉降、开裂，甚至倒塌，并导致人员伤亡；对于近旁的地铁隧道等会造成变形过大，列车出轨等严重事故；即使对于管径不大的地下管线，因为变形过大造成煤气泄漏、爆炸，水管爆裂形成水患，电缆断裂造成停电或通讯中断等这些事故都会严重危害生产建设和人民生命财产安全。对每一个从事地下工程建设的人员，都必需了解、研究本工程施工时对周围环境的影响程度，并事先、事中采取有效的保护措施，将环境影响减少到最小程度。本章主要针对基坑工程、盾构隧道工程、顶管管道工程及井点降水工程，阐述地层移动的机理，分析其影响因素，确定影响的范围，介绍对环境影响进行预测的各种方法，最后介绍一些行之有效的环境保护方法。

第1节　基坑工程引起的环境工程地质问题

1.1　基坑开挖时的地层移动机理

1.1.1　基坑开挖时的地层移动过程

当基坑开挖时，挡墙背地层产生剪应力增量，土体产生剪切变形，致使挡墙向基坑方向变位(上大下小)。在设置支撑以后，支撑点处的挡墙变位受到限制，当基坑继续挖深时，支撑点以下的挡墙变位继续增加，由于挡墙具有一定的刚度，故支撑点以上的挡墙部分会向地层方向回复，如图 4-1-1 所示。随着基坑开挖深度的增加，支撑的位置，挡墙的水平变位如图 4-1-2 所示。挡墙的最大水平变位处，在基底以上某个高度，这是因为该工程对基底以下的地层进行了加固。

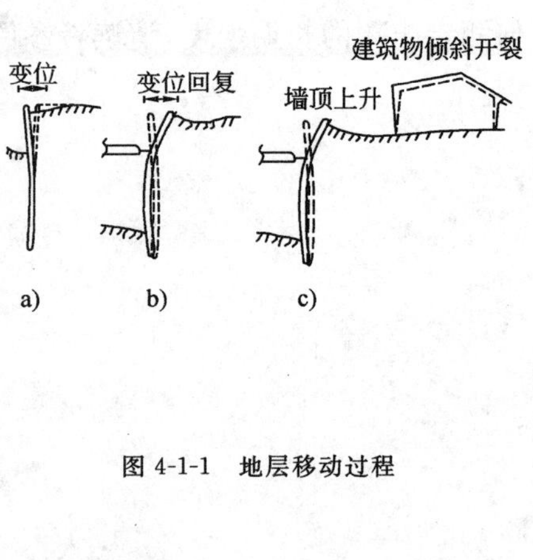

图 4-1-1　地层移动过程

如果基底以下的地层不作地基加固，则挡墙的水平变位还要大，而且最大点位于基底面以下 1～2m 的地方。另外，从图中也可看出，在支撑点挡墙变形有一凹角，当采用的挡墙结构刚度较大时（如地下连续墙等），挡墙的变位曲线是圆滑的，同时支撑本身亦会在墙外侧压力作用下产生压缩变形，这种压缩变形也增加了墙体变位。挡墙向基坑内的变位导致墙外的地层移动。对于基底地层，当基坑开挖时，基底地层的土体单元亦产生剪应力增量（方向与墙背地层几乎成直角），基底土体的剪切变形导致基底向上回弹隆起。这种基底地层移动，当基坑较宽时，会直接波及墙背地层移动，同时挡墙亦会因基底土的地层移动而增大了向基坑方向的变位，这样又间接地波及到墙背地层移动；当基底较窄时，基底地层移动主要通过挡墙间接地波及到墙背地层。可见，墙外的地层移动，包括地表沉降，与挡墙的变位和基底土的地层运动密切相关。从量值上讲，是两者的综合。

由于土体具有流变性，为了尽量减少地层移动，应缩短基坑暴露时间，要及时支撑并预加轴力。

在基坑开挖过程中，要随时监测地下管线处和地表的沉降情况。当沉降值超过警戒值时，应采取跟踪注浆的办法，以消除或减少因地层移动造成对地下管线等的影响。

地表沉降的曲线形状，也是随开挖过程而变化。当开挖初期，深度很浅，支撑尚未设置时，地表即已开始沉降，此时的沉降曲线形状如同墙体水平变位曲线，在基坑边的沉降值最大，随着距离的增加，沉降值越来越小，见图 4-1-3。随着基坑开挖深度的增加、支撑的设置，地表沉降曲线可能有两种不同形状。如果地层较软弱而且挡墙入土深度又不大时，此时，墙底显示较大的水平变位，墙背地层的移动使靠墙处的地表沉降继续增大，形成相同的地表沉降曲线形状，只是数值有所增大，沉降范围有所延长而已，如图 4-1-4a）所示；如果墙体入土深度较大，或墙体入土在刚性较大的硬地层中，此时随着开挖深度的增加，墙体的变位类同于梁的变位，而地表沉降曲线形状也变为类同梁的变位曲线，地表沉降的最大值不在墙旁，而是离墙边一定距离的位置上，如图4-1-4b）所示。

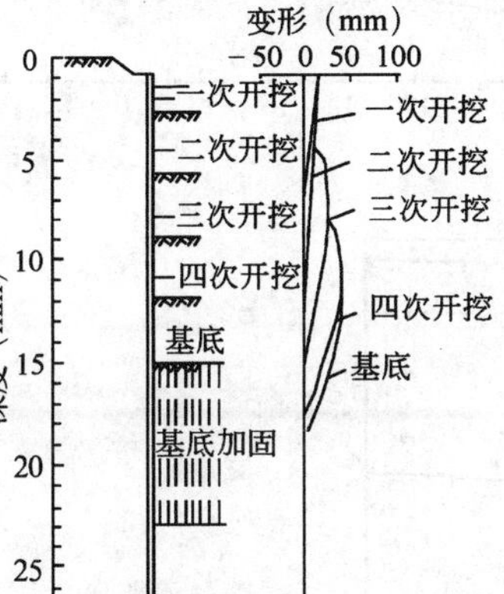

图 4-1-2　地层移动过程（多道支撑）

图 4-1-3　开挖很浅，无支撑时的地表沉降

1.1.2　引起地层移动的影响因素

基坑工程的地层移动规律与挡墙结构的型式、基坑宽度、地层条件、开挖深度、入土深度、支撑设置、施工速度、施工技术措施等有关。

（1）挡墙形式的影响

各种墙体水平变位的有限元计算结果有如下关系：

壁式地下墙：柱列式地下墙：桩板式墙＝0.55：0.75：1。

对于地表沉降量，在估算时日本有人建议，壁式地下墙：柱列式地下墙：柔性挡

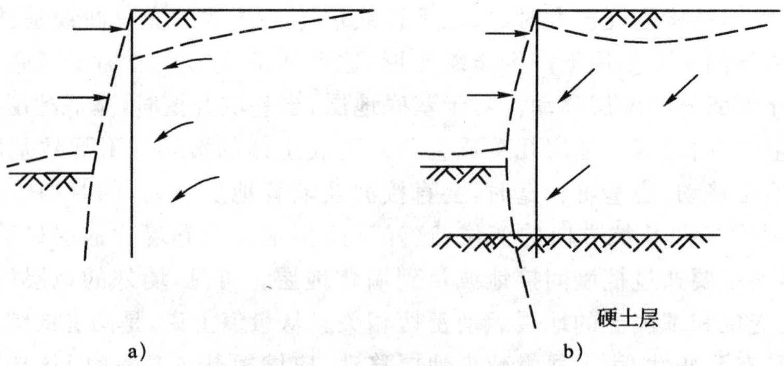

图 4-1-4　开挖较深，有支撑时的地表沉降

墙＝0.55∶0.7∶1。

总之，挡墙刚度越小，地层移动越大。

(2)基坑宽度、开挖深度的影响

分别取基坑宽度为 8m、12m、18m、24m。用平面问题有限元方法，计算出墙体的水平变位、地表沉降、基底向上隆起量，并绘于图 4-1-5 上。

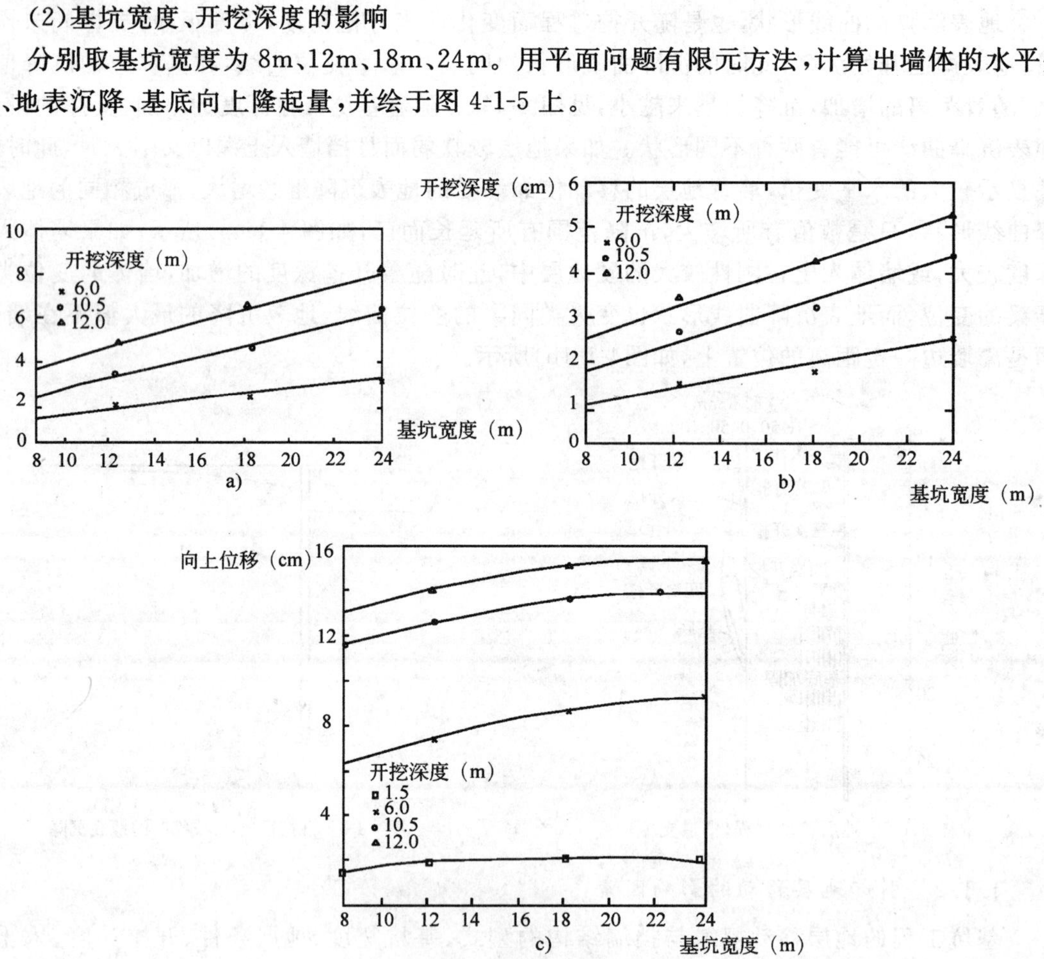

图 4-1-5　基坑变形

a)墙体水平位移；b)地表沉降；c)向上位移

从图中可以看出，基坑宽度越大，地层移动越大。地表沉降几乎与基坑宽度成直线关系；基底向上位移与基坑宽度成曲线增长，增长的速率比地表沉降的低；开挖深度越大，三者

的变位也越大，特别是当开挖深度为 10.5m 及 12m 时，三者的变位速率较开挖深度为 6m 的要大得多，也就是说，宽基坑能引起深开挖工程较大的地层移动，或者说，开挖深度小于 6m 的基坑工程，可以进行大面积的开挖，此时基坑宽度对地层移动的影响较小。鉴于此，建议以 6m 深度，为深、浅基坑的分界点。

(3)支撑数量的影响

支撑数量多，增加工程造价，也影响工期。但支撑数量少，会增大墙体变位量，使地层移动变大。在含水软弱地层中，支撑的竖向间距一般为 3～4m。顶层支撑尽量往上移，底层支撑位置亦应尽量放低，以底撑轴心至坑底面的距离 2m 左右为宜，只要能留出底板浇捣所需空间即可。图 4-1-6 表示其他条件都相同的情况下，采用两道支撑和采用三道支撑，不同的地表沉降曲线。图 4-1-6a)设置两道支撑。支撑轴心高程为－3.60m，－9.10m，基底面高程为－12.00m；图 4-1-6b)设置三道支撑，高程分别为－0.75m，－5.25m，－9.75m。比较图 4-1-6a)与图 4-1-6b)，可以看出，采用三道支撑的工程，由于顶层支撑位置较高，故表沉降不足 1cm，而采用两道支撑的，在设置第一道支撑时，地表沉降已发展到 3cm 之多；开挖结束时的总沉降量分别为 4cm、5cm。虽然看起来地表沉降仅差 1cm 余，但对地面邻近房屋而言，这 1cm 多的沉降余量会产生严重裂缝。幸好该工程附近是一片空旷地，无邻近建筑和地下管线等。因此，只是在如此环境条件下，才可以采用较少数量的支撑。

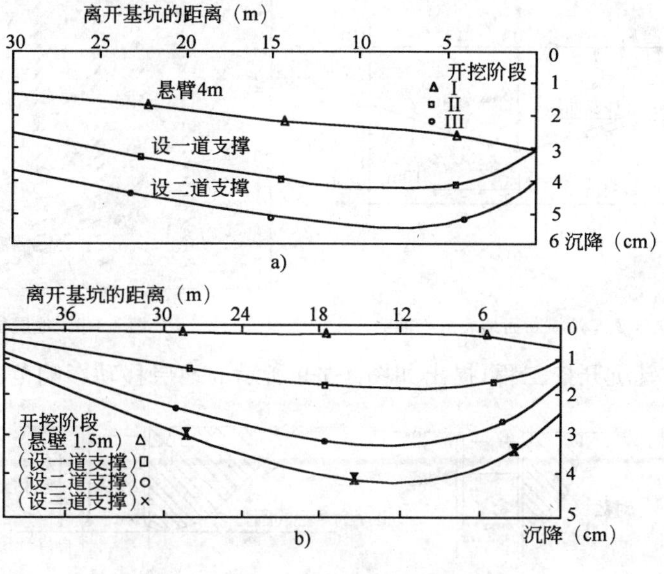

图 4-1-6　不同支撑道数的地表沉降

a)共两道撑；b)共三道撑

(4)施工速度的影响

加快施工速度能有效地减少地层移动，这包括开挖后及时设置支撑并预加轴力(要求开挖两排支撑位置，即长 6m、深 3m 的基坑，两班把土挖完，然后在 8h 以内将支撑架设完)，在挖到基坑设计底高程时，立即做垫层、扎钢筋、浇捣底板混凝土。如果施工速度过慢，由于软土地层的流变性，将会增大地层的移动量。据上海某地铁车站实测数据的统计，如果支撑架设时间超过 8h，则地表沉降增量分别为 2.3mm/d(对第二道支撑)、2.4mm/d(对第三道支撑)、3.4mm/d(对第四道支撑)、4.1mm/d(对第五道支撑)。另据日本国现场实验的数据，基坑开挖后的基底隆起量，在基坑搁置不到 10d 的时间内，增加了 50%左右。

1.1.3 基坑施工引起地层移动的范围

掌握施工时地层移动的影响范围，对保护邻近建筑物和地下管线等具有重要意义。一般将地层沉降范围分为 3 个区域：小于警戒沉降量的区域为 C 区，对处在 C 区的地下管线、构筑物或地面建筑物等不需要采取特别的措施。大于警戒沉降量、小于允许沉降量的区域为 B 区，对处在 B 区的地下管线等，虽然它的下沉量仍然属于允许范围，但由于实际工程的千变万化，情况复杂，所以此区域是值得警惕的区域。一般应随施工的进行，加强对地下管线等的量测和监控，随时注意其安全。沉降量大于允许沉降量的区域为 A 区，该区为危险区域，应将处于 A 区内的地下管线尽量搬至 B 区、C 区或影响范围之外，对无法搬迁的地下管线和建筑物应采取切实可行的保护措施。

地层移动的范围取决于地层性质、基坑开挖深度 H、墙体入土深度、下卧软弱土层深度、基坑开挖宽度、开挖支撑施工方法等。地表沉降范围一般为$(1\sim4)H$。图 4-1-7 为上海某地铁车站横断面地表沉降曲线。地表沉降影响范围为 31m，约为 $2H$。图 4-1-8 为用有限元法计算得到的地层位移矢量图。从图中可以看出，基底以下土体主要以隆起位移为主，墙背近挡墙的那部分土体，水平变位与沉降并重，以远的土体以沉降为主，墙底以下那部分土体以向基坑方向水平位移为主。

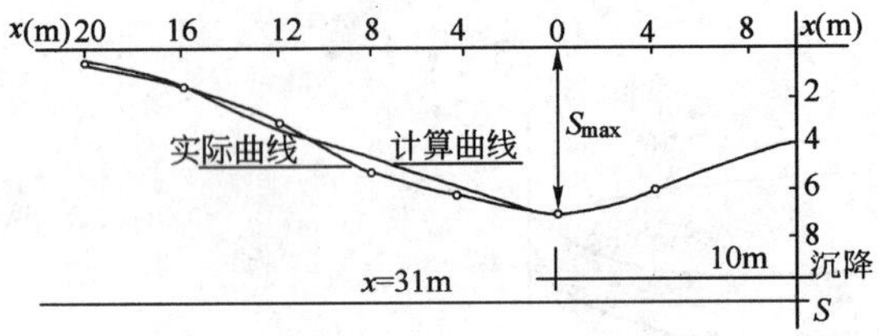

图 4-1-7　上海某地铁车站横断面地表沉降曲线

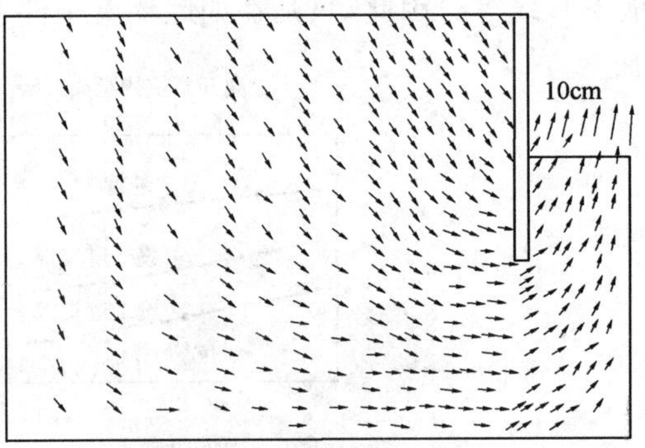

图 4-1-8　地层位移矢量图

日本国对于基坑开挖工程，提出如图 4-1-9 所示的地层移动影响范围。

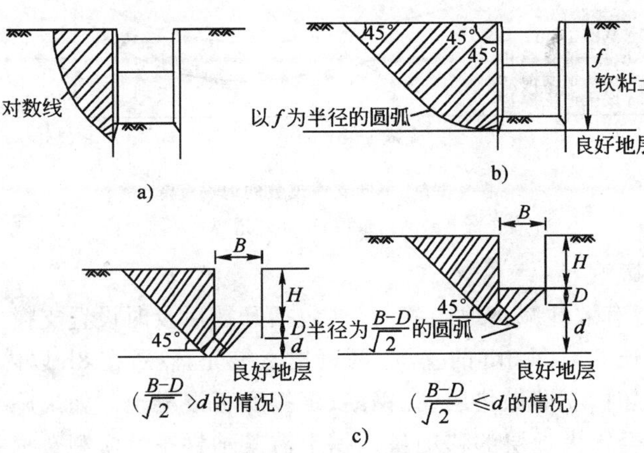

图 4-1-9　地层移动影响范围

a)沙土及非软粘土时的影响范围；b)软粘土时的影响范围(入土在良好的地层情况)；c)软粘土时的影响范围(地下墙入土在软弱地层情况)

1.2 基坑施工引起地层移动的预测法

当地下工程的周围或邻近有地下构筑物、管线或地面建筑物时，应预估工程对它们的影响程度，研究对策和必要的补救措施。进行地层移动的预测是一项很重要的工作，分设计阶段预测和施工途中预测两种方式。

(1)设计阶段预测

根据钻探得到的地层资料和地下工程的各项参数，选用某个力学计算模型或计算公式，预测出地下结构内力、变形等各项参数和地层移动的数值。这种在设计阶段得到的预测值往往与施工过程中的实测值有较大的差别，这是由地层条件、结构与地层共同作用机理、施工状态等的复杂性和多变性所致。尽管如此，此项预测工作仍是必不可少的，作出一个初始的预测值，并在施工途中逐步加以完善。

(2)施工途中预测

在施工过程中，根据实地量测到的各项参数，预测下一施工阶段乃至最终阶段的各项参数。这种预测方法是在近期才发展起来的。从方法上讲，属反分析范畴，又称信息化施工。用这种预测方式得到的预测值较设计阶段准确很多，而且随着施工的进程越来越与实测值接近。

地层移动预测法有经验法、模型试验法、理论方法。

1.2.1 经验预测法

经验预测法依赖于施工经验的积累和施工现场实测数据的归纳与分析。

(1)地下连续墙

对于饱和含水软弱地层中的地下墙，一般墙体的最大水平变位约为开挖深度的0.4%左右。在进行局部地基加固(近旁有建筑物或地下管线需要保护的基坑)之后，也可达到小于0.4%的水平。如工程未及时支撑、支撑未顶紧等施工管理不妥或支撑数量较少时，墙体水平变位会达到1%，甚至更大。

(2)柱列式地下墙

其墙体刚度不及壁式地下墙，所以墙的水平变位亦较壁式的大，约为壁式地下墙的1.5倍左右。

(3)桩板式墙

对于间隔为130cm的H钢桩板式墙，其最大水平变位约为60cm厚的壁式地下墙的2倍左右。

(4)刚性的搅拌桩墙

近期新发展起来的适用于较浅基坑(开挖深度6m以内)的刚性搅拌桩墙，基坑开挖过程中不再设支撑或拉锚。这种墙的水平变位最大点发生在墙顶，其数值视墙体的刚度及配筋情况而异。这种墙体的最大水平变位较其他设支撑或拉锚的大，可达4%左右。

对于上海地区的饱和含水软弱地层中的地下墙工程，一般地表沉降总值约为开挖深度的0.5%。在进行局部地基加固以后，可减小到0.1%～0.2%左右。如施工管理不妥或支撑数量较少时，地表沉降会大大增加，会达到1%，甚至更大。

下面为日本估算地表沉降的经验公式：

$$\delta_d = 10K_1 \alpha H \qquad (\mathrm{mm}) \tag{4-1-1}$$

式中：K——修正系数，壁式地下墙 $K_1=0.3$，柱列式地下墙 $K_1=0.7$，板桩墙 $K_1=1.0$，对于壁式地下墙，当采取大规模降水时，$K_1=1.0$；

H——基坑的开挖深度，m；

α——地层的沉降量与基坑开挖深度之比，%，具体数值查图 4-1-10。

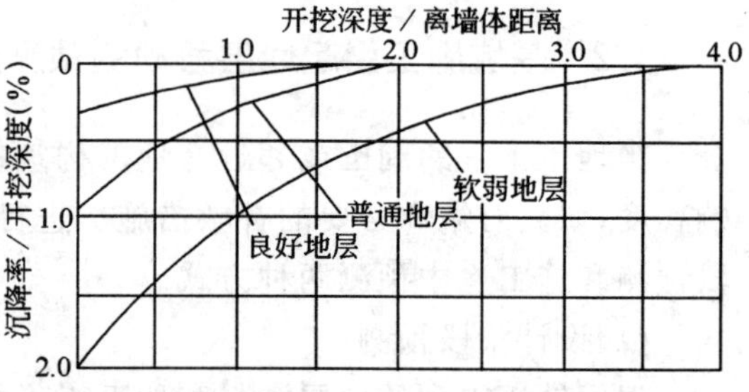

图 4-1-10 不同地层的 α 值

1.2.2 模型试验法

有关通过模型试验得到的经验公式还不多，这里介绍同济大学的模拟试验经验公式。

基坑开挖后基底向上隆起量 δ 可按下式估算：

$$\delta=-29.17-0.0167\gamma H'+12.5\left(\frac{D}{H}\right)^{-0.5}+0.637\gamma c^{-0.04}(\tan\varphi)^{-0.54} \qquad (4\text{-}1\text{-}2)$$

式中：δ——基底隆起量，cm；

$H'=H+\dfrac{P}{\gamma}$，m；

H——基坑开挖深度，m；

P——地表超载，kN/m^2；

c、φ、γ——土的凝聚力，kPa；内摩擦角，(°)；重度，kN/m^3；

D——墙体入土深度，m。

由式(4-1-2)可见，基底隆起量将随地表超载、开挖深度、地层重度的增加而增大；随 c、φ 的提高而减少。

1.2.3 理论方法

由于基坑的形状特点、施工条件的复杂性等，欲用解析解来分析基坑工程的地层移动是有相当困难的，因此多用数值解析法，应用最多的是平面问题有限元法，其计算图式如图 4-1-11所示。首先应确定墙体、土体、支撑等的力学模型。一般假定墙体模型为二维弹性体，其应力、应变符合弹性理论。土体模型可以假定为线弹性的，地层参数采用 E、μ，也可以假定为非线性弹性的，例如邓肯一张模型，或假定为其他模型。如需更确切地反映土体的应力、位移状态，则应考虑土体采用弹塑性模型，反映塑性性质的屈服准则，可以采用土工工程中常用的库伦-摩尔准则。在采用弹塑性模型计算时，应采用应力迁移法或能量传递法以得出确切的塑性区范围。单元的选择，目前应用较多的是矩形四节点或八节点的等参单元。支撑为一维的弹性杆单元。

当挡墙的结构形式、介质条件、荷载分布、施工条件等均为左右对称时，可取对称轴的一侧作为计算域。

计算分两步进行，第一步计算基坑开挖之前的一次应力场(称初始应力场)以及一次位移场；第二步计算因基坑分步开挖引起的应力场(称开挖应力场)和位移场。开挖应力场、位移场的计算，一般都采用施加释放应力的办法和在墙与土体交界面上采用接触面单元。但是这种方法计算得到的基底向上隆起量过大，与实际情况不符。当在引入残余应力以后，才会合理。

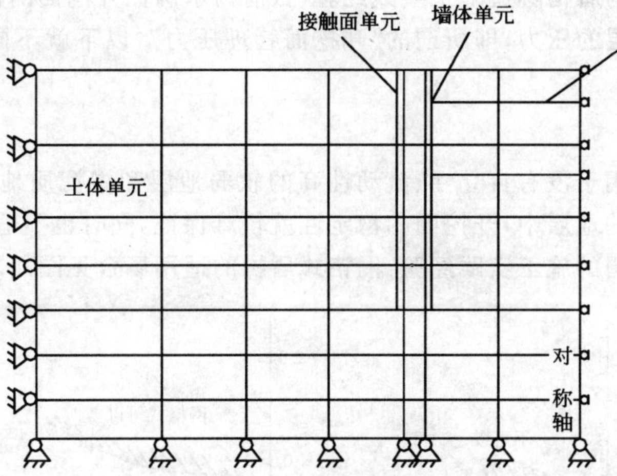

图 4-1-11　单元划分

第 2 节　盾构施工引起的环境工程地质问题

在研究盾构施工引起周围环境影响时，首先应分析盾构开挖面是否稳定。如开挖面不稳定，则会造成过大的地表沉降。还要研究盾构在推进、衬砌、灌浆以及隧道建成后的地层移动情况，应尽量减少各施工阶段的地层移动量和总移动量，以减少隧道线路上地表沉降。

2.1　盾构施工的开挖面稳定条件

盾构施工法多数应用在自立性较差的地层中。不论采用哪种开挖方式，都会使开挖面附近的地层应力状态发生变化，特别是所产生的剪应力增量，当超过地层的抗剪强度时，开挖面就会发生崩坍。即使是采用密闭式的盾构，如泥水盾构、土压平衡盾构，也会因开挖面的不稳定导致过大的地表沉降。在地下水位较高的砂性地层中，也会因涌水产生的渗透力，使土粒发生流动，造成开挖面塌坍。

B. B. Broms 教授建议用稳定系数 N_b 来评价开挖面的稳定情况（粘性土）。

$$N_b = P_v / S_u \tag{4-2-1}$$

式中：P_v——覆盖垂直土压，kPa；

S_u——粘土的不排水抗剪强度，kPa。

N_b 值以 φ 为界，当 $N_b > 7$ 时，开挖面稳定性得不到保证。对于开挖面上加气压的盾构或水泥式盾构或土压平衡式盾构，气压或泥水压或土沙压对开挖面的稳定起着积极的作用。上海市的大浦越江隧道和延安东路越江隧道采用的是网格式盾构，这种盾构的胸板给予开挖面的正面压力，都是为了保证开挖面的稳定性。设这些盾构在开挖面上的作用压力为 P_a，则式(4-2-1)成为

$$N_b = (P_v - P_a) / S_u \tag{4-2-2}$$

根据国内外大量的盾构隧道施工实践经验，目前为了确保开挖面的稳定性，主要是控制盾构机给予开挖面地层的压力，即所谓的"开挖面管理压力"，以下就不同的盾构机，简单介绍其开挖面管理压力。

2.1.1　网格式盾构

这种盾构可以适用于没有自立性、流动性高的软弱地层和淤泥质地层中。但是在液性指数高和流动性过大的地层中，开挖面的稳定性就较难保证，同时也不适用于含砂率较高或硬地层中。根据日本国的施工实践经验，网格式盾构的适用场合见图 4-2-1。

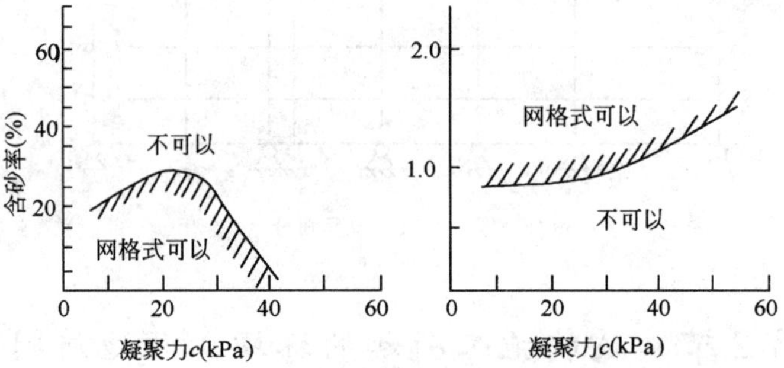

图 4-2-1　网格盾构的适用场合

网格盾构如采取闭胸推进的方式，开挖面的稳定显然是不成问题的，但是这将引起地层的过大扰动，产生过大的地表隆起和沉降，所以网格盾构必须在胸板上开一定数量的取土窗，以调节出土量，从而达到千斤顶推力与胸板上土压力相平衡。如果取土窗开多了，开大了，必然破坏开挖面地层的稳定性。究竟应取多少土才使开挖面稳定又对地层的扰动不显著，这就要研究取土量与胸板正面土压力之间的关系。根据现场经验和室内试验研究的结果，取土量越多，则胸板给予地层的正面压力（或地层给予胸板的土压力）越小，反之亦然。以正面压力与地层静止侧压力之差（以下称压力差）为参数，当压力差为正值时，显然开挖面是稳定的，但是当压力差大到致使前方地层发生被动极限状态破坏时，那是不允许的。称达到被动状态破坏时的压力差为 B 值，当压力差为负值时，说明取土量较大，当压力差小到某一数值（取土量大到某一数值）时，前方地层会发生主动极限状态破坏，这时的压力差为 A 值。显然，为了保证开挖面的稳定，必须使压力差介于 A 值与 B 值之间。当然压力差等于零是地层的理想稳定状态，这时取土量恰好为 100%（盾构推进的体积等于取土的体积）。也就是说，胸板给予地层的正面压力应等于地层的静止侧压力。综上所述，网格式盾构的开挖面管理压力，最理想的数值应该等于地层的静止侧压力，无论如何，不要使压力差大于 B 值、小于 A 值。

2.1.2　土压平衡盾构

此种盾构应用于土的内摩擦角小、流动性好、渗透系数小的粘性土地层中。对于内摩擦角大、流动性差、渗透系数大的砂性地层，也可应用此盾构，但需在开挖面或胸腔内添加塑化剂，增加地层的流动性。所以说，土压平衡盾构在刀具开挖出来的土沙成为塑性流动化的同时，抵挡了开挖面。调节螺旋输送器和排土装置以使挖土量与排土量平衡。依靠千斤顶的推力，对胸腔内的挖掘出来的土沙加压，以此压力抵抗来自开挖面的地层水、土压力，达到开挖面稳定、减少地表变形的目的。开挖面的管理压力是通过安装在胸腔壁上的土压力盒测到。表 4-2-1 列出日本国土压平衡盾构开挖面的管理压力值。

土压平衡盾构开挖面管理压力 表 4-2-1

工 程 名 称	开挖外径(m)	地 质	开挖面管理压力
都营地下铁新宿—之江工区	7.45	软淤泥	静止土压
东京都下水道大田干线之二	8.21	沙土、粘土	静止土压＋水压＋20kPa
东京都下水道米花谷东干线之一	5.54	细砂	静止土压＋水压＋变动压
界市凤浜寺北雨水干线	4.93	沙土、粘土	静止土压＋(30～50kPa)
琵琶湖流域下水道湖南中部甲西北干线	2.48	砂砾、岩、粘土	静止土压＋水压
(古)大阪大溢洪道4工区	7.78	砂砾、粘土	主动土压＋水压
京叶都心线东越中岛隧道	7.35	软淤泥	静止土压＋10kPa
东京都下水道第2千川干线	5.86	软粘土	静止土压＋20kPa

由表4-2-1可见，土压平衡盾构的开挖面管理压力多数是：静止土压＋水压＋变动压力。(静止土压＋水压)相当于静止侧压力，所以开挖面管理压力总是控制在比静止侧压力稍大一些。考虑到静止侧压力的数值较难正确确定，因此在实际施工中，开始阶段总要进行一些摸索和试验，积累经验，逐步达到较理想的开挖面管理压力。当然，如以理论为指导，在现场采用反分析的方法，则将快而准地达到目的。

2.1.3 泥水式盾构

泥水盾构是通过向胸腔内输送有压的泥水，使开挖面上形成一层不透水的泥膜，通过泥膜保持泥水压力，以抵抗开挖面的水、土压力，达到开挖面稳定。从软弱地层一直到砂砾地层，都可采用泥水式盾构。泥水压力的大小是关键，为了保证开挖面的稳定，减少地层移动，泥水压力似应大些。但是如果泥水压力过大，地层会产生劈裂现象，造成泥水的喷发，这是不允许的，因此要选定一个适当的泥水压力，需满足以下关系：

$$(\text{静止侧压}-P_c)\leqslant\text{泥水压力}<\text{喷发压力} \tag{4-2-3}$$

式中：P_c——刀具切削地层时，给予开挖面的附加压力，kPa。

对于砂性地层，它的喷发压力要比静止侧压力大得多，所以不容易产生喷发现象，这时适当的泥水压力 P_{ms}，为

$$P_{ms}=\text{静止侧压}-P_c\quad(\text{kPa}) \tag{4-2-4}$$

但是在砂地层中 P_c 值较大，因此有时使得按式(4-2-4)算得的 P_{ms} 比地下水压还要小，在这种情况下，为了保证开挖面的稳定，防止地下水的流入，泥水压力最小必须为：地下水压＋20kPa。

对于粘性土地层 P_c 较小，而且在盾构的顶端容易喷发位置的喷发压力为

$$P_{bu}=K\gamma(H-R)+q_u\quad(\text{kPa}) \tag{4-2-5}$$

式中：K——静止侧压力系数；

γ——地层重度，kN/m^3；

H——盾构中心的覆土深度，m；

R——盾构半径，m；

q_u——粘性土的单轴抗压强度，kPa。

当盾构半径 R 较大时，喷发压力 P_{bu} 较小(因粘土的 q_u 较小)，容易造成喷发现象，因此泥水压力必须控制在 P_{bu} 以下。

余下的问题是 P_c 如何获得，这需要在盾构推进过程中，直接用仪器来测，或预先通过模拟试验得到。

表 4-2-2 列出日本国泥水式盾构开挖面的管理压力值。

泥水式盾构开挖面的管理压力 表 4-2-2

工程名称	开挖外径(m)	地质	开挖面管理压力
东京都下水道中原干线	6.63	砂砾	地下水压＋(10～20)kPa
营团地下铁 8 号线东云工区	7.04	粘土	静止土压
营团地下铁 8 号线晴海 A 线工区	6.84	软粘土洪积沙土	上限值＝静止土压＋水压＋20kPa 下限值＝主动土压＋水压＋20kPa
名古屋地下铁 6 号线内山町工区	7.45	沙、粘土、砂砾	孔隙水压＋30kPa
营团地下铁 8 号线隅田川工区	10.00	沙、粘土、砂砾	孔隙水压＋(40～80)kPa
都营地下铁新宿线江户川工区	7.45	沙土	松散土压＋水压＋变动压
都营地下铁 10 号线南八幡工区	10.58	沙土、粘土	上限值＝静止土压＋水压＋变动压(20kPa) 下限值＝主动土压＋水压＋20kPa
JR 京叶都心线隅田川隧道	7.25	沙、砂砾、软粘土	地下水压＋20kPa
JR 京叶都心线京桥隧道	7.42×12.19	洪积沙土	上限值＝静止土压＋水压 下限值＝主动土压＋水压

2.1.4 互层地层的开挖面稳定

上海市内的地层大多呈不同土质的互层状态，当隧道断面较大时，在开挖断面范围内的土层也可能是互层的。例如上海延安东路越江隧道所处位置的地层就是互层的，有砂质粉土、粉质粘土、淤泥质粘土等，不同地层因开挖产生的地层释放应力是不同的。现在的问题是以哪一层土的静止土压力来计算开挖面管理压力，一种办法是取加权平均值；另一种办法，为了安全起见，以产生最大释放应力的地层为准，来确定整个断面的开挖面管理压力。这样，对于释放应力小的地层来说，处于被动的压缩状态，这一般不会发生被动破坏，因为地层抵抗被动压缩时，有相当大的富裕量。

2.1.5 软弱地层的开挖面稳定

在极为软弱的地层中，例如上海的淤泥质粘土，其泊松比 σ 很大，而内摩擦角很小，凝聚力也很小，因此它的静止土压力与主动土压力的差值很小。以 $\sigma=0.45$，$\varphi=4°\sim6°$ 计算，静止侧压系数$=\frac{\sigma}{1-\sigma}=0.818$，而主动侧压力系数$\approx\tan^2\left(45°-\frac{\varphi}{2}\right)\approx0.81$。如果以静止土压为管理标准，则只要稍微有些压力减少，开挖面就有可能发生主动状态破坏。所以在决定开挖面管理压力时，变动压力要设得大一点，希望管理压力稍微高一点。但是也应注意，在软弱地层中，如果压力过高，就会产生地表隆起，同时过多地扰动地层，使后续沉降增大。

2.1.6 大断面盾构的开挖面稳定

如果大断面盾构在互层地层中开挖，而且开挖面上的压力又没有达到很好的平衡，那么开挖面就会发生较大的变形，导致地层的隆起或下沉，这是因为开挖面的变形是与开挖直径的 4 次方成正比，如果开挖直径大到 2 倍，则变形大到 16 倍。因而，对于大断面盾构施工，不仅要研究它的开挖面稳定性，而且要充分认识到它的变形规律。

2.2 盾构施工时的地层移动机理

在软土地层中建造盾构隧道，除了应保证开挖面的稳定条件之外，还要研究盾构在推进、衬砌、灌浆以及隧道建成后的地层移动情况，应尽量减少各施工阶段的地层移动量和总移动量，达到减少周围环境影响的目的。

2.2.1 盾构施工时的地层移动过程

盾构施工，破坏了土体的原始应力状态，土体单元产生了应力增量，特别是剪应力增量，这将引起地层的移动。剪应力增量的出现、增长、松弛、消除，对于不同盾构隧道工程不相同，地层移动的规律亦因不同工程而异。

盾构隧道施工时所引起的地层移动是三维空间的，如图 4-2-2 所示。形成这样一个三维的空间变位图是有其过程的。以隧道轴线地表点的经时变位曲线(见图 4-2-3)为例，地表点的地层移动经历 4 个阶段：前期变位、盾构通过时变位、盾构脱离后变位、后续阶段变位。它的总变位量即为这 4 部分之和。

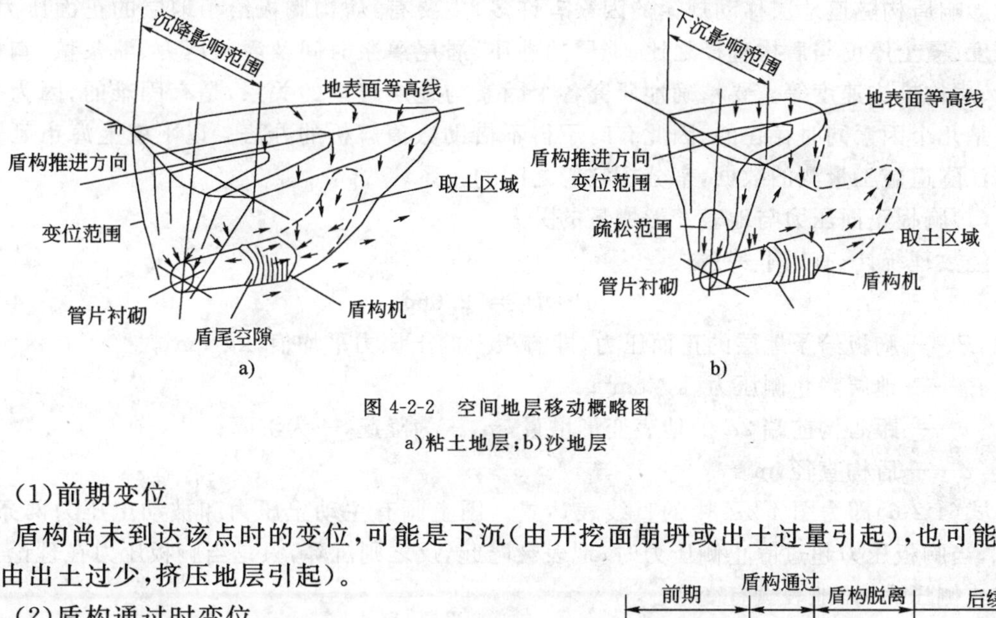

图 4-2-2 空间地层移动概略图

a)粘土地层；b)沙地层

(1)前期变位

盾构尚未到达该点时的变位，可能是下沉(由开挖面崩坍或出土过量引起)，也可能是隆起(由出土过少，挤压地层引起)。

(2)盾构通过时变位

指盾构从开挖面到达该地表点的正下方开始，直至盾尾即将脱离该点为止的下沉。产生这部分下沉的原因，主要是盾壳对土体的摩擦力，破坏了土体的结构强度，这种对土体的破坏作用范围，随着盾构推进距离的加长而增大。另外，土体挤压和剪切变形引起的地层扰动，使变形模量降低，产生沉降。

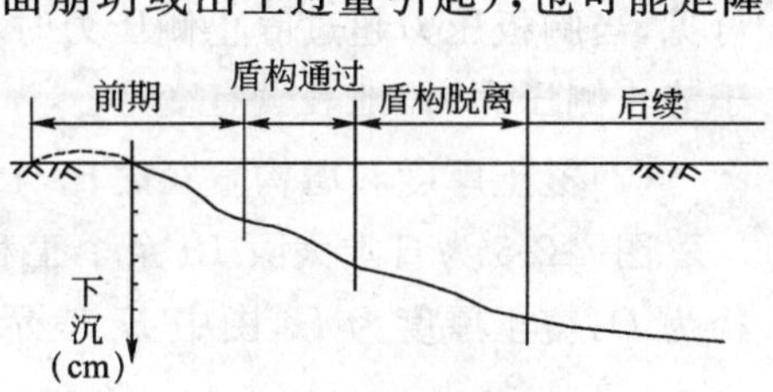

图 4-2-3 地表经时变位曲线

(3)盾构脱离后变位

指从盾尾空隙形成至灌浆结束为止的那段时间内的下沉。在盾尾脱离之前，盾壳对土体有一约束力，方向指向土体。一旦盾尾脱离，在形成盾构与土体之间空隙的同时，在土体空洞的表面作用着数值等于约束力，方向与约束力相反的释放应力。如果在盾尾脱离后未能及时灌浆或灌浆的填充率不足，则空洞断面就会向内缩小，发生地表移动，地表出现沉降。

(4)后续阶段变位

指从灌浆结束开始，直至下沉停止的那部分下沉。引起这部分沉降的原因，主要是蠕变变形与土体的固结变形。蠕变变形包括土体的蠕变变形和管片衬砌的蠕变变形两种。在盾尾脱离形成空隙以后，尽管进行了灌浆，使得管片(含灌浆材料)与周围地层密贴了，但是土体是非弹性体，在盾构推进过程中，地表以下某范围内的土体均遭到不同程度的扰动和应力重分布，灌浆只是抑制了邻近管片的土体向空洞的蠕变，而整个土层还会有扰动应力，主要在自重应力作用下继续发生土体的分层沉降。这种沉降也是一种蠕变变形，它会延续很长一段时间，土体分层沉降的结果就是地表沉降。管片衬砌在周围土体(含灌浆材料)压力的作用下，会产生主要为“横鸭蛋”的变形，导致地表沉降，管片的这种变形也是随时间而增长的，这不仅是由于管片材料本身所具有的蠕变性，更因为此时作用在管片上的土体压力还在随时间而增加(由地层剪应力增量松弛引起)。另外，地层的超孔隙水压的逐渐消散，土体产生固结变形，因而地表发生固结沉降，后续阶段变位会经历较长一段时期。

2.2.2　引起地层移动的影响因素

影响盾构隧道地层移动规律的因素有许多，主要有：盾构胸板给予地层的正面压力、覆土厚度、覆土厚度与盾构直径之比、地层的性质、盾尾灌浆时间及灌浆压力、灌浆量、胸板出土量、盾构推进速度等。要精确地研究各个因素与地层移动的关系，是有困难的，因为实际上它是几个因素同时存在的，因此有时不得不借助数值解析的办法。以下就上海市延安东路越江隧道施工量测的数据，来分析它们之间的关系。

(1)胸板正面压力与地表变形增量的关系

经数理统计，有以下关系式：

$$P-P_0=22.66\delta \tag{4-2-6}$$

式中：P——胸板给予地层的正面压力，即胸板上的土压力平均值，kg/cm^2；

P_0——地层静止侧压力，kg/cm^2；

δ——距盾构前端 $2d$ 的地表变形增量，m，+为隆起，−为沉降；

d——盾构直径，m。

式(4-2-6)即为图 4-2-4 中的直线表达式。图上画有主动土压力和被动土压力两条线。可见，当胸板压力超过静止侧压力时，地表会隆起，反之则沉降，只是当胸板压力在理论上等于静止侧压力时，地表没有变形。

(2)覆土厚度和盾构直径之比与地表沉降的关系

图 4-2-5 为日本大阪 10 余个工程实例，令盾构外径为 D，覆土厚度为 H，图中 $\widetilde{E}_s$ 表示地层的平均变形模量。从图中可以看出，地层 $\widetilde{E}_s$ 较大时，最大沉降量 δ 较小，这是没有疑问的，但是 H/D 在 1.5～2.5 范围内，H/D 的大小几乎不影响地表沉降量；当地层较软弱，H/D 接近 1.5 时，沉降量最大。随着 H/D 的增大，沉降量有所减少，反映出 $\delta \sim H/D$ 成反比例关系。日本的竹山乔建议用下式来表示它们之间的关系：

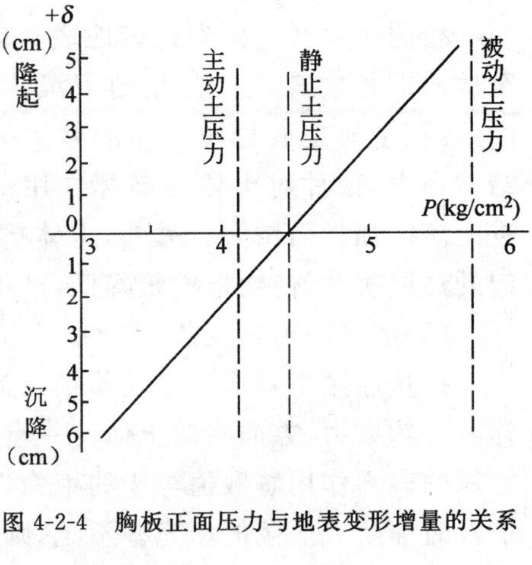

图 4-2-4　胸板正面压力与地表变形增量的关系

$$\delta=\frac{1}{E_s}\left[491.5-23\left(\frac{H}{D}\right)\right] \tag{4-2-7}$$

图 4-2-6 为式(4-2-7)的计算结果。

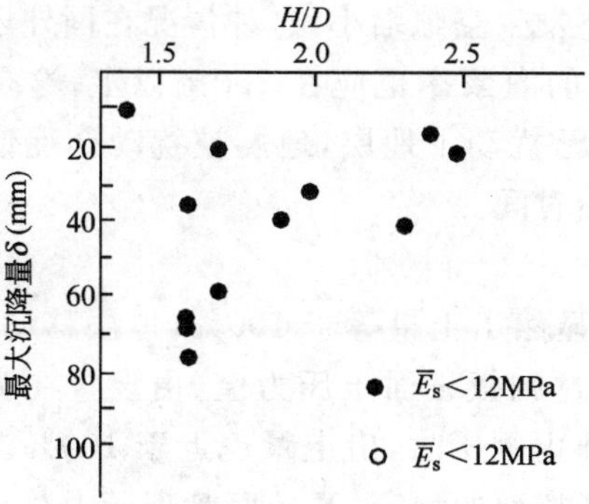

图 4-2-5　$\delta \sim H/D$ 的关系

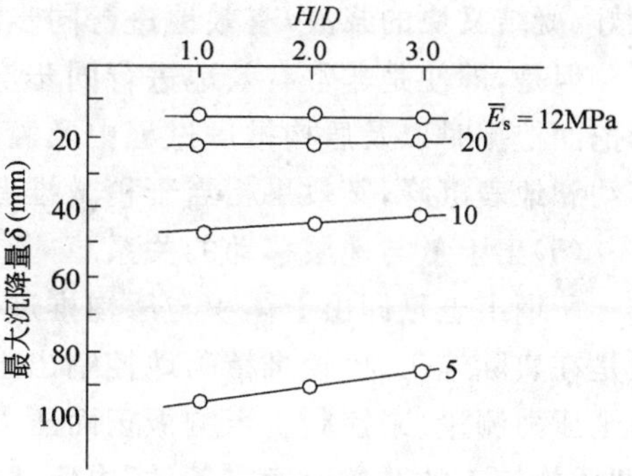

图 4-2-6　$\delta \sim H/D$ 关系的计算结果

(3)最大沉降量与平均变形模量的关系

从日本全国收集到 $H/D=3.0$ 时，最大沉降量 δ 与地层平均变形模量 $\widetilde{E}_s$ 的数据，以黑点画于图 4-2-7 上。可以看出，最大沉降量随 $\widetilde{E}_s$ 的增大而减少，当 $\widetilde{E}_s$ 小于 10MPa，这种减少比较显著。根据图 4-2-7 的施工实践，欲使最大沉降量控制在 30mm 以内，地层平均变形模量需大于 10MPa。这对有环境影响的工程，应采取的施工技术措施有个参考依据。

(4)盾尾灌浆开始时间、压力、灌浆量的影响

因为盾构直径大于隧道直径，如果在盾尾脱离后未能及时灌浆，那么空洞断面就会在释放应力作用下向内缩小，地表出现沉降。所以为了减少盾尾脱离后的地层移动，希望灌浆开始时间越早越好，最好能做到同步灌浆。所谓同步灌浆就是一面脱盾尾，一面灌浆。图 4-2-8 为日本国一些盾构隧道工程的实际数据。从图中可见，灌浆开始时间越迟，地表沉降越大，成曲线关系。在软土地层中，盾尾的空洞断面的变形在所难免，因此往往用提高灌浆压力、增加灌浆量的办法来加以弥补。

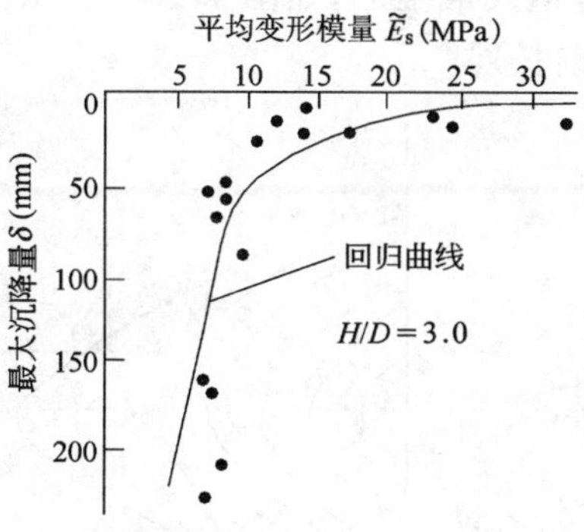

图 4-2-7　$\delta \sim \overline{E}_s$ 的关系

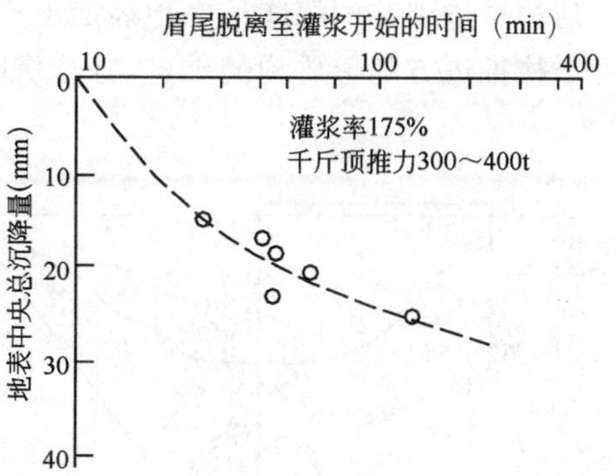

图 4-2-8　地表沉降与灌浆开始时间关系

灌浆压力应与地层能承受的压力(称为地层劈裂压力)相适应，如果灌浆压力大于劈裂压力，则浆液会劈入地层，从而扰动了地层，使地层移动变大。如果灌浆压力小于劈裂压力，则地层不会被劈开，浆液则全部进入预定的空隙。从国内外的工程实践来看，要使盾尾空隙填充良好，不发生劈裂，应使灌浆压力小于(或接近)地层的劈裂压力。

灌浆量理论上应等于盾尾形成的空隙体积，这样地层移动量为最少，但是对于软土地

层，在灌浆开始之前，空洞断面已开始缩小，地表已有沉降，因此在灌浆时采用大于100%的灌浆率，促使地表有所隆起，以弥补脱尾时形成的沉降。当然在实际施工中，采用流动性非常好、凝结又快的浆液，有效地进行同步灌浆，使得不发生空隙缩小，这种情况在国外还是有的。但是，即使是非常有效地进行同步灌浆，其合适的灌浆率也应在100%以上，这是因为开挖面挖掘时以及盾构推进过程中及灌浆过程中均已扰动了地层，地层被扰动会促使地层移动和地表沉降，其效果相当于稍微推迟了灌浆开始时间。

(5)出土量与地层移动的关系

所谓出土量即出土体积与盾构推进体积之比。显然出土量等于100%，地层移动最小。但是在实际施工时，较难精确地控制出土量，往往通过胸板正面土压力值(由设置在胸板上的土压力测量)来控制。当胸板正面压力大体等于静止侧压时，出土量也近于100%。可是如“盾构施工的开挖面稳定条件”中所述，为了保证开挖面的稳定，开挖面管理压力总是控制在比静止侧压力稍大一些，这样，出土量总是要稍小于100%，所以在盾构施工的初期地表产生少许隆起往往是正常的。

(6)盾构推进速度的影响

为了提高工程进度，总希望推进速度大一些，但是如果出土速度跟不上，就会成为挤压推进，使胸板土压力大大提高，产生过大的地表隆起变形，这是不允许的。究竟应采用多大的推进速度，应由地层条件、出土设备而定。在实际施工时，以胸板正面压力值来控制，始终使胸板正面压力略大于静止侧压力，这时的推进速度为合适。

2.2.3 盾构施工引起地层移动的范围

(1)地表横断面的变位曲线

在盾构推进过程中，地层移动如图4-2-2所示，是三维空间的。由地表横断面的变位曲线(图4-2-9)可看到，垂直隧道轴线的地表变位形成一个沉降槽，近隧道处的沉降最大，沉降槽将随时间而增大。

(2)地表沉降等值线

盾构推进引起的沉降槽在地表面上产生的沉降等值线成锥形，如图4-2-10所示。锥尖顺着盾构推进方随着盾构的推进，锥形沉降等值线向前扩展。

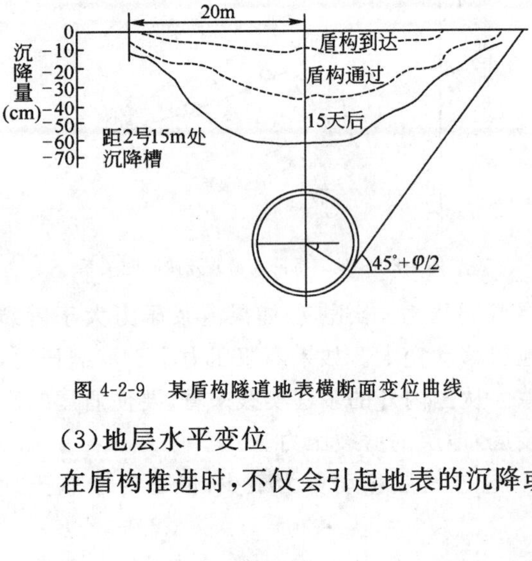

图4-2-9 某盾构隧道地表横断面变位曲线

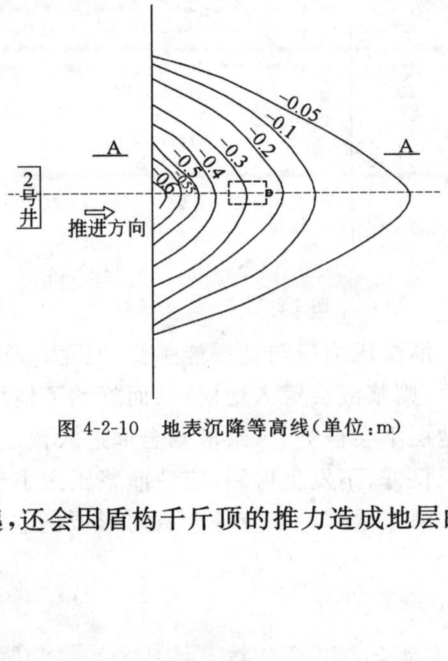

图4-2-10 地表沉降等高线(单位:m)

(3)地层水平变位

在盾构推进时，不仅会引起地表的沉降或隆起，还会因盾构千斤顶的推力造成地层的水平变位。图 4-2-11a)为隧道周围土体的横向水平变位图，图 4-2-11b)为图 4-2-10 中 A—A 剖面上土体的水平变位图。从图中可以看出，近盾构处水平变位较大，越往前，水平变位越小，形成盆形影响区域。

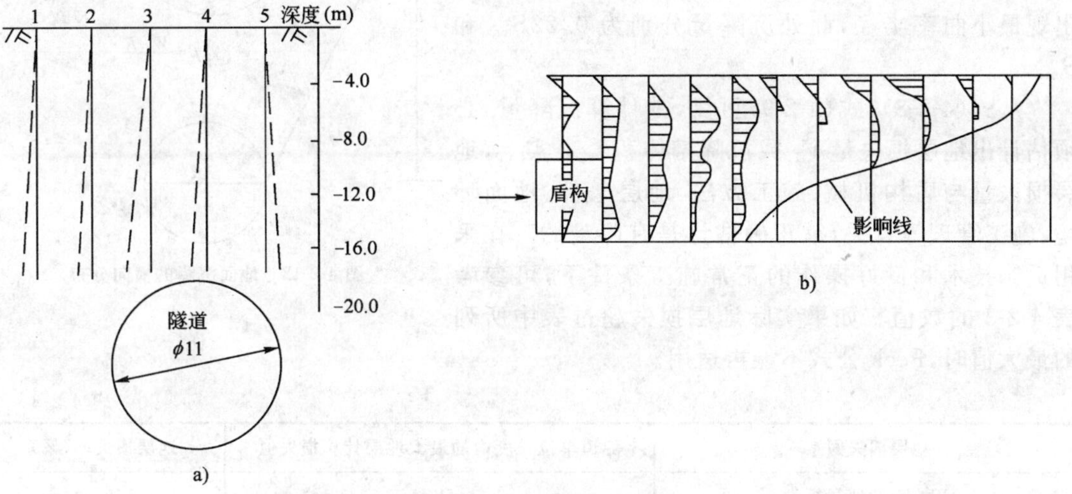

图 4-2-11　地层水平变位

a)隧道周围土体横向移动；b)A-A 剖面土体的水平变位

2.3　盾构施工引起地层移动的预测法

对于盾构施工时的地层移动预测方法，在微机普及前的数十年，仅仅依赖于几何学的方法，如 Bringgs、Rozsa、Peck、村山、松冈等人的方法。后来发展有吉越、Jeffery 等法，但考虑的还是单一地层条件。随着计算机技术的普及和推广，现在一般多采用有限单元法，可以考虑多层地层、盾尾空隙、灌浆等施工因素。

2.3.1　经验预测法

(1)Peck 公式

Peck 假定盾构施工引起的地面沉降是在不排水情况下发生的，所以沉降槽体积应该是于地层损失的体积。根据这个假定，并结合采矿引起地面位移的一种估算方法，Peck 提出如下盾构施工阶段地地面沉降的估算公式。地面沉降的横向分布认为是正态分布曲线，如图 4-2-12 所示。

$$S_x=\frac{V_1}{\sqrt{2\pi}i}\exp\left(-\frac{x^2}{2i^2}\right) \tag{4-2-8}$$

$$S_{max}=\frac{V_1}{\sqrt{2\pi}i}\approx\frac{v_1}{2.5i} \tag{4-2-9}$$

式中：S_x——距中心为的地面沉降量，m；

V_1——地层损失量，等于单位长度的沉降槽体积，m^3/m；

S_{max}——隧道中心处最大沉降量，m；

i——沉降槽宽度系数，m；

$$i=\frac{H+R}{\sqrt{2\pi}\tan\left(\frac{\varphi}{2}\right)} \tag{4-2-10}$$

H——覆土厚度，m；

R——盾构半径，m。

式(4-2-8)表示的沉降曲线，其拐弯点在 $x=i$ 处，该点出现最大沉降坡度。在 $x=\sqrt{3}i$ 及 $x=0$ 处，出现最小曲率半径，此处沉降量分别为 $0.22S_{max}$ 和 S_{max}。

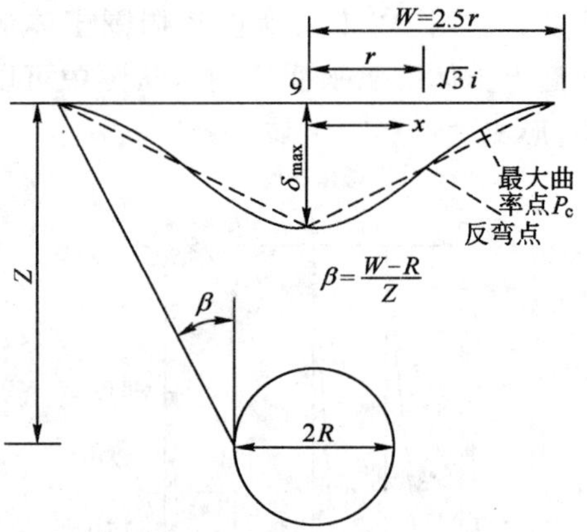

图 4-2-12 地面沉降的横向分布

从式(4-2-8)、式(4-2-9)可见，欲计算沉降量，必须估计出地层损失量 V_1 或沉降槽体积。事实上，地层损失量与盾构机械、施工方法、地层条件、地面环境、施工管理等有关，欲正确估计是有困难的。在采用适当技术和良好操作的正常施工条件下，可参考表 4-2-3 的数值。如果实际地层损失超过表中所列的最大值时，Peck 公式不能再适用。

表 4-2-3

地层损失因素		隧道单位长度内的最大地层计算损失值	地层损失率(%)
开挖面的地层损失		$\pi R^2 H$	$-1\%\sim1\%$
切口边缘后的地层损失		$2\pi RT$	$0.1\%\sim0.5\%$
沿着盾壳的地层损失		$0.1\pi R^2$	0.1%
盾尾后的地层损失	地下水位以下	$2\pi R(R-R_1)$	$0\%\sim4\%$
	地下水位以上	$\pi R(R-R_1)$	$0\%\sim2\%$
改变推进方向的地层损失			$0.2\%\sim2\%$
曲线推进的地层损失		$\frac{8L^2}{(R+R_c)}\cdot\pi R$	$0.5\%\sim1\%$
正面障碍引起的地层损失		A	$0\%\sim0.5\%$

(2)竹山乔公式

日本的竹山乔从收集到的全日本盾构隧道实际施工数据，画出类同图 4-2-5 的曲线，提出以下计算地表最大沉降量的经验公式：

$$\delta=\frac{2.3\times10^2}{\widetilde{E}_s^2}\left(21-\frac{H}{D}\right)\quad(\text{mm})\tag{4-2-11}$$

式中：$\widetilde{E}_s$——平均变形模量，MPa；

H——覆土厚度，m；

D——盾构外径，m。

2.3.2 *理论方法*

从理论上预测盾构工程的地层移动，一般分为两种情况：当隧道中心的埋深 H_0 与隧道半径 R_0 之比，即 $\frac{H_0}{R_0}\geqslant3$ 时，可以把处于半无限体中的隧道简化为无限体中的隧道，关于它的计算可以通过解析解，这方面的参考资料较多，这里不再介绍。对于 $\frac{H_0}{R_0}<3$ 的情况，由于

地表面是一个应力自由释放的边界条件，这个自由面对隧道及其周围地层应力状态的影响是不能忽略的，因此使得问题的求解变得复杂。在采用解析解时，只是圆形隧道和一些特定的问题，可以获得精确的解析解，如 Mindlin 解等，一般只是获得近似的解析解。最近比较流行的是采用有限单元法的数值解，也用边界单元法来缩短计算时间，解决开挖深度大、研究范围广的问题。

有限元法中，地层可作为弹性体、弹塑性体、黏弹塑性体等，由于后两种假定计算工作量较大，而且需要进行一些特定的试验，因此这里介绍比较简单的地层移动弹性解析法。

(1)地层下沉预测

在进行下沉预测解析时，必须考虑盾尾空隙量与管片环的刚度。在计算盾尾脱离后空洞的变位时，对软弱饱和地层，一般会大于盾尾的空隙量。这不符合实际情况，因此在程序中应输入有限的空隙量于地层开挖面与管片环之间。所以，首先计算空洞的变位量，当其大于盾尾空隙量时，将变位量定为盾尾空隙量，由此求出对地层的作用反力和地层变位量，并将反力作为节点力作用到管片环上，求得管片环的变位量。地层最终变位量，即为两者之和。事实上在盾尾脱离后(或同时)即进行灌浆。在有限元解析中如何考虑灌浆的因素是值得探讨的。一种简单的办法，将灌浆开始时间、灌浆压力、灌浆量等因素产生对地层移动的影响，用改变盾尾空隙量的办法来综合反映出来，即以改变限定的空隙量来反映灌浆的综合影响。这种方法只要经过一段距离的盾构推进实践，将地层移动的实测值反馈到计算中，就会获得较满意的结果，或利用以往的经验先作出初始的预测值，再不断地将施工信息反馈，作出途中预测值。另一种方法是分别在有限元计算中考虑灌浆各因素。灌浆的开始时间迟了，空洞变位量必然增大；反之亦然，因此考虑以空洞周边地层应力释放度的大小来反映灌浆的迟早。如确实能完全做到同步灌浆，则可认为脱尾后，空洞无释放应力作用，即无空洞向管片衬砌方向变位的那部分。如不能完全做到同步灌浆，则必须考虑脱尾后有释放应力作用在空洞周边，欲定量确定灌浆开始时间与应力释放度之间的关系，尚有一定的困难。日本森麟等对软弱粘性土地层的有限元研究结果说明，灌浆越迟，应力释放度或空洞缩小率越大、沉降也越大，提出应力释放度以50%为限，此时空洞缩小率已达95%。考虑灌浆压力对地层移动的影响时，假定灌浆压力均匀地作用于隧道周边，认为灌浆时浆液完全填充于盾尾空隙。

盾构施工时，周围地层产生了扰动，形成了一个疏松区，因此疏松区范围内的地层参数应予降低，见图 4-2-13。计算模型的宽度取到隧到外 $6D$，深度取到隧道下 $3D$ 的地方。

(2)地层隆起预测

盾构推进时，当作用于开挖面上的压力大于静止侧压力，以及由于盾构机身对于地层的摩擦力、挤压力(盾构"叩头"推进的情况)等，地表面会产生隆起变形。在用有限元法进行地层隆起预测时，一般是作平面的横断面解析，这种产生地表隆起的力在横断面解析中是不能输入的。为此，以作用于开挖面上的假想应力来反映这些力的隆起效应，见图 4-2-14。假想应力的数值与盾构施工条件密切相关，除了根据经验来确定之外，一般用反分析的办法，即先确定几种假想应力，求出地表隆起分布规律以及地表最大隆起量与假想应力的关系，然后将计算结果与实测结果相比较，就可获得适应本工程的假想应力值。

在进行地层隆起解析时，同样需考虑疏松区范围内地层参数值的降低。

根据日本间片博之等的计算，对于网格式盾构，相当于6%～8%的千斤顶推力值作假想应力，用于地层隆起解析。

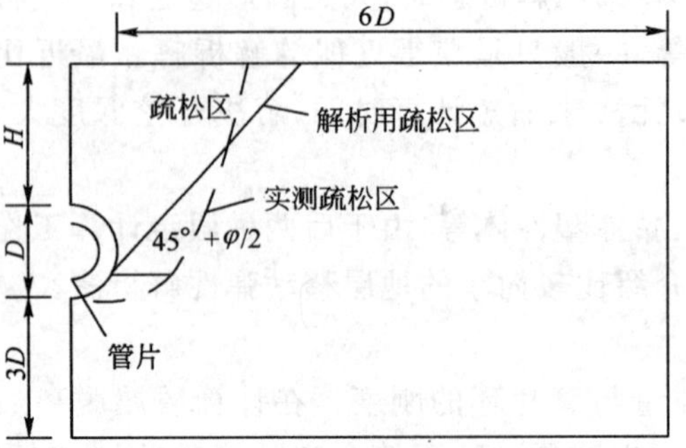

图 4-2-13 计算模型的宽度和深度

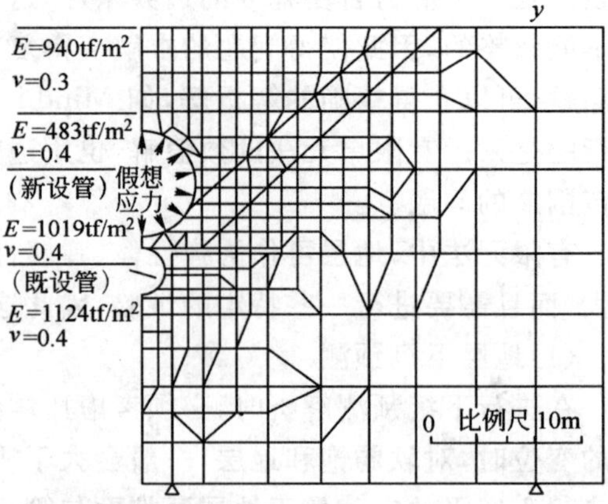

图 4-2-14 假想应力与地表隆起的关系

第 3 节 顶管施工引起的环境工程地质问题

3.1 顶管施工时的地层移动机理

顶管施工引起的地层移动主要由施工过程中发生的各种地层损失而造成，还因为管道周围受扰动与受剪切破坏的重塑土的再固结，以及土的流变性质。顶管施工引起的地层损失有以下几种。

(1)工具管开挖引起的地层损失

顶管施工中采用人工或机械进行全断面开挖顶进时，要采取气压、泥水或土压等手段来平衡正面土体压力，但很难保证正面土体的原始应力状态丝毫不扰动。在顶进过程中正面土体发生松弛时，土体向开挖面方向移动引起地层损失。有时土压平衡装置使正面土体承受的压力大于原始侧向压力，正面土体自开挖面向外移动，由此引起负的地层损失，导致地面隆起。对于泥水平衡及土压平衡类型的工具管在正常操作条件下，地层损失可控制在±0.1%～1%；局部气压工具管由于其密封舱气压不易稳定，尤其是在砂性土层中和夹砂的粘性土层中，地层损失一般达到±1%～2%；挤压式及网格式工具管在粘性土中顶进时往往出土量不足95%，其施工引起的负地层损失可达2%～5%。根据以上数据，基本上可预估多种类型的顶管工具管正面开挖引起的地层损失或负地层损失。

(2)工具管纠偏引起的地层损失

顶管工具管在改变顶进方向诸如曲线推进、纠偏、抬头和叩头顶进过程中，工具管顶进轴线与管道设计轴线形成一夹角，开挖形式的坑道形成椭圆形和非圆形。此夹角越大，则超挖程度、对土体的扰动和地层损失越大。椭圆面积与设计坑道圆形面积之差，即为工具管纠偏引起的地层损失：

$$V_L=\frac{1}{2}\times\frac{1}{2}\pi DL\alpha(\%)=\frac{1}{2}\pi rL\alpha(\%) \tag{4-3-1}$$

式中：D、r——工具管外径和半径，m；

L——工具管长度，m；

α——工具管顶进轴线与管道轴线的夹角，rad。

值得注意的是，在含水松软的土层中因工具管外周土体的自立性极差，随工具管的顶进其外周空隙被随即塌下的土体所填充，所以该部分地层损失很难以压浆来弥补。

(3)管道外周空隙引起的地层损失

一般的顶管工具管较管道外径大 2～4cm，因此工具管顶进后管道外周与土体之间存在环形空隙，如果不能及时充分地以触变泥浆充填，周围土体极易产生移动而填入环形空隙，导致地层损失。在顶进过程中管道外周的触变泥浆起到支承土体和减阻的作用。但由于在顶进过程中管道与其外围的触变泥浆发生相对运动和管道外壁因管节生产、运输、堆放和顶进安装中的尺寸误差产生不平直现象，在管道顶进过程中，管道与触变泥浆的摩擦和管道的局部凸出就会带走环形空隙中的部分触变泥浆。特别应留意的是中继环的外周应与管道外周保持平直，若中继环外周高出管道外周时，中继环在顶进过程中往往会带走较多的泥浆，甚至带走一部分管道外周的土体。工具管后面一定距离的管道外周环形空隙的触变泥浆若发生失水现象而又未及时补浆，也可能造成较大的地层损失。从大量的工程实践中可知，顶管施工中管道外周空隙所引起的地层损失是产生地表沉降的主要原因。通过以上分析可知，管道外周空隙引起的地层损失包括以下 4 个部分：

①工具管外径与管道外径的差异引起的地层损失

$$V_{c1}=\pi D a_1 K_1 \tag{4-3-2}$$

式中：D——工具管外径，m；

a_1——工具管外用半径与管道外周半径之差值，m；

K_1——注浆不足率，压浆很差时，$K_1=1$；压浆良好时，$K_1=0.2\sim0.4$。

②中继环外径与管道外径差异引起的地层损失

$$V_{c2}=\pi D_2 a_2 K_2 \tag{4-3-3}$$

式中：D_2——中继环外径，m；

a_2——中继环外周半径与管道外周半径之差值，m；

K_2——中继环穿过后补浆不足率，补浆很差时 K_2 可达 0.5，补浆理想时 K_{20}。

③相邻管节不平整度过大引起的地层损失

$$V_{c3}=\pi D_p a_p K_p n \tag{4-3-4}$$

式中：D_p——管道外径，m；

a_p——相邻管节的管道外周半径之差值，m；

K_p——注浆不足率，$a_p<5$mm 时，$K_p=0$；$a_p>10$mm 时，$K_p=0\sim0.5$；注浆良好时，K_p 取零；

n——穿过某处地层的管节半径差值 a_p 大于 10mm 的出现次数，根据管节制作精度及安装精度统计后估算。

④触变泥浆失水引起的地层损失

触变泥浆失水后，会与工具管及管道外周黏结，若不及时以足够的触变泥浆补充，可能引起较大的地层损失，这部分地层损失只能根据现场施工情况和相关的施工经验予以估算。

(4)工具管及管道与周围地层摩擦而引起的地层损失

工具管在顶进过程中对外围土体产生剪切扰动，也会产生地层损失。在工具管后的管道，因其外径较工具管外径略小，且因外围有触变泥浆减阻，管道对土体的剪切扰动相对较小。但在顶进过程中管道产生某些偏离设计轴线的局部折曲处，此时管道对土体的剪切扰动会增大。在管道折曲部分，顶进顶力轴线与管道轴线间产生偏心距离，因而使偏心受压的管节产生纵向折曲，由此会引起作用于管节外壁上的附加地层抗力，如图 4-3-1 所示。

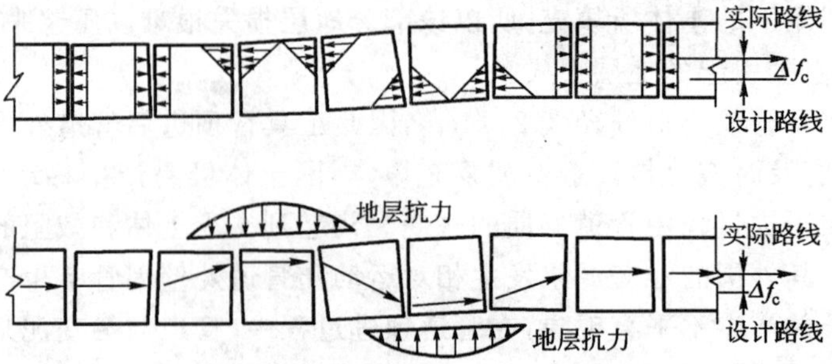

图 4-3-1　偏心受压管节纵向挠曲引起的附加地层抗力

在管道外壁存在附加地层应力的地段，土体受到较大的剪切扰动，且顶过部分地段的管道总长度越长，管道挠曲曲率越大，这部分土体受到剪切扰动的程度也越大，相应产生的地层损失也越大。所以，在一部分顶管工程中，顶管管节刚出工作井就因导向不当产生局部挠曲，在工作井附近就会产生较大的地层损失和地面沉降或隆起。

(5)工具管进出工作井引起的地层损失

顶管工具管在进出工作井洞口时，因洞口空隙封堵不及时产生水土流失和正面土体倒塌，会产生较大的地层损失和地面沉降。

(6)管道及中继环接头密封性不好引起的地层损失

管道接头及中继环与管道的接头密封性不好时，极易发生水土流失，这在饱和含水砂性土中表现较为突出，接头泥水渗透往往引起较大的地层损失。

(7)顶进过程中工作井后靠土体变形引起的地层损失

顶管工作井承压壁承受较大顶力后产生较大变形，尤其是钢板桩围护的工作井的问题比较严重，工作井后靠土体产生滑动及隆起，相应使工作井出洞一侧产生地层损失，从而可能产生破坏性的地面沉陷。

3.2　顶管施工引起地层移动的预测法

顶管法施工引起地层移动的预测法一般沿用与之有相似原理的盾构法引起的地层移动的预测法，也有经验预测法和理论方法两种，详见本章第 2 节。

第 4 节　井点降水引发的环境工程地质问题

井点管埋设完成，开始抽水时，井内水位下降，周围含水层的水不断流向滤水管。在无承压水等特殊环境条件下，经过一段时间抽水之后，在井点周围形成漏斗状的弯曲水面。这个漏斗状水面渐趋稳定，一般需要几天时间。降水漏斗范围内的地下水位下降后，就必然会造成地面沉降。由于漏斗形成的降水面所产生的沉降是不均匀的，这类不均匀沉降的发展需要有一定的时间。在实际工程中，由于滤网和沙滤层结构不良，把土层中的粘粒、粉粒，甚至细砂带出地面的情况是屡见不鲜的，这种现象会使周围地面很快地产生不均匀沉降，造成地面建筑和地下管线不同程度的损坏。这种现象可以通过提高降水效果把其影响减少到最低程度。

4.1 井点附近的地面变形

美国曾在加州圣克拉拉流域用16口不同深度的井进行大约190次抽汲和回灌试验，作了垂直位移和水平位移的测量。这些井的深度不同，从浅的(5.00～10.00m)水量小(25L/min)的井到很深的(500.00～700.00m)水量很大(700L/min)的井都有。含水层主要为粉土和粘土夹砾石，在短期抽水时(2h或不到2h)，各个水井周围的地面上一般可以测量到：垂直变形量在1～100μm之间，水平变形在每一米横向距离中可达15μm之多。进行短期抽水试验过程中，水井周围地面的微小变化几乎是随着抽水的进行立刻就有反应。由于地面的变形是快速而近乎弹性，所以由此观测到的位移可能是粗颗粒的含水层物质压缩所造成。

根据详细观测资料，在抽水井近旁一般是压缩位移，地面曲率是下凹的；稍远的地方通常为拉伸位移，其地面曲率是上凸的；在中间距离的地面方可观测到一反弯带，在这个反弯带中位移量稍为减少一些，位移的方向则发生变化，起先表现为拉伸的特性，然而，在抽了几分钟之后，则变为压缩性的特性。可以认为，相应于含水层内水量排除较多时反弯带就向外移动。图4-4-1表示短期抽水时，井附近地面沉降凹地的一般形状，从井到下凹带外缘的距离大小不等。有的只有几米，而有的可能达100m，有的井在好几百米外也能观测到水平拉伸位移，这主要取决于抽水含水层的埋藏深度、地下水渗流速度、流量以及含水层和覆盖层的弹性特征。抽水井周围的地面挠曲一般为一个圆形或椭圆形凹地，但由于含水层的厚度和岩性的变化不一定成径向对称。

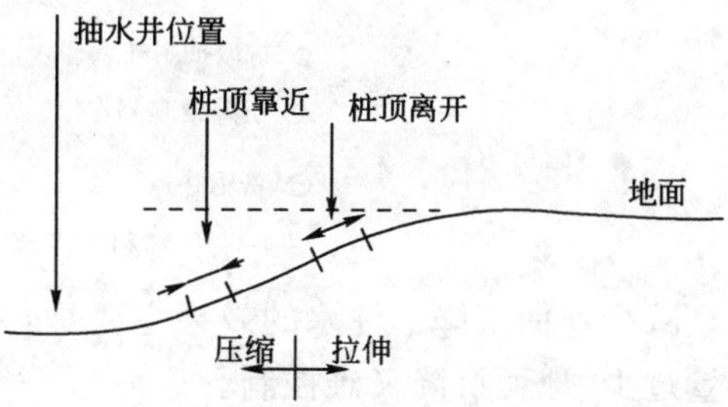

图4-4-1　短期抽水时，抽水井附近地面沉降示意图

在工程施工中常采用井点降水以消除地下水带来的威胁，但随着地下水不断被抽出而引起井附近的地面沉降，使得地面开裂、地下管线断裂、附近建筑物的墙壁裂开、室内地坪坍陷等，从而影响正常生产。因此，在进行井点降水设计时，要充分考虑到这一现象的产生，并采取相应的工程措施。

有一工程采用喷射井点降水，喷射井点全长21.00m，井点平均间距2.00m，二排井点相距13.30m。滤水管在地面下20.00m的承压含水层中，平面布置如图4-4-2。要求将地下水位降到地面以下18.00m。当1～20号井点抽水24h，从水位观测点观1和观2观测到水位下降到地面以下19.00m，抽到104h，地面发生大量沉降，在降水区外12.00m处(即5号沉降观测点)沉降90mm，而降水区内最大沉降为3号沉降观测点有133mm，造成紧靠围墙处建筑物的室内地面和砖墙开裂。为减少因抽水引起的地面沉降量，采用了一边抽水，一边注水的办法，达到了降低地下水位的目的，又控制了地面沉降。利用21～29号9根井点作为注水井，总的注入水量为6.00m^3/h时，1～20号井点仍照常抽水，总抽水量为9.00m^3/h。这样，实际被抽出的水量为3.00m^3/h，每小时比不注水时少抽出6.00m^3水。由观测测得：地下水位能保持在地面以下18m的位置上，而地面沉降明显好转。在注水的30d中，围墙处5号沉降点共沉降11mm，降水区内2号沉降点的沉降量最大为76mm。

为进一步验证注水效果，在最后又单独抽水16h(仍用原来的抽水井点)，测得围墙处地面沉降量为33mm，是在30d中边抽水边注水时的3倍，所以，在抽水的同时进行注水可明

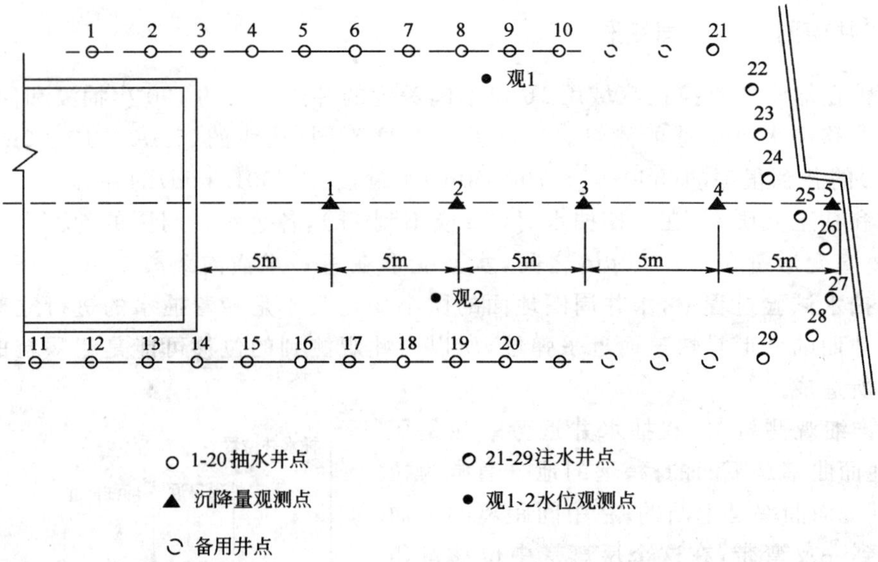

图 4-4-2　喷射井点降水时，采用注水井控制地面沉降示意图

显减少地面沉降。注水的效果主要是合理调节注入量，因注入量太多会降低降水效果，注入量过少，地面沉降又难控制。

因此，凡是因抽取地下水体而发生沉降的地方，都具有以下几个特点：

①沉降都发生在从地层中抽取一定量的水体之后；

②水体在地层中大都处于相对封闭体条件下，具有相当的压力，抽走一部分水体后，水压降低；

③受影响的地层年代一般不早于第三纪，即大都发生在未经很好固结的地层中；

④发生地面沉降的时间、范围和幅度，都和水体压力降低的时间、范围和幅度相对应；

⑤在一些主要地面沉降区内，由于抽取地下水而产生的地层压密，主要发生于新生代末期未固结和半固结的松散沉积层中，大多为冲积层和湖积层；

⑥从抽水地区地面沉降的观测和试验，可得出结论：地层中水体压力降低，引起地层压缩，从而出现地面沉降。但地面沉降究竟是由于渗透性良好的含水层的压缩，还是相对不透水饱和粘性土层的压缩，1959 年美国的波兰德等人通过对中沙、粉砂及粘土分别进行固结试验，倾向于压缩主要发生在粉砂、粘土层中，其他人的研究也得出同样结论，即饱和粘性土层的固结是沉降的主要原因，砂层的压缩也有一定影响。

上海的地面沉降经多年研究，对可能影响地面沉降的因素归纳为海平面上升、新构造运动、静荷载、动荷载、开采天然气、开采地下水、地下取土、深井出沙、人工填土和黄浦江疏竣等十大因素。经综合探讨，认为过量开采地下水是引起地面沉降的主要外在因素，可压缩饱和粘性土层的存在是引起地面沉降的内在因素。静动荷载、地下取土及降雨等因素，在过去大量用水，地面沉降严重阶段为次要因素，但在采取措施后，地面仍有微量升降的情况，这些次要因素对地面沉降有一定影响。

4.2　降水产生地面沉降的原因

4.2.1　降水作用下土层的基本力学效应(图 4-4-3)

因降水引起土层压密的问题仍用太沙基有效应力原理及其固结方程。

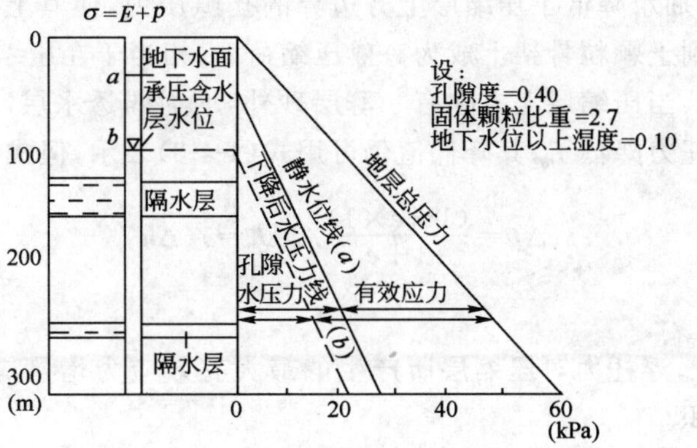

图 4-4-3　承压含水层水压下降时的应力变化

$$\sigma = E + u \tag{4-4-1}$$

式中：σ——总应力，kPa；

E——有效应力，kPa；

u——孔隙水压力，kPa。

当在饱和粘性土弱透水层上下方的含水层降水时，水压力下降，但土层的总应力基本保持不变(由于地下水体的扩散和含水层组的压密使水分转移的变化很小，可忽略不计)。此时，因孔隙水压力的降低，必然引起粒间有效应力的增加，从而造成土层压密。含水沙层因有良好透水性，其中有效应力的增加等于水压的降低，含水层一般可作弹性体看待，所以其压密是瞬时发生的。若水压恢复，其压密大部分可以恢复，而一般这种压密是很小的。

对于透水性差的、不透水的和弱透水的饱和粘性土层，其中水的垂直渗透与孔隙水压力随时间的变化极为缓慢，孔隙水压力随时间衰减的性质使估算或预测含水层组的压密问题复杂。其中有效应力的增加，产生二种力学效应：因地下水位的波动改变了土粒间的浮托力；因承压水头改变在土层中引起了渗透压力。

(1)浮托力

在弱透水层的上方降水，易造成浮托力降低，按该层上方边界条件的不同，可能出现二种情况：

①浮托力消失。浮托力消失是由于抽水降低了地下水位，使土由原来的浮重度改变为饱和重度或湿重度，这部分重量差就是对土层所造成的有效应力增量，其值为

$$\Delta p = \gamma_w \Delta h \tag{4-4-2}$$

式中：Δp——降水前后的有效压力增量，kPa；

Δh——降水深度，m。

或

$$\Delta p = \frac{(1+eS_w)}{1+e}\gamma_w \Delta h \tag{4-4-3}$$

式中，S_w——土的饱和度；

e——土层的孔隙比；

γ_w——土的饱和重度，kN/m^3。

浮托力消失一般出现于压缩层(弱透水层)上方为沙和水所覆盖的情况下。在浅层井点过程中，很可能造成潜水位的下降而引起地面沉降，其力学效应是浮托力消失。

②浮托力降低。抽水降低了压缩层上方边界的孔隙压力,使其上方土层原由该孔隙水所承担的重量,转移到土颗粒骨架上成为有效压缩荷载,相当于在压缩层上方施加一有效外荷。这种情况出现于:当压缩层上方除有一薄层砂外,均为弱透水层,抽水不能直接引起土的重度的变化,但浮托力降低了,其降低值仍可用式(4-4-3)表示,但式中 $S_w=1$,故

$$\Delta p=\frac{(1+e\times1)}{1+e}\gamma_w\Delta h=\gamma_w\Delta h \tag{4-4-4}$$

式中符号含义同前。

由式(4-4-4)可见,浮托力对压缩层所产生的最大有效应力增量应为降水深度(水位变幅)与水的密度的乘积。

(2)渗透压力

由于含水层中水压降低,造成含水层顶板、底板饱和粘性土层上下二端边界上的水压差,破坏了原来土层中孔隙水压力的平衡状态。这时,粘性土层的孔隙水在压力差作用下向含水沙层排水,直至孔隙水压力逐渐消散进入新的平衡状态。随着渗流作用而施加于粘土颗粒骨架上的力称为渗透压力(或动水压力)。渗透压力是个体积力,具有方向性。当水压下降值为 Δh 时,在压缩土层厚度范围内其平均渗透压力为

$$\Delta p=\frac{\gamma_w\Delta h}{2} \tag{4-4-5}$$

式中符号含义同前。

渗透压力也成为作用在整个粘土层上的平均有效应力的增量。

4.2.2 渗透压力对土层压密的作用过程

设有一厚度为 H 的粘土层,未抽水前初始孔隙水压力随深度分布为 $ABCD$(图 4-4-4)。当土层下端的含水层中抽水使 CD 端水压突然降为 CE 时,因 AB 端水压保持不变,因此与 CD 端有一定距离的粘土层中 b、c、d、e 各平面的水压力瞬时来不及降低,便形成了极大的水力坡度。

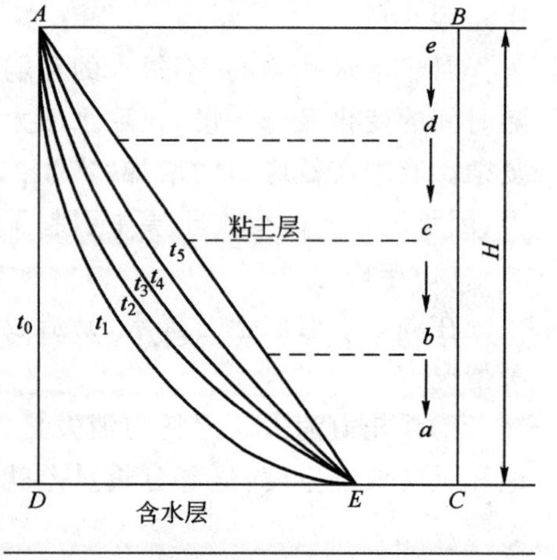

图 4-4-4 一端抽水时粘土层孔隙水压力的变化示意图

当 a 平面水分较快排出后,接着便造成 b-a 平面间孔隙水压力分布的不平衡。使孔隙水由 b 平面向 a 平面渗流与排出,土体随之压密。接着,因 b 平面孔隙水压力的降低,又造成 b-c 平面间的压力差,使 c 平面的水向下渗流。如此继续下去,使 d、e 各点的孔隙水压力逐渐降低,有效应力相应增加,土体中水分随时间的延迟逐渐向 CD 方向排出,土体便逐渐压密。

理论上,当时间达到 t_∞ 时,各点孔隙水压力和 AE 连线迫近,土中各点孔隙水压力处于新的平衡状态,各点水力坡度为定值,不再有水分排出,渗透压力对土层的压密作用也暂告终结。

4.3 地下水位的变化对土体变形的影响

在松散或半固结的海相或陆相的冲积、洪积层中,其地层结构一般由粗、中、细沙层组成含水层,由间隔于其中的粘性土层组成不透水层或弱透水层,构成多层承压含水层组。如在

这类含水层组中大量的长期抽汲地下水，必将引起含水层承压水头下降，形成区域性的地下水降落漏斗。承压水头下降的结果使含水层组（含水沙层本身及其上部和下部的饱水粘性土层）的孔隙水压力以不同速率降低，而使颗粒骨架的粒间压力（即有效应力）增加，产生含水层组的压密，其结果在地表反映为地面沉降。显然，不同地点的地层结构、岩性特点以及承压水头下降的历时和大小，决定该地点的沉降范围、幅度以及沉降速率，并且大多数的沉降变形表现为非弹性的永久性变形。

根据太沙基一维固结理论，细颗粒土层完成压密固结过程和调整到与承压水头降落相适应需要一段时间，固结时间 t 由下式决定：

$$t=\frac{T_{v}H^{2}}{C_{v}} \tag{4-4-6}$$

式中：T_v——时间因素，a；

H——含水层降水厚度，m，当含水层为双面排水时为 $H/2$；

C_v——固结系数或水力传导系数，cm^2/a（据季·费|·波兰德），

$$C_{v}=\frac{k'}{S_{s}} \tag{4-4-7}$$

k'——饱和粘性土的渗透系数，m/d；

S_s——比储量或单位贮水系数，表示单位体积饱和粘性土层中排出的水量，并由伍·克·瓦顿定义认为：

$$S_{s}=m_{v}\gamma_{w} \tag{4-4-8}$$

m_v——土的体积压缩系数，kPa；

γ_w——水的重度，kN/m^3。

并有

$$S_{s}=m_{v}\gamma_{w}=\frac{a_{0.1\sim0.2}\gamma_{w}}{1+e}=\frac{\gamma_{w}}{E_{0.1\sim0.2}} \tag{4-4-9}$$

式中：$E_{0.1\sim0.2}$——土的体积压缩模量，kPa；

$a_{0.1\sim0.2}$——土的压缩系数，kPa^{-1}；

e——土的孔隙比。

S_s 相当于水的密度与土的体积压缩模量之比，由式(4-4-7)可知 C_v 与饱和粘性土的透系数成正比，当土层渗透性愈低，C_v 也愈小。因此，在粉质粘土和粘土层中其压密速率取决于孔隙水的排出速率。厚层的粘性土中孔隙水压力全部消散达到完全固结的时间常需数百年之久，较薄的粘性土层也需数十年或更长些，而沙土和粉沙含水层的主要压密过程则可在承压水头下降后数年或更短时间内完成。

4.4 荷载固结与渗透固结的差异性

太沙基在 1925 年对土的沉降问题所提出的理论，首先应用于估算地面加荷情况即土层在地面荷载作用下所产生的固结（荷载固结）问题中，后来对由于地下水水压降低而引起土层的压密固结（渗透固结），近似地应用荷载固结方法去估算地面以下相当深的范围内的压密量，但二者毕竟又是有区别的。

4.4.1　荷载固结特点

(1)受荷面积小,应力随深度而减小。

(2)荷载自施工开始逐渐增加,以后基本保持不变。

(3)对于低渗透性的细粒可压缩地层,增加的应力最初由孔隙水压力承担,该过程与标准固结仪中加荷情况相似。

(4)加荷期间一般允许超静水压力充分消散至平衡,有效应力及固结度基本上可达最终值(忽略次固结)。

(5)主要压密范围在地面中的少数土层中,可取到足够的不扰动土样进行室内试验,并易于在天然土层中观测孔隙水压的变化过程。

4.4.2　渗透固结的特点

(1)产生应力变化的地区(即有较显著的沉降),一般向周围延伸十多米至数十米,大规模的降水地区向周围延伸可达几百米。

(2)作用应力是长期逐渐增加的(随建筑物的施工期而定),但其值常变,最大可能增加到1～2kPa。作用应力在一年中的变幅(季节性水头变化)可能达到每年平均增加值的数倍,根据相应的水位变化,作用应力也会减低。

(3)除因压密而使水分挤出外,土层的总应力不变,但若水位变化,土层应力也随之发生变化。

(4)由于承压水头下降引起应力变化是渗压应力,上部潜水位下降引起压力变化是重力,亦即渗透压力。

(5)因含水层中水头随时间而波动,致使弱透水层中孔隙水压力难以达到与邻近含水层水头相平衡的状态。

(6)如果整个压密地层厚度大且弱透水层众多(如上海某一沉井采用管井降水,降水深度达30多米),其厚度及垂直与水平向渗透性能一般变化颇大。因此,需要在水平与垂直向范围内采取原状土样进行室内试验以及安装各种形式的测压计以观测孔隙水压力变化,但一般耗资很大。

4.5　地面沉降速率与地下水压力的关系

日本、美国研究表明:

(1)粘性土层的沉降速率和含水层中地下水压力之间存在如下线性关系(图4-4-5):

$$U=K(H-H_0) \tag{4-4-10}$$

式中:U——沉降速率,mm/d;

H_0——原始地下水位,m;

H——观测期间平均地下水位,m;

K——相关曲线斜率。

当地下水位降低值超过某一限度时,K值下降,上述关系不再符合直线相关关系(图4-4-6)。这是由于承压含水层压力衰减,作用于土层的应力造成土颗粒的重新排列而产生应变,而应力-应变关系也随土颗粒重新排列而改变,所以当地下水位降低到一定程度后,沉降速率将减少。

(2)地面总沉降量是由地面以下各不同厚度的沉降层的分层沉降量(或回弹量)组合而

成。对任一沉降层其压密速率和地下水位总的下降值($H-H_0$)及同一时期中的水位变化差值 ΔH 有关,总的压密速率 U 可写成:

$$U=\sum_{i=1}^{n}a_i(H-H_0)+\sum b_i\Delta H \tag{4-4-11}$$

式中:a_i,b_i——分配到第 i 层的特征系数;

其他符号含义同前。

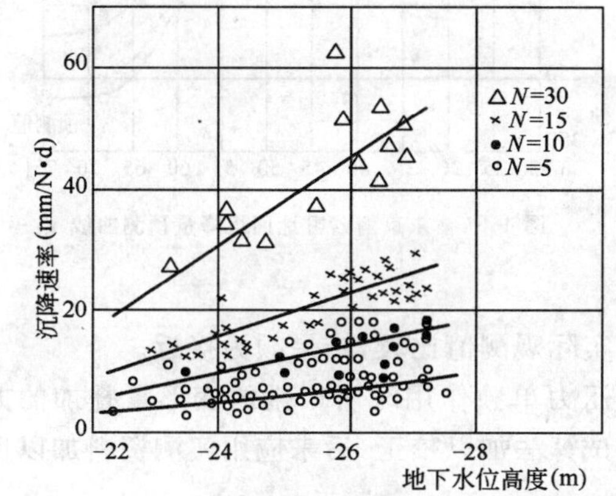

图 4-4-5　东京龟户观测站沉寂速率地下水位高度相关图

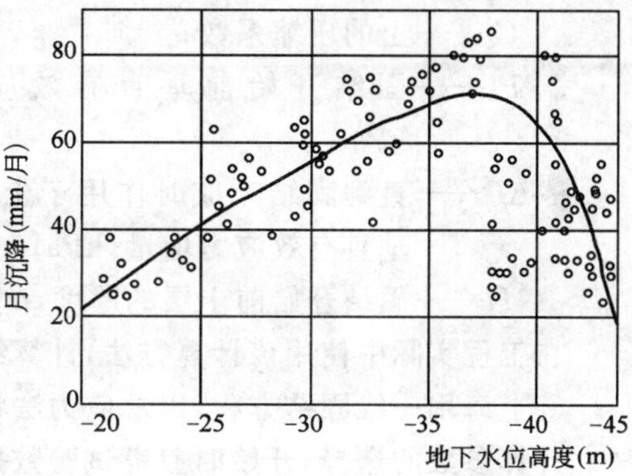

图 4-4-6　月沉降与地下水位下降变化关系图

(3)由上二式所表达的关系在大多数情况下是不可逆的,即:地下水位每一有效降低(相当的附加荷载超过土体的有效应力)均会引起土层的压密固结效应,但当地下水恢复到原有水位时,地面并不产生相应的回弹,多数情况下只是停止或缓和了地面的下沉。对此现象的解释为:土层作为一种塑性或粘弹性体其变形过程不仅是土颗粒骨架各颗粒之间的相对位移,还包括土的微结构的变化和土粒的重新排列。因而在一定应力条件下,沉降不仅产生于浅部饱和软粘土层中,也产生于深部具有较高固结应力的硬土层和沙层中。

4.6　井点降水影响范围和沉降的估算

为了预估井点降水对周围环境的影响范围和造成的地面沉降,可借鉴已有的同类工程实例,也可用一些简易的方法进行估算。

4.6.1　降水对环境影响范围的估算

降水漏斗的半径 R 通常可以用库萨金公式进行估算。

由于地层一般成层分布,影响范围受土层的影响很显著。在软土地区的砂质粉土层中,实测的影响范围可达 84m。对重要工程应采用抽水试验来确定降水影响半径。

4.6.2　降水造成地面沉降的估算

降水造成地面沉降的估算方法基本上有 3 种类型:

①熟知的经典固结理论公式;

②应力应变关系和相关法;

③半经验公式。

下面介绍几种国内外采用的计算公式和方法:

(1)粘性土层的沉降计算

①日本东京用一维固结理论公式计算总沉降量及预测数年内的沉降值(图 4-4-7),采用

公式的基本形式为

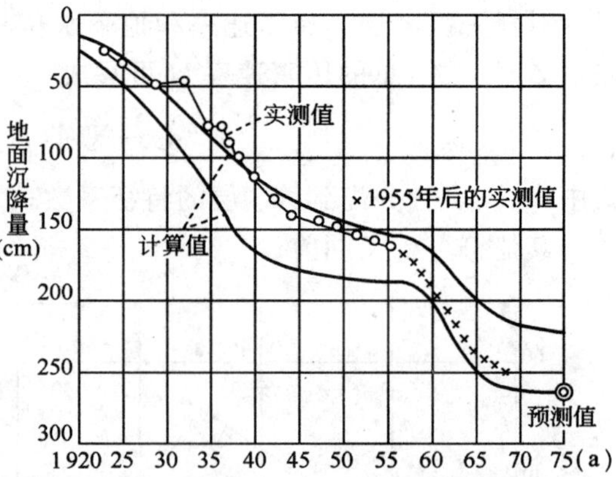

图 4-4-7 东京南砂町地面沉降量预测曲线

$$S_{1+2}=H\frac{C_c}{1+e_0}\lg\frac{P_0+\Delta P}{P_0} \qquad (4\text{-}4\text{-}12)$$

式中：S_{1+2}——包括主固结与次固结的总沉降量，m；

e_0——固结开始前土层的孔隙比；

C_c——土的压缩系数；

P_0——固结开始前垂直有效应力，kPa；

ΔP——直到固结完成时作用于土层的垂直有效应力增量，kPa；

H——固结开始前土层的厚度，m。

在工程实际中使用该计算方法，计算结果与实际观测值比较，结果颇为接近。

②上海用一维固结方程，以总应力法将各水压力单独作用时所产生的变形量叠加的方法。计算参数的选择，开始时参考试验数据并用试算法加以校正，后来应用实测资料加以反算取得。主要步骤如下：

a. 对沉降区地层结构进行分析，按工程地质、水文地质条件分组，确定沉降层及稳定层。

b. 作出地下水位随时间变化（月或旬）的实测及预测曲线。

c. 依次计算每一地下水位差值下的某土层最终沉降值 S_∞（cm）：

$$S_\infty=\sum_{i=1}^{n}\frac{a_{0.1\sim0.2}}{1+e_0}\Delta PH \qquad (4\text{-}4\text{-}13)$$

或

$$S_\infty=\frac{\Delta P}{E_{0.1\sim0.2}}$$

$$\Delta P=\Delta h\gamma_w$$

式中：e_0——土层开始时孔隙比；

H——计算土层厚度，m；

ΔP——由于水位变化而作用于土层上的应力增量，kPa；

$a_{0.1\sim0.2}$——压缩系数，当水位回升时取回弹系数 a_s，kPa^{-1}；

$E_{0.1\sim0.2}$——当水位下降时为体积压缩模量 $E_{0.1\sim0.2}=\dfrac{1+e_0}{a_{0.1\sim0.2}}$（kPa），当水位回升时应取回弹模量 $E'_s=\dfrac{1+e_0}{a_0}$（kPa）。

d. 按选定时差（月或旬）计算每一水位差（应力增量）作用下的沉降量 S_t（mm）：

$$S_t=u_tS_\infty \qquad (4\text{-}4\text{-}14)$$

式中：u_t——固结度，$u_t=f(T_v)$。

对不同情况的应力，u_t 有不同的近似解答：

对于矩形应力分布（无限均布荷载）：

$$u_{t,0}=1-\frac{8}{\pi^2}e^{-\frac{\pi^2}{4}T_v} \qquad (4\text{-}4\text{-}15)$$

对于三角形应力分布：

$$u_{t,1}=1-\frac{32}{\pi^4}e^{-\frac{\pi^2}{4}T_v} \tag{4-4-16}$$

式中：T_v——时间因素（参阅《土力学》中一维固结理论）。

e. 将每一水位差作用下的沉降量（或回弹量）按月或旬叠加，即得该时间段内总沉降量，并作出沉降量与时间关系曲线。

③由应力-应变关系反算参数。美国的利莱以一维固结理论为基础，根据分层实测的应力-应变关系对美国加洲中部某降水沉降区计算。

a. 由分层实测资料反算含水层组的比储量 S_s（上海沉降计算中称比单位变形量）：

$$S_s=\frac{S_{ke}}{m} \tag{4-4-17}$$

式中：m——含水层组厚度，m；

S_{ke}——土层在弹性阶段的单位变形量，cm，

$$S_{ke}=\frac{\Delta m}{\Delta h} \tag{4-4-18}$$

Δh——水位变化值，m；

Δm——土层变形量（压缩量或回弹量，cm。

b. 计算含水层组的体积压缩系数或回弹系数 m_v：

$$m_v=\frac{S_s}{\gamma_w} \tag{4-4-19}$$

利莱反算得到加州皮克司累地区整个含水层组的 m_v：

$$m_v=(3.6\sim5.9)\times10^{-3}(\text{kPa})$$

弱透水层 $$m_v=7.5\times10^{-3}(\text{kPa})$$

c. 根据 m_v 值按前述原则预测沉降量。

(2)沙层的沉降计算

含水砂层一般具有良好的透水性，变形可在短时间内完成，不需要考虑滞后效应，可用弹性变形公式计算。

一维固结计算公式：

$$\Delta S=\frac{\gamma_w\Delta h}{E_{0.1\sim0.2}}H_0 \tag{4-4-20}$$

式中：ΔS——沙层的变形量，cm；

Δh——水位变化值，m；

H_0——沙层的原始厚度，m；

$E_{0.1\sim0.2}$——沙层的压缩模量，kPa。

(3)降水引起的沉降量简易估算法

在降水期间，降水面以下的土层通常不可能产生较明显的固结沉降量，而降水面至原始地下水面的土层因排水条件好，将会在所增加的自重应力条件下很快产生沉降。通常降水所引起的地面沉降以这一部分沉降量为主，因此可以采用下列简易的方法估算降水所引起

的沉降值：

$$S = \Delta p \Delta H / E_{0.1\sim0.2} \tag{4-4-21}$$

式中：ΔH——降水深度，为降水面和原始地下水面的深度差，m；

Δp——降水产生的自重附加应力，kPa，$\Delta p=\frac{H\gamma_w}{2}$，可取 $\Delta H=\frac{1}{2}\Delta H$ 进行计算；

γ_w——水的重度，g/cm^3；

$E_{0.1\sim0.2}$——降水深度范围内土层的压缩模量，kPa，可根据土工试验资料，或查该地区的地基基础设计规范。

【例】 上海浦东塘桥竖井开挖井点降水。该地段为粉砂土层，$E_{0.1\sim0.2}=400\text{kPa}$，降水深度 $\Delta H=12\text{m}$，$\Delta p=\frac{\frac{1}{2}\Delta H\gamma_w}{2}=30\text{kPa}$

$$S=\frac{\Delta p\Delta H}{E_{0.1\sim0.2}}=9\text{cm}$$

该降水试验实例 70d 的沉降量为 8.4cm，与估算值基本相符。

(4)深井井点降水对环境影响的估算

深井井点的降水深度大于 15.00m，滤水管布置在渗透系数大于 10^{-4} cm/s 的砂层中。深井泵的吸口宜高于井底 1.00m 以上，低于井内动水位 3.00m 左右。

在软土地区深井井点降水的目的大都是降低深层砂性土层的承压水头，对环境的影响在很大程度上取决于土层分布情况，可按下列基本原则估算对环境的影响：

①当降水沙层上面有一层硬粘土层时，可作为边界封闭状态来计算沉降，即只考虑降水沙层的沉降。工程实践表明，在这种情况下，深井井点降水对环境的影响很小。

②降水沙层的沉降可采用公式(4-4-21)进行计算。由于这层土较深，其压缩模量常在 100MPa 以上，取降水层厚度 $\Delta H=2.00\text{m}$，水头降低 20.00m，即 $\Delta p=200\text{kPa}$，其沉降量为

$$S = \frac{200\times2.00}{100\times10^3} = 4\times10^{-3}\text{m} = 4\text{mm}$$

可见砂层本身的沉降量较小，对环境的影响也不大。

③若降水沙层上部无硬粘土封闭层，而降水持续时间又较长时，应计算上覆软粘土层在水头降压 Δp 的作用下产生的固结沉降。具体计算方法可按实际土层的分布情况，参照上述地面沉降的计算方法进行计算。在这种情况下，深井井点降水对环境的影响较大。

第 5 节　软粘土层中边坡变形破坏的环境工程地质问题与防治

5.1　软粘土层中边坡的稳定性

上海地区浅部地层普遍有软粘土层分布，深度多在地面 4～5m 以下，一般厚度 10m 左右，为流塑状淤泥质粘土，强度很低。在深基坑开挖及引水工程、污水排灌工程的管道、渠道及泵站等基坑(基槽)开挖过程中，由于水文及工程地质条件的改变，各种自然及人为因素的影响，造成边坡失稳，产生沿软粘土层滑动的现象时有发生。本节拟通过几个在灰色软粘土层中开挖施工造成边坡失稳、产生滑坡的实例，对形成滑坡的因素、滑坡特征、滑动土体的稳定性计算、滑坡体的善后勘探与处理等问题，作一分析与探讨。

上海地区采用大开挖基坑施工的工程，在其施工开挖过程中造成的边坡失稳，其滑动面均产生于灰色淤泥质软粘土层中。此层含水量大，土质软弱，常断续夹有薄层状粉砂，厚度较大，局部地段尚可见到水平状微层理。综合有关滑坡资料，产生滑坡地段土层分布及其物理力学性质指标归纳统计于表4-5-1中。

滑坡地段土层分布及物理力学性质指标 表4-5-1

层序	土层名称	孔隙比 e	含水量 w(%)	天然容重 γ (kN/m³)	塑性指数 I_p	压缩系数 $a_{0.1-0.2}$ (MPa⁻¹)	比贯入阻力 p_s(MPa)	抗剪强度指标 直剪 φ (度)	直剪 c (kPa)	三轴 φ (度)	三轴 c (kPa)	十字板 S_u (kPa)
②₁	褐黄色粉质粘土	0.81	26.9	19.2	12.5	0.35	1.19	25	30.0			—
								(固快)				
②₂	灰黄色粘土	0.99	34.8	18.7	18.3	—	0.81	24	27.0			49.0
								(固快)				
③₁	灰色淤泥质粉质粘土	1.29	44.4	17.2	12.5	0.86	0.45	28	10.0			23.0
								(固快)				
③₂	灰色粘质粉土	1.16	32.7	17.4	—	0.46	0.95					—
④	灰色淤泥质粘土	1.37	47.0	17.1	18.8	1.15	0.41	5	17.0	2	190	23.0
								(快)		不排水剪		

滑坡地段基坑一般开挖深度为5.00～10.00m，边坡坡脚及基坑底部均处于灰色淤泥质粘土层中，设计采用开挖边坡为1∶1.5～1∶2.0，并规定了堆土需离开坑边的距离，限制了堆土高度，根据勘测部门提供的有关数据进行了边坡稳定验算（采用简单条分法），安全系数 K 均在1以上，应属稳定边坡。由于在施工开挖过程中的处理不当，对某些因素的估计不足，遂使原先认为的稳定地段而发生了滑动，造成不应有的损失。下面举几个滑坡实例予以说明。

【实例1】 黄浦江上游引水工程某倒虹管

黄浦江上游引水工程某倒虹管，全长75.00m，设计基底高程−4.30m，开挖深度（坡高）8.46m，开挖边坡1∶1.5，并要求设置二级井点降水。当基槽开挖刚达设计基底高程时，在基槽西侧突然产生滑坡。该处土层分布及其物理力学性质指标见表4-5-2。

黄浦江上游引水工程某倒虹管处土层物理力学指标表 表4-5-2

层序	顶板高程 (m)	土层名称	孔隙比 e	含水量 w(%)	天然容重 γ (kN/m³)	塑性指数 I_p	压缩系数 $a_{0.1-0.2}$ (MPa⁻¹)	比贯入阻力 p_s(MPa)	抗剪强度指标 直剪 φ (度)	直剪 c (kPa)	三轴 φ (度)	三轴 c (kPa)	十字板 S_u (kPa)
②₁	3.69～2.17	褐黄色粉质粘土	0.73	24.2	19.5	11.4	0.30	1.00	25	30.0			
									(固快)				
②₂	2.29～1.27	灰黄色粘土	1.11	38.5	18.0	17.6		5.20	14	27.0			
									(固快)				
③₁	1.29～−0.43	灰色淤泥质粉质粘土	1.43	50.9	16.9	11.7	1.20	4.50	28	10.0			
									(固快)				
③₂	−0.01～−2.53	灰色粘质粉土	1.09	26.9	17.8			9.50					
④	−2.51～−11.3	灰色淤泥质粘土	1.38	47.4	17.1	17.7	1.46	4.50	5	18.0	2	20.0	22.0
									(快)		不排水剪		

滑坡体南北长度68.00m，地表鼓张裂隙发育，可见滑动台坎，滑坡体后缘形成一表面光滑的孤形陡坎。善后勘探查明，滑动面产生于灰色淤泥质粘土层中，最大影响深度为高程－8.69m(见图4-5-1)。实测滑动面为近似圆孤形，接近理论假定的圆孤滑动面，但实测滑孤面深度比理论计算最危险滑动面浅，而滑动孤面延伸长。最危险滑动面与实测滑动面分别采用简单条分法计算以求取稳定安全系数K，有关计算参数采用表4-5-2提供值，其中剪切指标采用三轴不排水剪。在基坑边不堆土情况下，其计算稳定安全系数K值分别为1.29和1.27；离开基坑边3.00m堆土，堆土高度为2.00m时，按理论滑孤面求得K值略大于1，实测滑动面求取的K值为1左右；堆土高为3.00m时，则计算出K值分别为0.87和0.85，两者计算K值非常接近。根据拟定开挖深度，在进行边坡稳定验算的前提下，设计的开挖边坡坡度和限制堆土距离(应距基坑边大于3.00m)及堆土高度(小于2.00m)应是符合稳定安全要求的。勘测部门提供的有关计算指标，经滑动前后二次勘探取土试验对比验证，证明是正确的。施工过程中堆土离基坑边过近(小于3.00m)，堆土过高(大都超过2.00m，局部达5.00m)，超载负荷过大，井点降水措施亦未按设计要求进行，这些是造成土体滑动的主要原因。

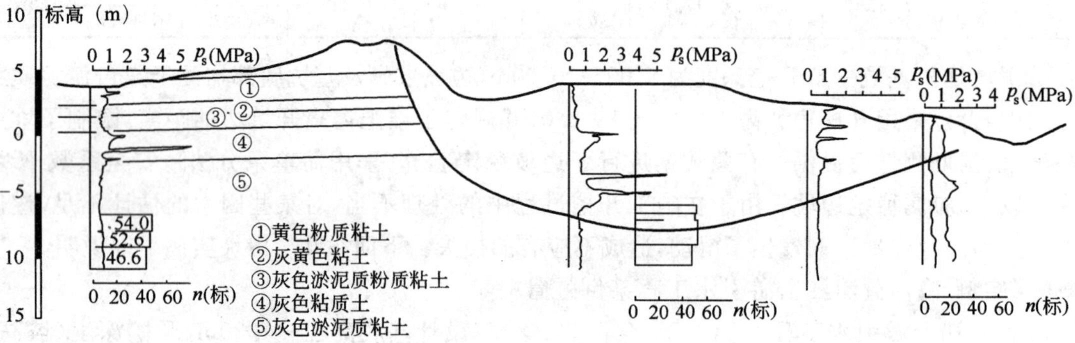

图4-5-1　实测滑动面

【实例2】 南干线污水排灌工程某泵站

南干线污水排灌工程某泵站，设计基底高程－3.20m左右，坡高约7.00m。基坑开挖已达设计高程，坡脚及基底均为灰色淤泥质粘土，部分基础已浇筑混凝土，适逢雨天，大雨后基坑东侧突然发生大面积滑坡，滑下土体冲击泵房已浇基础，致使南北两端基础各向西偏移了50cm和60cm。善后勘探查明，滑动面基本上于灰色淤泥质粘土层中，局部切过上覆薄层灰色粘质粉土层，最大影响深度为高程－7.23m，滑面近似圆孤型(见图4-5-2)。滑动土体南北向长度约为60.00m，滑坡地段鼓涨裂隙发育，可见多级滑动台阶。该段土层分布及其物理力学性质指标见表4-5-3。设计提供的开挖边坡为1∶1.5～1∶2.0，经边坡稳定验算，应属稳定边坡。施工中堆土距基坑边3.00m左右，堆土高达4.20m，已成超载，堆土为较松散、含水量较大的饱和土，实际坑边已存在裂缝，天降大雨致使堆土中含水量增加，从而增大了超载重力。水沿裂缝下渗，与地下水位通，抬高了潜水位。基坑开挖后，由于有效应力的降低，下部灰色淤泥质粘土产生回弹膨胀，强度亦随时间而降低。雨水下渗时，因软粘土层上覆粘质粉土渗透性能较好，短时间水向下层集中，更易促成滑动产生。多种不利因素的综合，导致了滑坡产生。

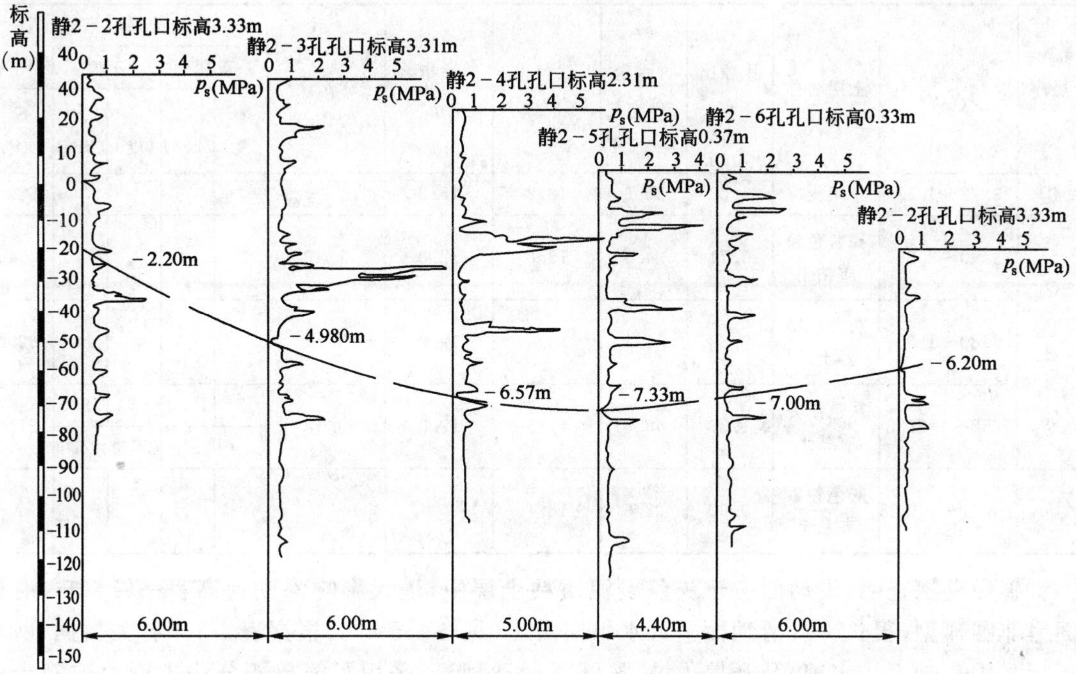

图 4-5-2 实例 2 实测滑动面

南干线污水排灌工程某泵站土层物理力学指标表 表 4-5-3

层序	埋藏高程 (m)	土层名称	孔隙比 e	含水量 w(%)	天然容重 γ (kN/m³)	塑性指数 I_p	压缩系数 $a_{0.1-0.2}$ (MPa⁻¹)	抗剪强度指标 直剪 φ(度)	抗剪强度指标 直剪 c(kPa)
②₁	3.70～1.80	褐黄色粉质粘土	0.98	31.9	18.2	14.2	0.40	11	22.0
								(快)	
②₂	1.80～0.50	黄灰～灰色粉质粘土	1.14	37.8	17.5	13.2	0.52	17	9.0
								(快)	
③	－2.11～－4.68	灰色粘质粉土	1.22	38.4	17.0	—	0.46	20	3.0
								(快)	
④	0.50～－11.00	灰色淤泥质粘土	1.46	46.8	16.4	20.2	1.11	11	16.0
								(快)	

【实例 3】 黄浦江上游引水工程某段

黄浦江上游引水工程某段管道，设计基底高程为－0.70m，坡高 4.70m，开挖边坡为 1：1.5，基坑开挖已达设计高程，且已浇注混凝土垫层，坡脚及基底均为灰色淤泥质粘土层。准备进行下一步工作时，开挖渠道北侧突然发生大面积滑坡，滑坡段长约 80.00m，滑动土体隆起高度 3.50m，井点降水软管被拉断，基坑已浇注的混凝土垫层被拱裂成块。滑坡后缘可见表面光滑的孤形陡坎，滑动台坎、台地清晰，鼓张裂隙发育。台坎断面上灰色淤泥质粘土水平微层理仍清晰可辨，未见有扭曲、旋转现象。其土层分布及有关物理力学性质指标见表 4-5-4。

黄浦江上游引水工程某段土层物理学指标 表 4-5-4

层序	埋藏高程（m）	土层名称	孔隙比 e	含水量 w(%)	天然容重 γ（kN/m³）	塑性指数 I_p	比贯入阻力 p_s（MPa）	抗剪强度指标				
								直剪		三轴		十字板
								φ（度）	c（kPa）	φ（度）	c（kPa）	S_u（kPa）
①	3.72～1.52	填土	1.03	35.5	18.2	15.3						62.0
②	3.90～2.80	褐黄色粉质粘土	0.71	24.5	19.8	12.0	1.37					
③	2.80～1.50	灰黄色粘土	0.86	31.1	19.4	19.0	1.10					62.0
④	1.52～−8.88	灰色淤泥质粘土	1.36	48.6	17.3	17.0	0.37	7	17.0	2	18.0	21.0
								（快）		（不排水剪）		
⑤	−8.88～−9.28	灰色粉砂夹粘土	0.92	28.5	18.1							

善后勘探查明，滑动面位于灰色淤泥质粘土层中，最大影响深度为高程−7.57m，滑动面呈非圆孤型，很长一段滑动面呈近水平向滑出（见图 4-5-3）。根据表 4-5-4 有关数据（剪切指标采用三轴不排水剪）及开挖边坡，按圆孤滑动理论，采用了简单条分法进行边坡稳定验算，即使填土高 2.00～3.00m，其安全系数 K 值仍在 1.1 以上。如按实际滑动面计算，因其近水平滑动段很长，计算得出的 K 值就更大。看来，对非圆孤滑动型滑坡，按圆孤滑动理论，采用简单条分法求取稳定安全系数是不符实际的，必须另辟途径。

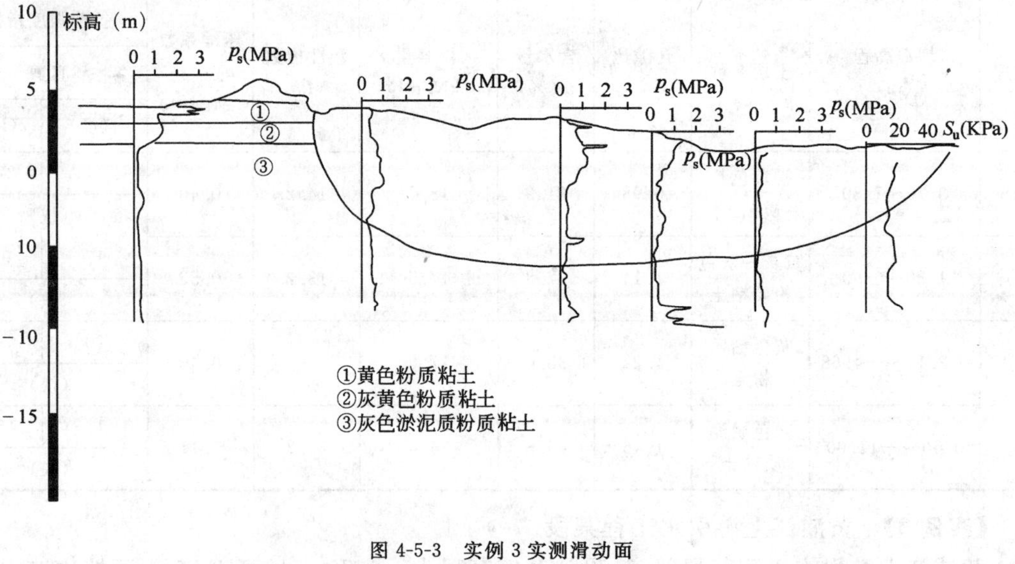

图 4-5-3 实例 3 实测滑动面

产生滑坡段施工堆土高度一般为 2.50m，局部为 2.50～3.50m。随着基坑的开挖，有效应力的减小，水平微层理发育的灰色淤泥质粘土因应力释放而产生回弹，强度随之下降。其下层为渗透性能较好的灰色粉砂夹粘土层，施工单位采取了井点降水及明沟排水措施。由于经常突然停电，地下水位波动变化很大，水易沿水平微层理渗入，更降低了软粘土层的强度。在负荷和动水压力作用下，遂产生了沿水平层理的整体滑动。

【实例4】 上海某引水工程塌方

上海某引水工程，原设计要求挖到离地面约9.00m，并采用井点降水，以1∶1.5(垂直∶水平)的坡度开挖，并设置2个3.00m宽的平台(马道)。但施工单位来自外地，对上海地质情况不熟悉，且无井点设备，以1∶1.75的坡度直接下挖。而现场地表5.00m处有一粉质粘土层，当时因雨停工，天晴后采用三班制抢工浇筑混凝土，由于在粉质粘土层的地下水渗出，突然有大半个篮球场面积的土坡，从4.00m以上的高度塌下，造成10人埋入土中，3人死亡的惨重塌方事故。

上海地区的经验是：在表土层开挖浅基础时，地下水位以上可垂直开挖；在地下水位以下，边坡可采用1∶0.5～1∶1.1。在表土层以下开挖，深度小于3.00m，且无流沙现象时，边坡可采用1∶1～1∶1.5；如遇流沙现象，须采用板桩或井点降水等措施。

【实例5】 上海肇嘉浜污水泵站滑坡

肇嘉浜污水泵站长28.70m，宽14.05m，直接建造在淤泥质粘性土的河床上，泵站底地基深约10.00m左右。原施工设计采用2层钢板桩。河西为临时排水设置用木板桩围护的明沟，河东离钢板桩10.80m处为楼房，河西亦有房屋。为慎重起见，在下层钢板桩设置3道支撑系统。但在第三道支撑尚未装配好时，突然发现支撑木丝丝作响，全体施工人员立即撤离现场上岸，随即轰然一声，下层钢板桩基坑全部坍塌。事后分析坍塌原因为：

①挖土时有渗流自钢板桩接缝内流入基坑，最终将下面基底潜蚀，造成钢板桩处的土被淘空，致使在外力作用下钢板桩失去稳定；

②在基底被水浸没后，土的力学性质变差，钢板桩背后的主动土压力骤增；

③由于基坑浸没后抽水过急，造成坑内外动水压力差；

④钢板桩第三层支撑系统未能及时完成，因而不能阻挡该处的侧向压力作用，于是发生位移造成向上的力，最后使支撑向上迸出(图4-5-4)。

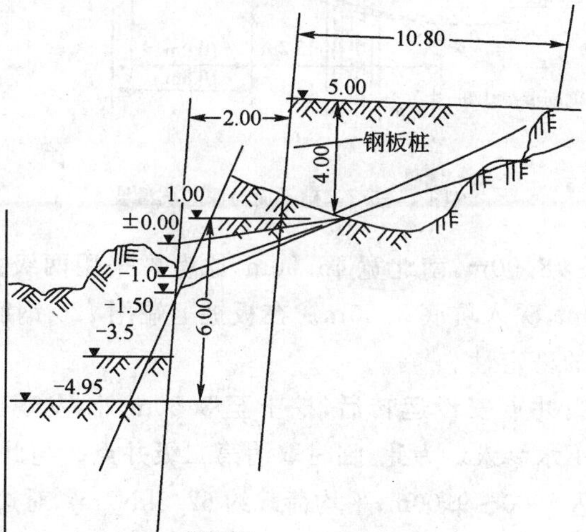

图4-5-4 上海肇嘉浜污水泵站东岸塌方示意图

事故发生后，将钢板桩拔出，重新施工并采取下列措施：

①将明沟改为2根沟管，再在沟外布设45根井点；

②用二级井点降水；

③用长 12.00～14.00m 的钢板桩(不连续，空隙处理布置井点)作挡土之用；

④在将挖达基底时，留数十厘米分段分块挖掘和浇灌混凝土。

总结以上经验教训，认为：类似的深基坑采用沉井施工方法较好；如在软土中开挖深基础以采用井点降水较为可靠；基坑边缘的临时排水不宜采用明沟。

【实例 6】 上海重型机器厂深基础滑动

上海重型机器厂某重型设备基础长 52.60m，宽 15.20m(图 4-5-5)，埋设于深约 40.00m 的淤泥质软土层内，基础的中间部分较深，基底离地面 11.45m，两翼较浅仅为 7.50m，基础支承于 39.00m 长的钢筋混凝土方桩上，离基础南北端约 8.00m 处有厂房桩基，每一桩基系由 16 根 45.00m 长桩所组成，桩基间净距约 6.00m。

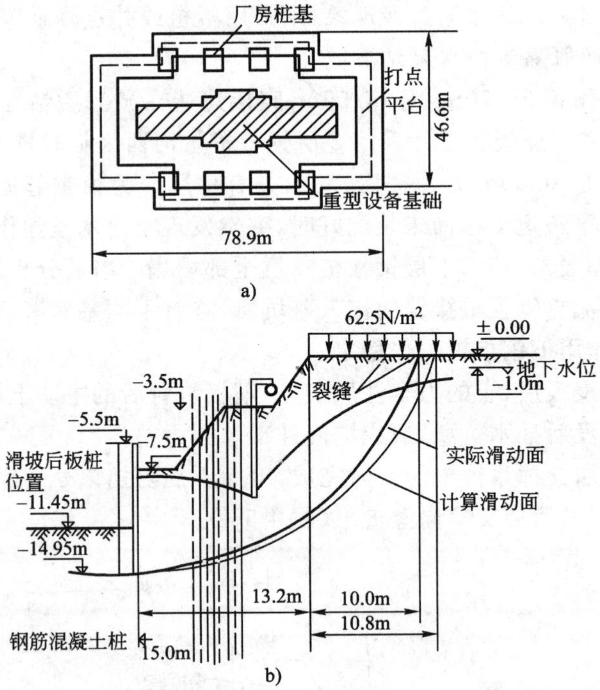

图 4-5-5 基础平面与深基坑滑坡

基坑开挖面东西长 78.90m，南北宽 46.60m，原考虑采用两级井点，布设于－3.50m 和－7.50m 处，相距 8.00m，深入坑底 3.50m。在板桩上端用 ϕ25 钢筋锚固于基础两旁的混凝土桩上，借以增强板桩的稳定性。

基坑施工时，当上级井点安设运转后，挖土至 3.50m 处，发现土较干燥，随即挖试井至－11.45m，当时亦无地下水渗入。为此，临时取消第二级井点。与此同时，部分挖出的土方直接堆放在板桩外侧，高达 8.00～9.00m，平均荷载约 62.5kN/m^2，对边坡稳定增加了不利因素。

当挖土至设备基础中间最深部分时，发现基坑南面地面上出现呈圆弧形的细裂缝两条，分别距基坑边为 6.00m 和 10.00m。随即在该处设立 3 个观察位移的桩，观察滑动发展情况。至第三天，基坑南 3.00m 处地面下沉 1.5cm，两观察桩各位移 1.2cm 和 1.5cm。至第七日晨，设备基础中部已有 1/3 挖至 11.45m 时，发现裂缝急剧扩大，半小时竟达 10cm。随后在－3.50m 平台处发现第三条裂缝，基坑底部出现泉眼，并有流沙及土涌现象，至此边坡滑动已趋发展。

当时施工单位采取了紧急有效的措施。首先在－8.00m 处用 30cm 方木及 36 号工字钢架设钢板桩的水平对撑；在钢板桩顶部用钢缆拉锚加固；在已挖到设计高程处分段抢做 1.00m 厚的钢筋混凝土承台板。至第十天土坡已趋稳定。

由于土坡滑动，不仅使整个基坑边缘下沉，而且钢板桩向北位移约 1.50m；厂房柱基发生位移和倾斜，有 30 根桩需补打，其中以中部靠近挖土最深处的桩基位移最大，向北位移达 1.07m，显然与深层土的滑动有关。

事后采用圆弧滑动法进行边坡的稳定计算后得知，对于滑动基础：

①如果采用一级井点降水而不采用其他相应措施，则在任何情况下都将发生滑动；

②如果采用二级井点降水，则在堆土情况下也不能使边坡保持稳定，在无堆土情况下，其边坡稳定安全系数接近于 1；

③如采用一级井点降水，同时在钢板桩间加设横撑时，才可保证土坡的稳定，但每延米约需 8 根 36 号工字钢分成两层对撑，这对施工很不方便。

5.2 软粘土层中滑坡特征

(1)滑动面除圆孤滑动型外，尚有非圆孤滑动型。软粘土层中水平微层理较发育者，多呈非圆孤滑动型，有很长一段是沿水平层理呈水平状滑出。实际滑动面一段均比理论圆孤滑动面浅，但滑孤较长。圆孤滑动型，理论与实际滑孤面采用简单条分法求取的稳定安全系数 K 值，基本接近。非圆孤滑动型，采用简单条分法求取 K 值，则不符合实际。

(2)滑坡体后缘均存在陡而光滑的弧形面，滑动台坎、台地一般清楚，垂直于滑动方向的鼓张裂隙发育。

(3)滑坡产生于瞬间，向一个方向滑出，未见到有扭曲及旋转现象，软粘土层中水平微层理清晰可辨。滑动面下土层一般受滑动影响的扰动破坏不大，表 4-5-5 是滑动面下的灰色淤泥质粘土与滑动前同一高程下同一土层有关指标比较表。从表中可看出，实例 1 滑动面下土层基本未受影响。实例 3 因水平滑动段较长，其滑动面下土层受到一定扰动影响，静力触探曲线反映出其影响范围也很小。

滑动前与滑动后滑动面 3 个同一层同一高程处有关指标对比 表 4-5-5

实例 \ 指标		孔隙比 e	含水量 w(%)	天然容重 γ (kN/m³)	压缩系数 $a_{0.1-0.2}$ (MPa⁻¹)	抗剪强度指标 直剪 φ (度)	直剪 c (kPa)	三轴 φ (度)	三轴 c (kPa)	十字板 S_u (kPa)
实例 1	滑动前	1.40	48.1	17.0	1.36	6	15.0	2.5	20.0	26.0
	滑动面下	1.37	46.8	17.1	1.10	4	20.0	3	22.0	25.0
实例 3	滑动前	1.36	48.6	17.3	—	7	17.0	2	18.0	21.0
	滑动面下	1.53	52.8	16.7	—	6	12.0	3	20.0	19.0

(4)滑动土体强度在短期内能得到恢复。滑动发生后 10 天左右，一般即赴现场勘探取土试验，滑动前后的灰色淤泥质粘土物理力学性质指标对比见表 4-5-6。表 4-5-6 反映出滑动土体在滑后 10 天左右，其物理力学性质指标已渐趋接近滑动前指标。

滑动前与滑动后滑动面3个同一层同一高程处有关指标对比　　表 4-5-6

实例 \ 指标		孔隙比 e	含水量 w (%)	天然容重 γ (kN/m³)	塑性指数 I_p	压缩系数 $a_{0.1-0.2}$ (MPa⁻¹)	直剪快剪	
							φ (度)	c (kPa)
实例1	滑前	1.38	4.77	17.1	17.7	1.46	5	18.0
	滑后	1.45	50.8	19.1	19.1	0.86	5	13.0
实例3	滑前	1.25	41.0	16.2	16.2	1.09	2	14.0
	滑后	1.35	43.0	16.9	16.9	1.11	5	0.7

(5)滑坡地段,一般在软粘土层上部或其下部多存在有一渗透性较好、砂性较重的土层。

5.3 影响边坡稳定因素分析

影响软粘土层边坡稳定的因素很多,诸如软粘土层本身强度特征、施工过程、自然及人为因素的影响、水文工程地质条件的改变、计算数据采用的适当与否等。滑动的产生,往往是多种不利因素的综合结果。

(1)软粘土层强度差,抗剪强度值小。进行边坡稳定计算时就有一个正确取值的问题,开挖边坡一般在较短期内完成,抗剪强度值应采用快剪(不排水剪)计算。有关资料已证实,土坡发生滑动系发生在滑动面上的平均剪应力达到残余强度之前,而未达到峰值强度,也不是残余强度,而是介于两者之间。所以,如试验提供的抗剪强度为直剪峰值指标时,计算采用时应当进行折减,折减系数采用0.7～0.8为宜,三轴试验客观反映现场实际,提供的三轴不排水剪指标则可直接采用。如软粘土层土质较为均一,可采用算术平均值。指标值具有较大差异时,宜采用小值平均值。从上述介绍的实例看,真正由于提供指标的不正确,计算取值的不当,而造成滑坡事故的情况是极罕见的。但应该说,计算取值的正确与否,对边坡稳定安全系数的计算是有很大影响的。

(2)由于基坑(基槽)开挖深度较大,一般坡脚及基底均处于淤泥质软粘土层中。大规模的开挖,使有效应力减小、孔隙水压力重新分布,淤泥质粘土层应力释放,产生回弹、膨胀,其强度将随时间延长而降低。同时,坡脚处应力集中,如排水条件不好,则浸水时间越长软化就越严重,故应加快边坡开挖的施工速度,尽量缩短施工时间,争取早日进行基础的浇捣回填工作。

(3)应按设计要求,严格控制堆土离基坑(基槽)边距离及堆土高度。离基坑边较近及堆土过高,无疑将增加坡高、形成较大超载,超出了进行边坡稳定验算的边界条件,这是造成边坡失稳、产生滑坡的一个重要原因。上述滑坡实例,大都与此因素有关。

(4)应尽量避免在雨季施工,做好井点降水及地面与基坑的排水工作。降雨将会使地下水位升高,动水压力增大,即使堆土高度控制在设计提出的允许范围,但雨水将导致堆土含水量的增加,增大了堆土重量,形成超载。如果基坑边有裂缝,雨水顺裂缝渗入、软化土体,使其强度降低,更易促成滑动的产生。实例2的滑坡就是因原堆土过高又适逢下雨所造成。

(5)软粘土层如夹薄层粉砂较多,且其上部或下部存在有砂性较重、渗透性能较好的土层时,采用井点降水措施效果较好。如电力供应时断时续或其他人为因素影响,致使井点降水不能正常进行,造成经常性水位波动,产生了动水压力作用,反而会增加不利因素,促使土体产生滑动。

5.4 滑动土体善后勘探与处理

滑坡事故发生后，必须迅速查明产生滑动原因，了解土体滑动情况，以便在工程上采取补救措施，这就要求滑坡发生后及时进行勘探，找出滑动面，提供滑坡对土体强度的影响程度，提出处理措施。

5.4.1 滑坡体的勘探

滑坡体的勘探应对滑坡体内外分别进行布孔勘探了解。滑坡体内勘探主要为寻找滑动面，探明滑动土体及其下部未滑土体的土层性质，提供土层有关指标，并在强度上与原来同一土层作鉴别比较，为工程处理提供依据。一般应沿滑动方向布置 2～3 条勘探剖面，孔深应控制在滑动面以下 5.00m 左右。滑坡体外勘探，主要是验证原勘探资料正确性如何，提供设计所用的有关指标是否恰当。一般布置 1～2 个技术钻孔即可。滑坡体内外勘探孔最好布置在同一剖面上。

为能较准确地确定滑动面，勘探工作应以静力触探为主、技术钻孔为辅进行。技术钻孔取土分析，系根据土层的物理力学性质进行鉴别，因取土有一定间距，仅能大致划分滑动范围，无法确定确切滑动面。静力触探是连续贯入操作，土层的变化能在比贯入阻力 p_s 曲线上得到明显反映，由曲线变化的最软弱部位容易找到确切的滑动面位置(见实例图 4-5-1、图 4-5-2、图 4-5-3)。

5.4.2 处理措施

寻找滑动面，查明土层因滑动影响强度的变化情况，目的都是为了在工程上采取处理措施。

(1)滑动土体的处理：因是临时边坡，只要对滑动土体进行适当的开挖削坡，局部去除堆载、裂缝封填，四周挖排水沟，使土体处于稳定状态即可。

(2)基坑中滑动面下受扰动土层的处理问题：从土的物理力学性质指标、比贯入阻力 p_s 值及现场十字板抗剪强度指标比较可看出(见表 4-5-5 及实测滑动面有关图件)，对圆弧滑动型，滑动面下部土层与滑动前同一原状土层性质基本无甚差别，个别压缩模量还有增大趋势，滑动对滑动面下部土层影响很小，基本可不作专门处理。非圆弧滑动型，从土的物理力学性质指标看，滑动面下部土层受扰动影响较大，但从静力触探 p_s 曲线上看不出大的变化，影响深度范围也很小，而且受影响土层强度一般恢复较快，故也只需对其上部土层(0.50～1.00m)作局部处理即可。

第5章 堤坝管涌模型试验与渗流数值模拟

第1节 概 述

河道堤坝是我国防洪工程体系的重要组成部分。在长江、黄河等七大江河的中下游地区，堤坝是防御洪水的最后屏障。目前，我国建有各类堤坝25万km，其中主要堤坝6.57万km。我国现有的堤坝有三大特点：一是堤基条件差。堤坝傍河而建，堤线选择受到河势条件制约，基础大多为沙基，同时由于堤线过长，防灾任务过重，绝大部分堤坝未作基础处理。二是堤身建筑质量差。不少堤坝是在原民堤的基础上，经历年逐渐加高培厚而成，往往质量不佳。三是堤后坑塘多。尤其是长江干堤和洞庭湖、鄱阳湖区，多年来普遍在堤后取土筑堤，使堤后坑塘密布，覆盖薄弱。因此，当遭遇洪水时，堤坝经常发生管涌、滑坡、崩岸和漫溢等险情，严重者导致大堤溃决。在1998年长江特大洪水时，仅长江中下游干堤就出现险情6 100多处，高水位时每天出险300余处。

大量的洪灾资料表明，堤基与堤身渗流对河道堤坝破坏危害最大。其中管涌险情发生的数量最多，分布范围广，且易诱发重大溃堤险情。以1998年长江特大洪灾为例，长江中下游干堤出现险情15 222处，在较大险情中堤基管涌险情有4 051处，散浸2 891处，漏洞2 748处。也正是因为管涌等恶性险情导致了湖南省安造垸、湖北省孟溪垸、湖北省牌洲湾、江西省九江市防洪墙等堤坝的溃决。因此研究堤坝管涌的形成机理，提出堤坝工程抗渗稳定性分析方法和堤坝工程的设计参数及管涌的预防与治理措施，具有重要的理论和实际意义。在理论上，关于管涌的形成机制，突破现有研究成果仅局限于宏观定性认识，进行对比性研究，定量分析；考虑潜在的管涌通道的形成过程及管涌形成后对地下水渗流的影响，提出新的渗流模型。在实际应用中，可以对管涌堤段进行新的可靠的抗渗稳定性分析，提出堤坝工程设计所需的重要参数，对于有效的预防与治理管涌险情，提高堤垸的安全防洪性能，大大减轻可能的洪水灾难，将有重大意义。

国内外关于管涌的研究大都是从研究渗流破坏的角度出发，对渗流破坏的研究又集中在对临界渗流破坏条件的判别上。大致有两个方向：

其一是从宏观的角度，研究产生渗流破坏的临界水力坡降。最先由Buckley(1905)提出总梯度方法，$C=L/H$（C为Creep系数，L为渗径长度，H为总水头损失）；其后又由Bligh(1927)和Lane(1935)进行了完善。在1922年以后，Terzaghi从理论和实验上研究渗流破坏，提出上升渗流条件下的临界水力坡降J为

$$J=(G-1)/(1+e)\cdot(1-n) \tag{5-1-1}$$

式中：G——土颗粒的比重；

e——土的空隙比；

n——土的空隙率。

国内有人提出了水平管涌的临界水力坡降 J 为

$$J = (\gamma \cdot 1 + \sigma \cdot 1) \cdot \tan\varphi \tag{5-1-2}$$

式中：σ——土的垂直荷载。

此外，针对各种具体的几何条件和土的性质，有人提出过各种判别标准和公式。

其二，国内外从微观的角度出发，采用理论分析和试验的方法，研究各种不同的土体性质和结构在达到渗流破坏时的临界水力坡降。在这方面，依斯托美娜、柯森、哈增以及我国的水利水电研究院都作过大量研究。

自 20 世纪 70 年代以来，由于有限元方法的大量使用，使得对土体渗流破坏的研究进入一个新的阶段，提出了许多新的渗流模型，将宏观的渗流场分析与微观的土体的渗流性质联系起来，使理论分析更加接近于实际情况。

但是关于管涌的形成机制，现有的研究成果仍局限于宏观性认识。在土力学范畴内，管涌属于一种流沙现象，其原因归结为土体有效重度小于等于地下水的渗透力。在水文地质学范畴内，管涌是土体的一种渗透变形现象，管涌的形成表明土体的抗渗失稳，堤坝工程的管涌破坏属于土体的渗透破坏。张家发等人的研究成果表明，土的渗透破坏过程与土的性质、结构等有关，最后的破坏形式均属流土破坏。堤坝工程的管涌破坏实际上就是流土破坏的集中表现。在现有的抗渗稳定分析中，曹敦侣的渗流管涌的 Monte-Carlo 模型，假定堤基是均质或分段均质的土层，通常不考虑土中裂隙、生物洞穴的不利影响，更未考虑潜在管涌通道的形成过程及管涌形成后对地下水渗流的影响，这就无法搞清楚管涌的形成机理和过程。随着有限元等数值分析方法的完善和大量使用，利用有限元方法研究堤坝管涌渗流已成为一种发展趋势。

在管涌的预防与治理方面，缺乏有效的措施与方法。鉴于对管涌的有限认识及堤坝抗渗稳定分析方法的缺陷，还不能预见潜在的管涌险情，因此，对预防堤坝管涌的发生，目前尚无明确、有效的措施。堤坝管涌险情发生后，通常采用“围滤导渗”、“围滤反压”、“降水减压”等治理措施，这些处理措施仅限于洪水期间对管涌险情的暂时性抑制，不能从根本上减少或杜绝堤坝管涌险情的发生。

第 2 节　堤防渗流破坏的主要形式及形成机理

2.1　堤防渗流破坏的主要形式及其特点

2.1.1　堤防渗流破坏的主要形式

堤防工程中对渗透破坏的分类主要是从宏观现象考虑，堤身的渗流破坏包括 3 种类型：渗水(散浸)造成的堤坡冲刷、漏洞和集中渗流造成的接触冲刷。堤基的渗流破坏常表现为泡泉、沙沸、土层隆起、浮动、膨胀、断裂等，通常统称为管涌。因为堤基的渗流破坏在后期多表现为集中渗流对土体的冲刷，并往往冒水翻沙，形如管中涌水(沙)，因此在堤防工程中统称为管涌(亦称泡泉)，这是宏观上的体验。其实，堤防工程中常说的管涌基本上都是土力学中的流土破坏。

由于土质不同，形成集中渗流管道的机理也不相同，一种是局部土体在渗流出口被渗流带走，然后继续发展而成；另一种是土孔隙中的细颗粒被渗流不断带走的结果。在成层结构的土体中，破坏多从层面开始。渗流破坏形成的机理不同，于是土体能承受的渗透力以及形成集中渗流管道直到最终破坏所需的时间也不相同。

根据多年的研究，从渗流破坏形成机理的角度可以将渗流破坏形式分为流土、管涌、接触流失和接触冲刷 4 种形式。前两种形式发生在单一土层中，后两种形式发生在成层土层中。

(1)流土

在渗透力作用下，土体中的某一颗粒群同时起动而流失的现象称为流土。这种破坏形式在粘性土和无粘性土中均可发生。粘性土发生流土破坏的外观表现为土体隆起、鼓胀、浮动、断裂等。无粘性土发生流土破坏的外观表现为泉眼(群)、沙沸、土体翻滚最终被渗流托起等。

(2)管涌

在渗透力的作用下，土体中的细颗粒(填料颗粒)沿着土体骨架颗粒间的孔道移动或被带出土体，这种现象叫管涌。它通常发生在砂砾石地层中。

(3)接触流失

在渗透系数相差很大的两层土中，当渗流垂直于接触面运动时，将细粒层中的细颗粒带入粗粒层的现象称为接触流失，表现形式可能是单个颗粒进入相邻层，也可能是颗粒群的同时进入，所以包括接触管涌和接触流土两种形式。

(4)接触冲刷

渗流沿着两种不同粒径介质的接触面流动并带走细颗粒的现象称为接触冲刷。例如，穿堤建筑物与堤身的结合面、土坝与涵管的接触面和裂缝的渗透破坏等。

2.1.2 管涌和流土破坏的特点

就破坏的性质而言，渗流破坏形式只有管涌和流土之分，有时又将无粘性土分为管涌土和非管涌土两种类型，非管涌土就是指流土型的土。

管涌型土根据渗流破坏的发展形态又可以分为发展型管涌土和非发展型管涌土。所谓发展型管涌土，就是指土一旦发生渗流破坏，细颗粒会不断的被带出土体之外，土体无法再承受更大的水头或所能承受的水头反而下降。这就表明土体内有一部分细颗粒没有紧密接触，甚至是处于自由状态，粗颗粒无法制约细颗粒，所以抗渗强度低。而非发展型管涌土，在细颗粒被带出土体之后，如果所承受的水头不再增大，细颗粒就会停止流动，管涌不再发生，只有继续增大水头，管涌才会继续发生，即在管涌发生后土体所能承受的水头还可以继续增加。这类型的土是管涌型土与流土型土之间的过渡型土。

发生流土破坏的土体，其中的各个颗粒之间都是相互紧密结合的，相互之间具有较强的约束力，可以承受的水头就较大。但是，流土破坏一旦发生，它是土体的整体破坏，管涌通道会迅速向上游或横向延伸，一旦抢险不及时或措施不得当，就有造成土体结构破坏，引发溃堤灾难。

由于土体发生渗流破坏的机理不同，因此在研究土体的渗流破坏时必须先区分破坏类型，才有利于进一步确定抗渗坡降。

2.2　管涌型土和流土型土的判别

判别管涌型土和流土型土的关键是判别土体内部结构是否稳定，土颗粒之间是否紧密接触和相互约束。而颗粒组成是反映无粘性土基本性质的重要参数，也是反映粗细颗粒之间的约束关系的重要参数。实践表明，颗粒组成可以用各粒径含量的累计曲线或分布曲线以及特征粒径和特性参数来表示。其中，不均匀系数 $C_u = d_{60}/d_{10}$（d_{60}是小于该粒径的土重占总土重的60%，d_{10}是小于该粒径的土重占总土重的10%），是反映土的组成离散程度的参数，也是最早用于判别管涌型土和流土型土的参数。根据依斯托美娜（前苏联）的研究，C_u 小于10的土体其破坏形式是流土型；C_u 大于20，其破坏形式属于管涌型；介于两者之间的属于过渡型。但是，C_u 只能反映土的组成离散程度，而无法反映颗粒级配曲线的形状、类型以及粗细颗粒之间的约束关系。当土的 C_u 小于5时，它是较均匀的土，粗细颗粒粒径相差不大，相互之间有很强的约束力，属于流土型土。但是当土的 C_u 大于5时，它是不均匀的土，可以区分为级配连续和级配不连续两种类型，而每一种类型中粗细颗粒之间的约束关系又都必须分别考虑，依此才有可能判别管涌型土和流土型土。

2.2.1　级配不连续性土

级配不连续性土一定是双峰型土，双峰之间谷点粒径的含量应小于等于3%，而且至少具有一个粒径级。图5-2-1中的颗粒组成曲线就是一种级配不连续性土的颗粒组成曲线，该土样中粗细颗粒的粒径范围分别是1～25.4mm和0.1～0.8mm，两者之间缺少0.8～1.0mm的颗粒，同时在粗颗粒范围内，1～2mm和2～4mm粒径的含量都在3%以下。对于级配不连续性土，粗细颗粒的区分粒径是指所缺粒径级的最大和最小粒径的平均值，图5-2-1中土样粗细颗粒的区分粒径是0.9mm，大于0.9mm的颗粒为粗颗粒，小于0.9mm的为细颗粒。

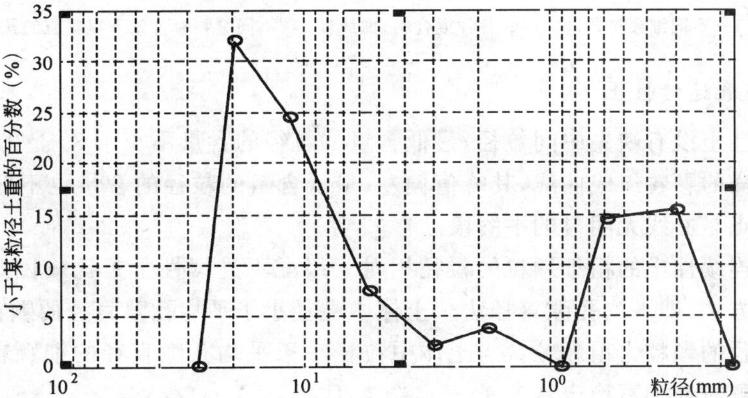

图5-2-1　某土样的颗粒组成曲线

级配不连续性土的性质是由细颗粒的含量决定的。当细颗粒含量较少时，不足以填充粗颗粒的孔隙时，土样的基本性质是由粗颗粒决定的，细颗粒所受的约束较少，处于不稳定状态；当细颗粒含量超过某一含量时，细颗粒的体积就会大于粗颗粒的孔隙体积，土样的基本性质则逐渐由细颗粒来决定，此时，粗细颗粒就是一个整体，相互约束，处于较稳定的状态。

要确定决定级配不连续性土性质转化的细颗粒含量，可以用试验的方法来确定，即将粗细两种颗粒按细颗粒含量10%、15%、20%、25%、30%、40%、50%分别配成不同的混合料，并进行击实试验，试验采用的单位平均功能为1.0MJ/m³，以试验后的孔隙率与细粒含量的关系作图。图5-2-2就是上述土样的试验结果，试验结果表明，当细颗粒含量小于25%时，尽管有细颗粒掺入粗颗粒，使混合料的孔隙率减小，但粗颗粒本身的孔隙体积并没有发生大的变化，细颗粒只是填充粗颗粒的孔隙，并不参与骨架的作用，处于不受约束的状态，在结构上是不稳定的。当细颗粒含量大于25%以后，粗颗粒的结构开始被细颗粒所破坏，孔隙体积明显增大，表明细颗粒的体积已超过粗颗粒的孔隙体积，与粗颗粒一同建立统一的结构，共同构成骨架。其实，当细颗粒刚刚填满粗颗粒的孔隙时，混合料的孔隙率最小，密实度最大，达到最优级配；直到细颗粒含量大于70%以后，混合料中粗颗粒的作用才开始明显减小，最后混合料的孔隙体积变成为纯细颗粒的孔隙体积，其性质也变成细颗粒的性质。通过统计国内外各种资料，细颗粒开始参与骨架作用的细颗粒含量，变化于25%～35%之间。

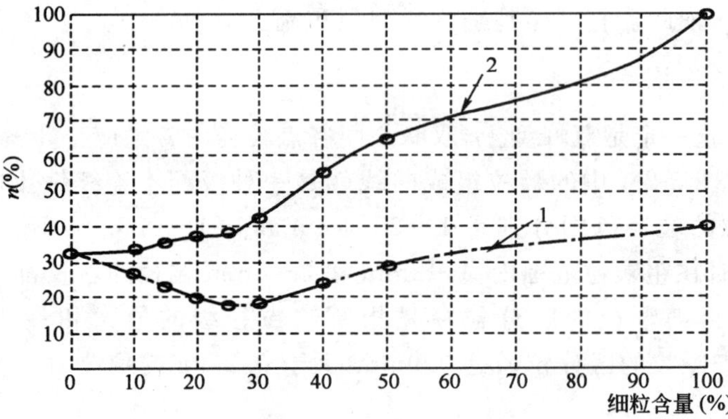

图5-2-2　某土样试验结果

曲线1—不同细颗粒含量组成的各种混合料；曲线2—在不同细颗粒含量下粗颗粒的孔隙率

2.2.2　级配连续性土

级配连续性土没有缺失中间粒径，最低含量的粒径的含量不小于3%。图5-2-3是一级配连续性土土样的颗粒组成曲线，其峰值偏左，最低含量的粒径的含量也不低于4%～5%，累计曲线的特点是曲线无明显的平缓段。

区分级配连续性土的粗细颗粒的粒径相对于级配不连续性土是比较困难的。但是，可以采用另一种方法，即平均孔隙直径法。土体中粒径小于平均孔隙直径的颗粒为细颗粒，大于平均孔隙直径的颗粒为粗颗粒。当土体中粒径小于平均孔隙直径的细颗粒含量越大，说明有越多的细颗粒处于不稳定状态。

确定土体中平均孔隙直径的方法很多，这里利用依斯托美娜和水利水电科学研究院的试验资料(见表5-2-1)，采用最小二乘法进行数据拟合得到图5-2-4所示的$D_0/nd_{20}\sim C_u$曲线，依此可以消除土的不均匀系数的影响。之所以采用d_{20}是因为它是反映土的渗透性质的特征粒径，而渗透性又直接反映了孔隙的大小和连通情况。从试验结果来看，无粘性土的孔隙直径可以表示为

$$D_0 = 0.63 \cdot n \cdot d_{20} \tag{5-2-1}$$

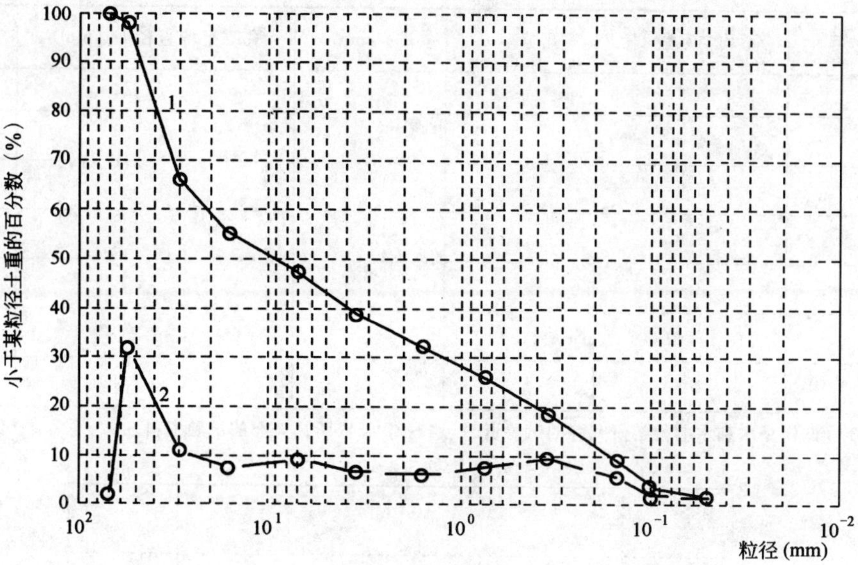

图 5-2-3　级配连续性土土样的颗粒组成曲线（曲线 1 是累积曲线，曲线 2 是分布曲线）

无粘性土试验结果　　表 5-2-1

试 样 编 号	不均匀系数 C_u	孔隙率 n	d_{20}(mm)	孔隙平均直径 D_0(mm)	$\frac{D_0}{n \cdot d_{20}}$
1	2.2	0.32	6.5	1.5	0.72
2	2.4	0.34	6.5	1.5	0.68
3	2.4	0.38	13.3	3.5	0.69
4	5.4	0.32	7.6	1.5	0.62
5	4.0	0.32	16.5	3.5	0.66
6	9.6	0.36	12.5	3.2	0.73
7	12.2	0.32	1.0	0.18	0.56
8	13.0	0.33	5.0	1.0	0.61
9	28.0	0.21	3.2	0.52	0.75
10	28.0	0.20	3.2	0.38	0.59
11	1.44	0.41	29.0	7.3	0.61
12	1.24	0.38	6.9	1.5	0.57
13	27.0	0.25	2.2	0.38	0.69
14	15.0	/	/	/	0.62
15	15.5	/	/	/	0.61
16	9.5	/	/	/	0.65
17	10.5	/	/	/	0.65
18	5.8	/	/	/	0.68
19	6.0	/	/	/	0.68
20	5.0	/	/	/	0.66

续上表

试样编号	不均匀系数 C_u	孔隙率 n	d_{20}(mm)	孔隙平均直径 D_0(mm)	$\frac{D_0}{n \cdot d_{20}}$
21	2.5	/	/	/	0.77
22	4.0	/	/	/	0.60
23	5.0	/	/	/	0.52
24	5.8	/	/	/	0.56
25	2.6	/	/	/	0.60
26	2.7	/	/	/	0.59
27	2.7	/	/	/	0.52

注:1～13号试样是水利水电科学研究院的试验资料,14～27号依斯托美娜的试验资料。

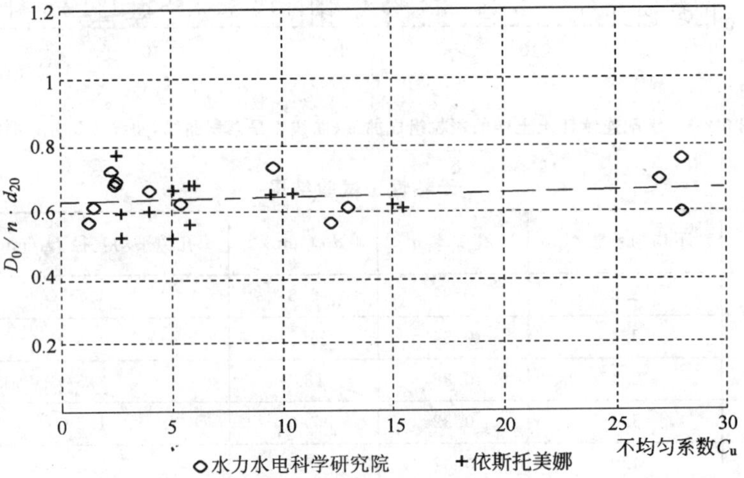

图 5-2-4 D_0/nd_{20}～C_u 关系曲线

2.2.3 级配不连续性土中管涌型土和流土型土的判别

如上所述,土体的渗透破坏形式取决于细颗粒的含量。当细颗粒含量小于某一值时,细颗粒填不满粗颗粒的孔隙,处于不受约束的状态。管涌是土体内部结构不稳定的表现,所以此时土体的渗流破坏形式为管涌。当细颗粒填满粗颗粒的孔隙时,粗细颗粒形成一个整体,相互制约,在渗流条件下以整体形式破坏,是为流土破坏。以两个土样为例,其颗粒级配曲线见图 5-2-5,土样1、2的中间粒径1～2mm和2～4mm的含量都不到3%,是典型的级配不连续性土。

图 5-2-5 中土样 1 的细粒含量是 17%,小于 25%,没有填满粗颗粒的孔隙。从试验结果的水力坡降与渗透流速 J-v 曲线(见图 5-2-6)可见,当 $J=0.11$ 时,就有细颗粒被渗流带动,曲线的斜率变小,但仍能承受一定的水头;当 $J=0.20$ 时,管涌点增加到 4 处;当 $J=0.30$ 时,渗流量不断增大,土样已失去继续承受更大水头的能力。其结果证实是管涌破坏形式。

土样 2 的细粒含量达 40%,已超过粗颗粒的孔隙体积。由试验结果的 J-v 曲线(见图 5-2-7)可见,当 $J=0.89$ 时,渗流量突然增大,土样整体浮动,同时土样承受的水力坡降降低。其结果证实是流土破坏形式。

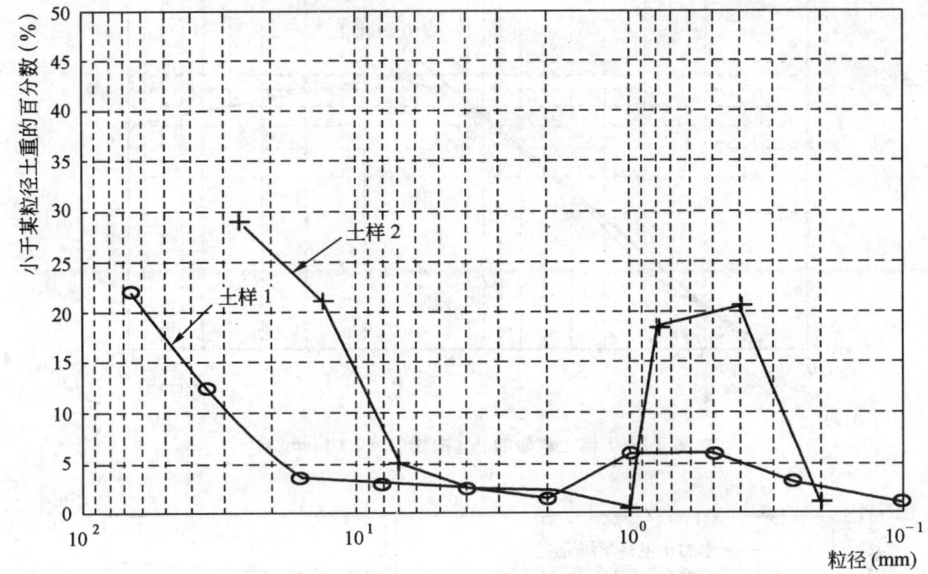

图 5-2-5 土样 1、2 的颗粒级配曲线

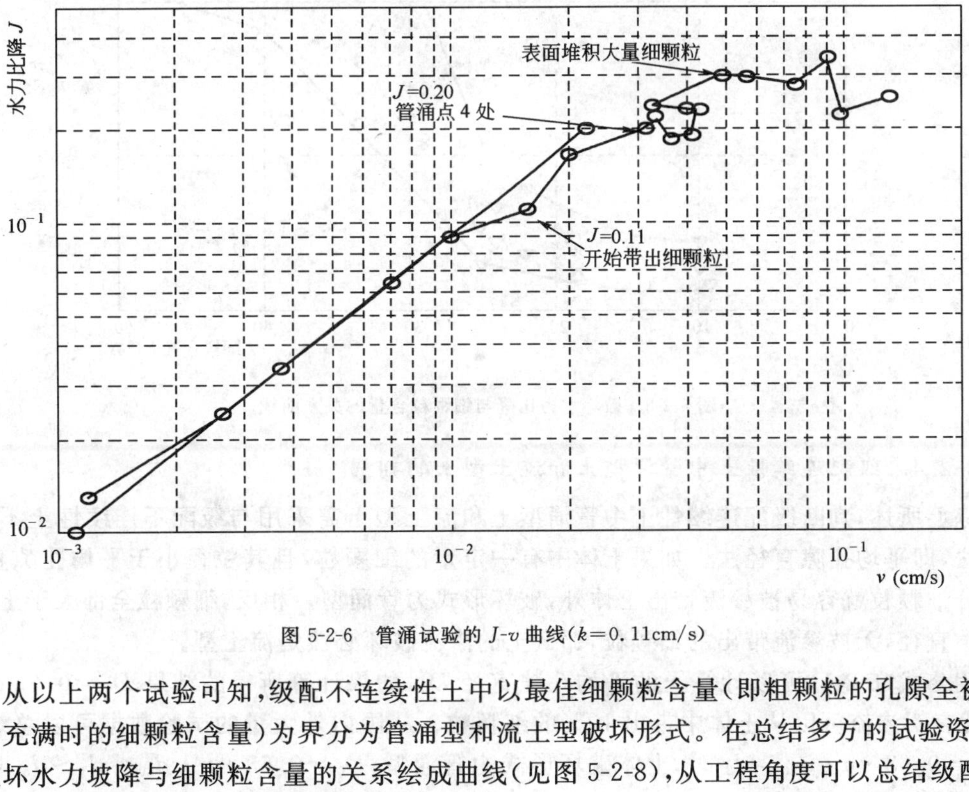

图 5-2-6 管涌试验的 J-v 曲线($k=0.11$cm/s)

从以上两个试验可知，级配不连续性土中以最佳细颗粒含量（即粗颗粒的孔隙全被细颗粒所充满时的细颗粒含量）为界分为管涌型和流土型破坏形式。在总结多方的试验资料后，将破坏水力坡降与细颗粒含量的关系绘成曲线（见图 5-2-8），从工程角度可以总结级配不连续性土中管涌型土和流土型土的判别标准为：

当细颗粒含量：$P<25\%$，为管涌破坏；

$P=25\%\sim35\%$，为过渡性破坏；

$P\geqslant35\%$，为流土破坏。

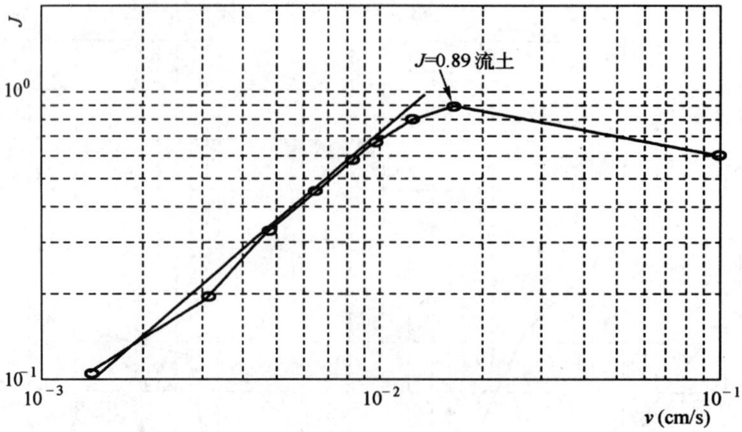

图 5-2-7　流土试验的 J-v 曲线(k=0.014cm/s)

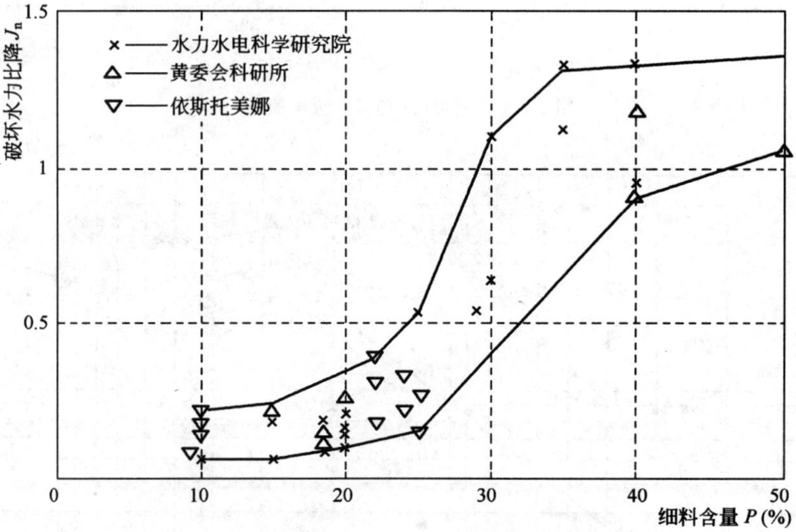

图 5-2-8　破坏水力比降与细颗粒含量的关系曲线

2.2.4　级配连续性土中管涌型土和流土型土的判别

综上所述，判断级配连续性土中管涌型土和流土型土需采用与级配不连续性土不相同的方法，即平均孔隙直径法。如果土体中有一定量的细颗粒，且其粒径小于平均孔隙直径，这部分细颗粒就容易被渗流带出土体外，破坏形式为管涌型。相反，细颗粒全部大于土的平均孔隙直径，无被渗流带出的细颗粒，那么土的渗流破坏必然是流土型。

用公式(5-2-1)可以计算土的平均孔隙直径 D_0，如果计算所得的结果 $D_0=0.63\text{mm}=d_{10}$，就表明渗流可以从土体中带出 10％的细颗粒。从国内外大量的试验数据可以总结出，当 $D_0=0.63\cdot n\cdot d_{20}>d_5$ 时，土体破坏形式为管涌型；$D_0=0.63\cdot n\cdot d_{20}=d_3\sim d_5$ 时，是为过渡型；$D_0=0.63\cdot n\cdot d_{20}<d_3$ 时，是为流土型。

土样 3、4 的试验资料可证明上述的结论。土样 3 的 $C_u=141$，$C_C=1.8$，$D_0=d_3$，从 J-v 曲线(见图 5-2-9)可见，当 $J=0.32$ 时开始有细颗粒从土表面被带出，继续增加水头压力，当 $J=1.30$ 时，渗流量突增，不再能承受此时的水头压力，达到破坏，所以，该土样属于偏于流土型的过渡型。土样 4 的 $C_u=23$，$C_C=0.8$，$D_0=d_2$，试验结果，当 $J=1.25$ 时，呈流土破坏，其 J-v 曲线见图 5-2-10。

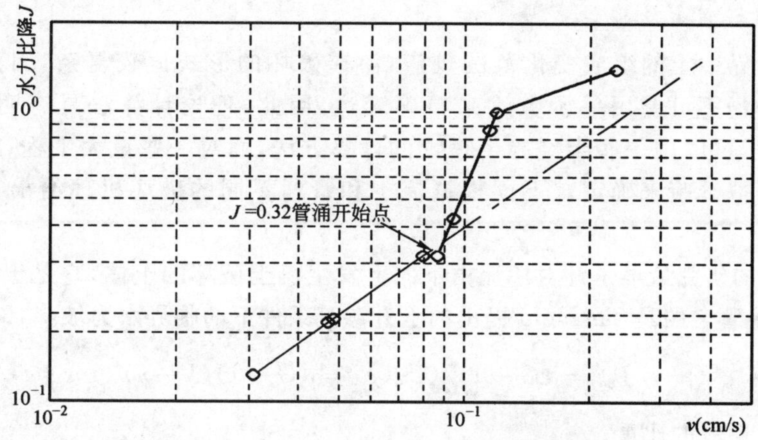

图 5-2-9　土样 3 的 J-v 曲线（$k=0.25$cm/s）

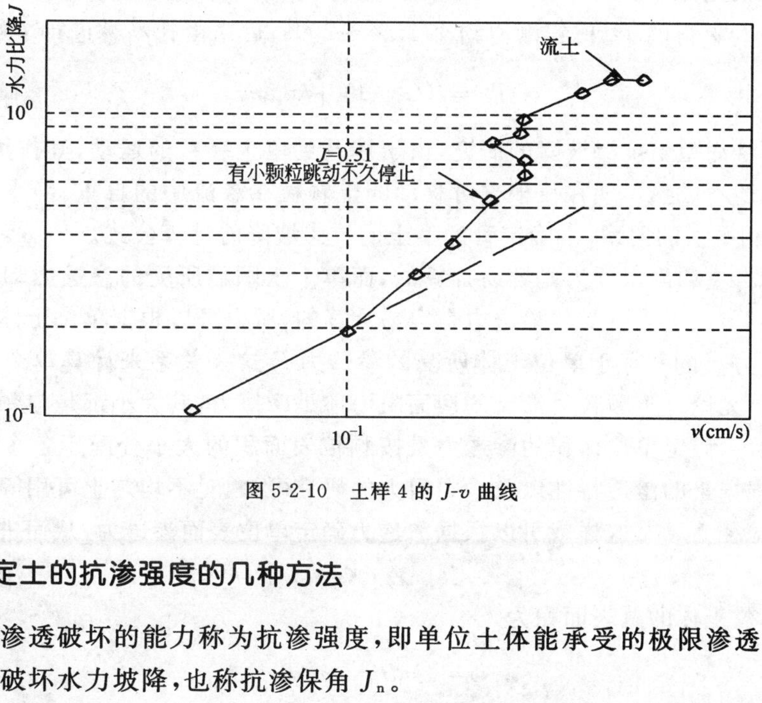

图 5-2-10　土样 4 的 J-v 曲线

2.3　确定土的抗渗强度的几种方法

土体抵抗渗透破坏的能力称为抗渗强度，即单位土体能承受的极限渗透力 $\gamma_w J$。此时的水力坡降为破坏水力坡降，也称抗渗保角 J_n。

在确定判断管涌型土和流土型土的方法以后，就可以根据土体的不同破坏机理来确定土的抗渗强度。方法有三种：室内试验法、理论计算法、原型实验法。

2.3.1　室内试验法

室内试验方法是采用渗透试验仪器，在试验过程中不断地提高水头直到使砂颗粒完全悬浮起来为止，此时砂颗粒所承受的渗流坡降既为砂颗粒的抗渗坡降，但这是指流土型破坏的抗渗坡降。

本试验的优点在于试验原理简单明了，现象非常直观，所得到的抗渗坡降非常适用于局部砂颗粒，特别是管涌出口处的抗渗分析。但由于管涌通道存在后，降低了渗流区的渗透坡降，提高了整个土体的抗渗能力，所以本试验结果不适用于大范围土体的抗渗分析。

2.3.2 理论计算法

由于自然界中土的组成变化范围较广，渗透破坏的形式比较复杂，因而在计算抗渗坡降方面迄今仍不可能用一函数式来精确表达，因此，理论计算法具有明显的局限性。对于一般工程，可以用一些半经验半理论的计算方法，而对一些重大工程，就必须结合实际条件通过模拟试验来确定。下面根据流土和管涌不同的破坏机理给出其抗渗坡降的计算公式。

抗渗坡降的研究最早是针对渗流由下向上发生流土破坏的土体，它是土体整体的破坏运动。其中，最著名的是 Terzaghi 提出的上升渗流条件下的临界水力坡降，即

$$J_{Bn} = (G-1)/(1+e) = (G-1)(1-n) \tag{5-2-2}$$

式中：G——土颗粒的比重；

e——土的空隙比；

n——土的空隙率。

根据(5-2-2)求得的 J_{Bn} 比实测值约小 15%～20%，后来由扎马林进行了修正，即

$$J_B = (G-1) + 0.5n \tag{5-2-3}$$

但是基于管涌型土抗渗坡降的研究，由于涉及到单个颗粒的运动，其作用力比较复杂，至今理论研究还不成熟。现在仅根据可移动的土颗粒在渗流中的自重、静水浮力和渗透力3部分作用力相平衡的关系，来确定管涌型土的抗渗坡降的计算公式。

土颗粒的自重和静水浮力是容易计算的，而单个土颗粒所受的渗透力却难以计算和实际量测。但是，单位土体所受的渗透力是容易计算的，所以可以根据单位土体内所有颗粒所受的单位渗透力 f 的和等于单位土体所受的渗透力 F 这一关系来计算单个土颗粒所受的渗透力。另外，无论是土颗粒对渗流的迎面阻力还是摩擦力，其大小都是与颗粒的表面积直接有关。因此，可假定单位体积的渗透力是按颗粒表面积的大小分配于各个颗粒上的。在实际计算中，根据土的渗透特性以及水力阻力的研究可知，对不均匀土可用等效的均匀土来简化，其等效粒径为 d_{20}，这样就可以根据渗透力确定单位表面渗透力，从而进一步求得单位渗透力。

等效土单位土体的总表面积为

$$\omega = \sum_{i=1}^{m} \pi d_i^2 = m\pi d_{20}^2 \tag{5-2-4}$$

土粒数量 m 按下式确定：

$$m = \frac{6\alpha_1(1-n)}{\pi d_{20}^2} \tag{5-2-5}$$

单位表面渗透力应为

$$f_\pi = \frac{F}{\omega} = \frac{\gamma_\omega J}{6\alpha_1(1-n)} \cdot d_{20} \tag{5-2-6}$$

如果土体中可移动的土颗粒为 d_B，那么作用于 d_B 表面积 α 上的渗透力 f_B 为

$$f_B = \alpha \cdot f_\pi = \frac{\pi \cdot d_{20} \cdot d_B^2}{6\alpha_1(1-n)} \cdot \gamma_w \cdot J \tag{5-2-7}$$

对于渗流向上的情况，根据极限平衡原理可写出作用于单个颗粒上的3种力的平衡方程为

$$\frac{1}{6}\pi \cdot d_B^3 \cdot \gamma_s - \frac{1}{6}\pi \cdot d_B^3 \cdot \gamma_w = \frac{\pi \cdot d_{20} \cdot d_B^2}{6\alpha_1(1-n)} \cdot \gamma_w \cdot J \tag{5-2-8}$$

经整理得管涌土的抗渗坡降为

$$J_{cn} = (\gamma_s - \gamma_w)(1-n)\frac{\alpha_1}{\gamma_w}\frac{d_B}{d_{20}} = (G_s - 1)(1-n)\alpha_1\frac{d_B}{d_{20}} \tag{5-2-9}$$

式中：α_1——颗粒面积形状和渗径长度修正系数；

γ_w——颗粒 d_B 的容重。

根据试验资料分析结果，α_1 除与土的颗粒形状有关外还与土的密度有关，可写成 $\alpha_1 = 2.2 \cdot (1-n)$，因此式(5-2-9)可写成

$$J_{cn} = 2.2 \cdot (1-n)^2(G_s - 1)\frac{d_B}{d_{20}} \tag{5-2-10}$$

2.3.3　模拟实验法

由于土体的复杂性，以上两种方法并不能完美的反映实际情况，对于一些重要的建筑物，就必须进行更加符合实际情况的原型模拟实验，使所得到的数据更能反映实际的土层结构和土体的性质以及土的离散性。该方法是以拟建建筑物(例如河堤、水坝等)的基础和土体的结构及性质为基础，构建按比例缩小的模型，在该模型上进行实际中可能遇到的渗流实验，以求得模型破坏时的临界水力坡降。

但是，由于原型模拟实验所需的资金、技术、人力和物力等都比较多，所以，人们后来更倾向于使用数值模拟实验，其优点是简便、快捷、节约。如果将上述两种模拟方法配合使用对于我们进行科学研究是十分有用的。

第3节　管涌模型的数学解析分析

对于管涌这一动态发展过程，要得出问题的解析解比较困难，本节就这一问题尽可能的给出解析式的详细推导过程，并详细分析管涌破坏的整个发展过程。

3.1　管涌模型数学解析分析的步骤

管涌数学模型的建立步骤与普通地下水运动数学模型的建立步骤是一致的。在建立数学模型之前，必须有明确的物理模型，此物理模型就是待解决的实际问题的简化。然后，用简洁的数学语言，即一组数学关系式来表达此物理模型的数量关系和空间形式，从而反映所研究的实际问题，如地下水运动的基本特征，达到复制或再现一个实际地下水流系统基本状态的目的。

3.1.1　描述管涌发生时地下水渗流场的数学表达式的建立

本问题首先以普通的物理模型为例来建立数学模型。从堤后没有粘土覆盖层的粘土堤坝这一实际问题抽象出物理模型(见图5-3-1)，该模型已经被制作成实际的沙槽模型，作为验证数学模型的试验设备来用。考虑到堤坝的纵向对称性，此处采用二维地下水水流系统。

从沙槽模型的试验分析看到，在水头的作用下，粘土堤坝下砂层中出现了稳定渗流。随着水头的增大，渗流出口的渗流量和流速逐渐增大，当达到某一值时，在水压力的作用下渗流出口出现“沙沸”现象，即堤坝下的砂呈液化状态被渗流带出，相应的在堤坝下出现管涌通道，如果此时不再增大水头，“沙沸”现象就会停止，管涌达到一种平衡状态。由此说明“沙沸”和管涌通道的出现，起到了限制渗透压力达到理论最大值的作用。当然，在此过程中管涌通道的长度、宽度、高度都在逐渐增大。当水头达到某一临界值时，管涌通道会突然与上游贯通，渗流量和涌沙量激增，导致堤坝破坏。

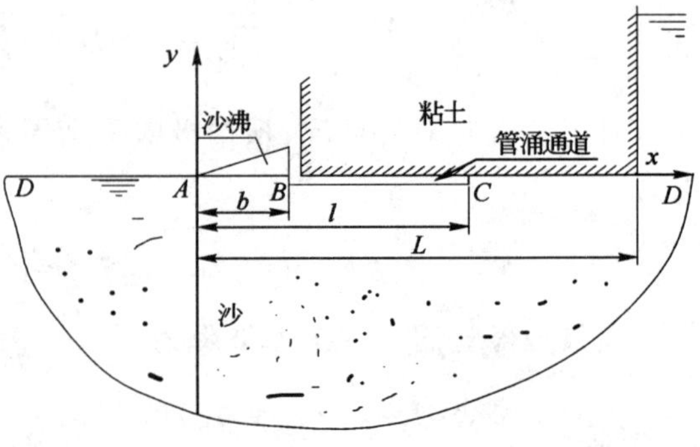

图 5-3-1　堤后没有粘土覆盖层的粘土堤坝物理模型

控制管涌发展的是地下水流，且在此处是稳定的二维流，对于均质各向同性介质，可以用 Laplace 方程来描述地下水流：

$$\frac{\partial^2 \varphi}{\partial x^2}+\frac{\partial^2 \varphi}{\partial y^2}=0 \tag{5-3-1}$$

式中：φ——势函数。

它的几何特征即边界条件可从示意图 5-3-1 中看出。在 DA 段由于自由水面的存在，其水平梯度 $p=\partial\varphi/\partial x=0$；在 ABC 段，由于“沙沸”和管涌通道的存在，边界条件比较复杂；在 CD 段，由于粘土堤坝的限制，垂直水力梯度消失了，$q=-\partial\varphi/\partial y=0$。

3.1.2　“沙沸”段边界条件的推导

分析“沙沸”段的边界条件需从“沙沸”段的极限平衡状态入手，视其间砂粒处于极限平衡状态，受到自身重力和渗流压力。取一单位体积的砂粒，见图 5-3-2，其所受的力达到平衡。

S_1、S_2 分别为 LM 边所受反作用力在垂直方向和平行于 LM 方向上的分力；S_3、S_4 分别为作用于 LK、MN 边的反作用力。

单位砂粒所受的外力为 S_1、S_2、S_3、S_4，构成静不定问题，无法求解，所以按照惯例，认为 S_3、S_4 是一对大小相等、方向相反的力，故可以忽略不计。然后，从力的平衡分析可以推出：

$$S_1=\gamma'_s/\gamma_w-q-p\cdot\tan\theta \tag{5-3-2}$$

$$S_2=p/\cos\theta \tag{5-3-3}$$

由于单位砂粒处于极限平衡状态，所以其所受外力 S_1、S_2 必须满足摩尔—库仑定律，见图 5-3-3。从 σ-τ 图可见：

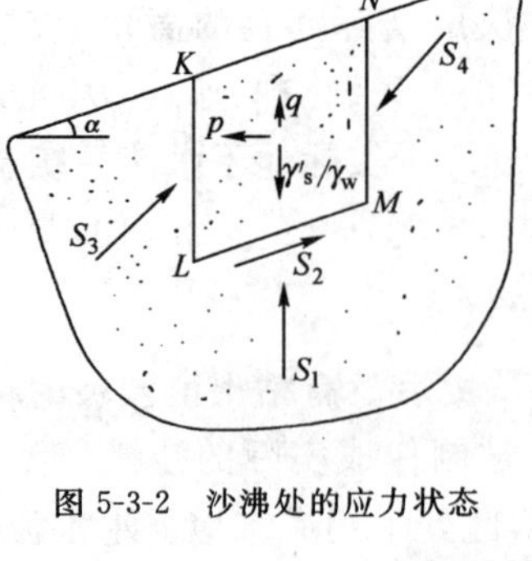

图 5-3-2　沙沸处的应力状态

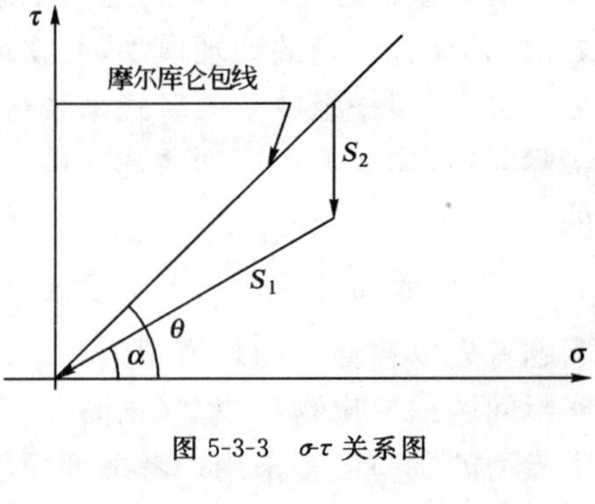

图 5-3-3　σ-τ 关系图

$$\frac{S_1}{\sin\left(\frac{1}{2}\pi-\theta\right)}=\frac{S_1}{\cos\theta}=\frac{S_2}{\sin(\theta-\alpha)} \tag{5-3-4}$$

将式(5-3-2)、式(5-3-3)代入式(5-3-4),得到:

$$(\gamma'_{s}/\gamma_{w}-q-p\cdot\tan\theta)\cdot\sin(\theta-\alpha)=p\cdot\cos\theta/\cos\alpha \tag{5-3-5}$$

即

$$\gamma'_{s}/\gamma_{w}=q+p\cdot\left[1+\frac{\cos\theta}{\cos\alpha\sin(\theta-\alpha)}\right] \tag{5-3-6}$$

由于在"沙沸"表面水头值 $\varphi=0$,且$\partial\varphi/\partial x=p(x)$,$\partial\varphi/\partial y=-q(x)$,所以取其一阶近似就有:

$$\tan\alpha=\frac{\mathrm{d}y}{\mathrm{d}x}=-\left(\frac{\partial\varphi/\partial x}{\partial\varphi/\partial y}\right)_{(y=h)}=\frac{p}{q} \tag{5-3-7}$$

将式(5-3-7)代入式(5-3-6),可得:

$$\frac{\gamma'_{s}}{\gamma_{w}}=1+\frac{q+p^2/q}{q\tan\theta-p} \tag{5-3-8}$$

因为 p、q 分别是 $p(x)$、$q(x)$的一阶近似,加之 p、q 值在此处很小,所以,p^2/q 这个量可忽略,故可得方程:

$$\frac{\gamma_{w}}{\gamma'_{s}}+\frac{1}{\tan\theta-p/q+1}=1 \tag{5-3-9}$$

该方程可以化为抛物线方程的形式:

$$\frac{\gamma'_{s}}{\gamma_{w}}+\frac{q}{p-q\tan\theta}=1 \tag{5-3-10}$$

其实,从后来的模型试验和数值模拟计算的结果来看,"沙沸"处的边界条件的变化对整个管涌的发展并没有多大的影响。但从此处的分析可以看出,"沙沸"的出现是由渗流所决定的,其间的水力坡度还遵循一定的规律,且"沙沸"处的水力坡度与整个管涌通道的水力坡度是连续的,这是管涌数学分析中不可缺少的一部分。

3.1.3 管涌通道段边界条件的推导

分析管涌通道段边界条件要从分析通道中砂颗粒的极限平衡状态入手,而管涌通道中砂颗粒所受的作用力包括颗粒间作用力和渗流对颗粒所施加的力。对这些力的分析,要借用管道流体力学和泥砂运动学的有关内容。

由于在管涌通道中砂颗粒的运动方式是单个颗粒在渗流作用下的滚动,而这种滚动显然不遵循连续介质力学中的 Molor-Coulomb 定理。但与力学中的滚动摩擦和滑动摩擦有相似性,此处,仍借用 Molor-Coulomb 定理的格式 $\tau=\sigma\cdot\tan\theta$ 来表示单个砂颗粒在渗流作用下的滚动,不过此处的 θ 不再是 Molor-Coulomb 定理所定义的内摩擦角,τ 仍代表水平作用力,σ 代表垂直作用力。

处于管涌通道中的砂颗粒所受的水平作用力主要有两个:由通道中流体流动所施加的水平拖曳力 τ 和由水头梯度所施加的水平拖曳力 $\gamma_{w}p$。

根据流体力学,通道流体内的纯剪力为

$$\tau = \gamma_w \frac{v}{g} \cdot \left(\frac{\partial u}{\partial y} + \frac{\partial v}{\partial x}\right) \tag{5-3-11}$$

式中：v——动力粘滞系数；

u、v——垂直和水平流速。

经转化，式(5-3-11)变为

$$\tau \approx \gamma_w \cdot p \cdot \left(y + \frac{1}{2}a\right) \tag{5-3-12}$$

此处，a 是管涌通道的高度，其值由下式求得：

$$12 \cdot k \cdot Q = a^3 \cdot p \tag{5-3-13}$$

此处，Q 是管涌通道中的流量，k 是沙样的渗透系数。而且由上式也可以知道，管涌通道的高度是出口处大，而上游端小。

由通道中流体流动所施加的水平拖曳力为

$$\tau = \tau\,|_{y=-a} = \gamma_w \cdot \frac{1}{2} \cdot p \cdot a \tag{5-3-14}$$

由于每个砂颗粒所受的水平拖曳力与单位面积上的砂颗粒数有关，所以在确定每个砂颗粒所受的水平拖曳力时需用拖曳系数 C^* 来校正，$C^* = 3 \sim 4$，则单位体积的砂颗粒所受的水平拖曳力为

$$\tau' = \frac{\tau \cdot \frac{1}{4} \cdot \pi \cdot d^2}{\frac{1}{6} \cdot \pi \cdot d^3} = \frac{3}{4} \cdot p \cdot \gamma_w \cdot C^* \cdot \frac{a}{d} \tag{5-3-15}$$

处于管涌通道中的砂颗粒所受的垂直作用力也有两个：砂颗粒的有效自重力 γ'_p 和由水头梯度所施加的浮托力 $\gamma_w q$。根据有关文献，由于垂直水力梯度在通道底部砂颗粒上的突变，结果造成通道处砂颗粒所受的上托力小于 $\gamma_w q$，文献以系数 C 来修正，$C = 0.35 \sim 0.50$。

由上面的论述最终推导出管涌通道中的砂颗粒的极限平衡方程（即为管涌通道段边界条件）为

$$C \cdot q + p \cdot \left(\frac{3}{4}C^* \cdot \frac{a}{d} + 1\right) \cdot \cos\theta^* = \gamma'_p / \gamma_w \tag{5-3-16}$$

式中：θ^*——沙的基床角，由文献查知 $\theta^* = 50° \sim 55°$。

由上述分析可见，管涌问题的边界条件已经比较清楚了，但是，要找到合适的 φ 函数既满足 Laplace 方程，又满足所有的边界条件是十分困难的事。而且，在具体求解时，必须注意有两个奇点的存在，这在数学上是比较麻烦的。其一是管涌起始点（即图 5-3-1 中的 C 点），其二是管涌通道与沙沸的相交处（即图 5-3-1 中的 B 点）。

当然，也有人尝试着用其他数学方法来求解这个问题，例如：荷兰的 J. B. Sellmeyer 用复变函数的方法求解了这个问题，但是其求解和推导过程十分繁杂，其数学假设对解的结果影响很大，难以作为普遍公式加以推广。

3.2 近似的解析解

由于上述比较严格和全面的解析解难以求得，所以，在此将用一些近似的解析解，求得在局部重要位置处的解析解。现针对图 5-3-1 模型提出其近似解析解。

3.2.1 近似解的复变函数相关理论

在求解析解之前，先介绍一下其间所要用到的关于地下水渗流的复变函数法。

地下水渗流的速度分量 v_x、v_y 可以用势函数 φ 求得，其表达式为

$$v_x = -\frac{\partial \varphi}{\partial x}, v_y = -\frac{\partial \varphi}{\partial y} \tag{5-3-17}$$

另外，还可以用流函数 Ψ 求得，其表达式为

$$v_x = -\frac{\partial \Psi}{\partial y}, v_y = +\frac{\partial \Psi}{\partial x} \tag{5-3-18}$$

通过式(5-3-17)、式(5-3-18)可以看出势函数 φ 和流函数 Ψ 之间的关系为

$$\frac{\partial \varphi}{\partial x} = \frac{\partial \Psi}{\partial y}, \frac{\partial \varphi}{\partial y} = \frac{\partial \Psi}{\partial x} \tag{5-3-19}$$

由于式(5-3-19)正是柯西—黎曼(Cauchy-Riemann)方程，所以可以定义复变函数 Ω 为

$$\Omega = \varphi + i\Psi \tag{5-3-20}$$

Ω 是复变函数 $z=x+iy$ 的解析函数，由于势函数 φ 和流函数 Ψ 都满足拉普拉斯方程，且是地下水问题的解，所以可以用复变函数 Ω 来代替成为地下水渗流问题的解。

关于地下水问题的边界条件，可以令势函数 φ 和流函数 Ψ 为常数或简单函数来表述。

在复变函数中，函数 $w=f(z)$ 在几何上可以看作是把 z 平面上的一个点集变到 w 平面上的一个点集的映射。解析函数还是保角性和伸缩率不变的映射，故称为保角映射或第一类保角映射。鉴于保角映射与解析函数的等同性，从 z 平面上一区域到 Ω 平面上一区域的保角映射就是对应地下水渗流问题的解。

求保角映射的方法很多，此处采用速端图法。由复变函数知，复变函数 Ω 的导数为

$$\frac{\mathrm{d}\Omega}{\mathrm{d}z} = \frac{\partial \Omega}{\partial x} = \frac{\partial \varphi}{\partial x} + i\frac{\partial \Psi}{\partial x} = -v_x + iv_y \tag{5-3-21}$$

如果令 $w=v_x - iv_y$，则

$$w = -\mathrm{d}\Omega/\mathrm{d}z \tag{5-3-22}$$

由于解析函数的导数仍是解析函数，所以 $w=v_x-iv_y$ 是复变函数 $z=x+iy$ 的解析函数，也就是说存在一个从 w 平面到 z 平面，也到 Ω 平面的保角变换。其相关方程式为式(5-3-22)的倒数：

$$\mathrm{d}z/\mathrm{d}\Omega = -w^{-1} \tag{5-3-23}$$

由式(5-3-23)积分就得到由 z 到 Ω 的保角变换：

$$z = -\int w^{-1}(\Omega) \cdot \mathrm{d}\Omega \tag{5-3-24}$$

3.2.2 具体求解过程

见图 5-3-4，由于从管涌通道中流出的水量远大于其他地方的渗水，所以，可以假定 AB 段是惟一的汇水带，渗流都集中在 AB 段排出，而且假定 AB 段的势函数 $\varphi=0$，它放大了管涌处的水力坡降，这与实际是不相符合的。这里用实际数据求得修正系数，就可以得到一个较好的半经验公式。

另外，令 BC 段的 $\Psi=0$，这与实际上 BC 为一流线是符合的。

由速端图法得到速端图平面，w、w^{-1} 平面和 Ω 平面，如图 5-3-5 所示。

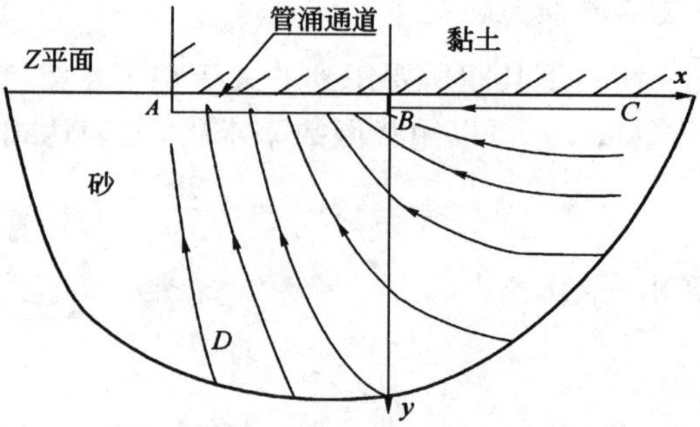

图 5-3-4　Z 平面图

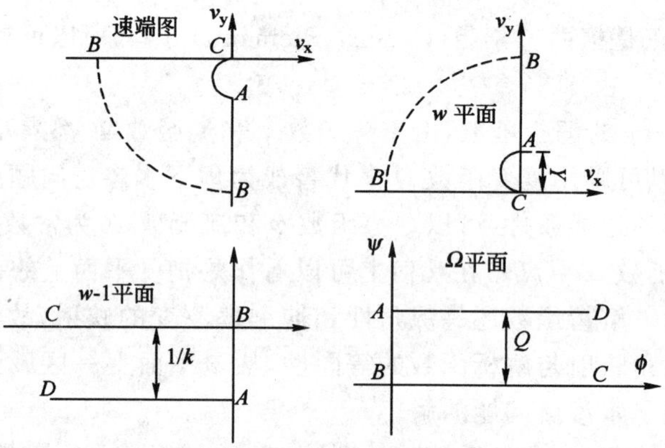

图 5-3-5　速端图和 w、w^{-1}、Ω 平面

由速端图法得到 w：

$$w=\frac{1}{2}\cdot k[i+\exp(i\theta)],\pi/2\leqslant\theta\leqslant3\pi/2 \tag{5-3-25}$$

$$w^{-1}=\frac{1}{k}\cdot\frac{-i+\exp(-i\theta)}{1+\sin\theta}=\frac{1}{k}\cdot\frac{\cos\theta}{1+\sin\theta}-\frac{i}{k},\pi/2\leqslant\theta\leqslant3\pi/2 \tag{5-3-26}$$

由于 w^{-1} 平面与 Ω 平面十分相似，所以很容易得到保角变换：

$$w^{-1}=-\Omega/kQ \tag{5-3-27}$$

由式(5-3-24)得到：

$$z=\frac{1}{kQ}\int\Omega\cdot d\Omega=\frac{\Omega^2}{2kQ}+C \tag{5-3-28}$$

式中：C——积分常数。

将点 $D(\Omega=0,z=0)$ 带入式(5-3-28)，得 $C=0$，所以有：

$$z=\frac{\Omega^2}{2kQ} \tag{5-3-29}$$

分成实部和虚部后，可得到：

$$x=\frac{\varphi^2-\Psi^2}{2kQ},y=\frac{\varphi\Psi}{kQ} \tag{5-3-30}$$

由上式可得到流线和等势线的位置，此处最感兴趣的是等梯度线的分布。由于 AB 段和 BC 段的势函数 φ 或流函数 Ψ 已知，所以可很容易的得到 ABC 段的梯度值。

AB 段的 $\varphi=0$,带入式(5-3-30)得到：

$$x=-\frac{\Psi^2}{2kQ}, y=0 \tag{5-3-31}$$

由式(5-3-31)微分可得：

$$v_x=0, v_y=\frac{\partial \Psi}{\partial x}=-\frac{kQ}{\Psi} \tag{5-3-32}$$

即

$$p=0, q=-\frac{Q}{\Psi}, \tag{5-3-33}$$

BC 段的 $\Psi=0$,带入式(5-3-30)得到：

$$x=\frac{\varphi^2}{2kQ}, y=0 \tag{5-3-34}$$

由式(5-3-34)微分可得：

$$v_x=-\frac{\partial k}{\partial x}=-\frac{kQ}{\Psi}, v_y=0 \tag{5-3-35}$$

即

$$p=-\frac{Q}{\varphi}, q=0 \tag{5-3-36}$$

从式(5-3-33)和式(5-3-36)可知,由于 $B \rightarrow C$ 的 φ 值由 0 增加到 H,而 $A \rightarrow B$ 的 Ψ 是由 Q 减小到 0,所以在 B 点的 p、q 均为无穷大。显然,计算结果需要采取一定的取值方法或进行修正,这有待于积累实测数据。

必须注意到,由于管涌通道的扩展,从上游区到管涌通道处的渗径减小了,这势必造成从管涌通道到上游这一区间的渗流坡降增大,当渗流坡降增大到整体破坏的临界坡降时,管涌通道会突然贯通,形成破坏。而且,管涌通道是不可能由于自身的扩展力而无限扩展,所以,管涌最终都是以上述方式发生的。

第 4 节 管涌试验模拟和有限元程序模拟

4.1 管涌试验模拟

试验模拟法是用相似模型再现渗流动态和过程的试验方法,它不仅能够模拟解析法难以求解的复杂问题,而且在检验基本理论和观察渗流过程中可能出现的物理现象方面,也是离不开的。

由于许多物理现象都和渗流规律存在着相似性,遵循相似的数学模型,所以,可以用这些物理现象的实体组合相似模型,利用模型的相似解来模拟多孔介质中的渗流规律。

4.1.1 沙槽模型的比值确定

渗流区原型和沙槽模型,实质上都是流体通过多孔介质的流动,因而两个系统有相同形式的微分方程。根据这一点,选用一组模型比例,作为沙槽模型的设计依据,使得原型方程转化为相同形式的模型方程。

在本文所用的均质各向同性沙层中,其二维承压地下水的微分方程为

$$\frac{\partial^2 \varphi}{\partial x^2}+\frac{\partial^2 \varphi}{\partial y^2}=0 \tag{5-4-1}$$

$$\varphi=H(\varphi)=z+P/\gamma$$

对于一般地下水运动，压强 P 的变化不大，容重 γ 近似不变，所以可用水头 H 来表示势能。引入一组无量纲的比值：

$$\alpha_H = \frac{H_m}{H}, \alpha_K = \frac{K_m}{K}, \alpha_x = \frac{x_m}{x}, \alpha_y = \frac{y_m}{y}, \alpha_\varphi = \frac{\varphi_m}{\varphi}$$

下标 m 表示模型量，无下标 m 的为原型量。把原型量代入式(5-4-1)得到：

$$\left(\frac{\alpha_x^2}{\alpha_K\alpha_H}\right)K_m\frac{\partial^2 H_m}{\partial x_m^2} + \left(\frac{\alpha_y^2}{\alpha_K\alpha_H}\right)K_m\frac{\partial^2 H_m}{\partial y_m^2} = 0 \tag{5-4-2}$$

$$\alpha_\varphi \cdot \varphi_m = \alpha_H \cdot H_m$$

如果令各项比值满足以下等式：

$$\left(\frac{\alpha_x^2}{\alpha_K\alpha_H}\right) = \left(\frac{\alpha_y^2}{\alpha_K\alpha_H}\right), \alpha_\varphi = \alpha_H \tag{5-4-3}$$

则所得方程便转化为和式(5-4-1)有相同形式的模型方程。如果取

$$\alpha_x = \alpha_y = \alpha_H$$

那么地下水水力坡度的比值为 1，水流速度的比值为 α_K。

4.1.2 沙槽模型试验设备介绍

为了对管涌进行从现象到本质的研究，试验采用了沙槽模型。本模型主要是模拟二维流，由一个矩形玻璃槽、两个调节水箱和 45 支测压玻璃管组成。模型框架图见图 5-4-1，另外，在粘土覆盖层与沙层之间铺设了一层薄膜，起到防渗和平整表面的作用。

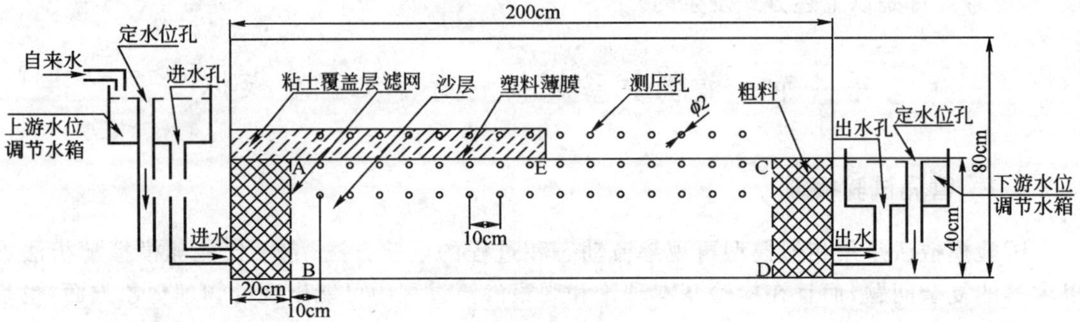

图 5-4-1 沙槽模型试验设备图

4.2 有限元程序模拟

用有限元模拟地下水渗流问题，是采用有限单元的集合来代替渗流区，然后选择某种简单函数(一般采用多项式插值)来近似表示单元内的水头分布，建立有限元方程，形成代数方程组。求解此方程组即可得到渗流区各离散点上的水头值，进而求出各单元水力坡度值。

由前一节的分析，我们建立了图 5-4-1 的数学模型，即

$$\frac{\partial^2\varphi}{\partial x^2} + \frac{\partial^2\varphi}{\partial y^2} = 0$$

$$p = \partial\varphi/\partial x = 0$$

$$q = -\partial\varphi/\partial y = 0$$

$$\frac{\gamma_w}{\gamma_s}\cdot q + p/q\cdot\cot\theta = 1$$

$$C\cdot q + p\cdot\left(\frac{3}{4}\cdot C^* \cdot\frac{a}{d}+1\right)\cdot\cot\theta^* = \gamma'_p/\gamma_w$$

现在,就以此为例来说明关于管涌问题的有限元数值模拟方法。

4.2.1 有限元方程组的形成

各向同性介质中的二维平面渗流问题,不考虑时间因数,其地下水渗流的方程可以写成如下形式:

$$k\frac{\partial}{\partial x}\left(\frac{\partial\varphi}{\partial x}\right)+k\frac{\partial}{\partial y}\left(\frac{\partial\varphi}{\partial y}\right)+Q=0 \tag{5-4-4}$$

采用伽勒金加权剩余法来对其进行离散。对于典型三角形单元 e,上式可以写成:

$$\int_e N_i\left[k\frac{\partial}{\partial x}\left(\frac{\partial\varphi}{\partial x}\right)+k\frac{\partial}{\partial y}\left(\frac{\partial\varphi}{\partial y}\right)+Q\right]\mathrm{d}x\mathrm{d}y=0 \tag{5-4-5}$$

式中:N_i——形状函数。

对于由 i、j、k 组成的三角形单元的节点 i,由分步积分和格林公式得:

$$\int_e N_i k\frac{\partial}{\partial x}\left(\frac{\partial\varphi}{\partial x}\right)\mathrm{d}x\mathrm{d}y=\int_\Gamma k\frac{\partial\varphi}{\partial x}N_i\mathrm{d}y-\int_e k\frac{\partial\varphi}{\partial x}\frac{\partial N_i}{\partial x}\mathrm{d}x\mathrm{d}y \tag{5-4-6}$$

$$\int_e N_i k\frac{\partial}{\partial y}\left(\frac{\partial\varphi}{\partial y}\right)\mathrm{d}x\mathrm{d}y=\int_\Gamma k\frac{\partial\varphi}{\partial x}N_i\mathrm{d}x-\int_e k\frac{\partial\varphi}{\partial y}\frac{\partial N_i}{\partial y}\mathrm{d}x\mathrm{d}y \tag{5-4-7}$$

其中,Γ 表示单元边界。因为

$$\mathrm{d}y = l_x\mathrm{d}\Gamma,\ \mathrm{d}x = l_y\mathrm{d}\Gamma$$

代入后得:

$$\int_e\left(k\frac{\partial\varphi}{\partial x}\frac{\partial N_i}{\partial x}+k\frac{\partial\varphi}{\partial y}\frac{\partial N_i}{\partial y}\right)\mathrm{d}x\mathrm{d}y-\int_\Gamma\left(k\frac{\partial\kappa}{\partial x}\cdot l_x+k\frac{\partial\varphi}{\partial y}\cdot l_y\right)N_i\mathrm{d}\Gamma-\int_e Q\cdot N_i\mathrm{d}x\mathrm{d}y=0 \tag{5-4-8}$$

式中,第二项是单元边界上的外法线流量,前面的负号表示流出速度与单元内速度的符号相反。第三项为内域单元的流量。抽水时 Q 取负值,注水时取正值。由流量边界式(5-4-8)可改写为:

$$k_x\frac{\partial\varphi}{\partial x}\cdot l_x+k_y\frac{\partial\varphi}{\partial y}\cdot l_y+q=0$$

$$\int_e\left(k\frac{\partial\varphi}{\partial x}\frac{\partial N_i}{\partial x}+k\frac{\partial\varphi}{\partial y}\frac{\partial N_i}{\partial y}\right)\mathrm{d}x\mathrm{d}y+q\int_\Gamma N_i\mathrm{d}\Gamma-\int_e Q\cdot N_i\mathrm{d}x\mathrm{d}y=0 \tag{5-4-9}$$

因为 N_i 是形状函数,所以

$$\int_\Gamma N_i\cdot\mathrm{d}\Gamma=\int_\Gamma\frac{a_i+b_i+c_i}{2A}\mathrm{d}\Gamma=\frac{L}{2}$$

$$\int_e N_i\mathrm{d}x\mathrm{d}y=\frac{A}{3}$$

因此，得到 i 点的流量平衡方程为

$$\int_e \left(k \frac{\partial \varphi}{\partial x} \frac{\partial N_i}{\partial x} + k \frac{\partial \varphi}{\partial y} \frac{\partial N_i}{\partial y} \right) \mathrm{d}x\mathrm{d}y + \frac{q \cdot L}{2} - \frac{Q \cdot A}{3} = 0 \tag{5-4-10}$$

单元内的水头为

$$\varphi = [N_i, N_j, N_k] \begin{Bmatrix} \varphi_i \\ \varphi_j \\ \varphi_k \end{Bmatrix} = [N]\{\varphi_n\} \tag{5-4-11}$$

单元内的水头梯度分量为

$$\begin{Bmatrix} \dfrac{\partial \varphi}{\partial x} \\ \dfrac{\partial \varphi}{\partial y} \end{Bmatrix} = \frac{1}{2A} \begin{Bmatrix} b_i & b_j & b_k \\ c_i & c_j & c_k \end{Bmatrix} \cdot \begin{Bmatrix} \varphi_i \\ \varphi_j \\ \varphi_k \end{Bmatrix} = [G]\{\varphi_n\} \tag{5-4-12}$$

故渗流速度分量为

$$\{v\} = \begin{Bmatrix} v_x \\ v_y \end{Bmatrix} = - \begin{Bmatrix} k & 0 \\ 0 & k \end{Bmatrix} \cdot \begin{Bmatrix} \dfrac{\partial \varphi}{\partial x} \\ \dfrac{\partial \varphi}{\partial y} \end{Bmatrix} = -[\pi][G]\{\varphi_n\} \tag{5-4-13}$$

由于
$$\frac{\partial N_i}{\partial x} = \frac{b_i}{2A}; \frac{\partial N_i}{\partial y} = \frac{c_i}{2A}; \int \mathrm{d}x\mathrm{d}y = A$$

将上式和式(5-4-12)带入式(5-4-10)，得到：

$$\frac{k}{4A}[b_i b_i + c_i c_i, b_i b_j + c_i c_j, b_i b_k + c_i c_k] \begin{Bmatrix} \varphi_i \\ \varphi_j \\ \varphi_k \end{Bmatrix} = -q_i + Q_i \tag{5-4-14}$$

式中：$q_i = qL/2$，$Q_i = QA/3$。

同样，可得节点 j、k 的类似表达式，综合起来为

$$\frac{k}{4A} \begin{Bmatrix} b_i b_i + c_i c_i, b_i b_j + c_i c_j, b_i b_k + c_i c_k \\ b_j b_i + c_j c_i, b_j b_j + c_j c_j, b_j b_k + c_j c_k \\ b_k b_i + c_k c_i, b_k b_j + c_k c_j, b_k b_k + c_k c_k \end{Bmatrix} \begin{Bmatrix} \varphi_i \\ \varphi_j \\ \varphi_k \end{Bmatrix} = - \begin{Bmatrix} q_i \\ q_j \\ q_k \end{Bmatrix} + \begin{Bmatrix} Q_i \\ Q_j \\ Q_k \end{Bmatrix} \tag{5-4-15}$$

因为对某一节点来说，它是几个单元的共同节点，利用势的叠加原理把这些有关的单元对这个共同节点的作用叠加起来。如果对所有的节点进行类似的运算，便可得到整个渗流场以节点水头为未知量的代数方程组，即

$$[\Psi]\{\varphi\} = -\{q\} + \{Q\} \tag{5-4-16}$$

4.2.2 边界条件的处理

为了得到渗流方程的定解，必须规定一些必要的初始条件和边界条件。初始条件是与时间相关的渗流过程的初始状态，而边界条件则是对渗流场的约束。对于求解稳定渗流下的管涌问题，只需要边界条件即可。一般地下水流中碰到的边界条件有以下几种：

(1)第一类边界条件

如果在某一部分边界上各点在每一时刻的水头都是已知的，这部分边界就称为第一类边界，表示为

$$H(x,y,z)\,|_{S_1} = \varphi_1(x,y,z,t),(x,y,z,t) \in S_1$$

或 $$H(x,y,z)\,|_{\Gamma_1} = \varphi_2(x,y,z,t),(x,y,z,t) \in \Gamma_1 \tag{5-4-17}$$

在试验用的沙槽模型中，可以清楚地看到 AB 段是等水头边界条件。然而在实际的堤基地下水渗流场中，AB 段所处的位置并非是等水头条件。但是在有薄的弱透水层的砂层中，地下水等势线是垂直的，AB 段所在位置处是等水头条件。即使是沙层直接出露，AB 段是等水头边界条件也是与实际非常接近的，所造成的误差并不会给分析结果带来很大影响，所以将 AB 段看作等水头边界条件是合理的。同理，EC、CD 段也是等水头边界条件。

(2)第二类边界条件

若知道某一部分边界单位面积上流入或流出的流量 q 时，称为第二类的边界条件，可以表示为

$$H(x,y,z)\,|_{S_2} = q_1(x,y,z,t),(x,y,z,t) \in S_2$$

或 $$H(x,y,z)\,|_{\Gamma_2} = q_2(x,y,z,t),(x,y,z,t) \in \Gamma_2 \tag{5-4-18}$$

在试验所用的沙槽模型中，主要是隔水边界条件，此时流入和流出量均为 0，在各向同性的沙层中，以上表达式可以简化为

$$\frac{\partial H}{\partial n} = 0$$

管涌段的边界条件十分复杂，从式(5-4-10)、式(5-4-16)可见，要想用有限元计算，其边界条件必须简化。在管涌通道形成后，其间的渗透系数大大增高，其水流状态已经从层流过渡到紊流状态，这与砾石层中的水流状态非常相近。其实，管涌通道也就是在细颗粒被冲走后由粗颗粒构成的大孔隙通道，所以，将管涌通道处理成强透水层是合理的。在实际操作中，令管涌通道的透水系数是沙层透水系数的若干倍，且从管涌起点到终点的渗透系数呈线性关系变化。

第 5 节　试验模拟和有限元模拟对比研究

5.1　实验模拟数据的整理

对实验模拟结果的整理，主要包括两个方面：

①对试验的步骤和试验现象进行总结；

②根据试验所得到的数据，结合试验现象进行分析解释。具体分为以下 5 步：

第一步，将水位调到与沙层顶面齐平，离地面 41.5cm。再将测压管与沙槽接通，使管中不残留气泡，以免影响水头测试。待沙槽中上下游水位齐平且上下游调节水箱的排水管开始稳定地排水，即达到稳定渗流时，此时测得各测压管的水头均为 41.5cm，说明上下游的水头相等。这一步的作用主要是将测压管与沙槽导通，为后续的渗流试验做准备。

第二步，在第一步基础上将水位升高到 47.5cm。此后整个渗流区始终都比较稳定，只是渗流量增大了，在沙层的出露点上，并没有任何变动。从试验所测得的水头来看，在不透水覆盖层下的沙层中渗流坡降变化不大，都在 0.05 左右，仅在渗流出口处较大，超过了 0.06，而且，只存在一个水头突降点或渗透坡降的极大区。具体试验数据见图 5-5-1。

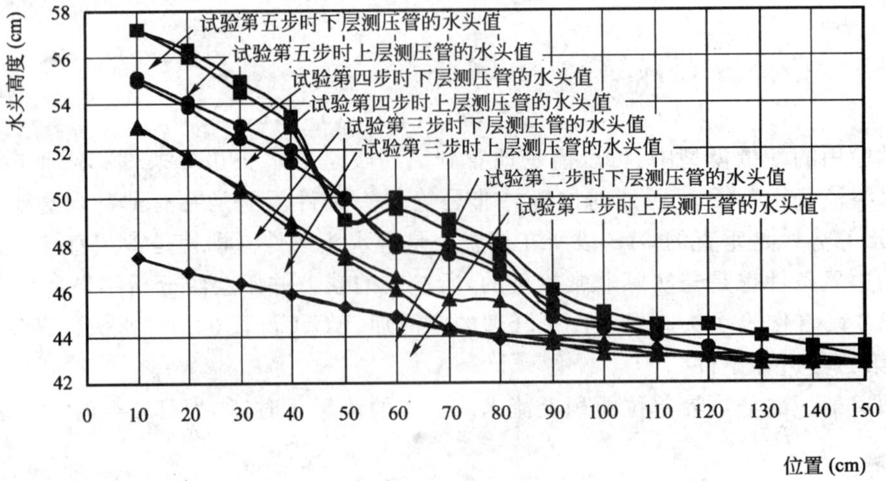

图 5-5-1　各步实测水头值

第三步，将水位继续升高到 53cm 处，在几分钟后，在透水沙层出露处出现小的砂沸点，有细沙粒在向上的涌流中跳动，但并未被带走，伴随着流量有所增大。15min 以后，沙沸停止，不再有细颗粒跳动。见图 5-5-1、图 5-5-2，在第三步开始后 20min，水头突降点的位置向上游推进了 5cm 左右，且渗透坡降的极大区有由一个向两个变化的趋势，渗流坡降的极大值为 0.19～0.21。说明此时管涌已经开始，形成的管涌通道大约长 5cm，但是由于涌砂量太小，所以管涌通道高度很小，渗透系数也只有较小的增大。在水位不再升高的情况下，管涌通道不再向上游扩展，达到稳定。

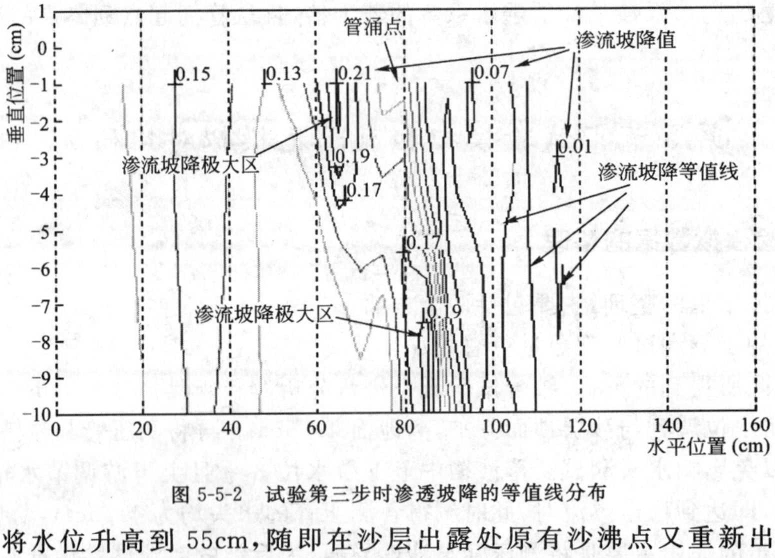

图 5-5-2　试验第三步时渗透坡降的等值线分布

第四步，将水位升高到 55cm，随即在沙层出露处原有沙沸点又重新出现，形成直径 0.2cm左右的沙流，且在其旁边新出现一个沙沸点，其直径 0.1cm，总渗流水量比上一步有所增加。10min 以后，两个沙沸点的涌沙量开始减小。到 30min 时，已经不再带走砂粒了，只有砂粒在跳动。此时，从玻璃制沙槽侧壁可以看见在砂层和上覆的粘土层之间，有一段长约 15cm 的从出露处向上游延伸的孔隙。而且，在粘土覆盖层的局部表面开始出现隆起。

从 30min 时记录的数据，由图 5-5-1 可见，在沙层出露处仍然存在一个水头突降点，在上游 55cm 左右也有一个水头突降点。从图 5-5-3 可见，如第三步所述，渗透坡降的极大区已经由一个变为两个，其一仍在出露处，但向下游扩展了约 5cm，其极大值为 0.18；其二位于上游 55cm 左右，这与在侧壁观察到的孔隙头的位置相当，其极大值为 0.22，说明在该水位下，管涌复活，继续向上游扩展，直到 55cm 处为止，此时的管涌通道已长达 15cm 左右。但是，在水位不再升高的情况下，管涌仍然能够达到稳定状态。

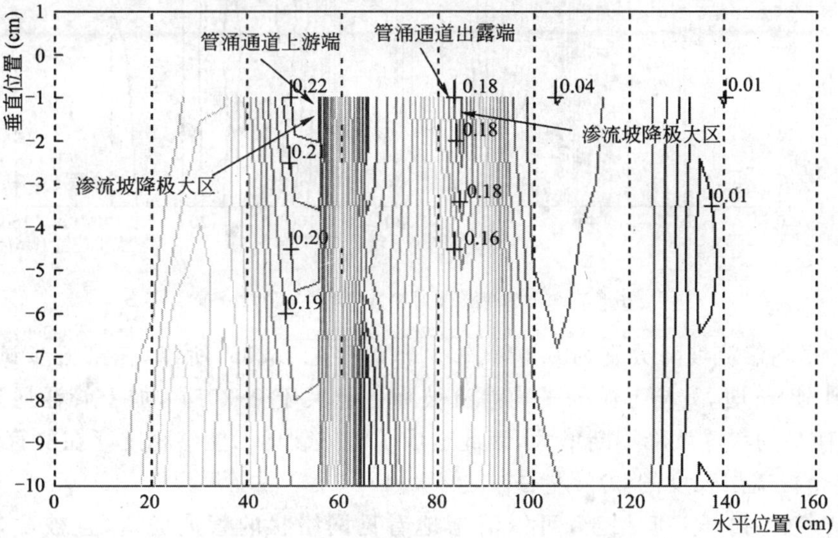

图 5-5-3　试验第四步时渗透坡降的等值线分布

第五步，将水位升高到 57cm。此时，原先的两个沙沸点合二为一，形成了一个直径约为 1.0cm 的沙沸点，上涌高度也达到了约 1.0cm。接着在出露处的另外两点又出现了两个沙沸点，直径都与前一个相当。3 个沙沸点带处的沙和水都大大增加，此时迅速读取各关键位置处测压管的水头值(见图 5-5-1)。此后管涌的发展非常快，沙沸点由 3 个变为 4 个，又由两大两小变为三大一小，在沙槽侧壁的孔隙也溯源延伸贯通了上游，形成管涌破坏，而且此时在上覆粘土层表面出现两条长×宽分别为 8cm×0.1cm 和 6cm×0.1cm 的裂缝。由于从管涌通道所带出的水量激增，而由进水管补充的水量有限，所以造成上游水位不断下降，从上游到出露处的测压管的水头也迅速下降。整个试验到此结束。分析图 5-5-1 所记录的水头值可以知道，在水位升高到 57cm 后，原有的两个水头突降区，其一仍在出露处，其二又在前一步的基础上向上游前进了 10cm，处于 45cm 左右。再从图 5-5-4 可见，渗透坡降仍有两个极大区，其一在出露处，渗透坡降极大值为 0.27；其二在 45cm 处，渗透坡降极大值为0.43，这说明此时管涌通道已经到达 45cm 左右，且仍有能力向前扩展。但是，从此时到管涌破坏的过程相当短，只有几秒钟，不可能是直接由管涌通道向上扩展造成管涌破坏，而是由于与上覆粘土层相接触的沙层在渗透压力的作用下整体破坏造成的。

综合上述，只有当砂粒所受的渗透坡降达到 0.20 左右时，砂粒才可能被渗流带走，由于本试验所用的砂粒比较均匀，其破坏形式为流土破坏，所以本试验所用砂粒的整体和局部破坏的临界渗流坡降相等，均为 0.20 左右。当管涌通道上游端与上游之间的渗流坡降达到 0.20 以上时，就会发生整体破坏。由试验数据可见，从第二步到第五步管涌通道上游端与

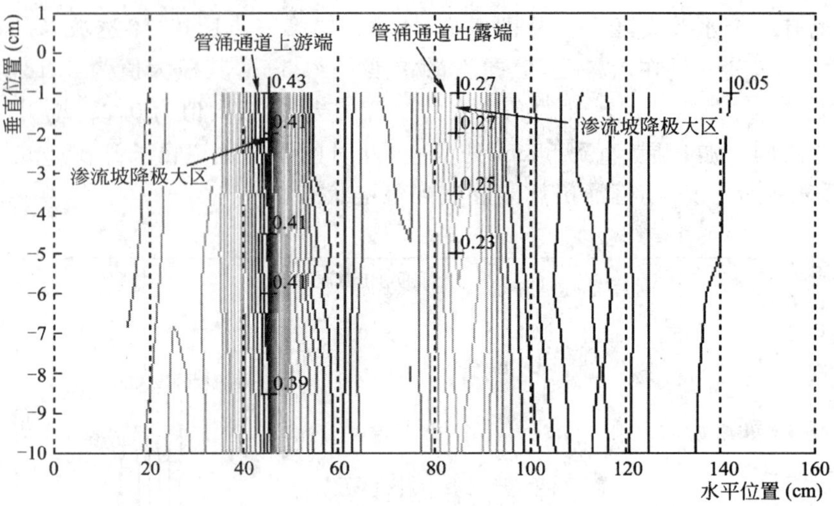

图 5-5-4　试验第五步时渗透坡降的等值线分布

上游之间的平均渗流坡降分别为 0.051、0.147、0.144、0.205，所以，在第五步试验中，当管涌通道达到 45cm 时，其与上游的平均渗流坡降已经大于 0.20 了，加上管涌通道向上游的不断延伸，使平均渗透坡降不断增大，因此造成了整体破坏。能够稳定存在的管涌通道长约 40cm，占整个覆盖层长度的 50％左右。

试验结束后，揭开上覆粘土，可以清晰地看见网络状的管涌通道，且被冲走的沙层达 1cm 厚，说明管涌通道高约 1cm 左右。

5.2　有限元程序模拟

有限元程序模拟采用与室内试验模拟相同的步骤，以便于二者的比较和模拟管涌通道的延伸。在进行有限元计算以前，先介绍计算过程中涉及到的几个问题。

5.2.1　有限元计算所涉及的几个问题

由于缺乏相关文献资料，对管涌通道段渗透条件尚不清楚，主要表现在：

①渗透系数值不清楚，使得在有限元计算中无法给管涌通道段以准确的渗透系数值；②从试验结束后所见到的管涌通道形态如河网，很难估计其高度、宽度和长度；③管涌通道的起点和终点是两个奇异点，在有限元计算中该如何取值以消除其奇异性是个问题。

针对上述 3 个问题，在不至于造成大的误差情况下，对模型进行简化处理，以便于计算且又能揭示其规律。具体处理方法如下：

(1)整个管涌从发展到破坏的过程中管涌通道不论长短，都按其长度平均分为 10 段，从出露处管涌通道的起点到终点其渗透系数分别为沙层正常渗透系数的 100、90、80、…、20、10 倍。这样处理的效果大体反映了管涌通道高度变化的规律。

(2)由于上面渗透系数的变化已经抵消了管涌通道高度变化影响，所以在计算中管涌通道都取定值，其值与模拟试验时的所有沙沸的直径相当。计算中的管涌通道长度先是取上一步计算结束时的管涌通道长度；再取模拟试验所记录到的该步试验渗透坡降两个极大区之间的距离；之后，再在此基础上加 5～10cm 进行试算，直到计算结果证明管涌通道不会再继续延伸为止。另外，由试验现象可知管涌通道位于砂层与上覆粘土层相接触的部位，在计算中也设定管涌通道在层面接触处。

(3)采用比较法，将前后两步计算结果相比，如果渗透坡降大于 0.20 的水平宽度大大减小，且从渗透坡降的变化趋势上看，渗透坡降大于 0.20 的水平宽度远小于计算时的网格宽度，那么就认为其实际渗透坡降已经低于 0.20，管涌通道不再延伸。

5.2.2 有限元计算过程

计算的第一步对应于模拟试验的第二步，将上下游水位分别定为 47cm 和 42.8cm，此时无管涌通道。正由于此时没有发生管涌，无奇异点，所以计算结果渗流坡降极大值只有一个，位于沙层出露处，其值为 0.068，与模拟试验所测得的值十分接近，说明有限元程序在计算一般的稳定渗流时是很精确的。计算网格和计算结果见图 5-5-5 和图 5-5-6，其中计算网格是对照试验模型的边界条件而划分的。

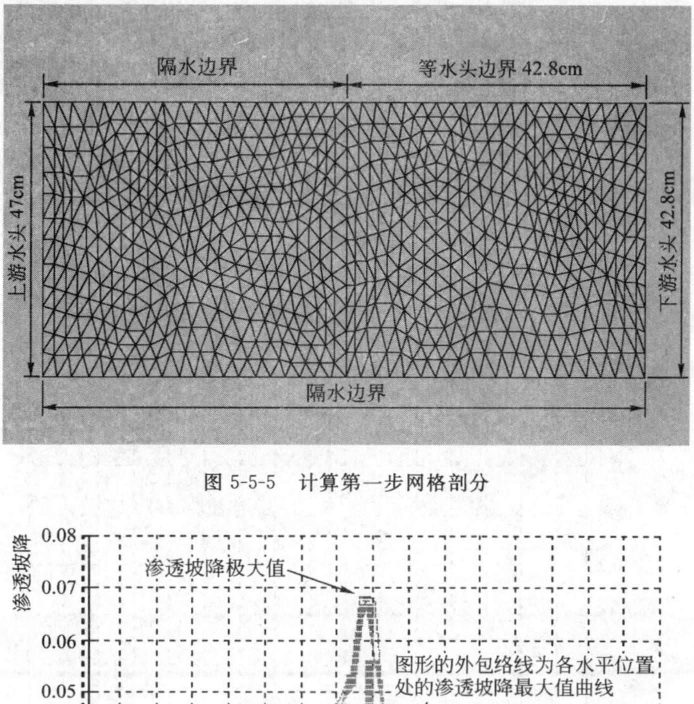

图 5-5-5　计算第一步网格剖分

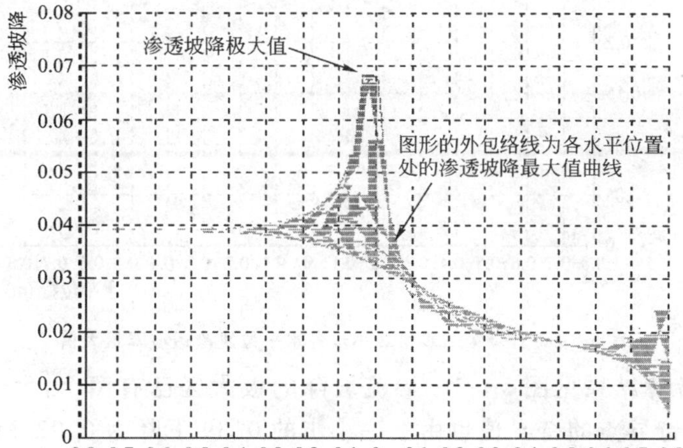

图 5-5-6　计算第一步各水平位置处的渗透坡降最大值

计算的第二步对应于模拟试验的第三步，其中又分为 3 个计算小步骤。第一小步是在水位刚刚上升到 53cm，出口处以下的水头还未发生变化的时刻计算的。从图 5-5-7 可见，在出口处附近将近 7～8cm 的区域渗透坡降的最大值都在 0.20 左右，很明显，在此情况下出口处的砂粒被带走，管涌通道开始形成。接着进行第二小步的计算，此时管涌通道已经长达 5cm，由于涌沙量很小，所以假设其高度为 0.1cm。计算结果见图 5-5-8，渗流坡降的极大区也由一个向两个变化，其位置与模拟试验的结果相当，由于此时渗流坡降大于 0.20 的区域仍有 5cm 左右，说明管涌的上游端所受的渗流坡降仍能将砂颗粒带走，所以有进行下一步计算的必要。第三小步的计算，假定管涌通道已经扩展了 10cm 长，高

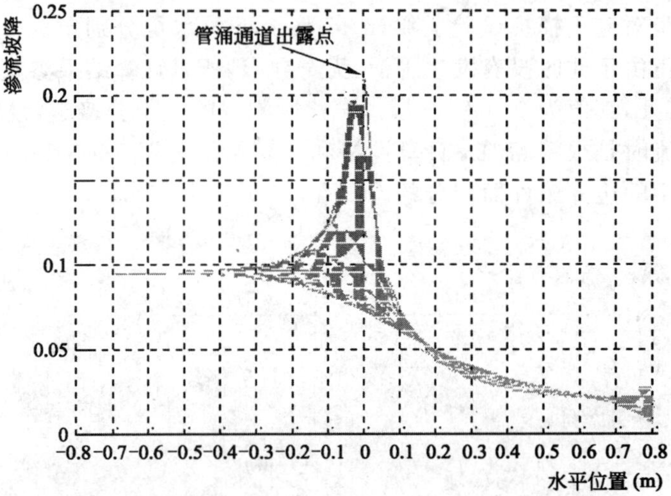

图 5-5-7 计算第二步第一小步各水平位置渗透坡降最大值

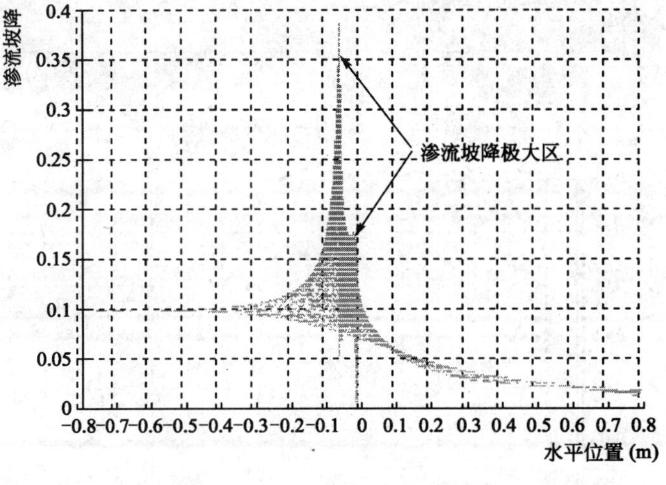

图 5-5-8 计算第二步第二小步各水平位置渗透坡降最大值

度仍为 0.1cm。计算结果见图 5-5-10，渗流坡降的极大区已有两个，大于 0.20 的区域远小于上一小步，且奇异点的奇异值也由上一小步的 0.39 下降为 0.32，所以断定在此水位下管涌通道不会再延伸了。与模拟试验的第三步相比较，渗流坡降的变化趋势是一致的，其具体值由于计算中奇异点的存在而不尽相同，但除去奇异点的影响，两者的值也是十分接近的（见图 5-5-9、图 5-5-10）。这也说明在关于管涌的有限元计算中对奇异点的处理是相当重要的。

计算的第三步对应于模拟试验的第四步，分为 2 个计算步骤。第一小步同上，在上游水

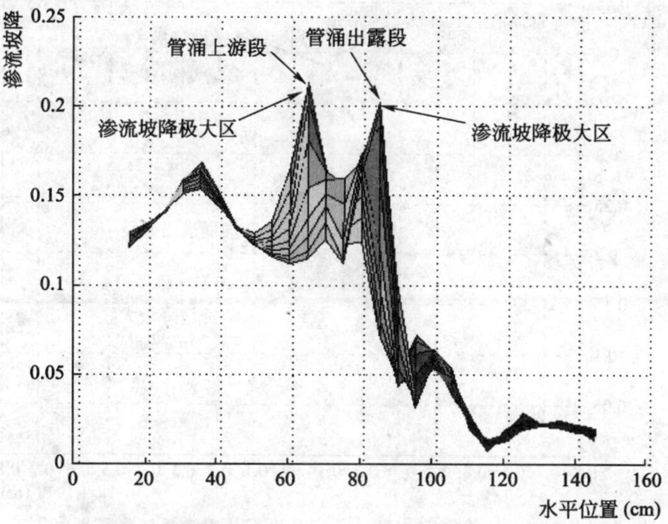

图 5-5-9　试验第三步时各水平位置处的渗透坡降最大值

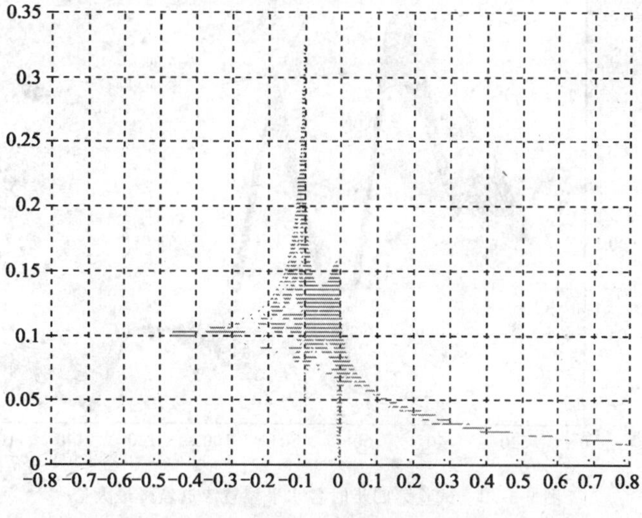

图 5-5-10　有限元计算第二步第三小步地渗透比降

位升高到 55cm，而下游出口处以下水位还未升高的时刻进行计算，此时管涌通道的长度仍为 10cm，高度为 0.2cm。计算结果如图 5-5-11，与有限元计算第二步的第三小步相比较，渗流坡降超过 0.20 的区域大增，达到了 8～9cm，在此情况下管涌通道会继续向上游扩展。第二小步假设管涌通道已经长 15cm，高 0.4cm。如图 5-5-13，计算结果表明渗流坡降大于 0.20的区域较上一小步时大为减小，出口处的渗流坡降极大值也降低到 0.10 以下，所以，在此情况下管涌通道不会继续延伸，因此本步计算结束。从图 5-5-11、图 5-5-12、图 5-5-13 可见，除去奇异点的影响，有限元的计算结果与模拟试验的结果就其值和变化趋势都很吻合。

计算的第四步对应于模拟试验的第五步，分为 4 个计算步骤。第一小步是在上一小步的基础上，仅仅将上游水位升高到 57cm，从计算结果图 5-5-14 可见，在管涌通道两端的渗透比降都较上一小步时猛增，这与模拟试验第五步刚升高水位时的现象很吻合，说明管涌又获得了继续向前延伸的能力。在下一小步计算时，将管涌通道的长度设为 25cm，高度设为 0.8cm，另外由于此时出口处的沙沸的直径和上涌高度都迅速增大，造成出口处附近的水头

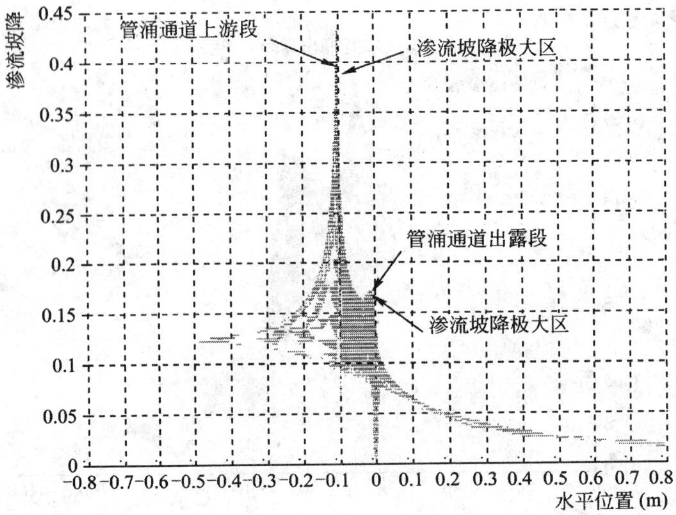

图 5-5-11　计算第三步第一小步各水平位置渗透坡降最大值

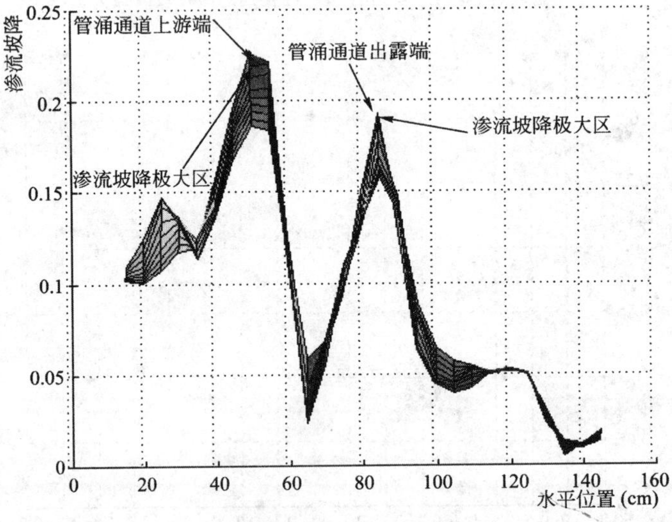

图 5-5-12　试验第四步时各水平位置渗透坡降最大值

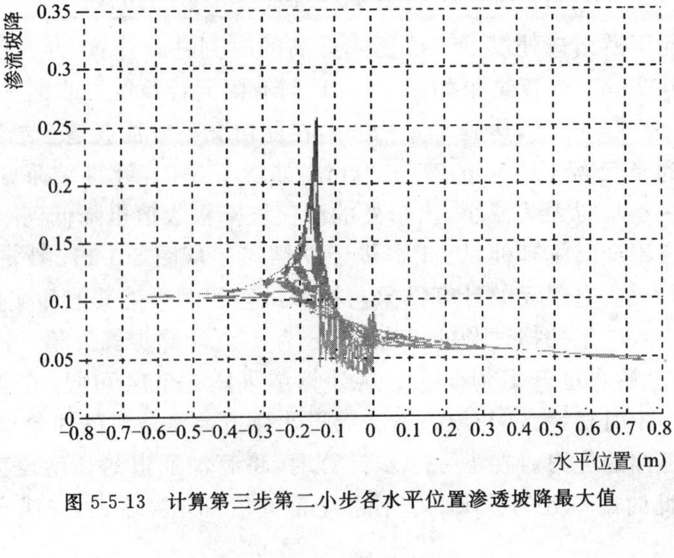

图 5-5-13　计算第三步第二小步各水平位置渗透坡降最大值

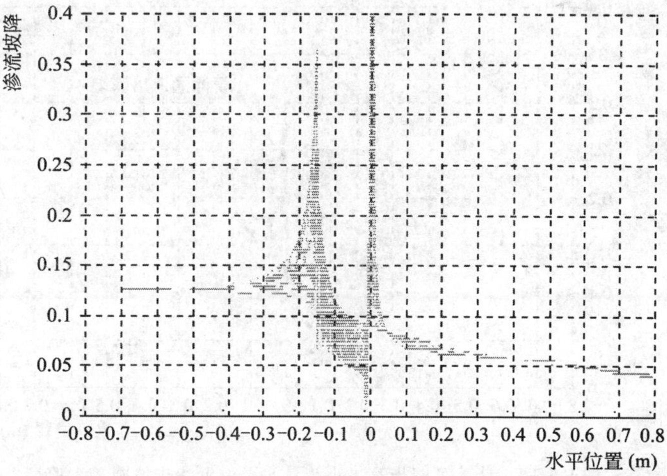

图 5-5-14 计算第四步第一小步各水平位置渗透坡降最大值

变化很明显，所以在计算时，此处的第一类边界条件都结合试验的实测值加以细化，其计算区域和网格剖分如图 5-5-15。本小步的计算结果如图 5-5-16，明显看出，出口处的渗流坡降极大区与模拟试验中的沙沸相对应，其值约为 0.25；而管涌通道上游端处的渗流坡降极大区其极大值以较上一小步时有所减小，但其大于 0.20 的区域仍在 5cm 左右，与上一小步时相差不大，所以管涌通道会继续延伸。第三小步的计算是将管涌通道定为 35cm 长，0.8cm 高，从计算结果图 5-5-18 可见，出口处的渗流坡降极大区仍然维持在 0.25 左右，而管涌通道上游端处的渗流坡降比上一小步时有所增加，所以管涌向上游延伸的能力没有像以前那样因为管涌通道的加长而减小，反而增加了，这与以前的计算结果是相反的。为了验证在此以后管涌的扩展力是否会继续增加，我进行了第四小步的计算，管涌通道长度取 40cm，高度取 1.0cm，从计算结果图 5-5-19 可见，虽然管涌通道的上游端渗流坡降的奇异极大值有所降低，但是大于 0.20 的极大区的宽度却已经增加到了 10cm 左右，显然管涌的扩展力提高了，以后即使不再提高上游水位管涌也会破坏。同时从有限元计算的每一步计算结果可见，管涌通道上游端与上游之间的平均渗流坡降在不断升高，从 0.10 左右上升到 0.20 左右，这与模拟试验时的实测值一样，这都造成了模拟试验时管涌的突然破坏。从图 5-5-17、图 5-5-18、图 5-5-19 可见，除去奇异点的影响，有限元的计算结果与模拟试验的结果就其值和变化趋势都很吻合。

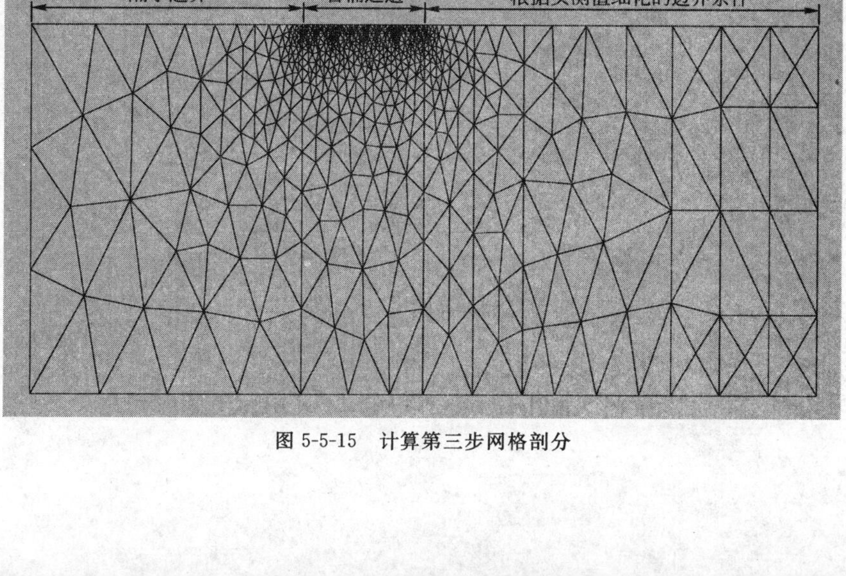

图 5-5-15 计算第三步网格剖分

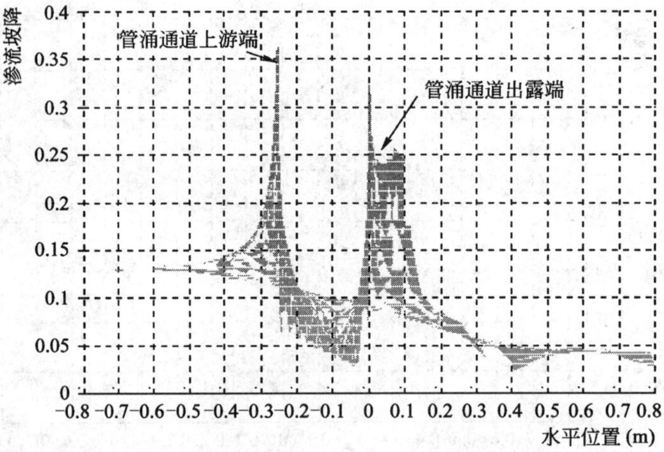

图 5-5-16 计算第四步第二小步各水平位置渗透坡降最大值

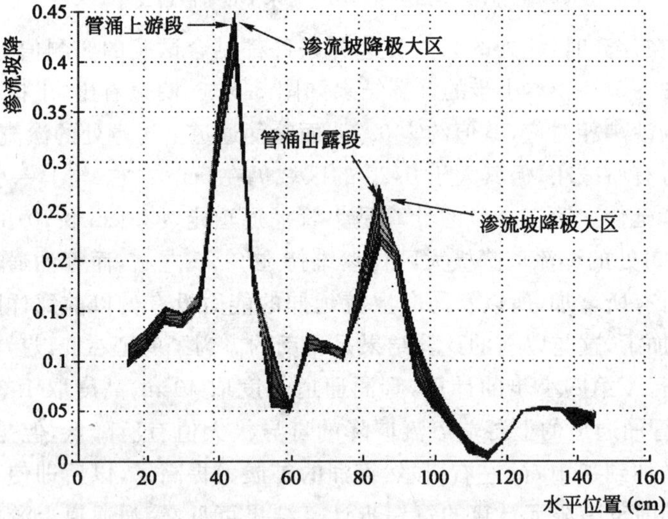

图 5-5-17 试验第三步时各水平位置渗透坡降最大值

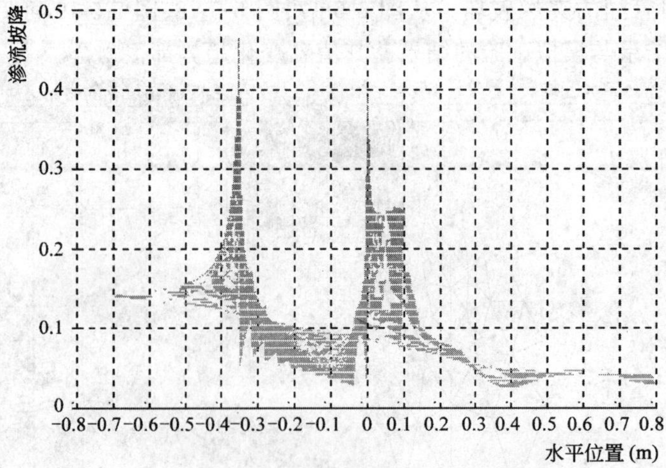

图 5-5-18 计算第四步第三小步各水平位置渗透坡降最大值

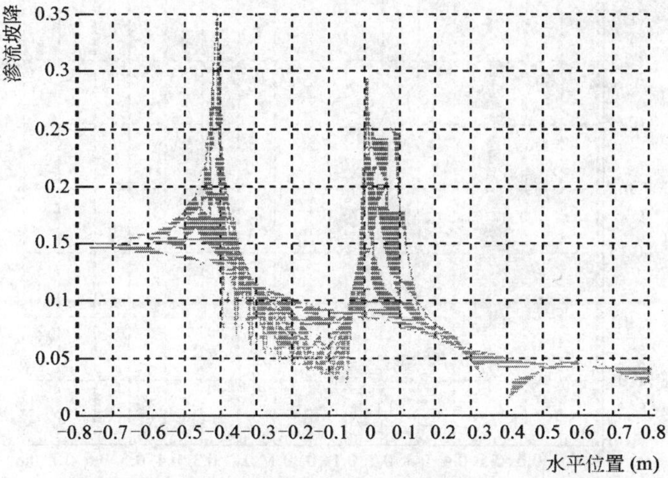

图 5-5-19　计算第四步第四小步各水平位置渗透坡降最大值

计算结果和模拟试验结果进行对比，可以发现采用有限元计算方法比较成功地模拟了管涌从发生到破坏的整个过程的不同阶段，完全可以对指定的渗流断面进行管涌破坏分析，显然这是一种考虑了管涌通道存在后对地下水渗流场所发生影响的新的计算方法，比普通的有限元分析更加符合实际情况。

5.2.3　进一步讨论

在模拟试验中，当管涌即将破坏时，如果我们能够迅速降低上游水位，是应该可以阻止管涌破坏，使管涌通道达到平衡的。当然在实际试验中这又是不可能的，因为其间可用的时间太短，但是，我们可以通过有限元计算来实现这一过程。

由上述试验可知，当上游水位从 55cm 升高到 57cm 后，管涌会被破坏；而当管涌通道与上游贯通后，它不再会发生什么变化了，所以我们可以将之设为一个稳定状态，此时的上游水位与下游相等，均为 43cm 左右。为了得到上游水位从 57cm 降到 43cm 之间管涌通道的平衡长度与上游水位之间的关系，至少需要再取一个点，此处取两个点，分别求出管涌通道平衡长度为 50cm 和 60cm 时渗流区的总水头差。通过有限元的试算，对应于管涌通道平衡长度为 50cm 和 60cm 时上游水位分别为 53cm 和 51cm，渗流区的渗流坡降分布如图 5-5-20 和图 5-5-21。

现在可以作出管涌通道平衡长度与对应总水头差之间的关系，为了消除渗透路径长短对结果的影响，特地将管涌通道平衡长度和对应总水头差分别与渗透路径相比，所得两比值的关系即为管涌发展程度与水头差之间的关系(如图 5-5-22)，因为排除了渗透路径的影响，所以它对于任意长度的渗径都是适用的。从图 5-5-22 中可以求出使管涌不会破坏的最大水头值，当然图 5-5-22 中所示曲线只适用于临界渗流坡降为 0.20 的无粘性土，而且最大水头值右边的曲线在实际中是不可能达到的。

与此类似，可以作出不同临界渗流坡降的无粘性土的管涌发展程度与水头差之间的关系，而且，由于从有关文献上可以查得土的临界渗流坡降与渗透系数之间有一定的关系，如图 5-5-23所示，所以只要知道了土的渗透系数，就可以作出土的管涌发展程度与水头差之间的关系。图 5-5-24 是从一些文献上找到的类似关系图。从图 5-5-22、图 5-5-24 可见，不同临界渗流坡降的土所能承受的最大水头值所对应的管涌发展程度非常相近，皆约为

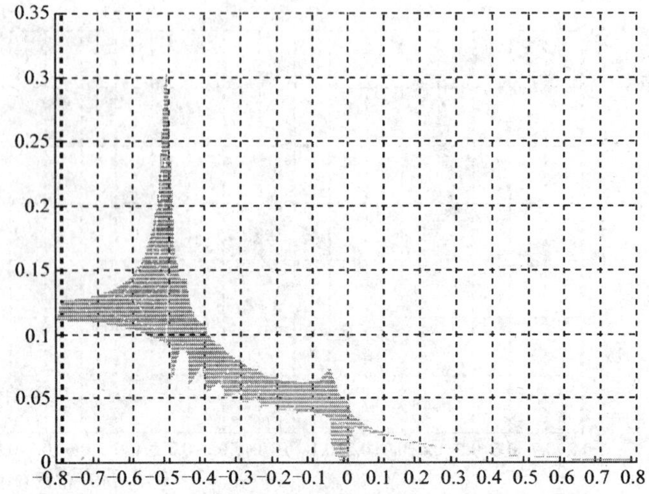

图 5-5-20　上游水头 53cm、管涌通道平衡长度 50cm 时的渗透比降

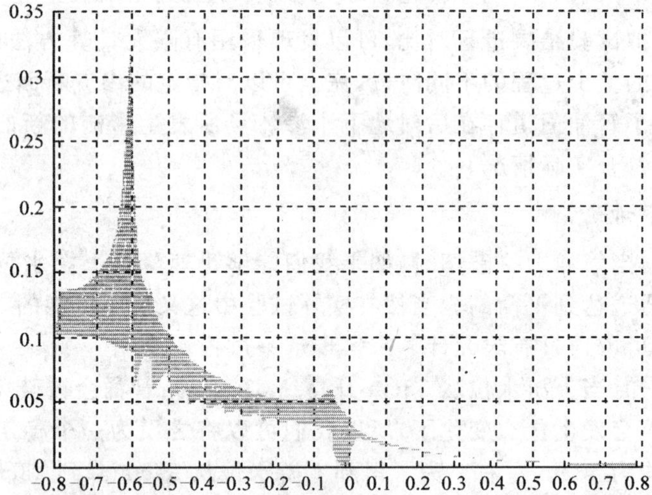

图 5-5-21　上游水头 51cm、管涌通道平衡长度 60cm 时的渗透比降

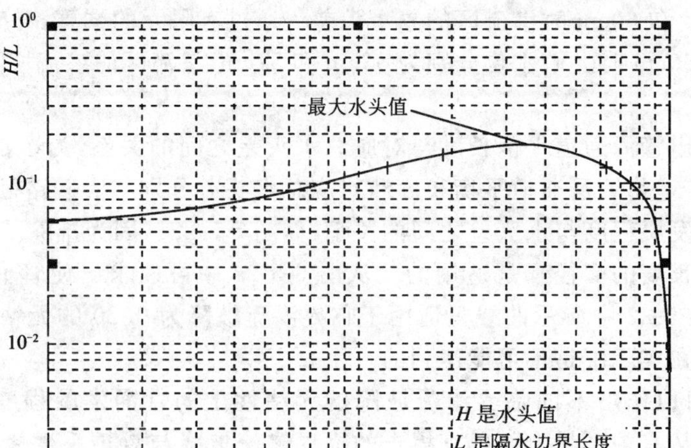

图 5-5-22　$H/L \sim l/L$ 的关系曲线

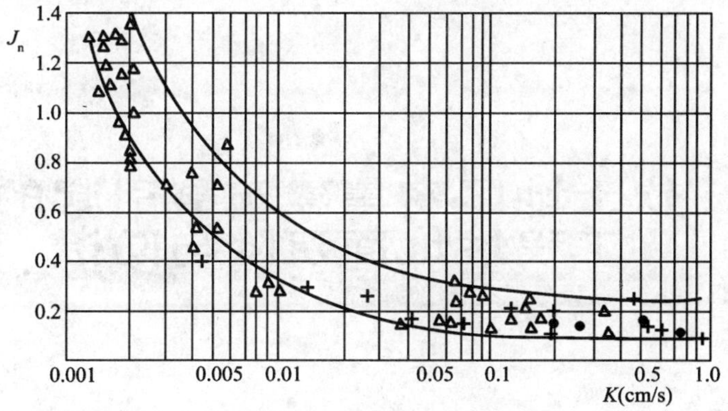

图 5-5-23 土的临界渗流坡降 J_n 与渗透系数 k 的关系
（△水力水电研究院；＋依斯托美娜；●黄委会科研所）

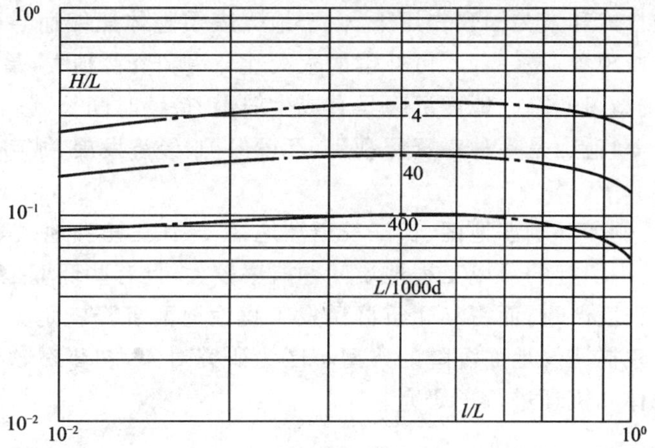

图 5-5-24 $H/L \sim l/L$ 的关系曲线（L/1000d 是渗透系数的单位，d 为单位天，L 为隔水边界长度，H 为水头值，l 为管涌通道长度）

40％～50％。由此可以得出在堤防工程中，从下游出口处算起的 40％～50％的地方是非常关键的，在工程措施上应予以加强。从张家法等人的堤防加固渗流分析资料看，在堤防中间部位做防渗体，其对降低下游的渗流坡降的作用最大，所以，由上可见在堤防中间部位做防渗体，对增加堤防的安全系数非常重要。

根据试验模拟和有限元程序模拟，可以得到以下结论：

(1)管涌首先从下游出口处开始，形成沙沸，而在一定的水头下管涌通道可以达到稳定，不形成破坏。但是当水头达到某一值时，一方面管涌通道上游端的渗流坡降始终高于临界渗流坡降，另一方面管涌通道上游端与上游之间的平均渗流坡降达到整体破坏的临界比降，所以造成管涌通道突然迅速贯通。

(2)通过有限元计算结果与模拟试验结果之间的对比可以看出，所用的有限元计算模型是实际可用的，它考虑了管涌通道形成后对地下水渗流场的影响，所以其分析计算结果与模拟试验结果非常接近，不失为一种好的抗渗稳定分析计算方法。

(3)通过对试验模拟结果和有限元计算结果的进一步分析，得到了管涌发展程度与水头差之间的关系。

第6章 软土地区密集建筑群引起的工程性地面沉降与防治

第1节 概 述

地面沉降是在自然和人为因素作用下，由于地壳表层土体压缩而导致区域性地面高程降低的一种环境地质现象，是一种不可补偿的永久性环境和资源损失，是地质环境系统破坏所导致的恶果(郑铣鑫,1992)。地面沉降具有成生缓慢、持续时间长、影响范围广、成因机制复杂和防治难度大等特点，是一种对资源利用、环境保护、经济发展、城市建设和人民生活构成威胁的地质灾害。

我国软土地区(例如环渤海地区、长江三角洲地区、珠江三角洲地区等)是城市人口密集居住区，在工程建设中引起的环境工程地质问题概率较大，且有些环境工程地质问题诱发的工程地质灾害破坏程度严重，而密集建筑群诱发工程性地面沉降就是其中之一。本章以上海软土地区密集建筑群诱发地面沉降的典型小区为研究对象，初步对软土地区密集建筑群诱发地面沉降的规律和机理进行了研究。

1.1 软土地区密集建筑群诱发地面沉降现状

19 世纪初以来，世界各地普遍出现了地面沉降问题，其中尤以美国、日本、墨西哥和中国最为突出。在美国 50 个州中，就有 24 个州由于开采地下水、石油和天然气产生了不同程度的地面沉降问题，如加利福尼亚州的 52000km^2 中部谷地，就有 13000km^2 产生了地面沉降，最大沉降量达 9.0m，沉降槽体积达 21000 万 m^3。长滩市最大沉降量达9.5m。日本 1981 年的统计资料显示，地面沉降总面积达 9252km^2，约占可居住面积的 12%，其中有1128km^{2}地面高程处于海平面以下，东京最大沉降量达 4.6m，沉降面积 310km^2；大阪最大沉降量达 2.88m，沉降面积 630km^2；新泻气田沉降量为 2.65m，沉降面积 830km^2。在中国，已有 50 余座城市出现不同程度的地面沉降，如东南沿海的湛江、广州、福州、台北和宁波，长江下游的上海、苏州、无锡和常州，华北平原的天津、北京、沧州和邯郸，东北平原的锦州、沈阳、抚顺、长春、大庆、哈尔滨和佳木斯，内陆平原的武汉、洛阳、西安、太原和大同等城市，其中地面沉降超过 1.0m 以上的城市有上海、天津、苏州、无锡、常州、沧州、西安、台北等。

国内外地面沉降研究的成果大多把地面沉降的诱因归结为超量开采地下液体(水、石油)和天然气所致，而软土地区地面沉降却由多种因素，如过量抽取地下水、海平面上升、高层建筑物的压力、车辆机器振动等造成。上海是中国最早发现区域性地面沉降的城市，在20世纪50年代末期，上海的地面沉降速率为110mm/a，至1965年市区平均下沉1.746m，最大累计沉降近2.70m。由于从1962年开始压缩地下水开采量，1965年又辅以人工回灌，使地面沉降基本得到控制，年均沉降量仅2.2mm。自20世纪70年代末以来，上海中心城区地下水的开采得到了严格的控制，回灌量一直大于开采量，地下水动态历年来基本保持稳定，在区域与层次上的展布也较为均匀，由采灌地下水引发地面变形的发展过程在中心城区较为平缓。20世纪90年代以来，由于沿海软土地区新一轮大规模开发，多层建筑群、高层和超密集建筑群不断涌现，地铁、越江隧道、大型地下购物中心和停车场等的建设，使地下空间利用程度不断提高，工程扰动现象相当严重，由工程环境效应诱发的地面沉降问题也逐渐显现。上海自20世纪90年代以来，地面沉降的速率又有逐年增大的趋势。20世纪90年代以来在地下水开采严格控制、回灌量一直大于开采量、地下水动态历年来基本保持稳定的情况下，但地面沉降的速率却在明显的增加。之所以如此，经过多年实践检验后，发现工程环境效应是引起上海地面沉降的主要原因之一。其中高层建筑物本身及其周围地面的工程效应沉降量尤为明显。根据上海市陆家嘴、徐家汇、中原和长桥地区的地面沉降资料，以上4个地区20世纪70年代新增建筑非常有限，不超过80万m^2，同期的地面沉降速率总体上仅1～2mm/a；80年代新增建筑面积在150万m^2左右，同期的地面沉降速率增长至3～4mm/a；90年代新增建筑面积在300万m^2左右，同期的地面沉降速率更显著增长至10mm/a左右。可见，密集建筑群的工程环境效应目前已经是引起上海地面沉降的主要因素。

1.2 软土地区密集建筑群诱发地面沉降研究进展

目前，国内外对地面沉降的研究主要集中于抽水诱发的地面沉降，而对密集建筑群引起的地面沉降研究甚少。施伟华对城市建设中引起地面沉降的各种工程类型进行了归纳，并结合有关工程实测资料，对建设工程与水资源开发产生的地面沉降量进行分析比较，论述了建设工程在地面沉降中所处的重要地位。龚士良分析上海工程施工的沉降效应与特点，对影响程度作了定量评估，75m以上浅土层工程活动较为集中，近年来此层的变形可认为由工程建设引起，并据此提出了加强设计论证、施工监理与行政监督为主的沉降控制对策。严学新、龚士良等选择上海城区典型的建筑密集区段，分析了建筑密度这一因素与地面沉降的关系，指出建筑的荷重及其结构形式对地面沉降有明显影响。对于高层建筑，由于荷重巨大，尽管采用桩基础有效遏制了荷重增加引起的地面沉降同比例增长，但其绝对沉降量仍可观，而且影响范围大、作用时间长。从高层建筑的相互影响来看，周边高层密集，其周围沉降有明显突变，反映出高层建筑存在地面沉降影响的相互叠加作用。目前普遍认为，由于密集建筑群建筑荷重相互叠加作用引起的软土的流变是引起地面沉降的重要原因之一。上海有关专家提出了工程建设诱发地面沉降问题，并通过室内模型试验，研究了上海地区典型地质条件下密集建筑群工程环境效应对地面沉降的影响，探讨了在密集建筑群作用下不同土层的变形特点、相邻建筑物之间的相互影响状况、密集建筑群对中心及周边区域地面沉降的影响以及沉降影响范围、土层中应力(包括土压力、孔隙水压力)的变化规律等，指出密集建筑群之间地表变形存在明显的沉降叠加效应，研究结果对密集建筑群工程环境效应引起地面沉降的控制提供了有价值的参考。

2005年，第7届国际地面沉降大会在上海召开，工程诱发的地面沉降已经引起与会各国学者的关注。据国外有关报刊报道和国内有关专家意见，认为密集建筑群引发的地面沉降量占总沉降量的30%左右，但对上海高层建筑相对密集的陆家嘴地区监测结果表明，因工程环境效应引起的地面沉降已远超出其他因素引起的地面沉降的总和。目前国内外有关密集建筑群诱发地面沉降的研究尚不够系统、充分。

1.3 软土地区密集建筑群诱发地面沉降研究的意义与内容

(1)软土地区密集建筑群诱发地面沉降研究的意义

软土地区城市建筑群引起的地面沉降十分普遍，上海市是我国发生地面沉降最早、影响最大、危害最深的城市。最新研究报告显示，地面沉降已经造成长江三角洲地区损失近3500亿元人民币，其中上海约为2900多亿元。自上世纪20年代初发现沉降以来至1965年，市区地面平均下沉1.76m，最大沉降量达2.63m，这期间主要是由于不合理开采地下水所致。从20世纪60年代中期开始，由于采取压缩地下水开采量，调整地下水开采层次及实施人工回灌等措施，实现了地面沉降的有效控制。其中1966～1990年地面年平均沉降量仅2.5mm，仅为原来年沉降110 mm时期的1/44。但在1991～1996年间，上海的地面又呈现加速沉降的趋势，中心城区累计平均沉降61.2mm，年均沉降达10.2mm，这6年的沉降相当于前25年沉降量的总和，是前阶段年沉降量的2.5倍，沉降形势再次引起社会各界和政府的高度重视。20世纪90年代以来，上海中心城区地下水的开采得到严格控制，而且回灌量一直大于开采量，地下水动态历年来基本保持稳定，并在区域与层次上的展布也较为均衡，因此由抽灌地下水引发地面沉降的发展过程，在中心城区较为平缓。在此背景下，上海中心城区大规模城市建设特别是密集建筑群诱发的工程性地面沉降问题越来越突出，近年来已成为研究的焦点。

目前，国内外对地面沉降的研究，无论是理论分析，还是沉降预测模型的建立，大多都是建立在抽取地下流体的基础上，软土地区建筑荷载诱发的地面沉降问题也集中于单栋建筑，而密集建筑群诱发地面沉降的研究成果较少，缺乏对其沉降规律和机理的分析研究，还没有建立起可供预测密集建筑群诱发地面沉降的数学模型。本章以上海地区典型建筑群诱发的地面沉降为研究对象，通过监测分析、模型试验、三维数值模拟等手段，分析密集建筑群诱发地面沉降的规律和机理，为控制密集建筑群诱发的地面沉降提出合理化建议与防治措施，具有重要的理论意义和实用价值。

(2)软土地区密集建筑群诱发地面沉降研究的内容

研究的主要内容包括：①上海中心城区典型密集建筑群现状调查及工程地质环境分析；②上海中心城区典型密集建筑群诱发地面沉降的监测分析；③上海中心城区典型密集建筑群诱发地面沉降的模型试验研究；④上海中心城区典型密集建筑群诱发地面沉降的数学模型；⑤上海中心城区典型密集建筑群诱发地面沉降的工程环境效应分析与防治措施。

第2节　上海中心城区典型密集高层建筑群现状及工程地质环境

上海市高层建筑密度、高度均居全国之首，本节主要采用上海浦东陆家嘴地区高层建筑规划，结合资料检索，分析陆家嘴地区密集建筑群的分布、组合特征及工程地质环境。

2.1 上海中心城区典型密集高层建筑群现状调查

1980年前上海市总的住宅建设量较少，1951～1980年，全市住宅建设完成总量为2310万m^2，30年平均每年住宅建设量为77万m^2。其中1971～1980年住宅建设总量为1263万m^2，年均住宅建设量为126万m^2。人均居住面积从1950年的3.9m^2提高到1980年的4.4m^2，增长速度缓慢。1981～1990年，全市住宅建设完成总量为4270万m^2，平均每年住宅建设量为427万m^2，10年住宅建设总量相当于前30年总量的2倍，人均居住面积由1980年的4.4m^2提高到1990年的6.6m^2。

1990年中共中央宣布开发开放浦东，提出要把上海建成国际经济、金融、贸易中心之一。上海的城市建设进入一个新阶段。特别是住宅建设又有了新飞跃。1990～1999年，全市住宅建设完成总量为10197万m^2，平均每年住宅建设量为1133万m^2。1997年达到高峰，当年完成住宅建设量为1684万m^2，这一年的住宅建设量相当于1951～1980年全市住宅建设量2310万m^2的73%。9年的住宅建设量是前40年建设量6580万m^2的1.55倍。1999年上海人均居住面积达到10m^2。

20世纪90年代陆家嘴地区的建设发生了很大的变化，这主要得益于浦东开发开放的政策。市政府把整个陆家嘴地区规划为金融贸易区，小陆家嘴地区为CBD地区，将原竹园居住地区调整规划为竹园商贸区。两个金融商贸区规划建筑面积就达710万m^2。1990～1998年陆家嘴地区建成114幢高层建筑，有住宅、办公、综合楼、宾馆等总面积达到347万m^2。其中金茂大厦1998年建成，高420m、88层，建筑面积为29万m^2；第一八佰伴1995年建成，高99m、21层，建筑面积为14.5万m^2；上海证券大厦1997年建成，高121m、27层，建筑面积为11.5万m^2。该地区7.37km^2面积内高层建筑的密集程度，在9年内建成这么多高层建筑，在国内外都是罕见的。该地区90年代建成的居住小区有梅园四村11.61万m^2，东园新村9.71万m^2。90年代陆家嘴地区累计建成各类建筑面积394万m^2，拆除25万m^2建筑。

1999年以后，陆家嘴地区建设仍在继续，小陆家嘴CBD地区面积1.73 km^2，规划建筑面积418万m^2。至2002年末已建商务办公楼等建筑面积约230万m^2，正在建设的约70万m^2，土地出让并准备建设的和未出让积累计约200万m^2。如果这些地块面积全部建成，建筑总面积约500万m^2（含地下建筑50万m^2），超出原规划建筑面积约80万m^2。在今后若干年内，小陆家嘴地区还将增加约270多万平方米的建筑量。

2000～2002年末，陆家嘴地区新增建筑面积约112万m^2。陆家嘴地区除了小陆家嘴CBD地区外，还有上海船厂地区改造、竹园商贸区以及黄浦江滨江景观规划区E16、E18地块建设与改造。整个陆家嘴地区7.36km^2土地内建筑总量将达到1600万m^2。

陆家嘴地区不同时期的建筑情况见表6-2-1。

陆家嘴地区建筑情况统计简表（万m^2） 表6-2-1

时间 / 数量	20世纪60年代及以前	20世纪70年代新增	20世纪80年代新增	20世纪90年代新增	2000～2002新增	合计
陆家嘴	524	80	144	369	112	1229

据统计，陆家嘴地区20世纪80年代新增建筑面积144万m^2，平均每年新增建筑面积14.4万m^2；90年代（1991～1999）新增建筑面积369万m^2，平均每年新增建筑面积41万m^2，2000～2002年新增建筑面积112万m^2，平均每年新增建筑面积37万m^2。从20

世纪90年代至2002年，该地区平均每年新增建筑面积约40万 m^2（表6-2-2）。预计今后10～15年，陆家嘴地区建筑总面积将达到1600万 m^2，平均每年将新增建筑面积25～37万 m^2。

陆家嘴地区20世纪80年代以来平均每年新增建筑面积（万 m^2） 表6-2-2

年　份	1980	1981	1982	1983	1984	1985	1986	1987	1988	1989
新增建筑面积	21	6	8	10	12	15	15	17	19	21
年份	2000	2001	2002							
新增建筑面积	37	37	38							

2.2 浦东陆家嘴地区工程地质环境分析

浦东新区为第四纪堆积平原，地势较为平坦，其以吴淞口起向东南呈三角形展开，地面高程（吴淞高程）一般在3.5～4.5m之间，少数地区达5.0m以上。根据前期有关资料分析可知，按地貌形成的动力原因分析：主要是长江入海口的大量泥沙在潮流、波浪作用下，于东海滨岸地带堆积成滨海平原；其次为吴淞江黄浦江等河流在潮流作用的叠加作用下，形成河流沿岸地带泛滥颇广的冲积平原。

根据土的沉积时代、成因类型、土的物理力学性质、水理性质和强度等因素，可将浦东75m以浅的土层划分为9个工程地质层，又按各工程地质层岩性、岩相特征、矿物成份及结构差异，细分为16个亚层以及3个变相层和一个透镜体夹层。

2.2.1 浦东地区75m以浅土层工程水文地质特征

上海地区在受工程建设影响最大的75m以浅土层范围内，存在3个厚度较大的软弱土层，是典型的软土地基地区（见表6-2-3）。埋探75m以浅各土层自上而下为：

浦东新区浅部土层划分系列表 表6-2-3

工程地质层	含水层位	顶板埋深	厚度	层号	亚层	岩　性
表土层		1.07～6.00m	1.5～3.0m	②	②－1	褐黄色粉质粘土
第一砂层	潜水	2.0～3.0m	0.3～9.40m	②	②－2	灰色砂质粉土
					②－2′	灰色粘质粉土
					②－3	灰色粉砂
第一软土层		0～2.80m	12.4～21.7m	③	③	灰色淤泥质粉质粘土
					③－a	灰色砂质粉土、粉砂
				④	④	灰色淤泥质粘土
第二软土层		－13.00～ －18.00m	数米至 30.00m	⑤	⑤－1	灰色粘土、粉质粘土
					⑤－2	灰色粉质粘土夹粉砂
					⑤－2′	灰色粉砂、砂质粉土
					⑤－3	灰色粉质粘土、粘土
					⑤－4	灰绿色粉质粘土、粘土
硬土层		－18.5～ －27.8m	4～8.0m	⑥	⑥	暗绿－褐黄色粉质粘土、粘土

续上表

工程地质层	含水层位	顶板埋深	厚度	层号	亚层	岩　性
第二砂层	第一承压含水层	−24.0～36.0m	数米至39.0m	⑦	⑦−1	灰黄色粉砂、砂质粉土
					⑦−1′	灰绿色粉砂、砂质粉土
					⑦−2	灰色粉砂、砂质粉土
第三软土层		−22～−69.0m	数米至35.00m	⑧	⑧−1	灰绿色粉质粘土夹粉砂
					⑧−2	灰色粉质粘土与粉砂互层
第三砂层	第一承压含水层	−52～−78.0m	30.00～50.00m	⑨	⑨	灰色细砂、含砾中细砂

(1)填土层

耕、填土①层，耕植土大片分布，系粘性素填土，疏松，含大量植物根系及虫孔，厚度一般为0.2～0.5m。老的小型河塘内的吹填土，系粘性素填土，厚度2.0～4.0m。城镇及居民点附近分布有建筑垃圾及生活垃圾土，局部为工业废料土，土质不均，厚度变化大。

(2)表土层

褐黄色粉质粘土、粘土(②—1)层：属河口—滨海相沉积，区内普遍分布，可塑—软塑，稍湿—湿，无层理，属中—中偏高压缩性土。含较多褐色铁锰质浸染斑点或小结核。以潜水位为界，上部较好，往下部渐差。厚度一般在1.5～3.0m，在人工填土较厚地区，其厚度仅0.2～1.0m。

(3)第一沙层

该层属滨海—河口相沉积，大多分布与东部滨海一带，即中兴—东沟—安基—江镇一线之东部，小片分布于南部黄楼—杜坊一带及严桥—张家桥一线以西沿黄浦江地带。该层包括②—2及②—a亚层和②—2′相变层。

(4)第一软土层

该层属滨海—浅海相沉积，在本区广泛分布，由③、④淤泥质粘性土组成，属典型的软土。其层顶高程受第一沙层的分布部位及其厚度的制约。在东部地带因第一砂层分布，顶板埋藏在−1.0m以下，深者达−14.8m，厚度2.6～19.4m不等，其他地区顶板高程大多在0～2.8m，厚度12.4～21.7m。

(5)第二软土层

第二软土层属滨海沼泽相、溺谷相沉积，全区广泛分布，顶板高程稳定，大多在−13.0～−18.0m，但其厚度变化很大，据其岩性差异自上而下可划分为4个亚层。

(6)硬土层

该层属河—湖相沉积，暗绿色—褐黄色粉质粘土、粘土⑥层：可塑—硬塑，稍—湿，无层理，属中—中偏低压缩性，含铁锰质斑点和条纹，偶夹结核。本层自上而下大致有如下变化规律：土层颜色由暗绿变为褐黄色；粘粒含量渐减，粉粒含量渐增，铁锰质斑点渐减。该层被晚更新世末期河道切割，分布不连续。主要分布于中、西部，即中兴—高桥以南，六里—张江以北，楼下—唐镇以西至黄浦江沿岸；另外顾路—曹路—新港一带小片分布，顶板高程稳定，由−18.5～−27.8m，厚度大多4.0～8.0m，由中心向边缘顶板逐渐降低，厚度逐渐变薄。

(7)第二砂层

其为上海市第一承压含水层，属滨海、河口相沉积。晚更新世末受“古河道”深切作用，将其荡涤殆尽，致使部分地区缺失，北部在中兴—高桥以北，高东—灯塔海滨条状地带，南部地区则沿"古河谷"主流线部位呈北东向串珠状缺失。顶板高程在中部广大地区和东南部江镇—陈胡一线以南为－24.0～－36.0m，"古河谷"部位因部分切割冲刷，顶板埋深达－40.0～－56.0m，主流线附近，如川沙县城厢镇南一带达－60.0m左右，其厚度中部地区10.0～30.0m，"古河谷"部位一般在5.0～10.01m。其岩性以粉砂为主，砂质粉土仅局部分布，从上至下渐粗，局部变为细砂，其颜色由草(褐)黄色变灰色。据岩性差异可分为⑦－1及⑦－2两个亚层及⑦－1′相变层，两层呈连续沉积。

(8)第三软土层

该层属滨海、浅海相沉积，由于受晚更新世中期古河道切割，造成本区中部及南部大片地区缺失。本层主要分布于北部外高桥以南，庆宁寺—曹路一线以北地区，南部花木—新港一线以南一带，杨思镇东部亦有小片分布。该层俗称"千层饼"，粘、沙土相间分布，现自上而下据岩性差异分为两个亚层。

(9)第三砂层

灰色细砂、中砂(⑨)层，系河口滨海—河流相沉积，区内广泛分布。岩性为中密—密实细中砂，饱和，颗粒变化由上而下变粗，局部夹含砾粗砂，分选性好，矿物成分以石英为主，其次为暗色矿物。属低—中偏低压缩性土。本层在中部南部地区，第三软土层缺失区与第二沙层沟通。本层顶高程，北部较高，一般－58.0～－70.0m，南部较低，一般－65.0～－78.0m。

2.2.2 上海工程地质环境分区

地质环境对人类工程活动的制约是多方面的，既表现在以一定作用影响工程建筑物的稳定和正常使用，又表现为以一定作用影响工程活动的安全，还可能由于某些地质条件问题而提高工程造价；同时，人类工程活动又会以各种方式影响地质环境，工程活动与地质环境之间既相互关联又相互制约，城市规划中必须详细分析、评定城市地质环境对工程建设的适宜性和适应性，即评价工程地质环境的稳定性。因此，进行工程地质环境分区有利于城市建设规划应用。根据不同的分析评价目的，对上海工程地质环境可以进行不同的分区。

(1)工程地质分区

根据上海各工程地质条件的类同性和差异性，共划分为3个工程地质区，即湖泽平原工程地质区、滨海平原工程地质区、河口沙岛工程地质区。每个工程地质区又可分为工程地基条件较好、较差、差的地段。建筑适宜性与工程地质条件密切相关，根据工程地质层的实际产出状况，可确定相应的建筑物基础结构形式及其建筑规模。对于工程地质条件相对较差的地区，进行建筑施工容易产生环境地质问题，其防范与治理的基础投入将显著增加，否则建筑物的正常使用会受到严重影响。

(2)地面沉降发育程度分区

上海市地面沉降的主导诱发因素是开采地下水资源，地下水资源的丰富程度、开采利用强度等又是地面沉降发育差异的主要发生因素，因此它们是对上海地面沉降发育程度进行分区的首要因素。其次，地面沉降是人类活动对地质环境所造成的环境地质问题，因而对地面沉降灾害的形成要考虑人类活动的历史、现状和发展。最后，因为灾害的对象是人类，因而地面沉降发展到何种程度形成地面沉降灾害，需考虑人类活动影响程度和经济社会的水平与规模。综合人口密度、建筑工程水利和防汛等各因素，对上海全市地面沉降发育强度分为基本稳定区和地面沉降区，其中地面沉降区包含两个亚区（见表 6-2-4）。

地面沉降发育程度分区　　表 6-2-4

区	亚区	分布范围	面积(km^2)	地面沉降情况	沉降灾害
基本稳定区		青浦县、松江区、金山区	353.34	1980～1995 年累计沉降量基本在 25mm 以下，年均沉降量小于 1.7mm	尚未发生
沉降区	沉降发育亚区	浦东新区、宝山区、闵行区、嘉定区、奉贤区、南汇区、松江区、金山区、青浦区、崇明县	5736.66	1980～1995 年累计沉降量基本在 25～100mm，年均沉降量在 1.7～6.7mm	灾害现象尚不明显
	沉降灾害亚区	中心城区、近郊区	250.5	1980～1995 年累计沉降量基本上大于 100mm，年均沉降量大于 6.7mm；1956～1995 年累计沉降量基本上大于 750mm	灾害现象较为明显

(3)地面沉降灾害危险程度分区

地面沉降发展到一定程度将会形成地质环境灾害，危及人类的生活居住环境，造成巨大的经济财产损失，因而有必要对上海市不同地区可能发生和形成地面沉降灾害的危险程度，进行分区评价，以便采取相应的防治措施。分区时首先考虑到人类生活和经济发展的范围、规模和未来趋势，其次考虑到地面沉降发展历史和现状、地下水利用程度、地面发育程度、环境地质条件和地面高程情况等因素。考虑上述各种因素，将上海市地面沉降灾害危险程度分为基本无地面沉降灾害危险区、地面沉降灾害危险程度较低区、地面沉降灾害危险程度较高区、地面沉降灾害危险程度最高区（见表 6-2-5）。

地面沉降灾害危险程度分区　　表 6-2-5

危险程度分区	基本无危险区	危险程度较低区	危险程度较高区	危险程度最高区
分布位置	青浦、松江、金山	浦东新区、宝山、闵行、奉贤、南汇、松江、金山、青浦、崇明	浦东新区、宝山、闵行、嘉定	中心城区、浦东新区、宝山
分布面积(km^2)/百分比(%)	353.34/5.6	4920.33/77.6	818.53/12.9	250.50/3.9
地下水利用程度	很低	大部分地区较低	较高	最高
地面高程(1995)	除基岩裸露区外，一般为 3～4m	基本上为 3～4.5m	小于 4m，基本大于 3m	2.5～4m
地面沉降状况	1980～1995 年累计沉降量小于 25mm，年均沉降量小于 1.67mm	1980～1995 年累计沉降量大部分小于 75mm，年均沉降量小于 5mm	1980～1995 年累计沉降量基本上大于 75mm，年均沉降量小于 5～6.7mm	1980～1995 年累计沉降量基本上大于 100mm，年均沉降量大于 6.7mm；1956～1995 年累计沉降量基本上大于 750mm

续上表

危险程度分区	基本无危险区	危险程度较低区	危险程度较高区	危险程度最高区
地面沉降灾害现象	无	基本无	暴雨地面积水、房屋进水、农田受淹、地下水储量永久减少	洪灾、暴雨马路积水、房屋进水、桥下通航受阻、地下管线破坏、仓库失效、地下水储量永久减少
地面沉降趋势预测至2020年	基本小于50mm	大部分小于100mm	50～125mm	大部分在75～125mm之间

2.2.3 浦东陆家嘴地区所在工程地质环境分区的评价

在工程地质分区中，陆家嘴地区基本处于滨海平原工程地质区中工程地基条件差的地段，由5～6个工程地质层组成，岩性以粘性土层为主，但发育和分布较不稳定。对于基础形式主要为桩基的高层或超高层建筑，该区第二沙层普遍缺失，其他桩基持力层分布和埋藏变化较大，桩基条件较差。如果桩基条件不好，桩基持力层较深，为了满足建筑物的正常使用，桩长就要加大，这必然会带来设计与施工中的难度，由此产生的环境地质问题将不容忽视。

陆家嘴地区位于地面沉降区的沉降发育亚区，本亚区地下水资源较丰富或丰富，对地下水利用程度高，1956～1995年累计沉降量基本上大于750mm。同时区内人口集中，人口密度基本大于2万人/km^2，各种建筑物、构筑物密集，建筑密度基本大于25%（建筑密度是建筑物底层占地面积与街坊用地面积的比值），会形成工程性的区域地面沉降，工程效应是引发该区地面沉降不可忽视的因素。同时地面沉降对区内人类活动的影响极大。

陆家嘴地区是地面沉降危险程度较高区，同时也是地面沉降发育亚区，近年来该区地面沉降有加速发展的趋势。地面沉降对本区造成的损失巨大，如洪灾、暴雨造成的马路积水、房屋进水、地下管线破坏、仓库失效、地下水储量永久减少等。由于工程建设影响在本区地面沉降中所占比重增大，因而有必要对工程建设造成区域性土层压缩机理进行研究，以便采取适当的技术手段来控制地面沉降灾害的继续发展。

第3节 典型密集高层建筑群诱发地面沉降的监测分析

主要采用上海地质调查研究院提供的沉降监测数据，分析密集建筑群周边地面沉降的规律。

3.1 地面沉降

3.1.1 金茂大厦、国际金融大厦、招商大厦

金茂大厦：高420m、88层，为上海的第一高楼，总建筑面积290000m^2，始建于1993年，1998年投入使用，桩基进入第⑨层。

国际金融大厦：高230m、53层，总建筑面积120000m^2，始建于1994年，2000年投入使用，桩基进入第⑨层。

招商大厦：高186m、39层，总建筑面积74642m^2，始建于1994年，1996年投入使用，桩

基进入第⑦层。

建筑物地面沉降监测点的布设见表 6-3-1。由监测时间节点可见，金茂大厦监测开始时间为建筑投入使用 2 年后，国际金融大厦为投入使用当年，招商大厦为投入使用 4 年后，监测的主要是工后地面沉降(不含施工及运行初期的地面沉降)。

建筑物沉降监测点布设情况简表　　　　表 6-3-1

建筑物	金茂大厦	国际金融大厦	招商大厦
测点编号	监测点与建筑物距离(m)		
0	0	0	0
1	3	3	3
2	7	7	7
3	12	12	12
4	20	20	20
5	30	30	30
6	60	60	60
7	100	—	—
6-1	150	—	—
7-1	200	—	—
测线布置方向	自建筑物往东南方向，沿世纪大道直线布点	自建筑物往东北方向，沿银城中路直线布点	自建筑物往正西方向，沿陆家嘴东路直线布点

国际金融大厦地面沉降-时间曲线参见图 6-3-1，招商大厦地面沉降-时间曲线参见图 6-3-2，金茂大厦地面沉降-时间曲线参见图 6-3-3。

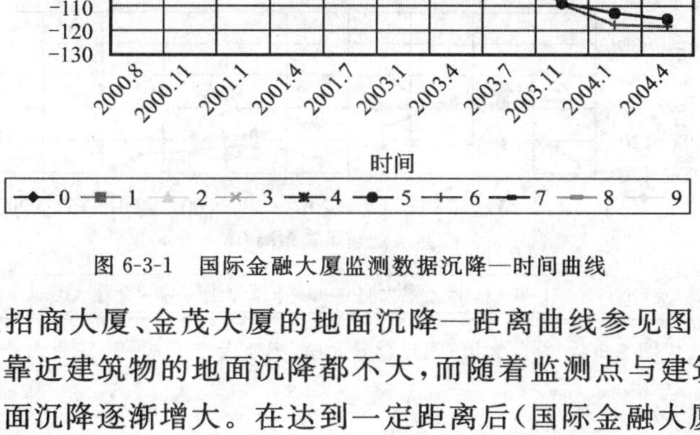

图 6-3-1　国际金融大厦监测数据沉降—时间曲线

国际金融大厦、招商大厦、金茂大厦的地面沉降—距离曲线参见图 6-3-4，可见(受建筑物基础的约束作用)靠近建筑物的地面沉降都不大，而随着监测点与建筑物距离的增加，在影响因素作用下，地面沉降逐渐增大。在达到一定距离后(国际金融大厦、招商大厦：60m；

金茂大厦:100m),地面沉降达到最大(金茂大厦在150m位置明显减小),地面沉降—距离曲线呈不规则的凸凹起伏。

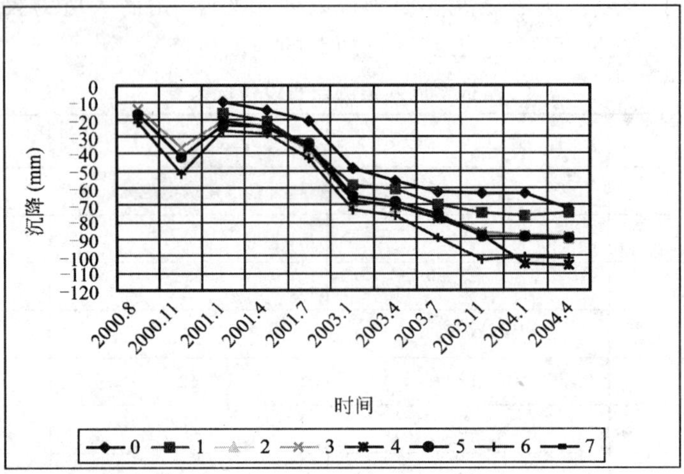

图 6-3-2 招商大厦监测数据沉降—时间曲线

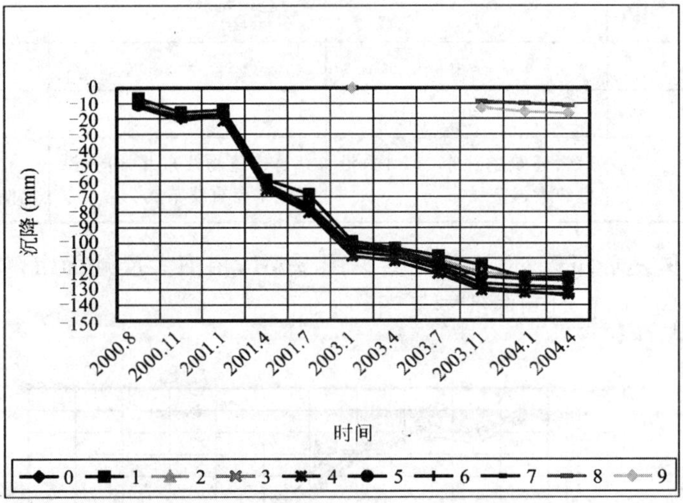

图 6-3-3 金茂大厦监测数据沉降—时间曲线

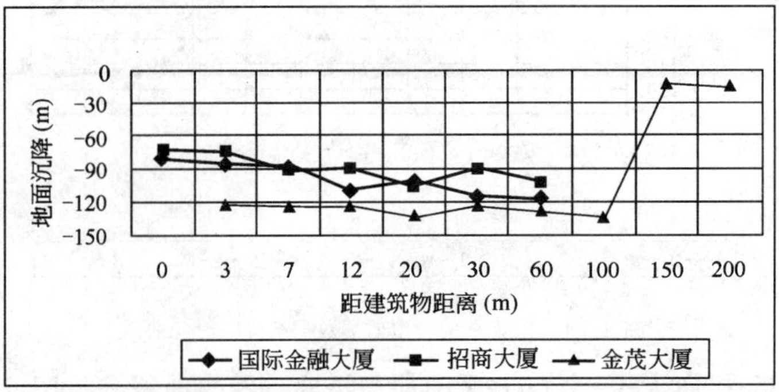

图 6-3-4 金茂大厦、国际金融大厦、招商大厦距离—沉降曲线

3.1.2 环球金融中心

环球金融中心位于浦东陆家嘴，总投资超过 8 亿美元，占地 3.5 万 m^2，地下 3 层，地上 101 层，总建筑面积约 37.7 万 m^2。建成后环球金融中心高达 492m，与 88 层、420m 高的目前中国第一、世界第三高楼金茂大厦比肩而立，成为浦东陆家嘴金融贸易区新的标志性建筑。

环球金融中心周围地面沉降的监测点，以建筑物外立面为起点，向外以一定的间距延伸。沿花园石桥路、世纪大道布设二条监测剖面，每条剖面设置 10 个监测点，各监测点距离环球金融中心围墙的距离为：0m、3m、7m、12m、20m、30m、60m、100m、150m、200m，编号为 A1～A10，C1～C10。沿东泰路向南由于建筑物相对较少，监测剖面适当延长，布设 12 个监测点，各监测点距离环球金融中心围墙的距离为：0m、3m、7m、12m、20m、30m、60m、100m、150m、200m、250m、300m，编号为 B1～B12，具体埋设位置见监测点布置图 6-3-5。

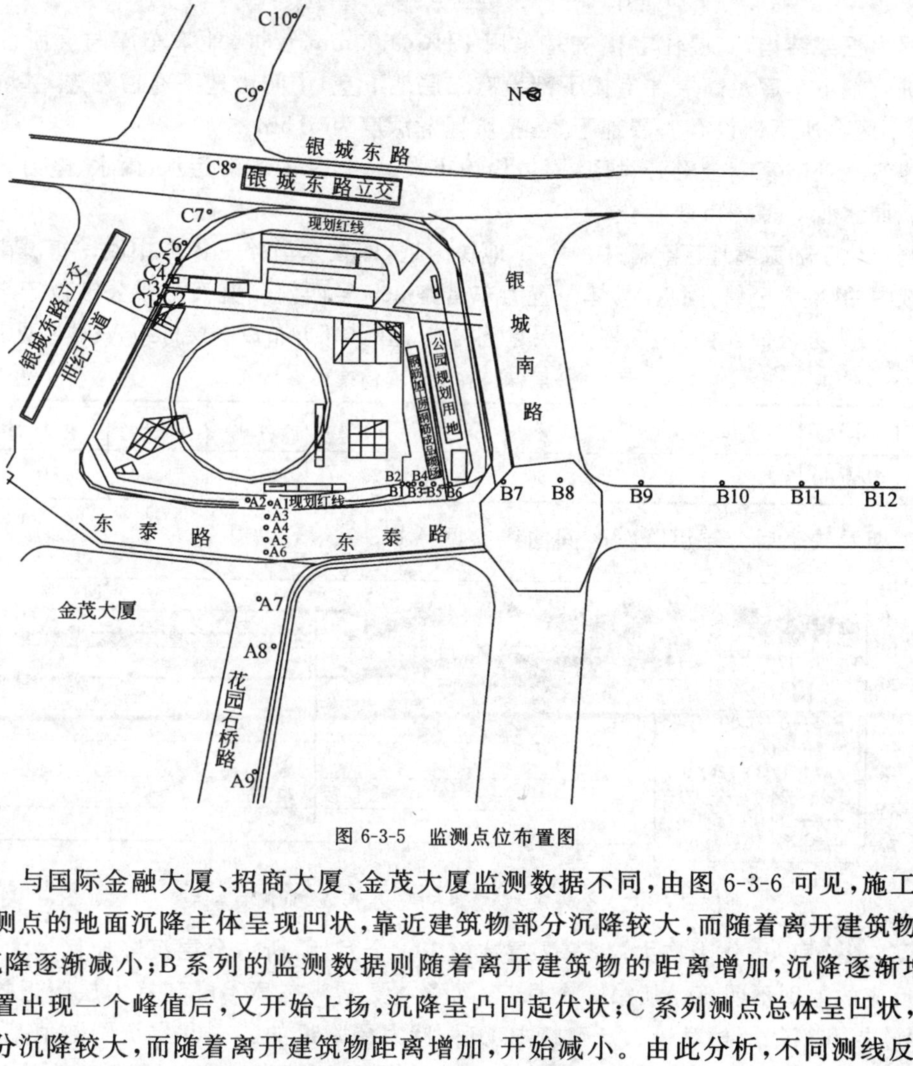

图 6-3-5 监测点位布置图

与国际金融大厦、招商大厦、金茂大厦监测数据不同，由图 6-3-6 可见，施工期间 A 系列监测点的地面沉降主体呈现凹状，靠近建筑物部分沉降较大，而随着离开建筑物的距离增加，沉降逐渐减小；B 系列的监测数据则随着离开建筑物的距离增加，沉降逐渐增加，到 30m 位置出现一个峰值后，又开始上扬，沉降呈凸凹起伏状；C 系列测点总体呈凹状，靠近建筑物部分沉降较大，而随着离开建筑物距离增加，开始减小。由此分析，不同测线反映出不同的变形特征，这与施工建筑周边建筑的布置及基础约束作用不同有关。

3.2 分层沉降

陆家嘴金融中心 N-1 地块位于浦东新区陆家嘴地区，北临银城南路、西临银城路、南靠东昌路、东为东泰路。工程由三幢高层住宅楼、一座地下车库及一幢三层的小区会所组成。这里以该地块的盛大金磐公寓为例进行研究。

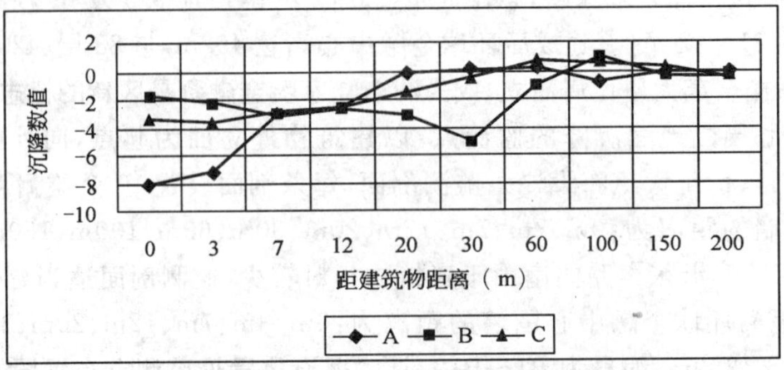

图 6-3-6 环球金融大厦沉降—距离曲线

工程为框架结构，高层住宅楼桩基采用 PHCΦ600mm 管桩，地下车库与会所桩基采用预制方桩。地下车库及高层住宅楼下部设有二层地下室，中间由地下通道相连，基坑埋置深度 11m；小区会所下部设有一层地下室，基坑埋置深度为 5.5m。

该建筑地处陆家嘴金融开发区，周边均为市政道路，其内均有污水、雨水、电力、煤气、电话、上水、原水管等多种市政管线。

监测点位于陆家嘴地区金融中心 N-1 地块附近，即在东昌路—银城中路—银城南路—东泰路区域内的“盛大金磐”附近，具体位置为东昌路 369 号西门。盛大金磐公寓位于金茂大厦西南，其工程为办公商住楼，由 3 栋 43 层建筑构成。在其邻近布设分层标组，具体参见表 6-3-2。

分层标组施工情况简表

表 6-3-2

地点	孔号	鉴别孔	分 1	分 2	分 3	分 4	分 5	分 6	水 1	水 2
东昌路	孔深(m)	75.36	8.00	17.80	24.00	29.00	66.10	73.00	5.70	34.23

施工期及竣工后分层沉降—时间曲线参见图 6-3-7。

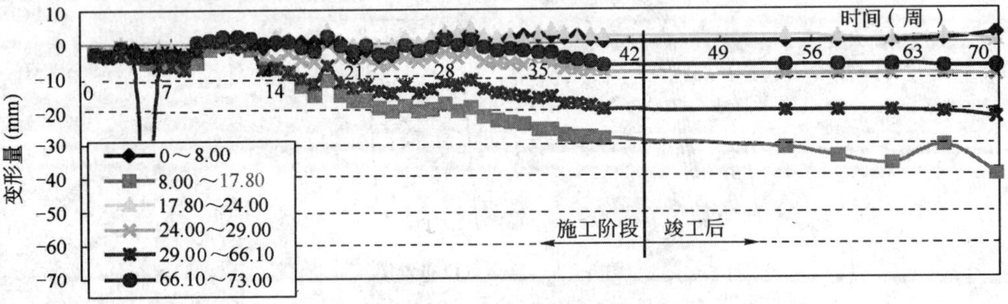

图 6-3-7 盛大金磐分层标实测各层土变形量—时间关系曲线

由图 6-3-7 可见，作为持力层，第⑦层在施工 1 个月后，所占分层沉降比例最大，其余地层沉降反应的差别不明显。从第 3 个月起，沉降主要反映在第④层和持力层附近的⑥～⑨层，且第④层和第⑦层相对最大。建筑竣工后，持力层附近的⑥～⑨层沉降数值基本稳定，而第④层的分层沉降则在持续发展，说明地质条件对地面沉降有较大影响。

3.3 密集高层建筑群诱发地面沉降概念模型分析

由以上沉降数据监测数据分析可见，可以初步建立密集建筑群诱发地面沉降的概念模型。

(1)密集建筑群诱发地面沉降取决于两方面,一方面是建筑容积率,建筑容积率越高,则其诱发的地面沉降越大;另一方面,取决于地质条件,由地面沉降长观点数据分析可知,其中第④层淤泥质粘土和主要持力层(⑥、⑦、⑨)附近地层沉降较大。

(2)高层建筑周边地面沉降与周边建筑群的布置及基础约束作用有关,不同条件沉降模式有所不同。在基础的约束作用下,靠近建筑物的地面沉降相对较小,而在影响因素作用下,在离开建筑物一定距离的地面沉降逐渐增加,之后又逐渐减小,呈现凸凹起伏状,可以将其归结为“密集密集建筑群”在特定地质条件下的“工程环境效应”。

第4节　典型密集高层建筑群诱发地面沉降的模型试验研究

密集建筑群诱发地面沉降的长期监测成本较高,周期较长,且外界环境条件难以控制,监测成果常受偶然因素的影响。而室内模型试验成本相对较低、周期相对较短,可根据需要控制环境条件,减少外部偶然因素的影响,用于认识密集建筑群诱发地面沉降的影响因素及规律。本课题针对上海地区密集建筑群典型的布置方式以及不同的地层结构,进行了两组模型试验,用于分析密集建筑群诱发地面沉降的规律和机理。

模型试验I:采用的是虚拟的建筑和实际的地层(有第⑧层),以上海地区一般密集建筑群和典型地层为原型,研究规则分布的密集建筑群对地面沉降的影响。

模型试验II:采用的是实际的建筑和实际的地层(无第⑧层),以上海地区具体的密集建筑群(盛大金磐)和实际地层为原型,研究具体分布的密集建筑群对地面沉降的影响。

4.1　模型试验的一般原理

在模型试验中,首先要确定相似关系。所谓相似就是模型与原型对某一物理过程产生的同名物理量之间均存在定比关系,包括:

(1)几何相似,即模型与原型所占据空间的对应尺寸之比应为固定量,该量称为几何相似常数 S_L,或称几何比尺,可根据试验场地、量测技术条件及试验工作量等因素预先确定。S_L 越大,土体的受力变形规律越接近原型,试验的准确性越高。

(2)物理相似,即模型与原型材料的对应物理量应成一定比例,它们有各自的相似常数,这些常数不必相等。由于事物的运动都有一定的规律,各物理量之间应有符合这些规律的一定的相互关系,不能完全人为指定。

(3)运动相似,即模型与原型土体中对应点上的作用力应互相平行,互成比例,且这些力应符合最一般的力学规律,即牛顿第二定律。

模型理论就是要建立一些规则,以使原型的性能可以用模型性能的函数来表达,即确定原型与模型之间的相似常数。确定相似常数有两种方法,即方程式分析法和量纲分析法。

用方程式分析法推导相似常数,只要描述现象的方程式正确,所获得的相似常数常常比较明显地表示一定的物理意义,在推导过程中也不会遗漏某些物理量而导致不正确的结论。土工模型试验需要模拟的主要物理量有应力、应变、时间、地基加速度和频率等,主要方程有弹性力学的平衡方程、土力学的固结方程和力学运动方程等。虽然这种方法比较确切可靠,然而在实践中,所遇到的过程往往过于复杂,不能用分析的方法来建立方程式,因此无法用方程式分析法获得相似常数。此时量纲分析法就成为求得相似常数的唯一方法。量纲分析方法的依据是量纲分析的普遍理论——π 定理。

设有一物理现象可以用一个量纲齐次方程来表示：

$$q_1 = F(q_2, q_3, \cdots, q_n) \tag{6-4-1}$$

式中：n——现象包括的物理量个数；

q_1——要估计的一个量；

$q_2 \sim q_n$——q_1 所依赖的量。

根据 π 定理，包括 n 个物理量的量纲齐次方程可以用 $n \sim N$ 个独立无量纲参数 π_1、π_2、$\cdots\pi_{n-N}$完全表达出来，即

$$\pi_1 = F(\pi_2, \pi_3, \cdots\pi_{n-N}) \tag{6-4-2}$$

式中：$\pi_1 \sim \pi_{n-N}$——独立的无量纲参数，分别是物理量 $q_1 \sim q_n$ 不同乘方的乘积；

N——描述这些物理量所需要基本单位的个数。

公式(6-4-2)与公式(6-4-1)是相同的，它描述同一物理现象，但式(6-4-2)是无量纲的形式，所以，如果要达到相似的话，式(6-4-2)对原型和模型必须同样有效。因此，完全相似的充分条件是：

$$\begin{cases} (\pi_1)_p = (\pi_1)_m \\ (\pi_2)_p = (\pi_2)_m \\ \cdots \end{cases} \tag{6-4-3}$$

式中，脚标 p 和 m 表示原型和模型。

以上第 1 个方程通常称为预期方程，而其余方程组则为模型的设计条件。式(6-4-3)就是相似常数关系式。

用量纲分析法来推导相似常数，是根据方程式量纲和谐的原理出发的，不要求建立现象的方程式，而只要求确定哪些物理量参加所研究的现象，以及知道量测这些量的单位系统的量纲即可。原则上用上述方法都可以得到模型的相似常数方程式。但是由于有些物理现象很复杂，影响因素很多，很难完全考虑各种因素的影响，很难求得完全相似的条件。无量纲参数 π_1 可以用量纲分析的方法求得，但当影响因素较多时，求解过程也较复杂。π_1 亦可根据工程经验，考虑主要影响因素来确定。

4.2 模型试验 I

4.2.1 相似常数

本试验从土的固结理论出发，采用量纲分析法推导相似常数。

固结沉降 $\delta[L]$主要与重度 $\gamma[FL^{-3}]$、土层厚度 $H[L]$、压缩模量 $E_s[FL^{-2}]$、附加应力 $p[FL^{-3}]$、基础宽度 $B[L^{-2}]$、渗透系数 $k[LT^{-1}]$、时间 $t[T]$有关，表示为

$$\delta = F(\gamma, H, E_s, p, B, k, t) \tag{6-4-4}$$

也可表示为

$$F(\delta, \gamma, H, E_s, p, B, k, t) = 0 \tag{6-4-5}$$

π 数可表示为

$$\pi = \delta^{a_1}\gamma^{a_2}H^{a_5}E_s^{a_4}p^{a_5}B^{a_6}k^{a_7}t^{a_8} \tag{6-4-6}$$

以量纲式表示：

$$[1] = [L]^{a_1}[F]^{a_2}[L]^{-3a_2}[L]^{a_3}[F]^{a_4}[L]^{-2a_4}[F]^{a_5}[L]^{-2a_5}[L]^{a_6}[L]^{a_7}[T]^{-a_7}[T]^{a_8} \tag{6-4-7}$$

根据量纲和谐的要求：

$$a_3 = 1$$

对量纲[L]：$a_1 - 3a_2 + a_3 - 2a_4 - 2a_5 + a_6 + a_7 = 0$

对量纲[F]：$a_2 + a_4 + a_5 = 0$

对量纲[T]：$-a_7 + a_8 = 0$

以上 3 个方程包含 8 个未知数，是不定方程式，可先确定其中 5 个未知数从而获得其解。若先确定 a_1, a_4, a_5, a_6, a_8，则

$$a_2 = -(a_4 + a_5)$$

$$a_3 = -(a_1 + a_4 + a_5 + a_6 + a_7)$$

$$a_7 = a_8$$

代入 π 方程中，得：

$$\pi = \delta^{a_1} \gamma^{-(a_4+a_5)} H^{-(a_1+a_4+a_5+a_6+a_8)} E_s^{a_4} p^{a_5} B^{a_6} k^{a_8} t^{a_8}$$

$$= \left(\frac{\delta}{H}\right)^{a_1} \left(\frac{E_s}{\gamma H}\right)^{a_4} \left(\frac{p}{\gamma H}\right)^{a_5} \left(\frac{B}{H}\right)^{a_6} \left(\frac{kt}{H}\right)^{a_8} \tag{6-4-8}$$

可得到以下 5 个独立的 π 数：

$$\pi_1 = \frac{\delta}{H}, \pi_2 = \frac{E_s}{\gamma H}, \pi_3 = \frac{p}{\gamma H}, \pi_4 = \frac{B}{H}, \pi_5 = \frac{kt}{H}$$

模型比例尺的选择比较复杂，其合理性直接影响试验的精度。本试验在几何相似常数确定中，主要考虑以下几点：

(1)模型的尺寸与模型箱尺寸相适应；

(2)模型的尺寸满足量测技术的要求；

(3)模型的尺寸满足边界条件的要求；

(4)模型的尺寸满足土层深度范围的要求；

(5)模型的尺寸需考虑装卸土的便利和试验工作量的大小。

考虑模拟建筑物的几何尺寸和间距，以及计算建筑物荷重的附加应力范围，可以确定本试验所研究的平面范围，再根据模型箱平面尺寸确定几何相似常数 $S_L = 100$。一般认为重度相似常数 $S_\gamma = 1$，渗透系数 k 也与原型土相差不大，即渗透系数相似常数 $S_k = 1$，则各物理量相似常数如表 6-4-1 所示。

各物理量相似常数　　表 6-4-1

物理量	理想相似常数	本试验相似常数	物理量	理想相似常数	本试验相似常数
H	S_L	100	E_s	$S_\gamma S_L$	100
γ	S_γ	1	P	$S_\gamma S_L$	100
k	S_k	1	B	S_L	100
δ	S_L	100	T	S_t	100

4.2.2　试验材料

(1)试验土

本试验采用的试验土为现场所取的第③层灰色淤泥质粉质粘土(第④层灰色淤泥质粘土土性类同)和第⑦层粉砂。土的物理力学指标见表 6-4-2，土的压缩比见图 6-4-10。

试验土的物理力学指标 表 6-4-2

土　名	含水量（%）	重度（kN/m³）	初始孔隙比 e	压缩模量 $E_{s0.1\text{-}0.2}$（MPa）	凝聚力 c（kPa）	内摩擦角（°）
灰色淤泥质粉质粘土	40.6	17.3	1.219	2.704	12	22.5
粘性土	34.9	17.9	1.002	3.63	14	15
草黄色粉细砂	31.5	18.7	0.965	9.038	57	24.8

(2)桩基础

制作桩的模型材料要求均质、各向同性、性能稳定、受力时具有良好的线弹性，同时加工容易、制作方便。为简化模型，对较大的模型桩一般采用与实型桩相同强度等级的钢筋混凝土制作。当模型桩较小，制作钢筋混凝土桩有困难时，常采用有机玻璃、人造树脂、铝管、钢管或钢筋等材料作模型桩。模型桩的截面形状很多，有空心的圆形、矩形和方形，实心的圆形、矩形、方形和 H 形等。

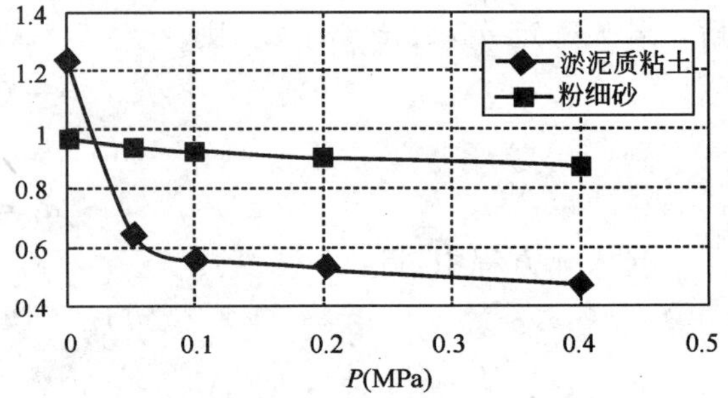

图 6-4-1　试验土 e-P 曲线

考虑本试验的目的并不是研究桩基的性能，桩基在试验中的作用只是传递上部荷载，本试验模型桩采用有机玻璃棒加工制作，桩基平台采用有机玻璃板制作。

4.2.3　试验设计

本试验以上海常见民用建筑及其一般工程地基作为模型设计的原型。

(1)模型建筑设计

模拟建筑的原型平面尺寸：20m×20m；高度：65m，22 层，相邻高层建筑间距参照《上海市城市规划管理技术规定》的有关规定定为 20m。按照 1∶100 的比例要求，模型建筑的平面尺寸为 20cm×20cm，相邻模型间距 20cm，考虑 4 栋建筑物组成的建筑群，平面布置如图 6-4-3 所示。

为了确定施加的荷重，还需要计算基底的附加应力，可按下式计算：

$$p = \gamma_G \alpha w N_s \tag{6-4-9}$$

式中：p——附加应力；

w——单位建筑面积的竖向荷载，框架结构和框—剪结构取 12～14kN/m²，剪力墙和筒体结构取 14～16kN/m²；

N_s——柱截面以上楼层层数；

α——考虑地震作用产生的轴力的放大系数，7 度时取 1.05～1.1，8 度时取 1.1～1.05；

γ_G——竖向荷载分项系数，取 1.2。

按照式(6-4-10)则，$p=1.2\times1.05\times14\times22=388\text{kN/m}^2$

单个模型所需施加的荷重通过反算为 0.15kN，可用砝码加载。

建筑桩基础持力层为第⑦粉砂层。根据基础规范，桩底进入持力层的深度宜为桩身直径的 1～3 倍。常用预制方桩为 500mm×500mm，取 3 倍桩径，则进入持力层深度为 1 500mm，根据比例，模型桩进入沙层的长度土为 1.5cm。

通过计算桩基底下的附加应力分布确定模型边界(图 6-4-2)。计算深度至第三砂层顶面，满足 $\sigma_z < 0.2\sigma_c$ 的要求，如表 6-4-2、表 6-4-3、表 6-4-4 所示。计算结果表明在距基础中心 2 倍宽度范围处的附加应力很小，见表 6-4-5，可以作为模型的边界。

中心线下附加应力 表 6-4-3

点	l/b	z(cm)	z/b	K_c	$\sigma_z=4K_c p_0$(kPa)
0	1	0	0	0.25	3.88
1		10	1	0.175	2.716
2		20	2	0.084	1.374
3		30	3	0.052	0.832
4		40	4	0.032	0.512

距中心线 1 倍宽度下附加应力 表 6-4-4

点	l/b		z(cm)	z/b	K_c		$\sigma_z=2(K_{cI}-K_{cII})p_0$(kPa)
	I	II			K_{cI}	K_{cII}	
1′	2	1	10	1	0.2	0.175	0.194
2′			20	2	0.12	0.084	0.288
3′			30	3	0.073	0.052	0.168
4′			40	4	0.048	0.032	0.128

距中心线 2 倍宽度下附加应力 表 6-4-5

点	l/b		z(cm)	z/b	K_c		$\sigma_z=2(K_{cI}-K_{cII})p_0$(kPa)
	I	II			K_{cI}	K_{cII}	
1″	4	2	10	1	0.204	0.2	0.031
2″			20	2	0.135	0.12	0.12
3″			30	3	0.093	0.073	0.16
4″			40	4	0.067	0.048	0.152

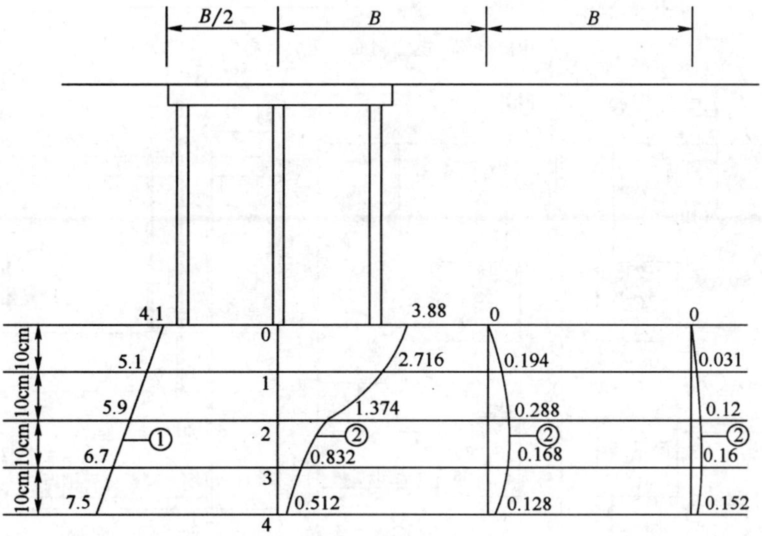

图 6-4-2 附加应力分布图(单位:kPa)

①自重应力线;②附加应力线

(2)模型地层设计

根据上海地区典型的工程水文地质条件,模型地基土层自上而下分别为褐黄色粘土层、淤泥质粘土层、粉砂层、粘性土层(由于第⑧层粘土无法采集,故以淤泥质粘土中每隔 30mm 加一层 0.2mm 的粉砂层替代,沉降可能偏大)、粉砂层,按照 1∶100 相似比例缩小。在两个粉砂层底部沿四壁开有注水孔、测水孔和泄水孔,注水孔接水箱用于控制粉砂层水位,测水孔接测压管用于观察边界水头的变化。为了考察不同土层中土压力、超孔隙水压力的变化特性,在 A、B 建筑物下及两者连线中点下的不同土层处埋设了体积小、灵敏度高的土压计和渗压计。试验模型剖面及压力传感器埋设位置如图 6-4-3 所示。在模型建筑及地基土表面的不同位置处摆放百分表用于观测建筑物及地面沉降。为了考察不同土层的变形情况,在中心位置处还进行了分层沉降的观测,试验模型平面布置及百分表位置如图 6-4-4 所示。

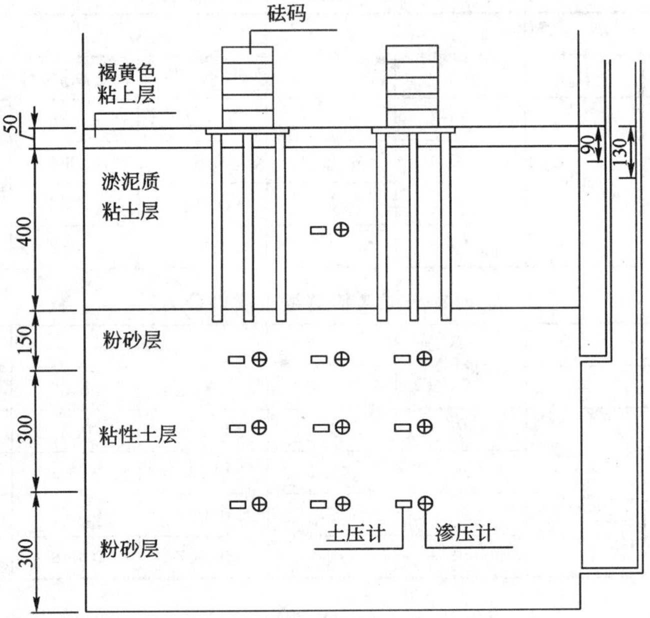

图 6-4-3　模型剖面及压力计布置

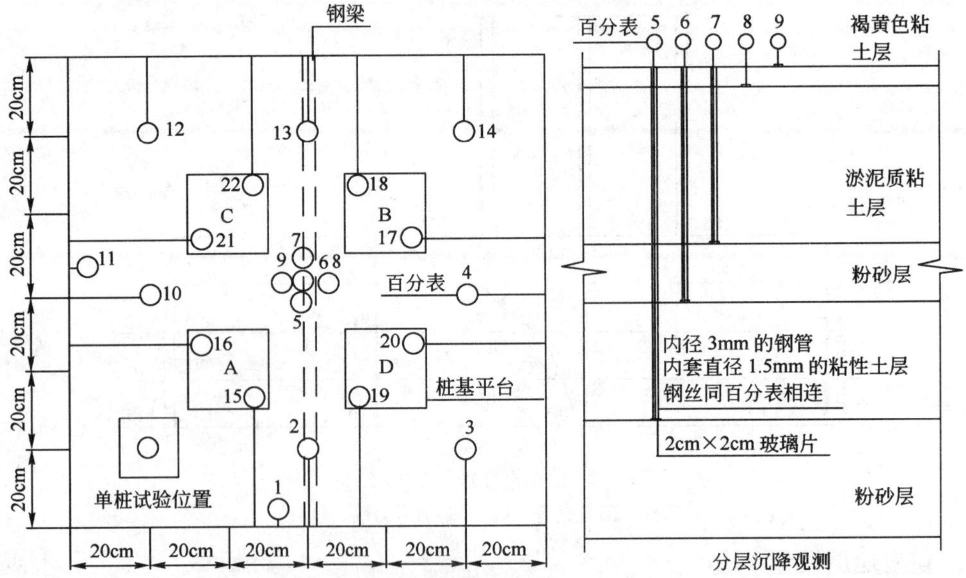

图 6-4-4　模型平面及百分表布置

4.2.4　试验步骤

(1)制作模型箱。试验所用模型箱为方形，平面尺寸为1.2m×1.2m，深1.55m，由钢板焊接而成(可以防止漏水)，注水孔、测水孔和泄水孔的位置如图6-4-5所示。

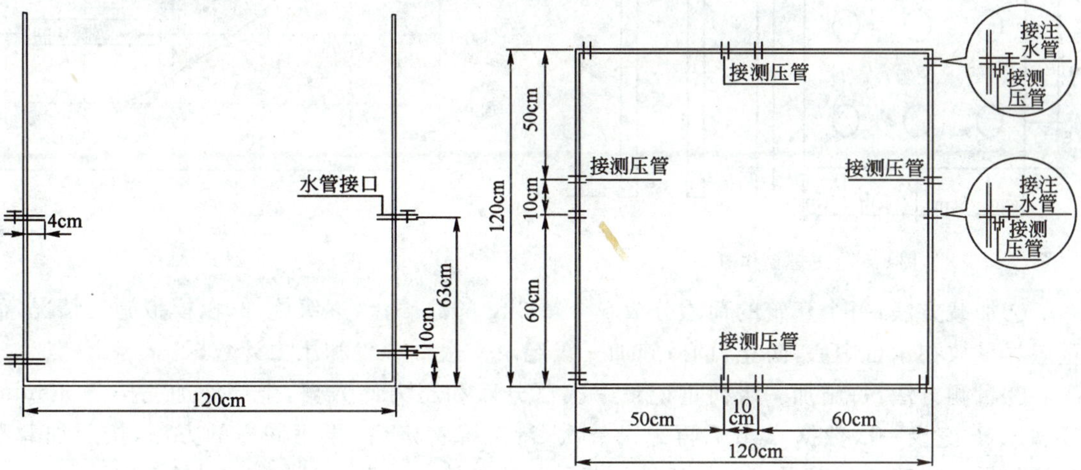

图6-4-5　模型箱制作图

(2)在铺土之前，将模型箱四壁用铁砂纸打磨光滑，以消除边界效应。在沙土、粘土与模型箱的交界处粘止水塑料布，防止地层之间沿模型箱壁窜水。

(3)铺土方法：

①将现场取回的原状土每5cm一层均匀铺在模型箱中，不能搅拌，但需压实，尽量减少扰动。

②在砂土与粘土的交界面铺一层皱纹纸，防止淤泥质粘土与粉砂相互混合。

③表层的褐黄色粉质粘土在铺设前用筛孔小于2mm的筛子过筛，然后均匀铺在模型箱中，并洒少量水湿润。

④压力盒按预设位置埋放。在粘土中埋放压力盒时，在其位置上挖一个小坑，填放少量的沙，放入压力盒，再用砂子盖住，并轻轻压实，使压力盒表面与土接触紧密，同时可在渗压计表面形成过滤层，便于量测。

⑤铺土完成后，用水箱为沙层加水。根据上海一般的地质水文地质条件，每一沙层的控制水位相应于第一承压含水层和第二承压含水层的实际水位分别为9m、13m。

(4)进行单桩承载力试验，方法如图6-4-7所示。桩基采用直径20mm的有机玻璃棒制作的模型桩(图6-4-6，图6-4-7)，分级加载值为0.002kN，*P-s*曲线参见图6-4-8。根据末段明显的转折点，确定其单桩承载力为0.018kN，从而模型桩基的桩数为0.15/0.018≈9根，桩基平台用15mm有机玻璃板制作。

(5)加载及量测方法：

①加载顺序：A→B→C、D，其中C、D的是同时施加的。

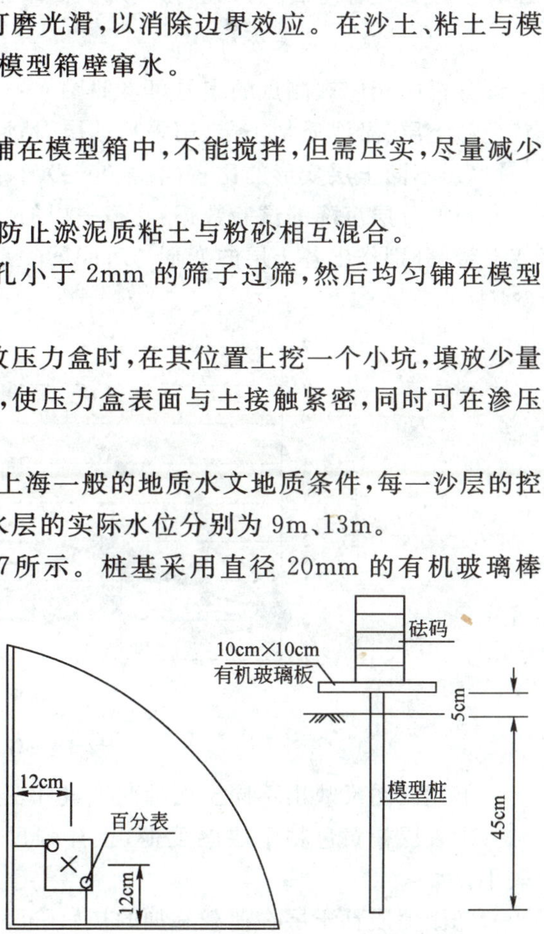

图6-4-6　单桩承载力试验

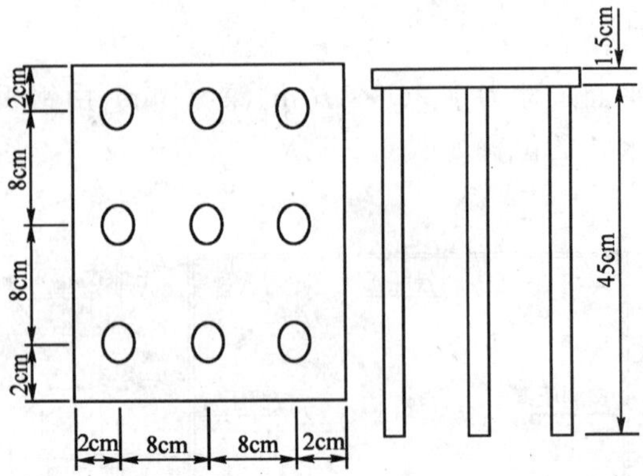

图 6-4-7　桩基制作图

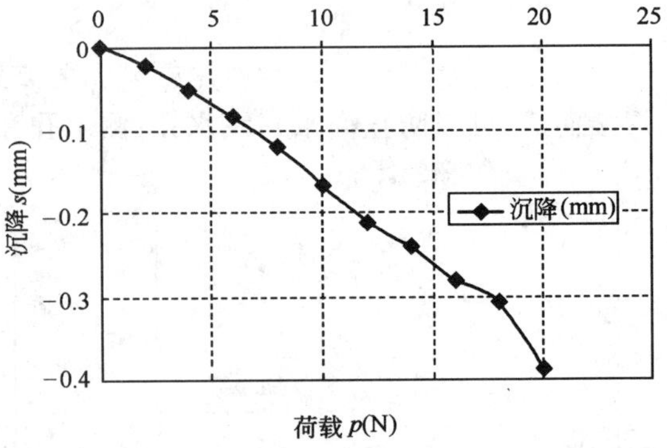

图 6-4-8　单桩 P-s 曲线

②加载方法：每个建筑的荷重分成 5 个重 3kg 的砝码盘，逐级施加，以模拟施工情况，荷重应尽量放在承台中心，防止偏心；施加一级纪录一次百分表和压力计数据。

③量测方法：每施加一级荷重记录一次百分表和压力计数据，全部施加完毕隔 30min、1h、1h、2h 纪录一次数据，24h 后再纪录一次，待沉降稳定后，再用同样的方法，按照加载顺序施加另一级建筑的荷重。四级建筑的荷重都施加完后，继续每隔 24h 纪录一次数据，当渗压计读数变化稳定后，可以认为进入次固结，此时沉降数据变化趋于稳定。

4.2.5　试验成果分析

分析中相应观测点的编号可参照图 6-4-3，为了方便区别，将土层自上而下分别称为褐黄色粘土层、淤泥质粘土层、第一粉沙层、粘性土层、第二粉砂层。

(1)不同土层变形的比较(有第⑧层)

根据分层沉降的试验数据，将每一层的沉降值减去其下一层的沉降值，就可得到该层的变形量，分别作出各土层的变形与时间的关系曲线(图 6-4-9)及各土层的变形量的统计(图 6-4-10)。

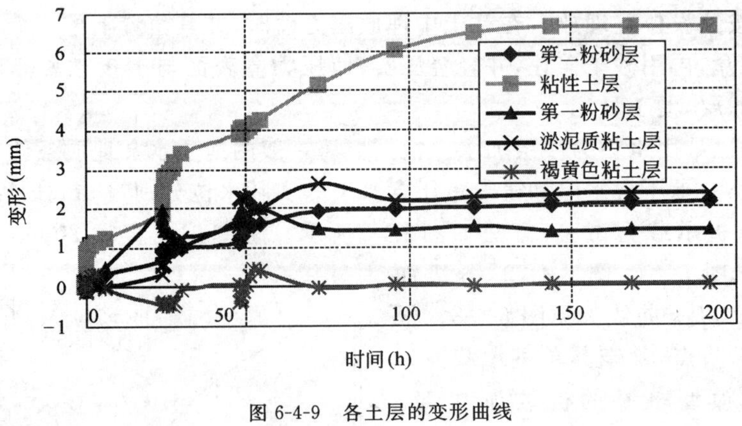

图 6-4-9　各土层的变形曲线

上述两图反映出不同土层的变形量和变形特征：

①表层褐黄色粘土层厚度薄，土体强度相对较高，受到建筑物的影响小，因此变形也较小。

②淤泥质粘土层在荷载施加的初始阶段变形较为缓慢，明显小于粉砂层；随着荷载不断增大，变形量也不断增大，并且变形速度超过粉砂层，与现场监测成果一致。该层不是桩基

的下卧层，但由于桩基穿过该层，使得该土层受桩基的扰动大，在桩侧摩阻力及基础底板的附加应力作用下，其变形所占比例较大。

③第一粉砂层为桩基持力层，变形较大。在荷载施加阶段变形呈现剧烈的波动，即压缩—膨胀—再压缩，主要是由于该土层受力较大，第一次荷重施加后变形较大，极易压实，再次施加荷重，由于桩端应力条件的改变，桩基四周土体的塑性变形区扩大，呈现体积膨胀的变化特征。当荷载施加完毕，土层很快固结稳定，变形随之稳定，与现场监测成果一致。

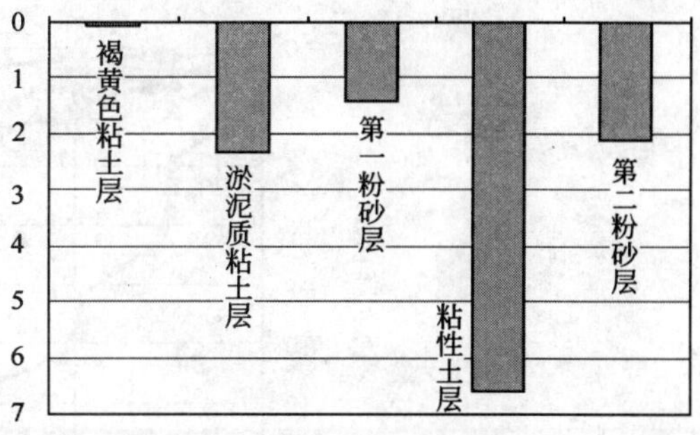

图 6-4-10　各土层变形量统计

④粘性土层随着荷载的增加，变形量迅速增大，远远超过其他土层，且固结完成的时间也较其他土层长。该土层是高层建筑桩基下的软弱下卧层，且该土层压缩性较大，因此在密集建筑群作用下的地面沉降各组成部分中，该层所占比重最大。由于试验中第⑧层采用的是等代淤泥质粘土，对试验结果有一定影响（明显偏大），但作为相对软弱下卧层，试验成果应有一定代表性。

⑤第二粉砂层随着荷载的增加，变形表现出阶梯状的增加，但由于其受力较小，没有出现类同第一粉砂层的变形特征，荷载施加完毕后很快固结稳定，由于第二砂层较第一粉砂层厚一倍，因此其变形量相对大一点。

(2)建筑物及其中心、周边区域沉降

①建筑物沉降的比较。对比 4 栋建筑 A、B、C、D 的沉降曲线（图 6-4-11）可以发现，A 建筑物的荷载首先施加，沉降最大，B 建筑物的荷载稍后施加，沉降次之，C、D 建筑物的荷载最后施加，沉降最小，且由于是同时施加，两者的沉降量相差不大，说明相邻较近建筑的建筑顺序先后对沉降有明显影响。这是由于先建建筑物受到后建建筑物的影响，在原来沉降量的基础上产生了沉降叠加效应。

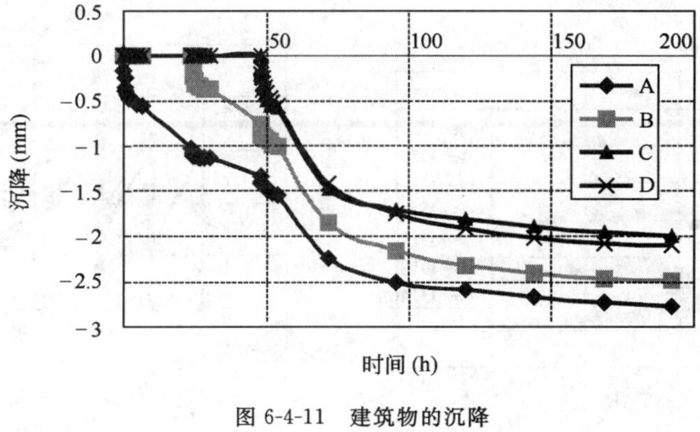

图 6-4-11　建筑物的沉降

②同一轴线上点沉降的比较。测点 1、2、9、13、15 位于同一轴线上，由图 6-4-12 可见，模型中心区域的地面沉降最大（由于在该点埋设了孔压计、土压力计、分层沉降观测设备，可能对试验结果有一定影响，使结果偏大），其次是距建筑物 1 倍基础宽度范围的点，最小的是距建筑物 2 倍基础宽度的点。这表明了密集建筑群造成的区域性地面沉降影响有如下特点：

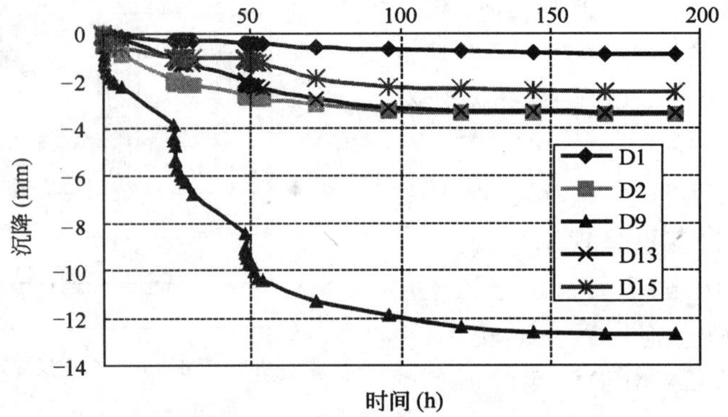

图 6-4-12　同一轴线上点的沉降

a. 密集建筑群造成的区域性地面沉降并不是简单的凹状，而是在总体下沉的趋势下，呈凹凸起伏状；

b. 密集建筑群对地面沉降的区域影响范围应大于 2 倍基础宽度。在模型箱的制作中，采取措施消除了部分边界效应，但边界点 1 的沉降值约为建筑物本身沉降的 30%，说明在确定沉降范围时还需考虑到建筑物之间的叠加效应。

③建筑物周边区域的沉降。图 6-4-13 为距建筑物 1 倍基础宽度范围点的沉降比较。距建筑物 1 倍基础宽度范围点沉降也有明显的差别，离 A 建筑物最近的 2、10 点沉降最大，其次是离 B 建筑物最近的 4、13、14 点，最小的是离 C、D 建筑物最近的 3、12 点。而加载顺序为 A→B→C、D，这同样说明由于叠加效应，建筑的先后顺序对地面沉降有影响，离先建建筑物近的点的沉降大于离后建建筑物近的点。

(3)粘性土层中压力变化与土层变形

①超孔隙水压力的变化。孔压监测表明，粉砂层的孔隙水压力只在施加荷载时增大，随后降回初始水压，表明其超孔隙水压力消散较快。

图 6-4-14 是粘性土层中(分别位于 A、B 建筑物及两者之间中心区域下)孔压增量的变化规律：

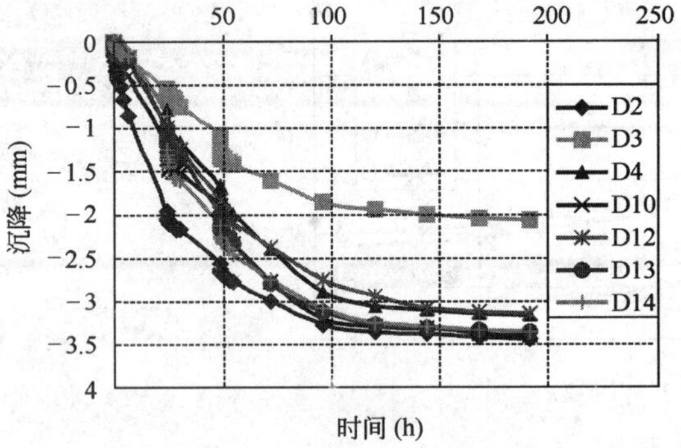

图 6-4-13　建筑物周边点的沉降

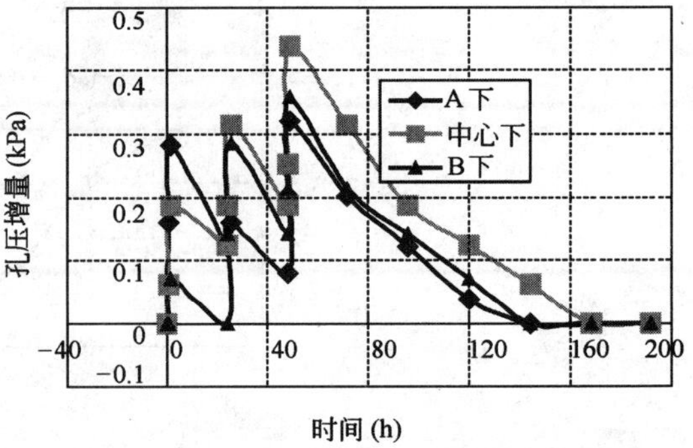

图 6-4-14　超孔隙水压力的变化

(a)首先施加 A 建筑物的荷载，A 建筑物下粘性土层中产生超孔隙水压力。由于基底应力扩散的影响，模型中心区域下粘土层的超孔隙水压力也相应升高，而 B 建筑物由于离 A 较远，其下粘性土层中的孔隙水压力增量不大。荷载施加后，超孔隙水压力开始消散。

(b)在 B 建筑物的荷载施加时，A 建筑在粘性土层中引起的超孔隙水压力尚未消散完毕。在叠加效应作用下，三者的超孔隙水压力再次升高，中心区域下粘性土层的超孔隙水压力超过了A、B建筑下的粘土层。

(c)随着C、D建筑物荷重的施加，在叠加效应作用下，粘土层的超孔隙水压力再次升高，中心区域下粘土层的超孔隙水压力最高，A、B下粘土层的超孔隙水压力相差不大。

(d)从固结时间上看，由于中心区域下粘性土层的超孔隙水压力最高，其固结时间要长于A、B下的粘性土层，说明中心区域土层受到建筑物应力叠加的影响最大，因此沉降也大于其他观测点的沉降。

②有效应力变化与变形。粘性土层中的有效应力参见图6-4-15。由于荷载迭加效应的影响，粘性土层中的超孔隙水压力高低起伏波动，而有效应力则呈阶梯状增长。土层的变形是由有效应力引起的，因此其变形也呈现阶梯状变化。

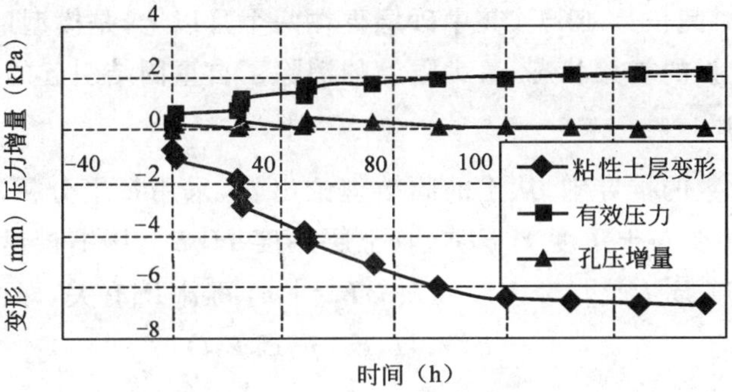

图6-4-15　有效应力变化与粘性土层变形

(4)建筑物下土压力变化与沉降

A建筑物下土层在荷载作用下土压力的变化参见图6-4-16，A建筑物下第一粉砂层中土压力的变化与其沉降的关系参见图6-4-17。A建筑物下土压力呈阶梯状的增长，表明了相邻高层建筑之间存在应力叠加效应，而其沉降也呈现出叠加性的增长，说明密集密集建筑群之间影响明显。

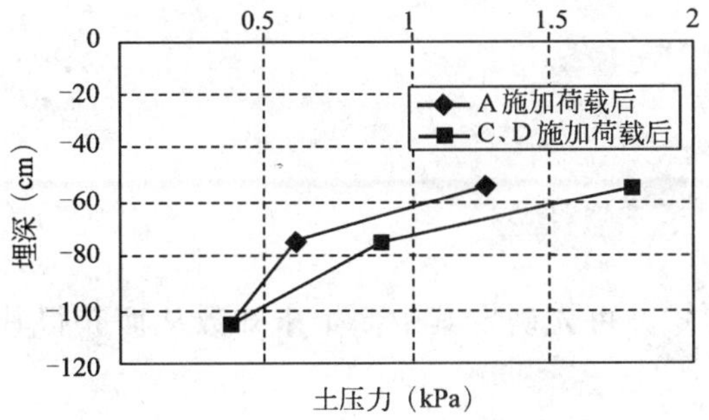

图6-4-16　不同深度处土压力变化

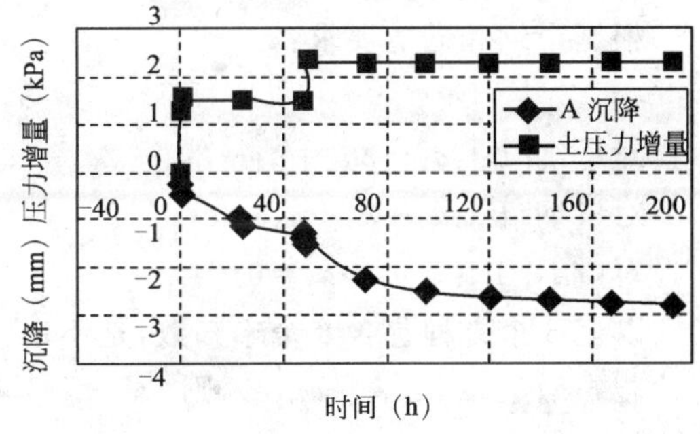

图6-4-17　土压力的变化与建筑沉降

4.3　模型试验II

4.3.1　与模型试验I的区别与改进

模型试验II与模型试验I的区别与改进有：

(1)以浦东陆家嘴地区盛大金磐住宅小区及其附近的密集建筑群为研究对象并加以概化，更接近实际情况；

(2)试验所用的地基模型箱为长方形，平面尺寸为2.55m×3.4m，高1.25m，是模型试验I的4倍，使试验结果更加可靠；

(3)模型试验II采用了I、II两个建筑群；

(4)有一套可靠稳定的注水、排水系统，保证了试验过程中水位恒定；

(5)模型箱四壁打磨光滑、刷两道油漆、防锈，并能最大限度的降低尺寸效应；

(6)试验用土从东方路地铁车站施工现场按层采集，运到后立即填入模型箱，防止水分丧失导致土层各项参数变化；

(7)采用了先进的计算机数据采集技术，其中渗压计、土压力计每隔5min读取一次数据，能够反映土中超孔隙水压力及土压力的实时变化；

(8)某些关键部位沉降监测采用了更为精确的数显千分表，使量测数据更有说服力；

(9)填土后固结时间长达42天，其中砂层更在两个月以上，是模型地基土接近或达到加载前建筑物未开始建设的初始状态，最大限度的消除了自重固结引起的沉降影响。

4.3.2 相似常数

本试验在相似常数的推导中，从土的固结理论出发，采用量纲分析法来推导相似常数。考虑固结沉降$\delta[L]$主要与土重度$\gamma[FL^{-3}]$、土层厚度$H[L]$、压缩模量$E_s[FL^{-2}]$、附加应力$p[FL^{-3}]$、基础宽度$B[L^{-2}]$、渗透系数$k[LT^{-1}]$、时间$t[T]$有关，即可表示为

$$\delta = F(\gamma, H, E_s, p, B, k, t) \tag{6-4-10}$$

也可表示为

$$F(\delta, \gamma, H, E_s, p, B, k, t) = 0 \tag{6-4-11}$$

π数可表示为

$$\pi = \delta^{a_1}\gamma^{a_2}H^{a_5}E_s^{a_4}p^{a_5}B^{a_6}k^{a_7}t^{a_8} \tag{6-4-12}$$

以量纲式表示为

$$[1] = [L]^{a_1}[F]^{a_2}[L]^{-3a_2}[L]^{a_3}[F]^{a_4}[L]^{-2a_4}[F]^{a_5}[L]^{-2a_5}[L]^{a_6}[L]^{a_7}[T]^{-a_7}[T]^{a_8} \tag{6-4-13}$$

根据量纲和谐的要求：

$$a_3 = 1$$

对量纲$[L]$：$a_1 - 3a_2 + a_3 - 2a_4 - 2a_5 + a_6 + a_7 = 0$

对量纲$[F]$：$a_2 + a_4 + a_5 = 0$

对量纲$[T]$：$-a_7 + a_8 = 0$

以上3个方程包含8个未知数，是不定方程式。可先确定其中5个未知数从而获得其解。若先确定a_1, a_4, a_5, a_6, a_8，则

$$a_2 = -(a_4 + a_5)$$

$$a_3 = -(a_1 + a_4 + a_5 + a_6 + a_7)$$

$$a_7 = a_8$$

带入π方程中，得：

$$\begin{aligned}\pi &= \delta^{a_1}\gamma^{-(a_4+a_5)}H^{-(a_1+a_4+a_5+a_6+a_8)}E_s^{a_4}p^{a_5}B^{a_6}k^{a_8}t^{a_8} \\ &= \left(\frac{\delta}{H}\right)^{a_1}\left(\frac{E_s}{\gamma H}\right)^{a_4}\left(\frac{p}{\gamma H}\right)^{a_5}\left(\frac{B}{H}\right)^{a_6}\left(\frac{kt}{H}\right)^{a_8}\end{aligned} \tag{6-4-14}$$

可得到以下5个独立的π数：

$$\pi_1 = \frac{\delta}{H}, \pi_2 = \frac{E_s}{\gamma H}, \pi_3 = \frac{p}{\gamma H}, \pi_4 = \frac{B}{H}, \pi_5 = \frac{kt}{H}$$

模型的比例尺选择是十分复杂的问题，选择的是否合理直接影响着试验的精度。本试验在确定几何相似常数时，考虑以下几点要求：

(1)模型的尺寸大小与模型箱尺寸相适应；

(2)模型的尺寸大小要满足量测技术的要求；

(3)模型的尺寸大小要满足边界条件的要求；

(4)模型的尺寸大小要满足土层深度范围的要求；

(5)确定模型尺寸时，还要考虑装卸土的便利和试验工作量的大小等问题。

根据上述几点要求，考虑模拟建筑物的几何尺寸和间距，以及计算建筑物荷重的附加应力范围，可以确定出本次试验所研究的平面范围，再根据模型箱平面尺寸的大小，确定本次试验所采用的几何相似常数 $S_L=100$。一般认为重度相似常数 $S_\gamma=1$，渗透系数 k 也与原型土相差不大，即渗透系数相似常数 $S_k=1$。各物理量相似常数如表 6-4-6 所示。

各物理量相似常数 表 6-4-6

物理量	理想相似常数	本试验相似常数	物理量	理想相似常数	本试验相似常数
H	S_L	100	E_s	$S_\gamma S_L$	100
γ	S_γ	1	P	$S_\gamma S_L$	100
k	S_k	1	B	S_L	100
δ	S_L	100	T	S_t	100

4.3.3 试验材料

(1)试验土

试验模拟的土层为上海浦东陆家嘴地区地质条件，概化后见表 6-4-7。

模型地基土的物理性质指标 表 6-4-7

土名	含水量(%)	饱和度(%)	重度(kN/m³)	初始孔隙比 e	压缩模量 E s0.1～0.2(MPa)	凝聚力 c (kPa)	内摩擦角(°)
粉质粘土	32.2	93	18.6	0.94	3.53	13	23
淤泥质粘土	51.6	97	16.9	1.47	1.98	13	10
粉细沙	27.4	95	19.3	0.78	12.5	3	34

(2)桩基础

本试验采用桩基和承台模拟密集建筑群，采用直径 2cm 的有机玻璃棒作模型桩，厚 1.5cm的有机玻璃板作桩基平台，两者用胶结材料粘合。

4.3.4 试验设计

(1)模型建筑群设计

本试验以浦东陆家嘴地区盛大金磐住宅小区及其附近密集建筑群为研究对象(表 6-4-8)。盛大金磐住宅小区有 A、B、C 3 栋建筑，称建筑群 I。原型的平面尺寸为 65m×20m，39 层。另一建筑群为 D、E、F、G 4 栋建筑，由 3 栋平面尺寸为 50m×20m 和一栋 50m×20m，27 层的高层组成，称建筑群 II。桩端持力层为第⑦层。

建筑群名称及划分　　表 6-4-8

建　筑	A	B	C	D	E	F	G
平面尺寸(m)	65×20	65×20	65×20	50×20	50×20	50×20	30×20
基底平均附加压力(kPa)	687.96	687.96	687.96	476.3	476.3	476.3	476.3
加载重力(kN)	913	913	913	486	486	486	292

(2)模型地层设计

模型地基中，土层自上而下分别为表土层、第一层粉质粘土层、淤泥质粘土层、第二层粉质粘土层、粉砂层。试验所用的地基模型箱为方形，2.55m×3.4m，深1.25m，由钢板焊接而成，密封不漏水。在粉砂层底部沿四壁每隔1.2m设有注水孔、泄水孔，粉砂层上部设有测水孔，在第一层粉质粘土层中部设有注水孔、测水孔。注水孔连接水箱用于控制水位，测水孔接测压管用于观察边界水头的变化。在模型箱内侧，注水孔、泄水孔用打孔PVC管连接，确保注水、泄水时土层中水均匀渗透，水位保持恒定。为了考察不同土层中土压力、超孔隙水压力的变化特性，按试验需要在不同位置不同土层处埋设了体积小、灵敏度高的土压计和渗压计。在模型建筑物及地基土表面的不同位置处摆放百分表用于观测建筑物及地面沉降。为了考察不同土层的变形情况，在需特殊考察位置还进行了分层沉降的观测。试验模型平面布置及百分表位置如图6-4-18所示。试验A-A剖面及压力传感器埋设位置如图6-4-19、图6-4-20所示。

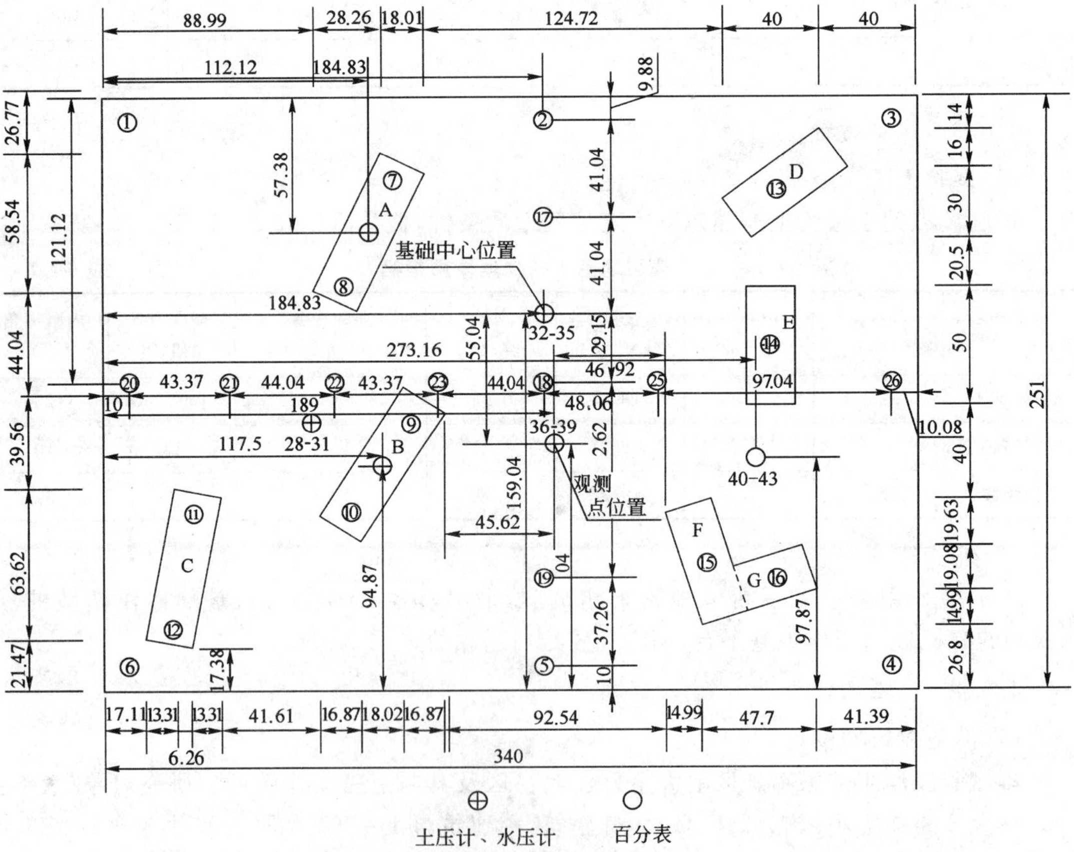

图 6-4-18　模型平面及百分表布置(尺寸单位:cm)

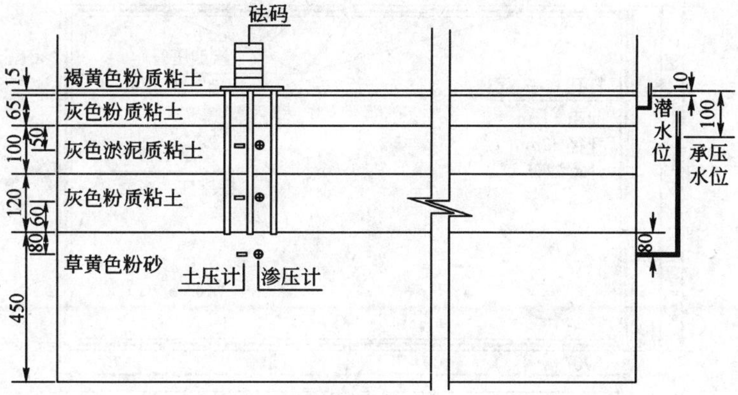

图 6-4-19 A—A 剖面及压力计布置(尺寸单位:cm)

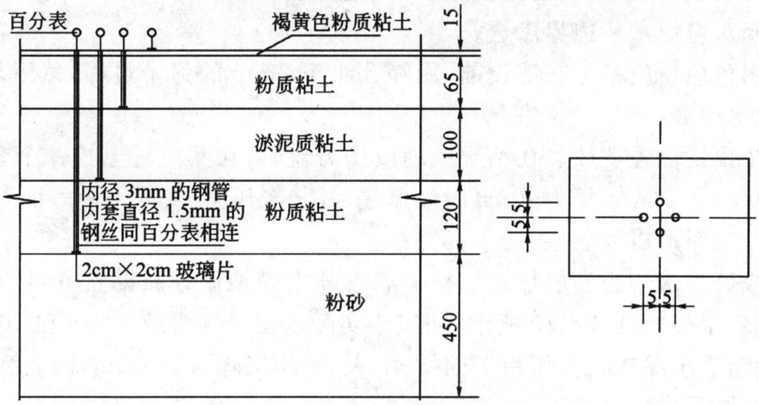

图 6-4-20 分层沉降剖面示意图及百分表摆放位置示意(尺寸单位:cm)

4.3.5 试验步骤

(1)制作模型箱。试验所用的模型箱为方形,平面尺寸为 3.4m×2.55m,深 1.25m,由钢板焊接而成,可以防止漏水,注水孔、测水孔和泄水孔的位置如图 6-4-21、图 6-4-22 所示。

(2)在铺土之前,将模型箱四壁用电动磨光机打磨光滑,先刷一层防锈漆,接着再刷一层油漆,最大限度地减小边界效应。

(3)PVC 管每隔 1cm 打一个 2mm 小孔(外缠两层细纱布,用细铁丝绑紧,以避免土层中的细颗粒被水流带走),连接固定在模型箱内侧。

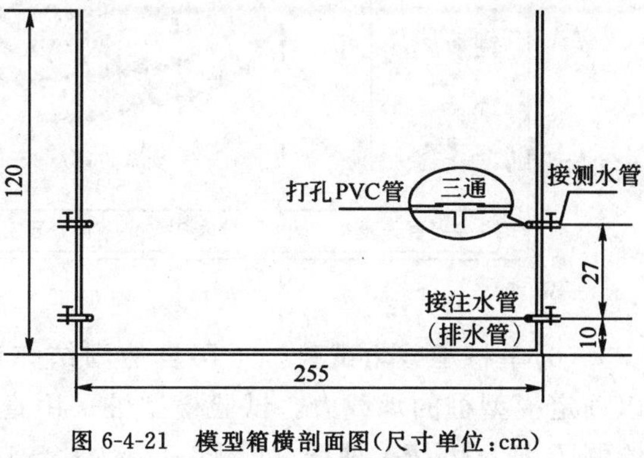

图 6-4-21 模型箱横剖面图(尺寸单位:cm)

(4)铺土方法:

①将试验土每 5cm 一层均匀摊铺在模型箱中,用铁抹子轻轻压平,然后用长木板把土层刮平,确保土层在同一水平面上,并洒水养护;

②在沙土与粘土的交界面铺一层皱纹纸,以防止淤泥质粘土与粉砂相互混合;

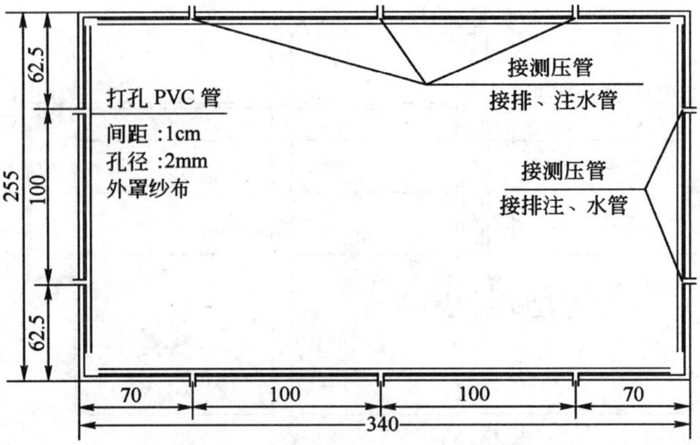

图 6-4-22　模型箱平面图(尺寸单位:cm)

③在土层与模型箱边界上,铺设止水带,一边与模型箱粘结,另一边伸入土层 15cm(可随土层自由沉降),避免水从边界渗透;

④表层的褐黄色粉质粘土在铺设前,用筛孔小于 2mm 的筛子过筛,然后均匀铺在模型箱中,并洒少量水湿润;

⑤压力盒按预设位置埋放。在粘土中埋放压力盒时,在其位置上挖一个直径约 5cm 小坑,填少量的中砂,水平放入压力盒,再用砂盖住,并轻轻压实,使压力盒表面与土接触紧密,同时可在渗压计表面形成过滤层,便于量测;

⑥铺土完成后用水箱为沙层加水。根据浦东陆家嘴地区地质勘察资料,粉质粘土层潜水位、粉砂层承压水位如图 6-4-23 所示,相应于实际水位分别为地下 1m 和 10m。

(5)自重固结。土层在自重作用下固结 42 天,平均沉降为 2.1mm,最大沉降为2.7mm,最小为 1.4mm,如图 6-4-23 所示。

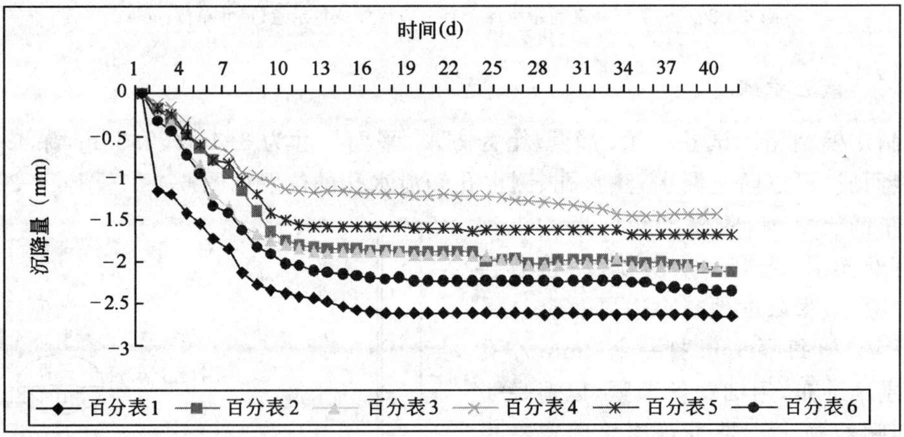

图 6-4-23　土层自重固结

(6)单桩承载力试验。土层自然固结完成后,首先进行单桩承载力试验(图 6-4-24),以确定模型桩的承载力。试验模型桩采用直径 2mm 的有机玻璃棒,分级加载值为1.2kg,绘制了 P-s、log$P$-s 曲线,如图 6-4-25、图 6-4-26 所示。根据其末段明显的转折点,确定模型桩的单桩承载力为 10.8kg,从而确定各模型桩数。桩基承台用 15mm 有机玻璃板制作。

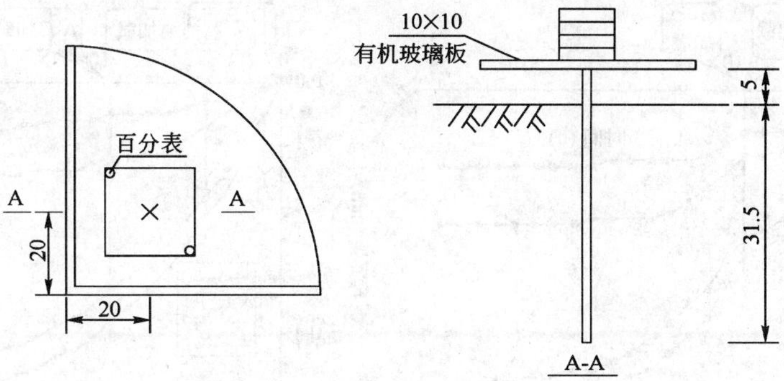

图 6-4-24　单桩承载力试验(尺寸单位:cm)

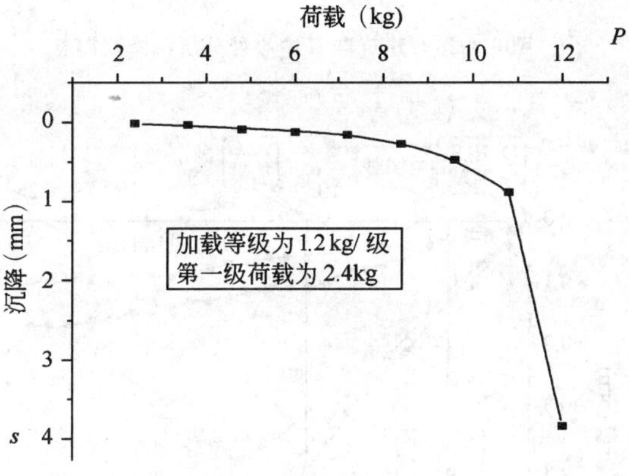

图 6-4-25　单桩 P-s

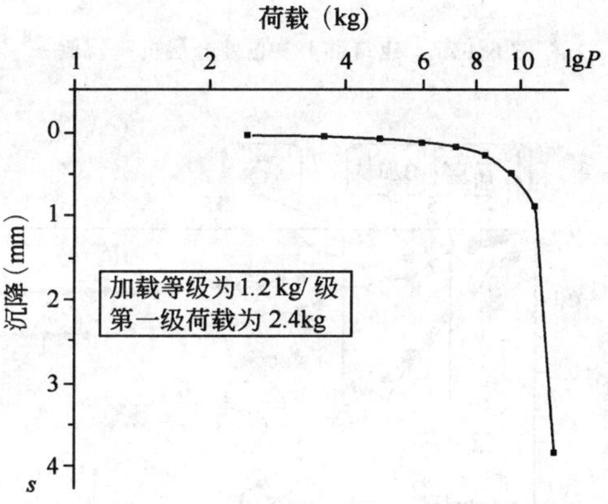

图 6-4-26　单桩 s-lg$P$ 曲线

(7)加载及量测方法:

①加载顺序:D、E、F、G→B→A、C,其中 D、E、F、G 及 A、C 荷载是同时施加的;

②加载方法:每个建筑物的荷载逐级施加,以模拟施工情况,荷载放置在承台中心,每施加一级记录一次百分表数据;

③量测方法:建筑物的荷重施加完毕后,每隔 30min、1h、2h 记录一次百分表数据,24h 后再记录一次。土压力和水压力数据采用 YE2539 高速静态应变测试系统由计算机采集,设定为每 5min 一次。

4.3.6　试验成果分析

(1)分层沉降观测曲线

根据分层沉降的试验数据,将层顶的沉降值减去其层底的沉降值,就可得到该土层的变形量,分别做出各土层的变形与时间的关系曲线(图 6-4-27～图 6-4-30)及各土层的变形量的统计分析。

(2)中心点位置分层沉降分析

模型中心点位置各土层分层沉降参见图 6-4-31 和图 6-4-32,可见:

①淤泥质粘土层在附加压力作用下沉降量最大,这是因为淤泥质土层含水率高(95%以上),在加载条件下,超孔隙水压力向上下两层粉质粘土层逐渐消散,引起土层的固结压缩;

②粉砂层较厚,但其压缩量不大,表明自重固结完成时,由于土层自重荷载很大,粉砂层已经达到较密实状态,而上覆荷载传递下来的附加应力较小,沙层不易被压缩;

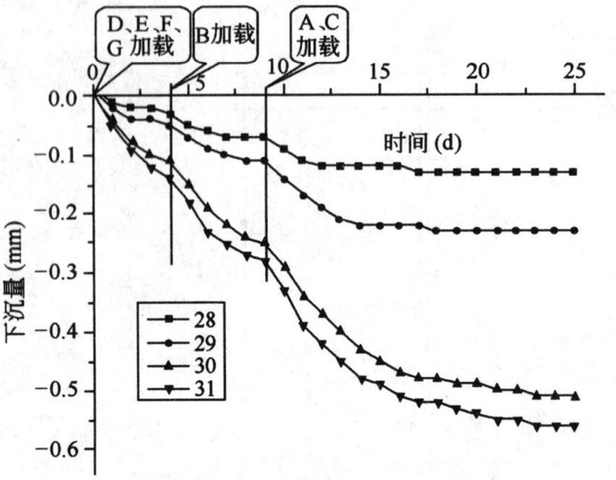

图 6-4-27　建筑群 I 中心处分层沉降观测

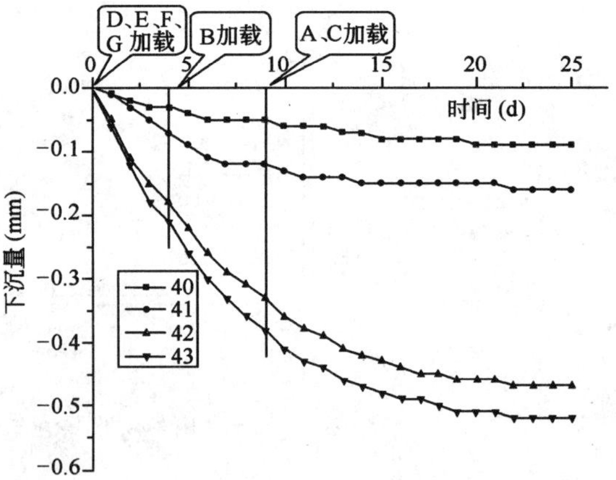

图 6-4-28　建筑群 II 中心处分层沉降观测

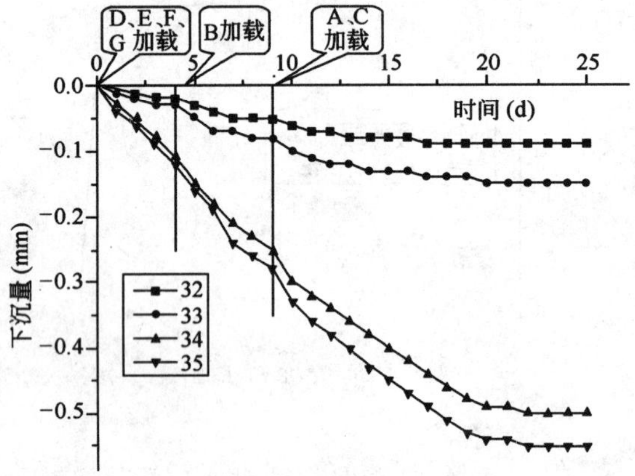

图 6-4-29　模型箱基础中心处分层沉降观测

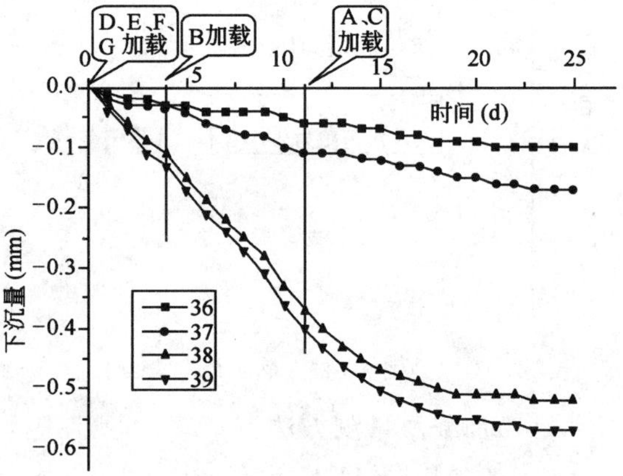

图 6-4-30　地调院设置对应点处分层沉降观测

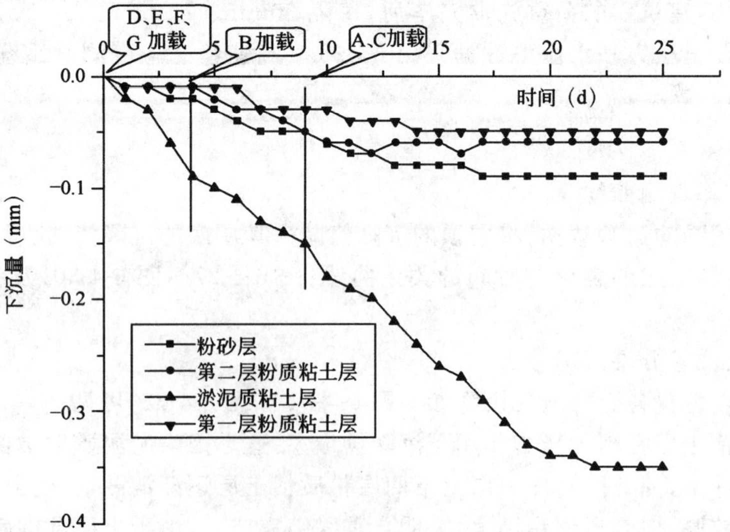

图 6-4-31　中心点位置各土层分层沉降

③第二层粉质粘土层产生的沉降较小，本身受到的附加应力较小，而且底部砂层承压水头较高，土层中的水不易向承压含水层及透水性很差的淤泥质粘土层渗透；

④第一层粉质粘土层中的水虽然可以从土层表面渗透，但其所受附加应力较小，土层压缩量最小。

(3)模型试验结果与监测数据的比较与分析

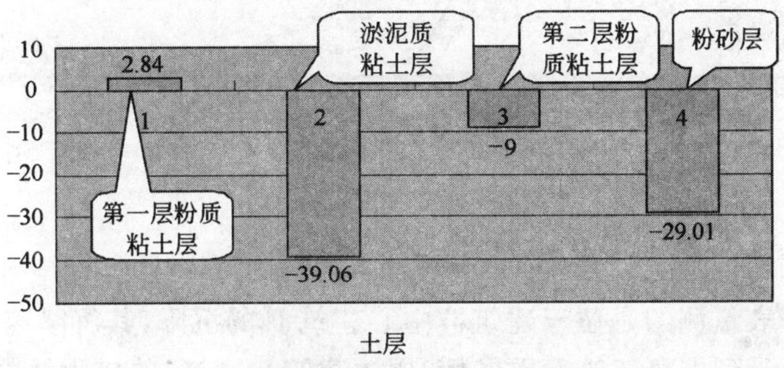

图 6-4-32　上海地调院埋设沉降监测点处分层沉降

图 6-4-32 为上海地调院埋设沉降监测点处分层沉降资料，根据模型试验结果与监测数据比较，可以得出以下规律：

①模型试验中模拟监测点位置土层分层沉降比例和原型(东昌路分层沉降标)实测的分层沉降比例规律类似，都是第④层所占比重最大，之后是沙层和粉质粘土层；

②淤泥质粘土层虽然层厚不大，但却是引起地面沉降的关键因素，占 50%以上，这与其在上覆荷载附加应力作用下，土层中水逐渐向外渗透，土层发生固结变形有关；

③粉砂层较厚，引起的沉降不是最大，主要是因为粉砂层埋深大，在自重压力作用下沉降已基本完成，而上覆附加应力传至沙层时也已大大减弱，远小于土层自重应力，故其引起的压缩很小。

(4)建筑物及其中心、周边区域沉降

图 6-4-33 是模型建筑物摆放及百分表布置(纵横轴线)示意图，各建筑物的沉降见图 6-4-34。

①建筑群Ⅰ各个建筑物的沉降：建筑物在自身及周边建筑物加载时，土体压缩，由于所处位置不同，产生的沉降也不尽相同，由图 6-4-35 可见：

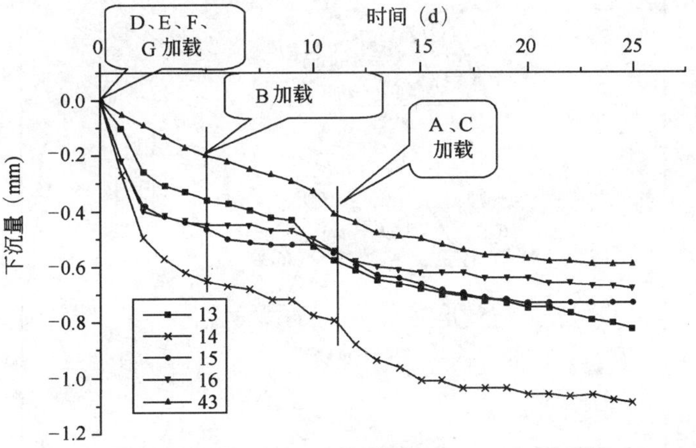

图 6-4-33　建筑物的沉降

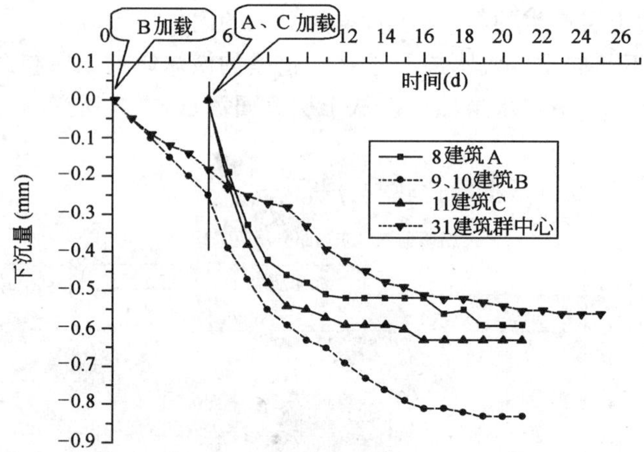

图 6-4-34　建筑群 I 各建筑物及中心的沉降

a. 14 号百分表量测的是位于建筑群中心建筑 E 的沉降，其沉降速度最快，沉降值最大，因为建筑 E 不仅受到本身建筑荷重作用，周边建筑 D、F、G 的应力叠加对其沉降也有影响。

b. 43 号百分表位置为 I、II 建筑群的中心，沉降受各个建筑的影响，但由于其没有建筑荷载直接作用，沉降值较建筑物小一些。假使建筑群各个建筑距离过近，建筑群中心区域位置就有可能超过建筑物本身沉降，因此限制建筑物之间的距离非常必要。

②建筑群 I 各建筑物及中心的沉降：对比 3 栋建筑 A、B、C 的沉降曲线可以发现：

a. B 建筑物的荷载首先施加，沉降最大，A、C 建筑物的荷载稍后施加，沉降次之。A、C 建筑荷载同时施加，两者的沉降量相差不大，说明相邻较近建筑的建筑顺序先后对沉降有明显影响。这是由于先建建筑物受到后建建筑物的影响，在原来沉降的基础上产生了叠加，表现在图中的沉降曲线 B 在 A、C 施加荷载时发生突变，沉降速度明显加快，使得沉降量最终超过了后建建筑物，证明了建筑群之间的确存在叠加效应。

b. 31 号百分表测量的是 A、B、C 建筑群中心的沉降，虽然不直接承受上覆荷载，但在 3 个建筑应力叠加作用下沉降非常明显，只略小于 A、C 建筑物的沉降。

c. A、C 建筑物沉降基本相同，说明在同时施加荷载情况下，对沉降起最终影响的除了 A、C 间的相互作用外，还受到先建建筑物的影响（与先建建筑的位置、荷重等有关）。

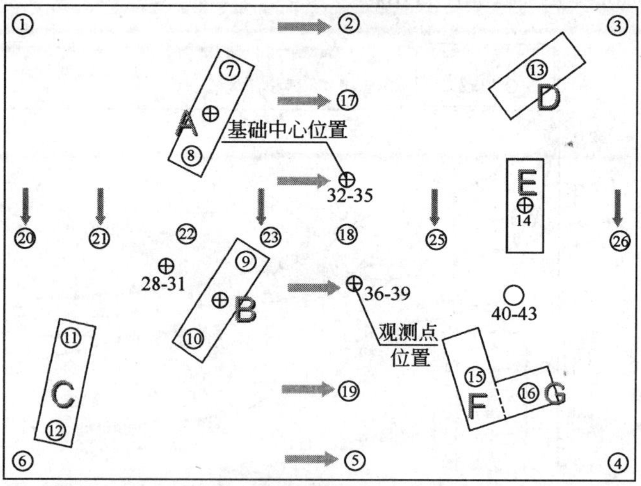

图 6-4-35　模型建筑物摆放及百分表布置（纵横轴线）示意图

③同一轴线上点沉降的比较：从图 6-4-36 及图 6-4-37 可以看出，靠近建筑群中心（包括单个建筑群中心）区域的沉降较大，离建筑群越远沉降值越小，这表明了密集建筑群造成的区域性地面沉降影响有如下特点：

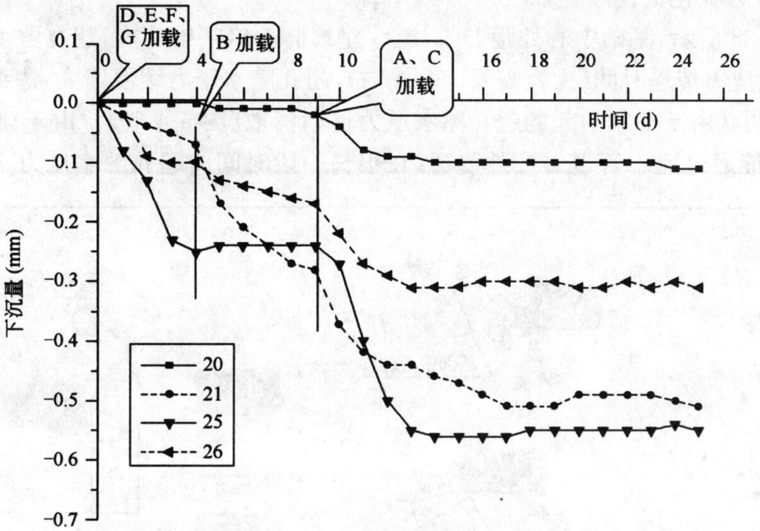

图 6-4-36　纵轴线上各点的沉降

a. 密集建筑群造成的区域性地面沉降并不是简单的凹状，而是在总体下沉的趋势下，呈凹凸起伏状，其形状与建筑物的位置密切相关。

b. 在同一轴线上，越靠近建筑群中心（在附加应力作用范围内），地面沉降越大，离的越远，建筑群的叠加效应就越小，见图 6-4-36。模型箱土压计、渗压计布置见图 6-4-37。

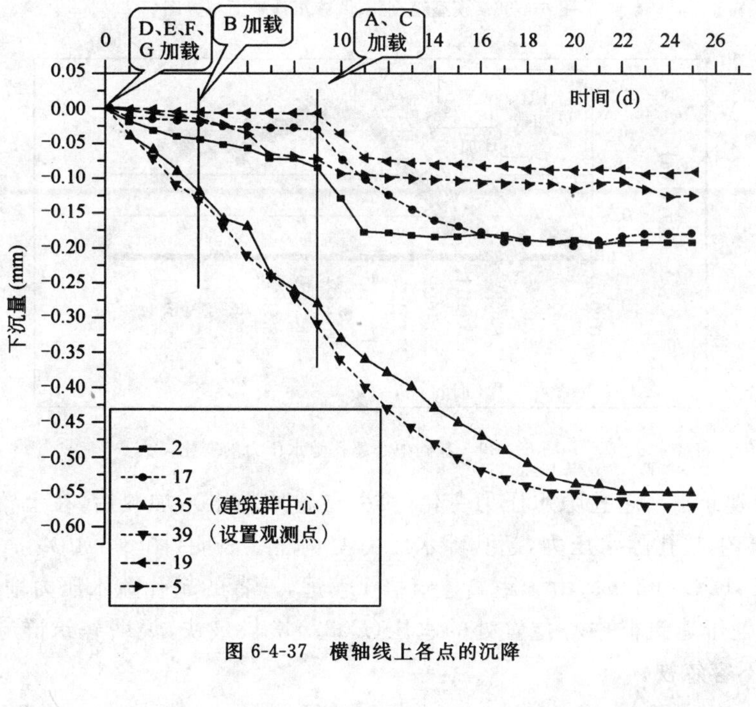

图 6-4-37　横轴线上各点的沉降

(5)粘性土层中超孔隙水压变化

①基础中心处粘土层中超孔隙水压变化：粉砂层的孔隙水压力只在施加荷载时有稍微的增大，随后降回初始水压，表明其超孔隙水压力很快消散，因此下面将主要进行粘性土层中超孔隙水压力变化的比较。

如图 6-4-38 所示，基础中心处距 D、E、F、G 建筑群 5 倍基础宽度，超孔隙水压力在荷载施加时需要一段应力传递时间(大概需要 16h 左右)，超孔隙水压力缓慢增大，达到某一最大值后逐渐下降，表明其由于加载引起的超孔隙水压力逐渐消散(图 6-4-39)。由于模型箱是不透水的，孔隙水只能通过泄水管慢慢往外渗透，在很长一段时间内超孔隙水压力不会完全消散。

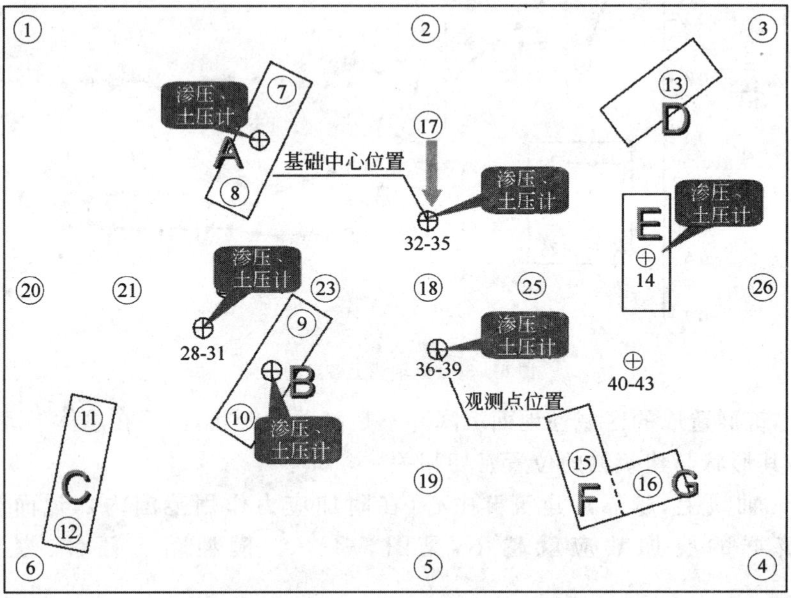

图 6-4-38 模型箱土压计、渗压计平面布置图

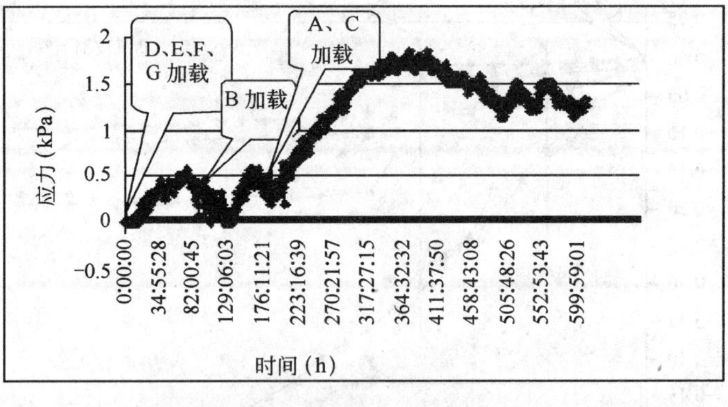

图 6-4-39 基础中心超孔隙水压力的变化

②加载后建筑群Ⅰ超孔隙水压力变化(第一层粉质粘土)：加载后，在上覆附加应力作用下，土层中会产生超孔隙水压力，超孔隙水压力变化曲线表明(图 6-4-40)：

a. 当 D、E、F、G 加载时，由于距离建筑群Ⅰ较远，三者的超孔隙水压力增加差别不大，当 A、C 加载时，处于建筑群中心位置处的水压(C037)增长最快，说明建筑群应力叠加作用确实存在，而且不容忽视；

b. 由于加载顺序的不同，先施加荷载的 B 建筑中心处的水压（C036）较后加载的 A 建筑中心处超孔隙水压力（C016）大一些。

c. 加载后基础中心位置与观测点位置超孔隙水压力变化（淤泥质粘土层）：见图 6-4-40。

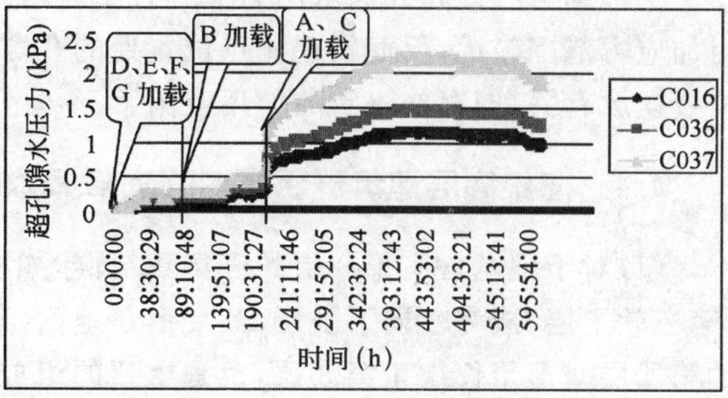

图 6-4-40　超孔隙水压力变化

超孔隙水压力的变化可以明显的反映出建筑物附加应力的影响，由图 6-4-41 和图 6-4-42 可见：

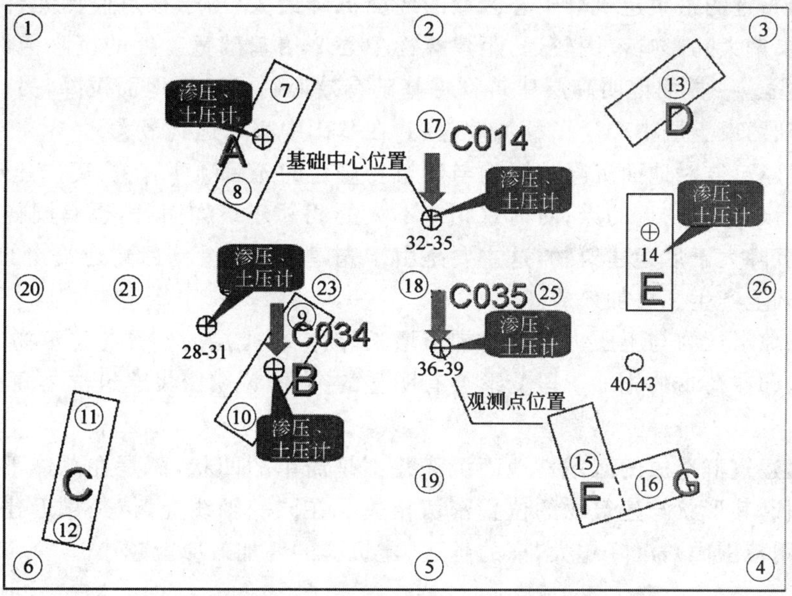

图 6-4-41　模型箱土压计、渗压计平面布置图

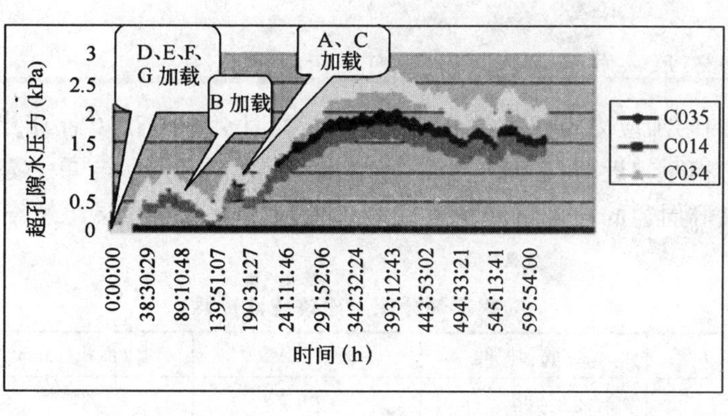

图 6-4-42　加载后基础中心位置与观测点位置超孔隙水压力变化

①加载过程中，C034 处于建筑物 B 中心处，受上覆荷载直接作用，超孔隙水压力增长、消散速率较快，说明距离建筑物一定距离以后虽然存在应力叠加作用，但是超孔隙水压力也不会超过建筑物下卧土层中的压力值。

②基础中心处超孔隙水压力受到各个建筑物施加荷载的应力叠加作用，但是离建筑群附加应力范围较远，反而较观测点位置处的孔隙水压力小一些，说明附加应力作用与建筑物位置摆放有关，即存在一定的作用范围。

4.4 密集高层建筑群诱发地面沉降概念模型分析

(1)对于地基含有第⑧层的密集建筑群，如桩基以第⑦层(第二砂层)为持力层，第⑧层(第三软土层)成为软弱下卧层，其变形是地面沉降的主要组成部分，而第⑦层以上软土层中的第④层变形量仅次于第⑧层，也是重要的组成部分。

(2)对于地基缺失第⑧层的密集建筑群，第④层淤泥质粘土虽然层厚不大，但却是引起地面沉降的关键因素，占50%以上。

(3)规则布置的密集建筑群中心区域的地面沉降最大(由于该点监测元件布置密集，可能使测试结果偏大)，影响范围较远，距建筑物中心2倍基础宽度处的沉降值约为建筑物本身沉降的30%。一方面说明高层建筑物桩基础有效遏制了桩周地面沉降，另一方面说明基础以外无基础约束土层中产生了叠加效应，并在基础中心处达到最大。

(4)密集建筑群对地面沉降的影响与建筑物修建的先后顺序有关，离先建建筑物近的点沉降大于离后建建筑物近的点；对荷重相差不大的相邻建筑物而言，也有同样的规律，即先建建筑物的沉降大于后建建筑物，这主要是由于先建建筑物受到后建建筑物的影响，在原来沉降量的基础上产生了叠加效应。

(5)超孔隙水压力与土压力均有阶梯形增长，对应于土层的变形与建筑物的沉降也呈现阶梯形增长，即在荷重的施加阶段变形会有明显的突变，说明密集建筑群之间存在明显的应力叠加效应。

(6)密集建筑群造成的区域性地面沉降并不是简单的凹状，而是在总体下沉的趋势下，成凹凸起伏状，其形状与建筑物的位置密切相关。在同一轴线上，越是靠近建筑群中心(在附加应力作用范围内)，沉降越大，离的越远，建筑群的叠加效应就越小。

第5节 密集高层建筑群诱发地面沉降的数学模型

5.1 密集建筑群诱发地面沉降计算的解析模型

建筑物基底的附加应力不仅发生在基础之下，而且会在基础以外相当大范围内扩散分布，因此当建筑物相距较近时，附加应力的叠加效应就十分明显，与单一建筑引起的地面沉降相比，密集建筑群周边的地面沉降也存在叠加效应。上海的高层建筑普遍采用桩基础，如表6-5-1。

陆家嘴部分高层建筑统计资料　　表6-5-1

建筑名称	建成时间	高度，层数	建筑面积(万 m^2)	桩基持力层
金茂大厦	1998	420m，88	29	⑨
第一八佰伴	1995	99m，21	14.5	
上海证券大厦	1997	121m，27	11.5	
国际金融大厦	2000	230m，53	12	⑨
招商大厦	1994	186m，39	7.5	⑦

续上表

建筑名称	建成时间	高度,层数	建筑面积(万 m^2)	桩基持力层
上海国际航运大厦	1998	203.6m,52	12	
上海浦东发展银行大厦	1996	150m,36	7	
上海信息大楼	2002	288m,41	10.3	⑨
上海中商大厦	1998	136.6m,36	5.4	⑦
新上海国际大厦	1996	168m,39	8	⑦

5.1.1 桩基础沉降计算模式

计算桩基础沉降时,地基内的应力分布采取各向同性均质线性变形体理论,主要有两种方法。

(1)实体深基础法(桩距不大于 6d)

即将桩基承台、桩群与桩间土作为实体深基础。如上海地基基础设计规范假定桩群是一个等效基础,并假定荷载全部传到桩端,桩端下的应力则采用半无限体表面加荷的布氏弹性理论,并以中轴线的应力代替平均应力,如图 6-5-1 所示。此外沉降计算模式还有建筑地基基础规范(GB 50007—2002)推荐的计算模式以及董建国等(1996)提出的考虑桩土共同作用的计算分析模式,分别如图 6-5-2a)、b)所示。

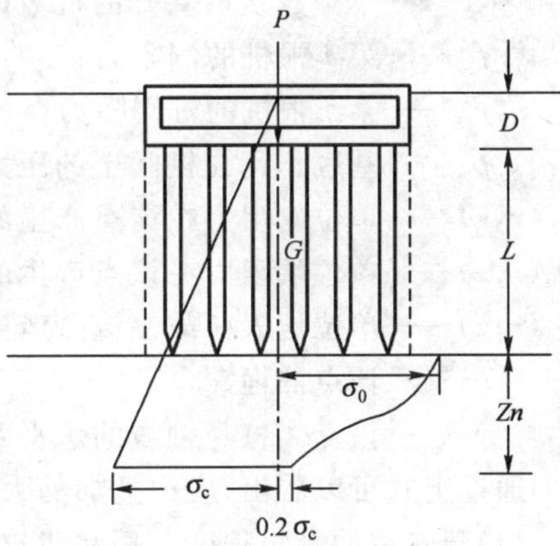

图 6-5-1 实体深基础计算模式(上海规范)

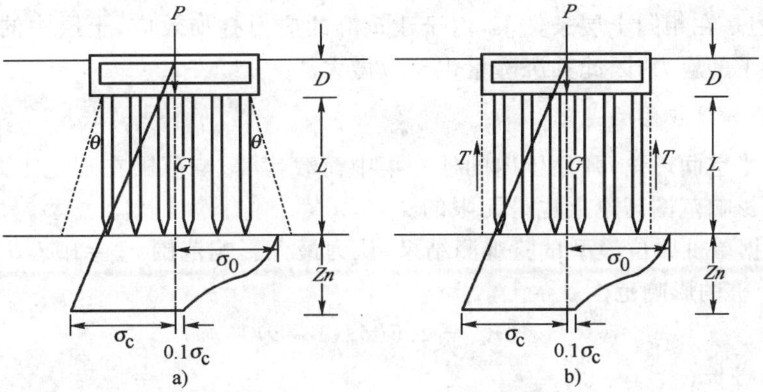

图 6-5-2 桩土共同作用的桩基沉降计算模式

(2)明德林(Mindlin)应力公式法

明德林应力公式是 Ceddes 根据 Mindlin 推导的荷载作用于地基内部的应力计算理论公式。经整理计算,按 3 种荷载作用(集中力,表面摩擦力沿深度不变和表面摩擦力沿深度呈线性变化),求出其相应应力系数,制成表格,可用来计算单桩、群桩荷载作用下地基内部的竖向应力分布,供计算桩基沉降使用。

实体深基础法较适合于计算桩底应力,而明德林(Mindlin)应力公式法中的应力系数与计算点离桩身轴线的水平距离、离承台底面的竖向距离有关,因此可用来计算地基土中任意一点的竖向附加应力。

5.1.2 附加应力的叠加

根据明德林应力公式法，在多个相邻建筑桩基础的共同作用下，土层中(包括桩周土与桩底土)任意一点的竖向附加应力 $\Delta\sigma_a$ 为各个建筑桩基础中每根桩的摩阻力和基底作用在桩间土的压力在该点处产生竖向附加应力的总和，即

$$\Delta\sigma_a = \sum_{i=1}^{n}\sum_{j=1}^{g}Q_p(r,z)f_{pj} + \sum_{i=1}^{n}\sum_{j=1}^{g}Q_b(r,z)f_{bj} + \sum_{i=1}^{n}Q_s(r,z)p_{si} \tag{6-5-1}$$

式中：n——相邻建筑的个数；

g——单个建筑桩基础的桩数(每个桩基础的桩数不一定相同)；

f_{pj}——第 j 根桩的侧阻力；

f_{bj}——第 j 根桩的桩端阻力；

p_{sj}——基底作用在桩间土的压力；

$Q_p(r,z)$——单位侧阻力在该点产生的附加应力；

$Q_b(r,z)$——单位端阻力在该点产生的附加应力；

$Q_s(r,z)$——单位地表荷载在该点产生的附加应力，可用 Mindlin 应力解求得；

z——该点的埋深；

r——该点离桩身轴线的水平距离。

通过上式可以看出，应力叠加的大小主要与以下因素有关：

(1)建筑群的密集程度。相邻建筑的数量越多，叠加效应越明显，土层中应力越大；

(2)距建筑群的水平距离。离建筑群近的点，叠加效应明显；

(3)建筑的荷重。建筑群总的荷重大，桩数多，土层中的应力也大。

根据土层中应力，就可求得该处的地面沉降。沉降量除了与应力大小有关外，还与土层的性质有关，但是在相同土层条件下，由于建筑群的应力叠加效应，土层中的应力大于仅在单个建筑作用下的应力，因此其沉降量也相应增大。

5.1.3 叠加效应影响范围

根据弹性半空间理论，弹性体内的任一集中荷载，其影响范围在理论上是无限的，桩基础对周围土的影响范围理论上也是无限的。

Cooke 根据单桩原位模型试验观测结果，认为最大影响范围 $r_m=10d$，d 为桩径。Randoph 则建议单桩的影响范围

$$r_m = 2.5L\rho_m(1-\upsilon)$$

式中：L——桩长；

υ——土的泊松比；

$$\rho_m=G_{L/2}/G_L$$

$G_{L/2}$、G_L——桩身中点和桩底处土的剪切模量。

对于群桩基础的影响范围，推测 $r_m=2.5L\rho_m(1-\upsilon)+r_g$。

式中：r_g——群桩基础等效圆面积的半径($r_g=\sqrt{A/\pi}$)。

此公式表明群桩基础的影响范围与基础面积有关。楼晓明、刘建航等根据实测结果推算，密集群桩的影响范围大致相当于 $r_m=L+r_g$。

根据剪切位移理论，桩周土的剪切位移与桩中心距离 r 的自然对数成反比，而桩端平面下土的变形与 r 成反比，因此桩端以下土对桩端以上土的变形有约束作用，使 r_m 值减小。

群桩基础由于叠加效应，桩端以下土的这种径向衰减将变得平缓，因而上述约束作用减小，影响范围 r_m 增大。而且在工作荷载下，群桩基础的绝对变形值要比单桩大，即使衰减曲率相同，群桩基础的影响范围也要比单桩大。

同样对于密集的建筑群，由于多个建筑的叠加效应，其影响范围要比单个建筑群桩基础的影响范围要大。如果密集建筑群组成的区域面积为 A_q，那么地面沉降的影响范围可写为

$$r_{mq} = L + r_{gq} \tag{6-5-2}$$

式中：$r_{qg}=\sqrt{A_q/\pi}$；

L——桩长。

5.1.4　实例分析

工程实例采用陆家嘴招商大厦监测资料进行沉降影响分析。通过在距其 0m、3m、7m、12m、20m、30m、60m 处布设专门的水准点，进行了历时 15 个月的监测，监测结果如图 6-5-3。招商大厦周边高层建筑物密集，因而其周围地面沉降有明显突变，且大于建筑物本身的沉降。从影响范围分析，在监测范围内，沉降未有收敛趋势，其影响范围超过了 2 倍桩长，这反映出密集建筑群对地面沉降影响的存在着叠加作用。

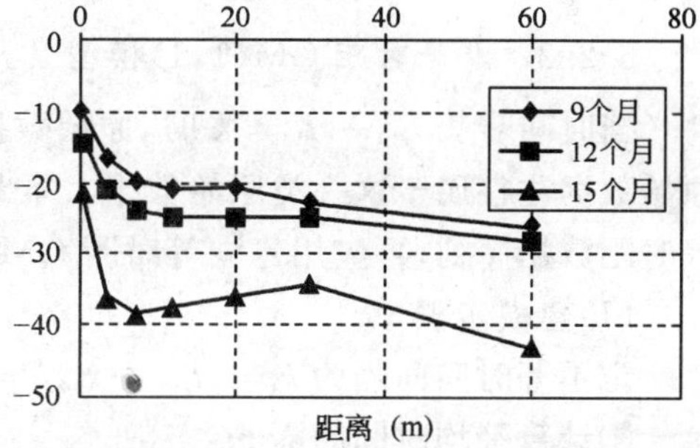

图 6-5-3　招商大厦周围地面沉降曲线

5.2　密集高层建筑群诱发地面沉降计算的灰色数学模型

灰色系统理论是我国著名学者——华中理工大学邓聚龙教授在 20 世纪 80 年代初提出的，在众多领域得到广泛应用。这种理论利用系统部分已知信息，通过建立灰色模型来预测系统的发展。对于外荷载引起的地面沉降过程而言，其中影响因素较多，既无法用明确的数学关系式表达，又非“黑箱”那样内部结构、参数和特征一无所知，因此可将灰色预测理论应用于地面沉降的预测。

灰色系统理论的基本思路是：首先对数据进行累加处理，使观测数据序列的随机因素影响淡化，从而提高观测数据序列的内在规律，然后再将数据序列建成一个变量具有微分、差分、近似指数规律兼容的灰色模型。

5.2.1　等时距 GM(1,1)模型

等时距 GM(1,1)模型是最常用的一种灰色预测模型，设观测到的原始等时距数据序列为

$$x^{[0]} = \{x^{(0)}(t_1), x^{(0)}(t_2), \cdots, x^{(0)}(t_n)\} \tag{6-5-3}$$

式中：时间步长 $t_{i+1}-t_i=k$ 为常数；

$i=1,\cdots,n-1$。

经过累加运算，一般是经过一次累加(1—AGO)，得到光滑的生成数列：

$$x^{[1]} = \{x^{(1)}(1), x^{(1)}(2), \cdots, x^{(1)}(n)\} \tag{6-5-4}$$

式中：$x^{(1)}(k) = \sum_{i=1}^{k} x^{(1)}(t_i)$ 。

在此基础上建立下列微分方程：

$$\frac{dx^{(1)}}{dt}+ax^{(1)}=c \tag{6-5-5}$$

式中：$c=\sum_{i=1}^{n-1}b_i x^{(1)}(i+1)$，记系数向量 $\hat{a}=[a,c]^T$。

则微分方程的解为

$$\hat{x}^{(1)}(k+1)=\left[x^{(0)}(t_1)-\frac{c}{a}\right]\exp(-ak)+\frac{c}{a} \tag{6-5-6}$$

式中：系数 a、c——待辨识参数，可用最小二乘法求得。

5.2.2 非等时距 GM(1,1)模型

当时间步长 $t_{i+1}-t_i\neq k$ 时，原始数据序列为非等时距数据序列，在实际工作中得到的原始数据往往属于这一类原始数据。本节采用均值化的方法，将非等时距数据序列变换为等时距数据序列，再应用建立等时距 GM(1,1)模型的方法建立非等时距 GM(1,1)模型。

(1)建模步骤

记不等时间间隔为 $k_i=t_{i+1}-t_i, i=1,\cdots,n-1$。

①计算平均时间间隔 m：

$$m=\sum_{i=1}^{n-1}k_i=\frac{1}{n-1}(t_n-t_1) \tag{6-5-7}$$

②平均时间点与观测时间点的差值：

$$p_i=(i-1)m-(t_i-t_1), i=1,\cdots,n \tag{6-5-8}$$

③生成新的等时距数据序列 $x_1^{(0)}$，时间步长为 m：

$$x_1^{(0)}=\{x_1^{(0)}(1),x_1^{(0)}(2),\cdots,x_1^{(0)}(n)\} \tag{6-5-9}$$

式中：$x_1^{(0)}(i)=\frac{p_i}{k_i}x^{(0)}(t_{i+1})+\frac{k_i-p_i}{k_i}x^{(0)}(t_i), i=1,\cdots,n$。

④对 $x_1^{(0)}$ 建立等时距 GM(1,1)模型：

经过一次累加(1-AGO)，得到光滑的生成数列：

$$x_1^{(1)}=\{x_1^{(1)}(1),x_1^{(1)}(2),\cdots,x_1^{(1)}(n)\} \tag{6-5-10}$$

式中：$x_1^{(1)}(k)=\sum_{i=1}^{k}x_1^{(1)}(t_i)$。

在此基础上建立微分方程：

$$\frac{dx_1^{(1)}}{dt}+ax_1^{(1)}=c \tag{6-5-11}$$

式中：$c=\sum_{i=1}^{n-1}b_i x_1^{(1)}(i+1)$，记系数向量 $\hat{a}=[a,c]^T$。

则微分方程的解为

$$\hat{x}_1^{(1)}(m+1)=\left[x_1^{(0)}(m)-\frac{c}{a}\right]\exp(-am)+\frac{c}{a} \tag{6-5-12}$$

式中，系数 a,c 用最小二乘法求得：

$$\hat{a} = [a,c]^{\mathrm{T}} = (B^{\mathrm{T}}B)^{-1}B^{\mathrm{T}}y_{\mathrm{n}} \tag{6-5-13}$$

式中：

$$B = \begin{bmatrix} -\frac{1}{2}[x_1^{(1)}(1)+x_1^{(1)}(2)] & 1 \\ -\frac{1}{2}[x_1^{(1)}(2)+x_1^{(1)}(3)] & 1 \\ \cdots & \cdots \\ -\frac{1}{2}[x_1^{(1)}(n-1)+x_1^{(1)}(n)] & 1 \end{bmatrix}, y_{\mathrm{n}} = \{x_1^{(0)}(2), x_1^{(0)}(3), \cdots, x_1^{(0)}(n)\}^{\mathrm{T}}$$

将模型得到的预测值 $\hat{x}_1^{(1)}$ 经过累减运算得到生成数 $\hat{x}_1^{(0)}(i)$。

⑤将 $\hat{x}_1^{(0)}(i)$还原为非等时距数据序列：

$$\hat{x}^{(0)}(t_{\mathrm{i}}) = \frac{m-p_{\mathrm{i}}}{m}\hat{x}_1^{(0)}(i+1) + \frac{p_{\mathrm{i}}}{m}x_1^{(0)}(i), i=1,\cdots,n \tag{6-5-14}$$

(2)预测精度分析及检验

根据 GM(1,1)模型进行的预测值是否可靠，必须通过一定的检验手段和评价标准进行验证，为了提高预测精度，必须对残差作进一步处理，也就是说必须进行原始数据列的残差辨识。当残差值达到我们的要求时，才能预测，常采用关联度分析或后验差检验来保证预测的可靠性。

①关联度分析

关联度是根据曲线间的相似程度来判断的，对于单序列的 $x^{(0)}$ 与 $\hat{x}^{(0)}$ 在第 i 点的关联系数为

$$\xi(i) = \frac{\min|\hat{x}^0(i)-x^0| + \beta_{\max}|\hat{x}^0(i)-x^0(i)|}{|\hat{x}^0(i)-x^0(i)| + \beta_{\max}|\hat{x}^0(i)-x^0(i)|} \tag{6-5-15}$$

式中：β——分辨系数，$0<\beta<1$，通常取 0.5。

这样曲线 $x^{(0)}$ 与 $\hat{x}^{(0)}$ 的关联度为 $d=\frac{1}{n}\sum_{i=1}^{n}\xi(i)$。

②后验差检验

后验差是根据残差的均方差 S_2 与原始数据的均方差 S_1 的比值来判断的，本模型采用这种方法进行检验。设原始数据列为$\{x^{(0)}(i)\}$，预测数据列为$\{x^{(1)}(i)\}$，其残差为

$$\varepsilon(i) = x^{(0)}(t_{\mathrm{i}}) - \hat{x}^{(0)}(t_{\mathrm{i}}) \quad i=1,2,\cdots,n \tag{6-5-16}$$

后验差比值为

$$C = S_2/S_1 \tag{6-5-17}$$

式中：$S_1 = \sqrt{\frac{1}{n-1}\sum_{i=1}^{n}[x^{(0)}(t_{\mathrm{i}})-\bar{x}^{(0)}]^2}$，$S_2 = \sqrt{\frac{1}{n-1}\sum_{i=1}^{n}[\varepsilon(i)-\bar{\varepsilon}]^2}$

小误差概率为

$$P = \{ |\varepsilon(i) - \bar{\varepsilon}| < 0.6745 S_1 \} \tag{6-5-18}$$

模型预测精度经验指标见表 6-5-2。

模型预测精度经验指标 表 6-5-2

预测精度	好	合格	勉强	不合格
P	>0.95	0.95～0.80	0.80～0.70	<0.70
C	<0.35	0.35～0.50	0.50～0.65	>0.65

(3)残差序列建模

若上述 P、C 都在允许范围内,则可计算预测值,否则,需进行残差修正,通过残差序列建模进一步提高模型精度,以保证预测的可靠性,这时需要建立残差序列模型。设残差序列为

$$q^{(0)}(k) = x^{(1)}(k) - \hat{x}^{(1)}(k), k = 2, \cdots, n$$
$$q^{(0)} = \{q^{(0)}(i), \cdots, q^{(0)}(n)\}$$
$$q^{(0)} = \{q^{(0)}(1), \cdots, q^{(0)}(n')\}, n' = n - i$$

此时有残差序列模型:

$$\frac{\mathrm{d}q^{(1)}}{\mathrm{d}t} + a'x^{(1)} = c' \tag{6-5-19}$$

可解出残差序列随时间的函数:

$$\hat{q}^1(t) = \left[q^{(0)}(1) - \frac{c'}{a'}\right]\exp(-a't) + \frac{c'}{a'} \tag{6-5-20}$$

则残差修正模型的还原值计算公式为

$$\hat{x}_1(m+1) = \left[x_1^{(0)}(1) - \frac{c}{a}\right]\exp(-am) + \frac{c}{a} - \delta(m-i)(-a')\left[q^{(0)}(1) - \frac{c'}{a'}\right]\exp(-a't) \tag{6-5-21}$$

式中:$\delta(k-i) = \begin{cases} 1 & k \geqslant i \\ 0 & k < i \end{cases} \quad i = n - n'$;

n'——残差序列$\{q_i^0\}$的个数。

若上式求出的还原值经检验仍未达到要求,可进行第二次残差建模,直到满足要求,然后进行预测。

5.2.3 模型的检验

(1)试验数据预测

在模型试验过程中,由于观测的需要,观测周期难以保持一致。同时试验结果表明了密集建筑群造成的区域性地面沉降并不是简单的凹状,而是在总体下沉的趋势下,成凹凸起伏状。建筑群中心区域(D9)的沉降最大,其次是距建筑物中心 1 倍基础宽度范围的点(如 D2、D13),最小的是距建筑物中心 2 倍基础宽度的点(如 D1)。因此采用模型试验中代表不同位置的点 D1、D2、D9、D13 的观测数据,选择观测 24 小时后的数据段进行预测。D1、D2、D9 和 D13 的实测值与预测值的对比见图 6-5-4 至图 6-5-7,它们的试验数据预测精度见表 6-5-3。

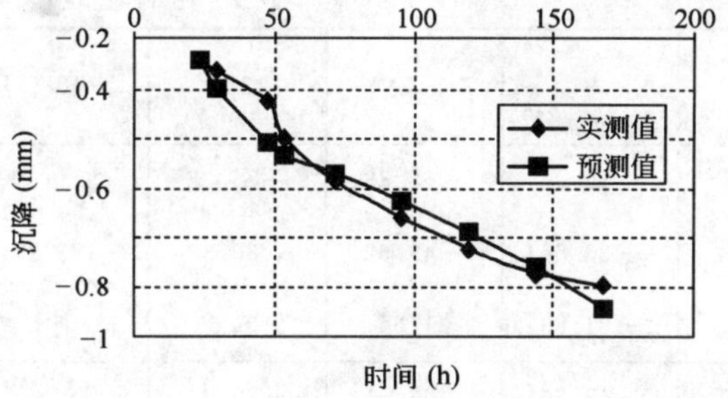

图 6-5-4　D1 的实测值与预测值对比

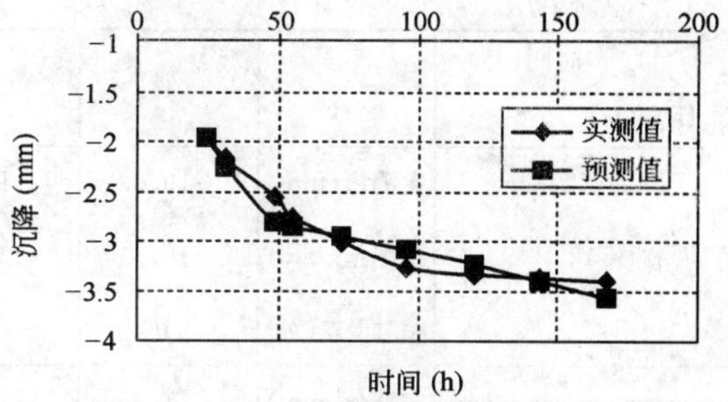

图 6-5-5　D2 的实测值与预测值对比

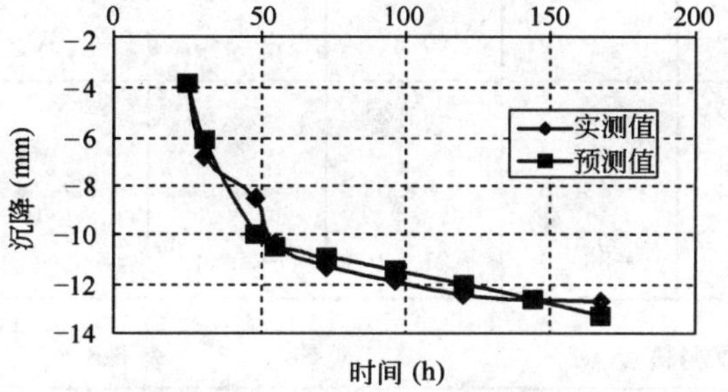

图 6-5-6　D9 的实测值与预测值对比

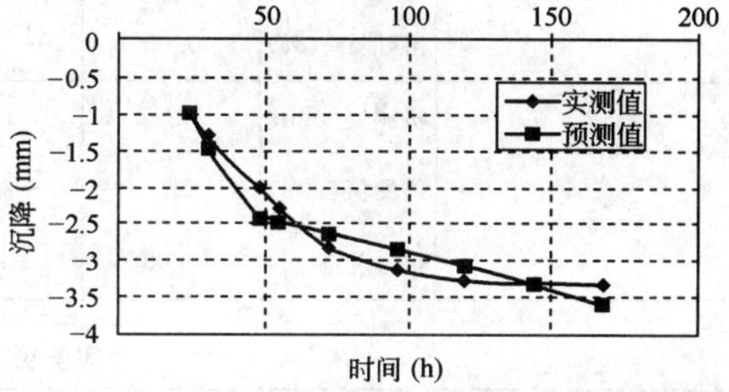

图 6-5-7　D13 的实测值与预测值对比

试验数据预测精度　　　　表 6-5-3

预测精度	D1	D2	D9	D13
P	0.8889	0.8889	0.8889	0.8889
C	0.2879	0.3287	0.3515	0.3488

(2)工程实测数据预测

上海陆家嘴地区高层建筑密集，地面沉降受工程建设影响大，以往缺乏对建筑施工的地面沉降设专门和固定的水准点，进行系统的跟踪监测。本课题通过对位于陆家嘴地区的某超高层建筑周边，分别距建筑物 3、7、12、60、100m 处布设工程性地面沉降监测的专门水准点，进行了 15 个月的监测，期间监测时间为不等间距。应用实测数据，对所建立的非等时距 GM(1,1) 模型进行了检验，并且对下一时间段的沉降数据进行了预测（表 6-5-4 和表 6-5-5）。

实测数据与预测结果对比　　　　表 6-5-4

距离(m) \ 时间(月)		4	7	9	12	15	18
3	实测值(mm)	−6.80	−15.58	−14.16	−59.08	−68.52	
	预测值(mm)	−6.80	−20.12	−27.92	−45.48	−73.97	−116.34
	相对误差(%)	0.00	−29.16	−97.20	23.03	−7.96	
7	实测值(mm)	−9.81	−17.39	−16.06	−62.39	−74.43	
	预测值(mm)	−9.81	−21.36	−29.96	−48.79	−79.35	−124.79
	相对误差(%)	0.00	−22.85	−86.54	21.81	−6.61	

续上表

距离(m) \ 时间(月)		4	7	9	12	15	18
12	实测值(mm)	−10.63	−17.77	−16.83	−63.33	−75.38	
	预测值(mm)	−10.63	−21.84	−30.60	−49.62	−80.38	−125.91
	相对误差(%)	0.00	−22.93	−81.83	21.64	−6.63	
60	实测值(mm)	−11.95	−20.21	−17.56	−63.61	−77.64	
	预测值(mm)	−11.95	−22.54	−31.45	−50.52	−81.08	−125.89
	相对误差(%)	0.00	−11.52	−79.10	20.57	−4.43	
100	实测值(mm)	−12.20	−21.22	−17.65	−65.24	−78.54	
	预测值(mm)	−12.20	−23.34	−32.33	−51.53	−82.03	−126.41
	相对误差(%)	0.00	−9.99	−83.20	21.02	−4.44	

实测数据预测精度 表 6-5-5

预测精度 \ 距离(m)	3	7	12	60	100
C	0.295 8	0.280 6	0.280 0	0.265 9	0.275 5
P	1.000 0	1.000 0	1.000 0	1.000 0	1.000 0

5.2.4 小结

(1)通过表 6-5-2、表 6-5-4 和预测精度可以看出,预测值与实测结果基本相符,具有较好的精度,说明非等时距 GM(1,1)预测模型用于预测密集建筑群作用下的区域地面沉降是合理可行的。

(2)从灰平面上看,灰色系统理论的 GM(1,1)模型真正具有实际意义的、精度较高的预测值是近期的,其他远期的数据反映了一种趋势。因此 GM(1,1)模型非“一劳永逸”,需要时时更新。随着今后监测工作的不断进行,把新的实测数据补充到已知数列中,同时去掉老的数据,再建 GM(1,1)模型。所以随着新信息的生成,非等时距 GM(1,1)模型是动态的。

(3)在预测非等时距观测数据序列时,应注意对数据段的选择,才可提高预测模型的精度。

5.3 密集高层建筑群诱发地面沉降计算的数学物理模型

5.3.1 太沙基固结理论

太沙基固结理论作为传统的固结理论,是在岩土工程中应用范围最广的理论之一,因为它体现了固结的基本物理过程,采用的参数可由常规的室内试验提供,而且可以手算求得计算结果。

基本假定:

(1)土是均质的、各向同性、完全饱和的理想弹性材料;

(2)土体变形是微小的,即孔隙比的变化与有效应力变化成正比,压缩系数 a_v 保持不变；

(3)土颗粒和孔隙水均不可压缩；

(4)孔隙水渗流服从达西定律，渗透系数为常数；

(5)荷载一次瞬时施加并维持不变，土体承受的总应力不随时间变化；

(6)土体中只发生竖向压缩变形和竖向孔隙水渗流。

对于单向固结问题，Terzaghi一维渗透固结模型可表示为

$$\frac{\partial u}{\partial t}=C_{\mathrm{v}}\frac{\partial^2 u}{\partial^2 z} \tag{6-5-22}$$

式中：u——超孔隙水压力；

C_{v}——固结系数，$C_{\mathrm{v}}=K/\gamma_{\mathrm{w}}m_{\mathrm{v}}=(1+e)K/\gamma_{\mathrm{w}}a_{\mathrm{v}}$。

固结度U的定义如下：

$$U(t)=\frac{u_0-\overline{u}(t)}{u_0}=\frac{S(t)}{S(\infty)} \tag{6-5-23}$$

式中：u_0——初始孔隙水压力；

$S(\infty)$——最终压缩量，$S(\infty)=m_{\mathrm{v}}u_0H$。

对于弹性土体，固结度反映出孔隙水压力消散程度等于变形比。当$U>30\%$时，可近似写成：

$$U=1-\frac{8}{\pi^2}\exp\left(-\frac{\pi^2}{4}T_{\mathrm{V}}\right) \tag{6-5-24}$$

从上式可以看出，固结度U只与时间因素T_{V}有关，通过绘制$U-T_{\mathrm{V}}$曲线可以方便查出任意时刻对应的固结度U，从而算出任意时刻的沉降值。

单向固结理论考虑一个方向的渗流与压缩，只能用于一维固结问题的计算。后经太沙基与伦杜立克的发展，在太沙基单向固结方程的基础上，得到了三向固结方程，可以考虑三向排水时的单向压缩，其中假设了固结过程中总应力为常量。三向固结基本微分方程为

$$\frac{\partial u}{\partial t}=C_{\mathrm{vx}}\frac{\partial^2 u}{\partial x^2}+C_{\mathrm{vy}}\frac{\partial^2 u}{\partial y^2}+C_{\mathrm{vz}}\frac{\partial^2 u}{\partial z^2} \tag{6-5-25}$$

式中：C_{vx}、C_{vy}、C_{vz}——x、y、z方向的固结系数。

上述方程获得解析解比较困难，通常借助差分法等进行数值求解。

5.3.2 比奥固结理论

在太沙基固结理论中，总应力在固结过程中不变的假设使多维问题不能满足弹性力学相容方程，所以太沙基固结理论只在一维情况下是精确的，对二维、三维问题并不精确。比奥固结理论从较严格的固结机理出发推导出了准确反映孔隙压力消散与土骨架变形相互关系的三维固结方程，因此一般称为“真三轴固结理论”，将太沙基三维方程称为“拟三维固结理论”。

其基本假定：

(1)土骨架的变形是线弹性的，即服从广义虎克定律；

(2)变形是微小的(即小变形)；

(3)土中渗流服从达西定律；

(4)土颗粒和孔隙水均不可压缩。

根据有效应力及弹性力学原理得出以位移和孔隙水压力表示的平衡微分方程：

$$\begin{cases} -G\nabla^2 w_x - \dfrac{G}{1-2\upsilon}\cdot\dfrac{\partial}{\partial x}\left(\dfrac{\partial w_x}{\partial x}+\dfrac{\partial w_y}{\partial y}+\dfrac{\partial w_z}{\partial z}\right)+\dfrac{\partial u}{\partial x}=0 \\ -G\nabla^2 w_y - \dfrac{G}{1-2\upsilon}\cdot\dfrac{\partial}{\partial y}\left(\dfrac{\partial w_x}{\partial x}+\dfrac{\partial w_y}{\partial y}+\dfrac{\partial w_z}{\partial z}\right)+\dfrac{\partial u}{\partial y}=0 \\ -G\nabla^2 w_z - \dfrac{G}{1-2\upsilon}\cdot\dfrac{\partial}{\partial z}\left(\dfrac{\partial w_x}{\partial x}+\dfrac{\partial w_y}{\partial y}+\dfrac{\partial w_z}{\partial z}\right)+\dfrac{\partial u}{\partial z}=-\gamma \end{cases} \tag{6-5-26}$$

式中：∇^2——拉普拉斯算子$\nabla^2=\dfrac{\partial^2}{\partial x^2}+\dfrac{\partial^2}{\partial y^2}+\dfrac{\partial^2}{\partial z^2}$。

式(6-5-26)中共有3个方程，但包括w_x、w_y、w_z 3个位移量及孔隙水压力u，总共4个未知量，因此必须补充1个方程，即连续性方程。

由达西定律，通过微小土体x、y、z面上的单位流量分别为

$$q_x=-\frac{K_x}{\gamma_w}\frac{\partial u}{\partial x},q_y=-\frac{K_y}{\gamma_w}\frac{\partial u}{\partial y},q_z=-\frac{K_z}{\gamma_w}\frac{\partial u}{\partial z} \tag{6-5-27}$$

式中：K_x,K_y,K_z——3个方向的渗透系数；

γ_w——水的重度。

根据饱和土的连续性，单位时间内单元土体的压缩量应等于流过单元体表面的流量变化之和，即

$$\frac{\partial}{\partial t}(\varepsilon_v \mathrm{d}x\mathrm{d}y\mathrm{d}z)=\frac{\partial(q_x\mathrm{d}y\mathrm{d}z)}{\partial x}\mathrm{d}x+\frac{\partial(q_y\mathrm{d}z\mathrm{d}x)}{\partial y}\mathrm{d}y+\frac{\partial(q_z\mathrm{d}x\mathrm{d}y)}{\partial z}\mathrm{d}z \tag{6-5-28}$$

将式(6-5-27)代入，并将ε_V用位移表示出来，则上式可简化为

$$-\frac{\partial}{\partial t}\left(\frac{\partial w_x}{\partial x}+\frac{\partial w_y}{\partial y}+\frac{\partial w_z}{\partial z}\right)+\frac{K_x}{\gamma_w}\frac{\partial^2 u}{\partial x}+\frac{K_y}{\gamma_w}\frac{\partial^2 u}{\partial y}+\frac{K_z}{\gamma_w}\frac{\partial^2 u}{\partial z}=0 \tag{6-5-29}$$

式(6-5-29)为以位移和孔隙水压力表示的连续性方程。饱和土体中任一点的孔隙水压力和位移随时间的变化，须同时满足平衡方程式(6-5-26)和连续性方程式(6-5-29)，将两式联立起来，便是比奥固结方程。它是包含4个偏微分方程的微分方程组，也包含4个位置函数w_x、w_y、w_z、υ，它们都是坐标x、y、z和t的函数。在一定的初始条件和边界条件下，可解出这4个函数。

5.3.3 粘弹塑性理论

(1)流变元件模型

在工程实践中，粘土的流变行为可以用元件模型来模拟。元件模型是建立由各个元件串联或并联而成的模型，模拟实际岩土的应力-应变关系，调整模型的参数和组合元件的个数，使得模型的应力-应变曲线和试验结果相一致。

流变元件模型的基本元件有3种，如图6-5-8所示。将3种基本元件按不同方式组合，可以得到不同的流变模型，用来解释各种流变现象。如将两种基本元件进行组合，可以得到的流变模型，如图6-5-9所示。如前所述，太沙基固结理论中将土骨架视为弹性体，实际上对于上海的软粘土变形是具有粘性、弹性、塑性三重性质。下面利用修正的Komamura-

Huang 模型建立软土的粘弹塑性模型，并在此基础上从比奥固结理论出发，建立软土的三维粘弹塑性固结有限元方程。

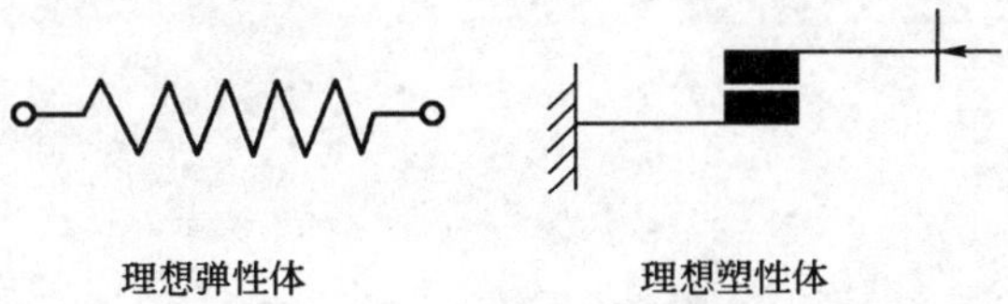

图 6-5-8　流变基本元件

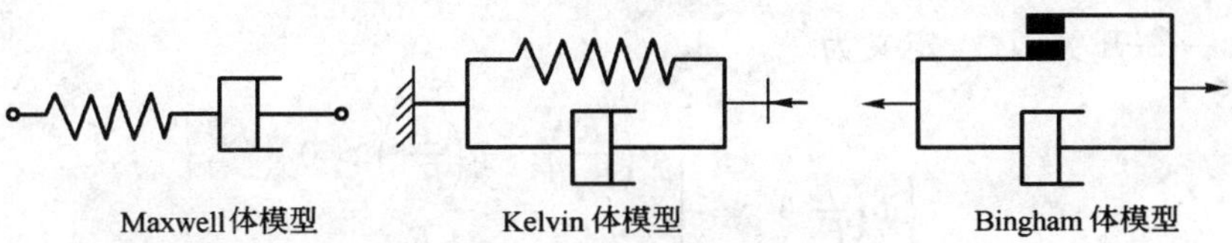

图 6-5-9　组合流变模型

(2)修正的 Koumanura-Huang 模型

根据对上海软粘土的室内试验研究，其粘弹—粘塑性变形特征可用修正的 Koumanura-Huang 模型(图 6-5-10)表示，它由虎克弹簧、Kelvin 体模型、Bingham 体模型串联而成。

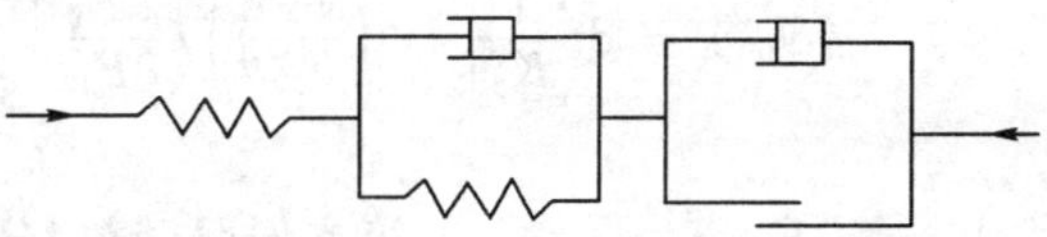

图 6-5-10　修正的 Koumanura-Huang 模型

该模型中，应变由 3 部分组成，写成增量形式为

$$\{d\varepsilon_{ij}\} = \{d\varepsilon_{ij}^{e}\} + \{d\varepsilon_{ij}^{ve}\} + \{d\varepsilon_{ij}^{vp}\} \tag{6-5-30}$$

式中：ε_{ij}^{e}——瞬时弹性应变；

ε_{ij}^{ve}——粘弹性应变；

ε_{ij}^{vp}——粘塑性应变。

在三维复杂应力状态下，式中各部分的应变增量可按下述方法确定：

$$\{d\varepsilon_{ij}^{e}\} = \frac{1}{E_0}[A]\{d\sigma'\} \tag{6-5-31}$$

式中：E_0——弹簧常数；

$$[A] = \begin{bmatrix} 1 & -\upsilon & -\upsilon & 0 & 0 & 0 \\ -\upsilon & 1 & -\upsilon & 0 & 0 & 0 \\ -\upsilon & -\mu & 1 & 0 & 0 & 0 \\ 0 & 0 & 0 & 2(1+\upsilon) & 0 & 0 \\ 0 & 0 & 0 & 0 & 2(1+\upsilon) & 0 \\ 0 & 0 & 0 & 0 & 0 & 2(1+\upsilon) \end{bmatrix}$$

$$\{d\varepsilon_{ij}^{ve}\} = \frac{1}{E_1}[A](1 - e^{\eta_e dt})\{d\sigma'\} \tag{6-5-32}$$

$\eta_e = E_1/K_e$；

E_1——Kelvin 体粘弹性模量；

K_e——粘滞系数；

$$\{d\varepsilon_{ij}^{vp}\} = K_p\left\{\Phi\left(\frac{F}{F_0}\right)\right\}\frac{\partial Q}{\partial \sigma_{ij}} \tag{6-5-33}$$

K_p——粘塑性系数；

Q——粘塑性势；

σ_{ij}——应力张量；

F——屈服函数；

F_0——使比值 F/F_0 无量纲化的参考值；

$\left\{\Phi\left(\frac{F}{F_0}\right)\right\}$——开关函数，定义为

$$\left\{\Phi\left(\frac{F}{F_0}\right)\right\} = \begin{cases} \Phi\left(\frac{F}{F_0}\right) & \Phi\left(\frac{F}{F_0}\right) > 0 \\ 0 & \Phi\left(\frac{F}{F_0}\right) \leqslant 0 \end{cases} \tag{6-5-34}$$

引入双屈服面本构方程，并假定材料服从相关联流动法则 $Q=F$，则黏塑性应变增量为

$$\{d\varepsilon_{ij}^{vp}\} = dt\,\frac{1}{K_p}\left[\left\{\Phi\left(\frac{F_1}{F_{10}}\right)\right\}\left\{\frac{\partial F_1}{\partial F_{10}}\right\}^{T}\left\{\frac{\partial F_1}{\partial F_{10}}\right\} + \left\{\Phi\left(\frac{F_2}{F_{20}}\right)\right\}\left\{\frac{\partial F_2}{\partial F_{20}}\right\}^{T}\left\{\frac{\partial F_2}{\partial F_{20}}\right\}\right] \tag{6-5-35}$$

式中：　F_1、F_2——第一、第二屈服函数，分别与土体的压缩、膨胀相联系：

$$F_1 = p + \frac{q^2}{M_1^2(p+p_r)-q} - \frac{h\varepsilon_v^P}{1-m\varepsilon_v^P}p_a \tag{6-5-36}$$

$$F_2 = \frac{aq}{G}\sqrt{\frac{q}{M_2(p+p_r)-q}} - \varepsilon_s^P \tag{6-5-37}$$

ε_v^P——塑性体积应变硬化参数；

ε_s^P——塑性偏应变硬化参数；

p_a——初始应力；

p、q——正应力和剪应力，$p_r = C\cdot\cot\varphi$；

G——弹性剪切模量，$G = k_G p_a (p/p_a)^n$；

M_1, M_2, h, m, a——模型参数。

将式(6-5-31)、式(6-5-32)、式(6-5-35)带入式(6-5-30)，可求得粘弹塑性应变增量为

$$\{d\varepsilon_{ij}\} = \frac{1}{E_0}[A]\{\sigma'\} + \frac{1}{E_1}[A](1-e^{\eta_e dt})\{\sigma'\} + dt\,\frac{1}{K_p}$$

$$\times\left[\left\{\Phi\left(\frac{F_1}{F_{10}}\right)\right\}\left\{\frac{\partial F_1}{\partial F_{10}}\right\}^{T}\left\{\frac{\partial F_1}{\partial F_{10}}\right\} + \left\{\Phi\left(\frac{F_2}{F_{20}}\right)\right\}\left\{\frac{\partial F_2}{\partial F_{20}}\right\}^{T}\left\{\frac{\partial F_2}{\partial F_{20}}\right\}\right] \tag{6-5-38}$$

以上就是软土的粘弹塑性本构模型。

5.3.4　粘弹塑性-固结耦合理论

针对上海地区软粘土孔隙比大、含水量高、压缩性强、流变特性明显的特点，以 Biot 固结理论为基础，推导出了三维的黏弹塑性固结有限元方程。

(1)有限元总体平衡方程

土体的有效应力原理可表示为

$$\{\sigma\} = \{\sigma'\} + [M]\{u\} \tag{6-5-39}$$

式中：$\{\sigma\}$——总应力，$\{\sigma\}=\{\sigma_x,\sigma_y,\sigma_z,\tau_{xy},\tau_{yx},\tau_{zx}\}$；

$\{\sigma'\}$——有效应力；

$$[M]=[1,1,1,0,0,0]^T;$$

$\{u\}$——超孔隙水压力，$\{u\}=\{u,u,u,0,0,0\}$。

由修正的 Koumanura-Huang 模型，总应变可由下式表示：

$$\{\varepsilon\} = \{\varepsilon^e\} + \{\varepsilon^{ve}\} + \{\varepsilon^{vp}\} \tag{6-5-40}$$

式中：$\{\varepsilon^e\}$——瞬时弹性应变；

$\{\varepsilon^{ve}\}$——粘弹性应变；

$\{\varepsilon^{vp}\}$——粘塑性应变。

对于三维土体，如果采用八节点六面体等参单元，取节点位移 w_x、w_y、w_z 和节点孔隙压力 u 为基本未知量，有

$$\{w_x,w_y,w_z\}^T = [N]\{\delta\}^e \tag{6-5-41}$$

$$u = [N']\{u\}^e \tag{6-5-42}$$

则，$\{u\} = [M]u = [M][N']\{u\}^e$

式中： $[N] = [IN_1,IN_2,\cdots,IN_8]$，$[N'] = [N_1,N_2,\cdots,N_8]$

$N_1 = (1-\xi)(1+\eta)(1-\zeta)/8$，$N_2 = (1-\xi)(1-\eta)(1+\zeta)/8$

$N_3 = (1+\xi)(1-\eta)(1+\zeta)/8$，$N_4 = (1+\xi)(1-\eta)(1-\zeta)/8$

$N_5 = (1-\xi)(1+\eta)(1-\zeta)/8$，$N_6 = (1-\xi)(1+\eta)(1+\zeta)/8$

$N_7 = (1+\xi)(1+\eta)(1+\zeta)/8$，$N_8 = (1+\xi)(1+\eta)(1-\zeta)/8$

I——3×3 的单位矩阵；

$\{\delta\}^e$——单元的节点位移；

$\{u\}^e$——单元的节点超孔隙压力。

物理方程及几何方程为

$$\{\sigma'\} = [D]\{\varepsilon^e\} = [D](\{\varepsilon\} - \{\varepsilon^{ve}\} - \{\varepsilon^{vp}\}) \tag{6-5-43}$$

$$\{\varepsilon\} = [B]\{\delta\}^e \tag{6-5-44}$$

式中：$[B] = [B_1,B_2,\cdots,B_8]$，$[B_i] = \begin{bmatrix} \frac{\partial N_i}{\partial x} & 0 & 0 \\ 0 & \frac{\partial N_i}{\partial y} & 0 \\ 0 & 0 & \frac{\partial N_i}{\partial z} \\ \frac{\partial N_i}{\partial y} & \frac{\partial N_i}{\partial x} & 0 \\ 0 & \frac{\partial N_i}{\partial z} & \frac{\partial N_i}{\partial y} \\ \frac{\partial N_i}{\partial z} & 0 & \frac{\partial N_i}{\partial x} \end{bmatrix}$

由虚位移原理可推得单元 e 的节点力向量为

$$\{F\}^e=\iiint_e [B]^T\{\sigma\}dV \tag{6-5-45}$$

将式(6-5-40)～(6-5-44)代入得：

$$\{F\}^e=\iiint_e [B]^T[D]([B]\{\delta\}^e-\{\varepsilon^{ve}\}-\{\varepsilon^{vp}\})dV+\iiint_e [B]^T[M][N']dV\{u\}^e$$

令
$$[\bar{k}]=\iiint_e [B]^T[D][B]dV,[k']=\iiint_e [B]^T[M][N']dV$$

$$\{F^{ve}\}^e=\iiint_e [B]^T[D]\{\varepsilon^{ve}\}dV,\{F^{vp}\}^e=\iiint_e [B]^T[D]\{\varepsilon^{vp}\}dV$$

上式可改写成：

$$[\bar{k}]\{\delta\}^e+[k'][u]^e=\{F\}^e+\{F^{ve}\}^e+\{F^{ve}\}^e \tag{6-5-46}$$

式中：$\{F^{ve}\}^e$、$\{F^{vp}\}^e$——弹性流变、粘塑性流变产生的单元虚拟结点力。

将各个单元平衡式集合成总体平衡方程，并写成增量形式，可得

$$[\bar{K}]\{\Delta\delta\}+[K'][\Delta u]=\{\Delta R\}+\{\Delta F_t^{ve}\}+\{\Delta F_t^{vp}\} \tag{6-5-47}$$

式中：$[\bar{K}]=\sum_e\iiint_e [B]^T[D][B]dV,[K']=\sum_e\iiint_e [B]^T[M][N']dV$

$\{\Delta R\}$——在当前时步内由自重、水土压力、地面超载等外荷引起的结点荷载增量。

(2)有限元连续方程

根据达西定律，Δt 时间内流出(入)单元节点 i 领域的流量为

$$\Delta Q_i=-\frac{\Delta t}{\gamma_w}\iiint_e\left[K_x\frac{\partial N_i}{\partial x}+K_y\frac{\partial N_i}{\partial y}+K_z\frac{\partial N_i}{\partial z}\right]\{q_x,q_y,q_z\}^T dV \tag{6-5-48}$$

对单元各节点均列出上式，变换后得：

$$\{\Delta Q\}=-\frac{\Delta t}{\gamma_w}\iiint_e\left(K_x\left\{\frac{\partial N'}{\partial x}\right\}\left\{\frac{\partial N'}{\partial t}\right\}^T+K_y\left\{\frac{\partial N'}{\partial y}\right\}\left\{\frac{\partial N'}{\partial y}\right\}^T+K_z\left\{\frac{\partial N'}{\partial z}\right\}\left\{\frac{\partial N'}{\partial z}\right\}^T\right) \tag{6-5-49}$$

$$dV\{\Delta u\}^e=[\tilde{k}]\{\Delta u\}^e$$

式中：$[\tilde{k}]=-\frac{\Delta t}{\gamma_w}\iiint_e\left(K_x\left\{\frac{\partial N'}{\partial x}\right\}\left\{\frac{\partial N'}{\partial t}\right\}^T+K_y\left\{\frac{\partial N'}{\partial y}\right\}\left\{\frac{\partial N'}{\partial y}\right\}^T+K_z\left\{\frac{\partial N'}{\partial z}\right\}\left\{\frac{\partial N'}{\partial z}\right\}^T\right)dV$

Δt 时间内单元节点 i 领域的体积缩小(膨大)量为

$$\Delta V_i=\iiint_e \Delta\varepsilon_v N_i dV \tag{6-5-50}$$

把几何方程的增量形式 $\Delta\varepsilon_v=\{M\}^T[B]\{\Delta\delta\}^e$ 代入上式后给出：

$$\Delta V_i=\iiint_e N_i\{M\}^T[B]dV\{\Delta\delta\}^e \tag{6-5-51}$$

对单元各节点则有

$$\Delta V=[k'']\{\Delta\delta\}^e \tag{6-5-52}$$

式中：$[k'']=\iiint_e [N]\{M\}^T[B]dV$

对于饱和土体有

$$\{\Delta Q\}+\{\Delta V\}=0 \tag{6-5-53}$$

即 $$[k'']\{\Delta\delta\}^{e}+[\tilde{k}]\{\Delta u\}^{e}=0$$

对于所有单元均列出此方程，可以写出：

$$[K'']\{\Delta\delta\}+[\tilde{K}]\{\Delta u\}=0 \tag{6-5-54}$$

式中：$[K'']=\sum_{e}\iiint_{e}[N]\{M\}^{\mathrm{T}}[B]\mathrm{d}V$，

$$[\tilde{K}]=\sum_{e}-\frac{\Delta t}{\gamma_{\mathrm{w}}}\iiint_{e}\left(K_{\mathrm{x}}\left\{\frac{\partial N'}{\partial x}\right\}\left\{\frac{\partial N'}{\partial t}\right\}^{\mathrm{T}}+K_{\mathrm{y}}\left\{\frac{\partial N'}{\partial y}\right\}\left\{\frac{\partial N'}{\partial y}\right\}^{\mathrm{T}}+K_{\mathrm{z}}\left\{\frac{\partial N'}{\partial z}\right\}\left\{\frac{\partial N'}{\partial z}\right\}^{\mathrm{T}}\right)\mathrm{d}V$$

综合式(6-5-48)、式(6-5-55)得三维粘弹塑性比奥固结有限元方程为

$$\begin{bmatrix}\bar{K} & K' \\ K'' & \tilde{K}\end{bmatrix}\begin{Bmatrix}\Delta\delta \\ \Delta u\end{Bmatrix}=\begin{Bmatrix}\Delta R+\Delta F_{\mathrm{t}}^{\mathrm{ve}}+\Delta F_{\mathrm{t}}^{\mathrm{vp}} \\ 0\end{Bmatrix} \tag{6-5-55}$$

因为$[K'']=[K']^{\mathrm{T}}$，所以式(6-5-53)是一个对称方程组。

第6节　密集高层建筑群诱发地面沉降机理与防治

6.1　软土地面沉降的机理分析

在地面沉降问题的研究中，沉降的机理研究占有重要的地位，它为沉降预测和沉降控制提供了必要的理论和前提条件。土层在外荷载作用下的压缩变形可用太沙基的有效应力原理来解释。对于上海浅层存在的砂性土和软粘土又表现出不同的压缩特性，在本章中将分别介绍相关的变形机理及理论研究。

6.1.1　瞬时沉降

(1)有效应力原理

土是由松散颗粒组成的凝聚体，土中的孔隙被均质的液体所填充。与固体土颗粒相比，液体的可压缩性较小，通常忽略不计，而固体土颗粒本身几乎不可压缩，因此土的变形便主要是颗粒间的相对滑移和颗粒排列组合的变化，由此导致孔隙率的变化。

在饱和土中，外界荷载由固体颗粒与液体共同传递。设总应力张量(被认为是作用在充分多的颗粒上的平均值)为σ_{ij}，而孔隙水压力为u，则总应力可以分解为两部分：一部分相应于作用土颗粒上的应力，称为有效应力σ'；另一部分则相应于孔隙水压力$u\delta_{\mathrm{ij}}$。

介质的总压缩可由下式定义：

$$\Delta V=-\beta\cdot\Delta\sigma\cdot V \tag{6-6-1}$$

式中：ΔV——总体积变化；

$\Delta\sigma$——总应力的变化；

V——初始体积；

β——总压缩系数。

太沙基的有效应力原理可表达为

$$\sigma_{\mathrm{ij}}=\sigma'_{\mathrm{ij}}+\left(1-\frac{\beta_{\mathrm{s}}}{\beta}\right)u\delta_{\mathrm{ij}} \tag{6-6-2}$$

式中：β_{s}——固体颗粒变形系数；

β——介质总系数。

大部分天然土的$\frac{\beta_{\mathrm{s}}}{\beta}$值是极小的，太沙基的有效应力原理可以进一步表达为

$$\sigma_{ij} = \sigma'_{ij} + u\delta_{ij} \tag{6-6-3}$$

使用太沙基的有效应力概念，可以方便地描述土颗粒骨架的变形。土层的变形是由有效应力引起的，外荷载转化为土层中有效应力，从而引起土层的变形。不同土层有效应力的转化历程不同，沙土渗透性大，其固结稳定所经历的时间较短，可以认为在外荷施加完毕时，其固结变形已基本完成；饱和软粘土渗透性小，完全固结所需的时间相对较长。

(2)砂性土的压缩变形

在外荷载作用下，砂层主要是由于颗粒重新排列、滑动以及接触点调整产生一定的变形或挤碎而发生压缩，但这种压缩量较小，表现为弹性，其压缩变形可用弹性公式表达如下：

$$s = \frac{p}{E}H \tag{6-6-4}$$

式中：p——作用于沙层的荷载；

E——沙层的压缩模量；

H——沙层的厚度。

6.1.2　主固结沉降

粘土的沉降通常包括 3 部分，即瞬时沉降、固结沉降与次固结沉降。有关监测资料显示，上海的软粘土在外荷载作用下的瞬时沉降只占到总沉降量的 10%～30%，可见固结沉降与次固结沉降是软粘土沉降的主要组成部分。

粘土的固结过程可以用图 6-6-1 所示的弹簧—活塞—水模型来表示，以弹簧模拟土骨架，水相当于土孔隙中的水。荷载开始全部由土中的水承担，随着孔隙介质压缩和孔隙水的排出使孔隙体积减小，土粒间相互错动和滑移使土颗粒重新排列，外力逐渐转为由土骨架承担，直到全部由土骨架承担为止，从而形成土体的固结变形。上海浅层软土微结构类型以絮凝结构为主，其特点是颗粒接触不紧密，孔隙小且连通性差，孔隙水不易排出，因此固结速率慢，这也是上海浅层粘土持续微沉的主要内因。

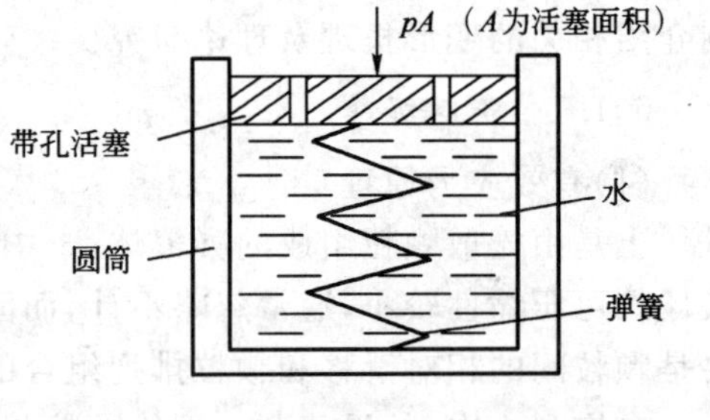

图 6-6-1　弹簧—活塞—水模型

6.1.3　次固结沉降

由于孔隙水的排出量是有限的，在恒定荷载作用下，土体在固结完成后，变形仍不断增大，孔隙水的排出量却很小，可以认为，这时所发生的主要是土体的次固结变形。有关试验成果表明，上海淤泥质粘土的次固结量可达到主固结量的 1～2 倍，因而次固结变形在软土的总体变形中是不可忽视的。

土体次固结变形的机理至今尚未取得一致意见。陈宗基(1958)认为造成次固结变形时间效应的机械作用有两个主要过程，即因剪应力而产生的滞流和因静水压力而产生的体积蠕变。由这两个过程而产生的时间效应还可受第三过程的影响，即在上述两个过程中产生的土骨架硬化，所有这些过程对时间效应的产生都起着重要的作用，其影响程度还与土骨架本身性质、外荷载的大小及土层边界条件有关。

谢宁、孙钧(1996)通过上海地区 3 种典型饱和软粘土—淤泥质粘土、褐黄色粉质粘土和暗绿色粉质粘土进行的流变试验，发现上海地区不同类型土蠕变特性有相同之处和不同之处(图 6-6-2)。

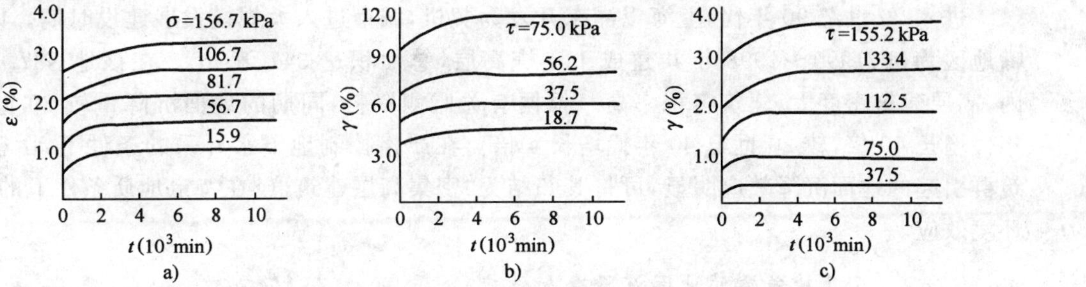

图 6-6-2　室内流变试验结果(据谢宁、孙钧，1996)

a)淤泥质粘土；b)褐黄色粉质粘土；c)暗绿色粉质粘土

不同类型土蠕变特性的相同之处表现为在一定应力水平下都会产生蠕变，应力水平较低时只出现第 I 阶段衰减稳定蠕变；应力水平较高时同时出现第 II 阶段和第 III 阶段非稳定等速蠕变；应力水平很高时变形急剧增加，土样很快出现破坏，历时很短。

不同类型土蠕变特性的不同之处主要表现在以下方面：

(1)对于不同类型土，作为划分衰减稳定蠕变和非稳定蠕变的临界应力水平是不同的，即划分低、高应力水平的标准不同。

(2)暗绿色粉质粘土在不是非常高的应力水平下的蠕变一般都是衰减稳定的，即流变特性较不显著，而淤泥质粘土不仅蠕变变形在每级应力水平下较大，而且蠕变曲线形式随应力水平的变化比较剧烈，因而其流变特性最显著。

进一步研究 3 种土的应力-应变等时曲线(图 6-6-3)，其中褐黄色粉质粘土的应力-应变等时曲线近似为一簇折线，而淤泥质粘土和暗绿色粉质粘土的应力-应变曲线则为一簇曲线，所以淤泥质粘土和暗绿色粉质粘土的流变具有非线性，褐黄色粉质粘土的流变近似为线性。另外，在它们的应力-应变等时曲线上有一较明显的拐点或转折点，可以认为与此转折点所对应的应力水平即为屈服应力，当应力水平小于此屈服应力时土体为粘弹性体，大于时为粘塑性体。3 种土的屈服应力都较小，屈服应力水平下的应力-应变等时曲线近似为一簇直线，所以土体粘弹性阶段近似是线性的，且很短，较快地进入粘塑性阶段，粘塑性应变占主要部分。

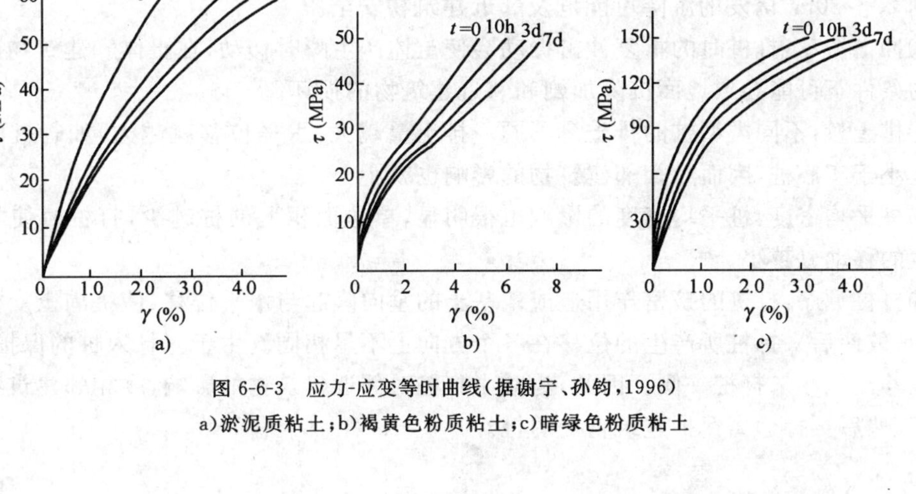

图 6-6-3　应力-应变等时曲线(据谢宁、孙钧，1996)

a)淤泥质粘土；b)褐黄色粉质粘土；c)暗绿色粉质粘土

6.2 密集高层建筑群诱发地面沉降的工程环境效应分析

进入20世纪90年代，上海以浦东开发为契机，城市进入大规模发展建设时期。以陆家嘴地区为例，1990～1998年共建成114栋高层，总面积达347万m^2。在该地区7.37km^2内，高层建筑密度大，建筑容积率高。根据有关监测资料，同期的地面沉降量较20世纪70年代增长40倍，较20世纪80年代增长4倍。在严格控制地下水开采的条件下，由密集建筑群引起的地面沉降效应明显，可将其归结为“密集高层建筑群”在特定地质条件下的“工程环境效应”。

6.2.1 密集建筑群的地面沉降叠加效应

建筑物基底的附加应力不仅发生在基础之下，而且会在基础以外相当大范围内扩散分布，因此当建筑物相距较近时，附加应力的叠加效应就十分明显，与单一建筑引起的地面沉降相比，密集建筑群周边的地面沉降存在明显叠加效应。如上海青年会大楼建成于1931年，是优秀的近代建筑，被列为上海市文物保护单位，是全国现存唯一一幢有基督教背景的大型建筑。然而，该建筑却因与大楼相距仅13m一幢某公司大厦的施工扰动了土层，很快出现了墙体裂缝、大楼内地板拱起，大楼地面的裂缝每几天就要增加一条，监测结果显示，大楼在8天里竟沉降了约1mm。

目前，上海地面沉降的原因主要归结于地下水的开采、高层建筑和市政重大项目建设的影响。但在地下水开采限制严格的高层建筑密集区，密集建筑群对地面沉降的影响远大于地下水开采。

6.2.2 密集建筑基础施工对周边环境的影响

高层建筑基础施工包括桩基施工、深基坑施工及井点降水，对于密集的密集建筑群，基础施工不仅会对周围的地面沉降造成影响，还会影响邻近的建筑、管线。当多个建筑物同时施工时，在叠加效应作用下，还会造成地层变形过大，诱发工程事故等。

(1)桩基施工的影响

打桩会造成周围土体的移动，主要与桩型、地层、打桩方法、桩间距、沉桩顺序有关。

①固结沉降：在软土中打桩，桩周土体中原有的平衡被打破，产生较高的超孔隙水压力。超孔隙水压力消散过程中会使土体产生固结沉降，软土中的长桩在水平方向上的影响有时可达到20～30m，诱发的沉降可能危及邻近建筑物安全。

②冲击振动：打桩时的重复冲击振动会使土体产生瞬时移动，在土体和建筑物产生共振反应的条件下可能导致地面沉降加剧和邻近建筑物的损坏。

③排土量：不同类型桩的排土量不同。排土量越大，水平位移就越大，如管桩的排土量就远远小于实心桩，因而对相邻建筑物的影响也就小。

④桩平均密度：桩平均密度的影响也很明显，单位面积上的桩越少，打桩时使相邻建筑物产生的移动也越小。

⑤打桩顺序：打桩的挤密作用造成地基土的垂向隆起与水平位移，使桩周土变得更加密实坚硬，致使后来打桩所产生的位移在各个方向上不尽相同。由于先打入桩的保护作用，较大的位移出现在未打桩一侧。因此，为减小打桩对邻近建筑物的影响，靠相邻建筑物的桩应先施工，然后再打远离保护建筑物处的桩。

(2)深基坑施工的影响

据统计，上海高层建筑基坑深度一般在10m左右，个别会达到20～30m，其影响的范围较大。开挖时，基坑附近的土体产生侧移和沉降，影响附近建(构)筑物的安全。高压缩性软土所产生的最大位移和沉降通常为开挖深度的1%～2%，如围护结构底部失稳，则位移更大，会造成2～3倍开挖深度以远的地面产生较大的沉降。

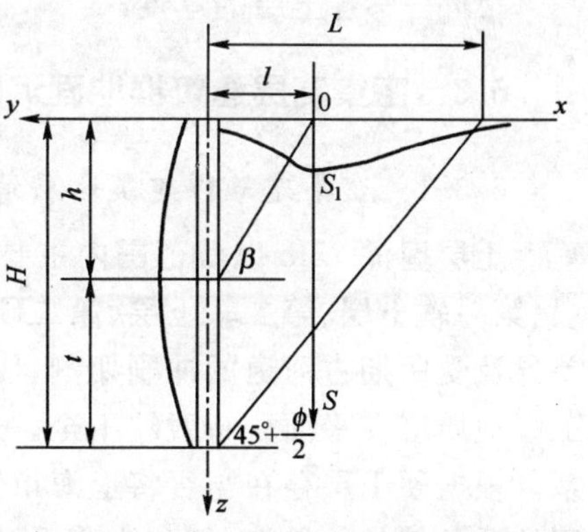

图 6-6-4　深开挖引起的地面沉降

设基坑宽度为B，开挖深度为h，挡墙深度为H，如图6-6-4所示。经过大量现场实测和统计分析，有支撑挡墙侧向位移曲线可用抛物线拟合。基坑开挖产生的地面沉降通常在距坑边一定距离l处达到最大下沉值S_1。

地面沉降范围L可用下式计算：

$$L = H\tan\left(45° - \frac{\varphi}{2}\right) \tag{6-6-5}$$

沉降曲线形态可用正态分布密度函数来描述。以最大下沉点O为坐标原点，则沉降可用下式表示：

$$S(x) = S_1 e^{-\eta\left(\frac{x}{r}\right)^2} \tag{6-6-6}$$

式中：S_1——最大下沉值，mm；

r——下沉盆地主要影响半径，m，$r=\eta(L-l)$；

η——主要影响半径系数，一般$\varphi\leqslant10°$，取1.1；$\varphi>10°$取1.2。

(3)井点降水的影响

上海地区地下水位埋藏较浅，基坑开挖困难，必须降低地下水位。在软弱土层中降水，减小了地下水的浮托力，等于在土层中增加了附加荷载，土体产生固结、压缩，并在降水影响半径范围内诱发地面沉降，影响邻近建筑、管线等，严重时还可能出现塌方、流沙和管涌等。

基坑降水的影响半径通常用库萨金的公式进行估算：

$$R = 2S_K\sqrt{Kh_0} \tag{6-6-7}$$

式中：R——降水漏斗半径；

S_K——降水漏斗深度；

K——土层渗透系数；

h_0——初始地下水的深度。

在无大量细颗粒被地下水带走的情况下，基坑降水诱发周边地面沉降可用分层总和法进行计算：

$$S_\infty = \sum_{i=1}^{n}\frac{a_{i(1-2)}}{1+e_{0i}}\Delta P_i\Delta h_i \tag{6-6-8}$$

式中：S_∞——地面最终沉降量；

$a_{i(1-2)}$——各土层的压缩系数；

e_{0i}——各土层的初始孔隙比；

ΔP_i——各土层因降水产生的附加应力；

Δh_i——各土层的厚度。

6.3 密集高层建筑群地面沉降防治措施

6.3.1 密集建筑群建筑地层结构分区

土层埋深75m以浅范围内主要分布有9个工程地质层，即表土层、第一砂层、第一硬土层、第一软土层、第二软土层、第二硬土层、第二沙层、第二软土层、第三沙层。由于沉积环境差异及受后期古河道的冲刷切割，使其岩性和岩相在水平和垂直方向上变化较大，导致某些工程地质层在平面分布残缺不全。这样，在不同的地区，就有不同工程地质层的排列组合关系。根据硬土层存在与否将上海市地层分为3大结构类型。在同一结构类型中，又按其工程地质条件的差异性，细分为若干结构亚类，具体为：

(1)存在第一、二硬土层的工程地质结构类型(A区)，其中分为3个亚类：

A_1:7个工程地质层组成的结构亚类(表土层、第一硬土层、第一软土层、第二软土层、第二硬土层、第三软土层和第三沙层)。

A_2:8个工程地质层组成的结构亚类(表土层、第一硬土层、第一软土层、第二软土层、第二硬土层、第二沙层、第三软土层和第三沙层)。

A_3:9个工程地质层组成的结构亚类(表土层、第一沙层、第一硬土层、第一软土层、第二软土层、第二硬土层、第二沙层、第三软土层和第三沙层)。

(2)缺失第一硬土层、存在第二硬土层的工程地质结构类型(B区)，其中也分为3个亚类：

B_1:6个工程地质层组成的结构亚类(表土层、第一软土层、第二软土层、第二硬土层、第二沙层和第三沙层)。

B_2:7个工程地质层组成的结构亚类(表土层、第一软土层、第二软土层、第二硬土层、第二沙层、第三软土层和第三沙层)。

B_3:8个工程地质层组成的结构亚类(表土层、第一沙层、第一软土层、第二软土层、第二硬土层、第二沙层、第三层软土层和第三沙层)。

(3)缺失缺第一、二硬土层的工程地质结构类型(C区)，其中也分为3个亚类：

C_1:4个工程地质层组成的结构亚类(表土层、第一软土层、第二软土层、第二沙层和第三沙层沟通区)。

C_2:5个工程地质层组成的结构亚类(表土层、第一沙层、第一软土层、第二软土层和第三沙层)。

C_3:7个工程地质层组成的结构亚类(表土层、第一沙层、第一软土层、第二软土层、第二沙层、第三层软土层和第三沙层)。

针对不同的地层结构进行分区，为密集建筑群诱发地面沉降防治的工程措施和规划管理措施提供了地质背景依据。

6.3.2 密集建筑群诱发地面沉降防治的工程措施

(1)浅层高压缩性土加固与改良

针对上海密集建筑群分布区典型地层和建筑群的典型特征，采用排水固结(堆载预压、真空预压、堆载-真空联合预压)、水泥土搅拌、高压旋喷等方法提高以第④层淤泥质粘土为代表的浅层高压缩性土的变形模量，分析不同方法控制地面沉降的效果及适用性，通过优化达到地面沉降控制的目的。

(2)复合地基-控制沉降

针对上海密集建筑群分布区典型地层和建筑群的特征，制定以长短桩为代表的复合地基控制地面沉降的处理措施。在长短桩复合地基中，长桩的主要作用是将荷载通过桩身向地基深处传递，减小压缩土层的变形，同时对柔性短桩起到“护桩”作用，并与长桩一起抑制地基周围土体的变形与隆起。

(3)优化建筑群基础持力层及基础传力方式

针对上海密集建筑群分布区典型地层和建筑群的典型特征，采用“减沉桩”设计理念，按基础的沉降量及其对周边地面沉降的影响来确定桩基参数(桩长、桩数等)。分析浅基础、浅层的摩擦桩、疏桩-筏板复合基础、第⑥⑦⑨层的端承桩、摩擦桩、端承-摩擦桩等对地面沉降的控制效果，进而针对不同地质条件和建筑群特征，给出控制地面沉降的基础形式的建议。

(4)优化建筑容积率及建筑群荷载平面布置方式

针对软土地区密集建筑群分布区典型地层和建筑群的典型特征，概化出不同的建筑群平面布置形式、建筑容积率、建筑荷重特征以及高层-多层组合形式，分析建筑容积率及建筑群荷载平面布置方式对地面沉降的影响，给出对控制地面沉降有利的建筑布置形式、建筑物间距、轻重荷载组合方式以及建筑容积率等。

6.3.3 密集建筑群诱发地面沉降防治的规划与管理措施

(1)地面沉降风险性研究

对软土地区密集建筑群诱发地面沉降进行风险性评估，按照可能造成损失的大小以及后果的严重程度，给出治理的优先次序。

(2)地面沉降控制规划对策研究

对于软土地区拟建的工程，在规划方面进行研究。在工程地质条件良好部位选址，充分考虑不同工程诱发地面沉降的风险性，在大型工程规划阶段进行工程诱发地面沉降的系统评价，分析区域性地面沉降的尺度效应，给出小区控制工程措施对宏观区域性地面沉降的影响，并将其作为工程立项的必要环节。

(3)地面沉降全过程控制管理对策研究

为控制软土地区工程建设诱发地面沉降，应实现规划、设计、施工和运营中地面沉降的全过程参与和控制，将沉降控制工作落实到工程建设规划、设计、施工和运营的审批和决策环节中，按照已有的经验和国内外最新的研究成果，制定预案，严格采用合适的工法和预处理措施，加强监测工作，防患于未然。

(4)地面沉降控制对策实施研究

对于已经发生工程性沉降的地区，根据已有的经验、国内外最新的研究成果和地面沉降控制指标，按照工程诱发地面沉降模式的不同，给出可选的治理措施，分析治理措施的可行性和技术经济指标，对防治措施进行选择和优化，给出切实可行的技术性治理对策和实施大纲。对于已经采取治理措施的区域，进行跟踪监测，分析实施效果，积累相关经验。

第7章 软土地区浅部地层中沼气工程地质灾害与防治

第1节 概 述

随着我国经济建设步伐的加快，科技生产力和工业化水平不断提高，城市化进程加快，大量的农业人口涌向城市，加上城市原有人口的自身增长以及城市各产业的快速发展，城市日益拥挤，开拓新的城市空间迫在眉睫。由于土地资源的紧张，城市建筑向高空和地下发展已成为必然的选择。目前，我国许多城市正在大规模开发利用地下空间，如修建地铁、地下商城、地下车库等等，取得了许多成功的经验。然而，在开发利用地下空间的过程中也遇到了许多棘手的问题，如软土地区浅部地层中的沼气灾害就是其中之一。

浅层沼气对地下工程的影响主要有以下3方面：

①浅层沼气的存在会增加地下工程施工的难度，威胁施工人员的安全，影响施工的质量，严重时会造成停工、建筑物损毁、人员伤亡等事故；

②在已建成的建筑物下部若有浅层沼气存在，一旦沼气释放，会引起建筑物周围土体失稳，对建筑物造成毁灭性的破坏；

③若沼气泄漏进入地下建筑中，当达到一定浓度时将威胁建筑物中人员的生命安全。

国内外有关浅层沼气方面的研究主要集中在浅层沼气的分布、开采和利用等方面，而关于浅层沼气对含气层工程性质影响机理方面研究的文献非常少。Wheeler 等人 1989 年发表了有关海相沉积土中含有体积较大的沼气泡时土体抗剪特性的研究论文，研究的沼气泡孤立地存在于海洋沉积土中，体积以毫米度量，而本章介绍的是含气层，气体连续，气量大的地层。

浅层沼气的赋存、释放与土体的变形密切相关，沼气的释放必然引起土体的压缩。国外对土体固结理论的研究主要分为饱和土和非饱和土两大部分，前者已有比较成熟的理论。后者的研究开始于 20 世纪 60 年代，目前尚无完善的理论，已有的研究大致可分为3类：

①从 Biot 固结理论出发，只考虑孔隙水的运动，将土骨架位移与孔隙水压力耦合起来求解，这种尝试最大的不足在于没有考虑孔隙气运动的影响。

②从 Terzarghi 固结理论出发，同时考虑孔隙水和孔隙气的运动，最后归结为联合求解孔隙水压和孔隙气压的消散方程，这类方法最大的优点在于，它放弃了有异议的有效应力原理，代之以两个独立的应力状态变量外加应力(σ-u_a)和吸力(u_a-u_w)来建立非饱和土各相(固、水、气)的体应变本构方程。但是，该类方程缺点也很突出，首先为了导出孔隙压力消散

方程，采用了过多的、与实际不符的简化假设，因而理论上的适用范围不大；其次，为求解孔隙压力消散方程所必须建立的孔隙水相体应变本构方程，目前难以解决，故这类方法实用意义不大。

③从非饱和土孔隙水相和孔隙气相的质量守恒方程出发，引用 Matyas 和 Radhakrishna 土体孔隙比 e 状态方程和饱和度 S 状态方程作为补充方程，将它们联合求解。此类方法实质是第二类方法的修正，只是它放弃了 Fredlund 等人过多的简化假设，力求做到数学上的严密。然而，就目前的试验技术而言，要在较长时间内精确地测出该方法所必需的瞬时饱和度值和瞬时孔隙水相体积的变化，还存在许多困难。因此，这类方法的实用价值又不大。由此可见，国外非饱和土体研究对象主要是非饱和带土，土中的气体未形成封闭气藏，孔隙气压力不大甚至是负压力。至于含高压封闭气藏的土层在气体释放后再固结问题的研究目前尚未见到。

上海市是我国沿海地区最早发现浅层沼气的城市，上海市地质勘察局等单位于 20 世纪五六十年代对上海地区的浅层沼气资源分布情况做了大量的调查工作，其成果为进行地质灾害分区提供了翔实的参考材料。近年来，随着地下工程的增多，相关的生产和科研单位对浅层沼气地质灾害有了一定的认识。浅层沼气广泛分布，主要赋存于第四系浅海相沉积层中。上海地区共有 3 个稳定的含沼气层位：第一层埋深 12.0～25.0m，该层对地下工程的影响最大；第二层埋深一般在 30.0m 以下，第三层埋深一般在 50.0m 以下，这两层由于埋深较大，对一般的地下工程影响不大。

第 2 节　浅层沼气产出特征

软土在沿海地区广泛分布，而沿海城市是我国经济发展最快的地区，在这些地区开发利用地下空间的步伐正日益加快。为了消除或减轻浅层沼气地质灾害对地下工程的影响，保证地下工程的施工和运营，有必要对浅层沼气地质灾害进行深入的研究。1958 年 10 月，在上海市浦东六里桥钻孔时发生气喷，首次在上海市发现浅层沼气。自那以后，上海市地质勘察局等有关单位于 1958～1960 年先后在川沙、上海、奉贤、南汇、宝山、嘉定、青浦等县，开展了普查、详查和部分含气层剖面测量工作，对上海地区浅层沼气的分布情况有了比较全面的了解，但当时的调查是出于资源开发利用的目的而进行的。近年来，随着经济的迅猛发展，上海市地下工程及高层建筑(深基础)逐渐增多，浅层沼气引起的工程事故也相应增加，有必要从地质灾害的角度重新考虑上海地区的浅层沼气问题。

2.1　含沼气地层的工程地质与水文地质条件

以上海市合流污水排放口为例，从工程地质、水文地质角度对上海市合流污水排放口(9.1 标段)的地质条件、沼气特征进行研究。在含有沼气的软土层中采用盾构法施工隧道，在全国市政工程建设中尚属首例，国际上也不多见，成功通过含沼气的软土地层是隧道施工技术难题之一。

(1)土层的主要物理指标及渗透性

隧道推进时，沿隧道轴线方向可遇到 3 套地层，各层土的渗透性及主要物理指标见表 7-2-1。

各层土的渗透性及主要物理指标　　表 7-2-1

层次	土　名	天然含水量(%)	孔隙比	平均渗透系数(cm/s)
③	粉质粘土与粉砂互层	28.0～29.2	0.81～0.94	5.32×10^{-6}～38.3×10^{-7}
④	淤泥质粘土夹薄层粉砂	45.1～55.7	1.31	9.55×10^{-5}
$⑤_{-2}$	粉砂	29.3	0.87	3.60×10^{-5}

(2)水文地质条件

根据地质勘察资料分析,9.1 标段除淤泥质粘土层为隔水层之外,其上、下均为含水层,上部属潜水含水层,下部则为承压含水层,承压含水层的水头压力在 0.15MPa 左右,涌水量为 $2.97m^3/d$,抽水影响半径为 15.26m。由于作为隔水层的淤泥质粘土层厚度较大,透水性能极差,故上部的潜水含水层与下部的承压含水层之间无水力联系。淤泥质粘土层以下的粉砂层因其粘土颗粒含量较多,此层的渗透系数不大,静水位变化也很小。本层重要的特征是:既是含水层,又是本区的主要含沼气地层,并具有水、气混合的特点。

2.2　沼气的成因、成分

上海市合流污水排放口 9.1 标段位于长江和黄浦江交汇处的入海口。自明代以来,由于长江水流侧向对江岸的侵蚀作用,附近的江岸不断坍塌,使岸边大量的芦苇、树枝枯叶、植物根茎、杂草等也一起坍入江中,勘探发现明代古镇等建筑物因长江口岸线变迁沉江达 500 年之久,因此,在外高桥水域具有形成有机物富集带的条件。另外,长江水流从上游也带来了大量的有机物质。当这些有机物质在江水流动缓慢的入海口段沉淀堆积,随后被水和泥沙覆盖起来并与空气隔绝,在厌氧环境下分解发酵,伴随着一定的温度和压力,使有机物质的残骸变成泥炭,同时产生气态产物,这种气态产物即为沼气,主要成分是甲烷(CH_4)和二氧化碳。当生成的沼气不可能向大气中扩散时,这种气体便被保留在土层的孔隙中不断积聚成大小不等的气囊。9.1 标段的淤泥质粘土层是一很好的隔水隔气层,其下粉砂层孔隙较大,成为良好的储气层,故形成了 9.1 标段附近特别是离岸线 100m 至 1 000m的沼气富集带,即使在淤泥质粘土层中的粉砂夹层中也储有一定体积的沼气。根据取样分析,9.1 标段地层中沼气的主要成分是甲烷(CH_4),约占87.03%～98.70%,其次为二氧化碳和氮,约占 1.43%～12.97%,其他各种烷类缺失(见表 7-2-2)。

沼气成分百分含量表(%)　　表 7-2-2

孔号	孔深(m)	样号	氮	甲烷	二氧化碳
Z_{14}	16.95	气 1	2.56	96.18	1.26
Z_{14}	16.95	气 2	2.86	95.90	1.30
Z_6	14.25	气 1	0.08	98.70	1.35
Z_6	14.25	气 2	9.68	87.03	3.29

在 9.1 标段及其附近浅部地层之中,存在着分散的沼气储气囊体,这些储气囊体中的沼气含量较小,压力也不大。9.1 标段 1 号井下沉过程中沼气的逸出;箱涵段施工开挖土方时,经常遇到沼气的突然释放,用火可点燃,火焰呈淡蓝色,但气量不大,由于该层位于隧道的顶部,尽管该地层中含有一定量的沼气,但对隧道的施工影响很小,一般不作考虑。

根据 9.1 标段的钻探资料,在盾构推进轴线方向穿越第③层、第④层、第$⑤_{-2}$层地层中均含有范围不等的沼气囊体(见表 7-2-3)。

各孔有关沼气的数据统计　　表 7-2-3

孔号	地层层位	沼气点深度(m)	沼气点高程(m)	喷高(由地面或水面算起)(m)	气柱高度(由孔中发现沼气点算起)(m)	压力(MPa)	喷发时间	喷出物质
Z_2	6	10.55～13.00	−22.60～−25.50	8.00	30.55	0.576		气、砂
Z_4	6	13.00～15.30	−25.10～−27.45	0.50	25.55		5min	气、水
Z_5	6	13.00	−23.95					
Z_6	6	13.75	−25.00	6.00	31.00	0.541		气、水
Z_{10}	6	16.35	−25.70	1.00	26.55		几秒钟	气、水
Z_{13}	6	16.25	−25.10	1.00	25.85		约 20s	气、水
Z_{14}	6	15.40～18.50	−23.95～−27.05	6.00	29.90	0.598	数天	气、水
Z_{16}	6	16.30～17.80	−23.85～−25.35	10.00	33.80		10min	气、水
Z_{17}	6	16.90	−23.55	3.00～5.00	26.45～28.45		2min	气、水
Z_{20}	5	15.99	−16.04	5.00	21.4			气、水
Z_{21}	4	10.57	−10.42	1.00	11.57		20s	气、水
Z_{31}	6	12.00～15.30	−22.95～−24.45	12.50	35.45			气、水
Z_{32}	6	10.00～13.00	−21.75～−24.75			0.541		

在第③层灰色粉质粘土与粉砂互层中，Z_{21} 号孔钻至标－10.42m 时有气、水喷出，喷高 1.00m，喷发时间约 20s。1 号井下沉至第③层时，曾专门对沼气进行了观察，在 1991 年 4 月 22 日至 5 月 30 日近 40 天里，沉井底部(多处)一直有呈串珠状的气泡冒出，当沉井下沉至－11.00m 时，沉井的 2 号角有大量沼气涌出，沼气释放后，沉井底部约 25.00m^3 有的水体全部灌入地下气囊中还未灌满，可见此气囊体积并不算小。

第④层为灰色淤泥质粘土夹有粉砂薄层，沼气主要储存在这些粉砂薄层中，例如 Z_{20} 号孔钻至－16.04m 时，孔中有气、水喷出，喷高 5.00m。1991 年 11 月 17 日钻孔放气施工中，距 1 号井 415.00m 处的 Z_{83} 孔钻至 19.00m 处，发现有沼气，经现场测定最大压力 0.06MPa，平均气体流量约 1.10m^3/h，持续放气 25h。

第⑤$_{-2}$层灰色粉砂层中，从高程－21.75m 至－27.45m 范围之内有 24 个钻孔有沼气喷出，气体压力很强，最大压力可达到 0.540～0.598 MPa，从钻孔中喷出的气体最高达 15.70m 以上。对 Z_5 孔作气量观测，观测历时 21h，喷出气量达 145.00m^3。

根据实际钻孔资料，在盾构推进轴线方向的第⑤$_{-2}$层灰色粉砂层中，沼气已形成较大范围的储气囊带，且储气囊带中气量大，压力高，这对盾构推进及安全施工构成很大的威胁。

2.3　上海地区浅层沼气的产出特征

上海地区为新生代的沉降平原，第四纪地层以海相为主，新第三纪地层以陆相为主，呈假整合接触。第四纪地层是浅层沼气的主要生储层，浅层沼气在第四纪地层中的产出特征见表 7-2-4。

上海地区浅层沼气地质特征　　表 7-2-4

地质时代 界	系	统	成因分层 层	接触关系	顶板埋深(m)	厚度(m)	岩性描述	含气层系	气层埋深(m)	储气层特点	气压(MPa)	流量(m³/d)
新生界	第四系	全新统	冲积残积淤积	假整合	0.0～0.0	0.5～2.0	黄褐色耕土层、人工填土层					
			上部海相沉积层		0.5～2.0	35～45	灰黑色粉质粘土及粘土夹贝壳层；底部往往有粉砂层覆于下伏地层之上	第一含气层系	12～25	上部贝壳层或贝壳沙层为主，厚度 0.1～0.2m，贝壳含量高，储气好，$n\approx 44\%$；下部沙层为主，厚度 0.5～1.0m，$n\approx 43\%$	0.08～0.15	50～100
		更新统	中部陆相沉积层		25.0～30.0	15.0～35.0	暗绿色粉质粘土、草黄色粉质粘土夹粉砂；底部粉细沙层；局部有灰黄、灰黑泥沙相变	第二含气层系	>30	沙层或沙与粘土互层，含贝壳，呈透镜体状，气层厚度 0～1.0m	0.10～0.27	7100
			下部滨海河口相沉积层		40～60	45～60	上部粉质粘土、沙与粘土互层，往下砂质组分增加；中部粗沙层；底部含砾沙层、细砾层	第三含气层系	>50	沙与粘土互层为主	0.15～0.30	7150
	新第三系	上新统	第三旋回层				杂色泥质岩层					

(1)第四纪地层

第四纪厚度一般为 200～300m，最浅者仅 65m，最深可达 350m。对深度 90m 范围以内的土层由下而上可以划分为：下部海相沉积层、中部陆相沉积层、上部海相沉积层和近代沉积层；平面上可以将本市划分为东部(钦公塘以东地区和长江岛屿)、中部(钦公塘以西和嘉定朱桥、奉贤钱桥一线以东地区)和西部(淀山湖区东与中部接界部分)3 个沉积古地理环境不同的区域。

1)中部地区

在 20 世纪五六十年代曾普遍开采利用过浅层沼气，主要集中在中部地区。中部也是建筑物密集的地区，勘察工作较多，地层层序也比较完整，现将其地层及岩性特征介绍如下：

近代沉积层：主要为耕土层和填土层，厚 0.5～2.0m。

上部海相沉积层：顶板埋深 0.5～2.0m，厚 35～45m。

①褐黄色、灰黄色粘性土：深 0.5～2.0m，厚 1～5m，可塑～流塑，含云母碎片、氧化铁及铁锰结核，部分含有有机质。

②灰色粉性土、粉砂：深 2.0～3.0m，厚 3～15m，稍密～中密，含有云母片，夹薄层粘性土，厚度变化较大，土质不均，从粉质粘土直到细粉砂透镜体，相互交错递变，主要分布于市区、苏州河(吴淞江)古河道沿线。本层局部可能含有沼气。

③灰色淤泥质粉质粘土：深 3.0～7.0m，厚 5～10m，软塑～流塑，含云母碎片及有机质，夹薄层状粉砂，遍布。局部地区本层夹有贝壳、砂、粉砂透镜体，往往为本市区域性埋藏较浅的含气层。

④灰色淤泥质粘土：深 7.0～12.0m，厚 5～10m。流塑，含云母、有机质，夹薄层粉砂，局部夹贝壳层，遍布。本层夹有较多的粉砂层、贝壳层、贝壳砂层透镜体，是第一含气层系的主要含气层位。

⑤灰色粉质粘土、粘性土：深 15.0～20.0m，厚 5.0～45.0m。上部为褐灰色粘性土，软塑～流塑，含有云母碎片及有机质，夹泥、钙质结核、半腐芦苇根茎，遍布(局部为淤泥质土)。中部为灰色粉性土，稍密，含云母碎片，夹薄层状粉砂，交错层理，暗绿色硬土层缺失区分布。该层位处含有沼气。下部为灰色粘性土，软塑～硬塑，含云母、氧化铁、有机质，暗绿色硬土层缺失区分布。

中部陆相沉积层：深 25.0～30.0m，厚 15.0～35.0m。

⑥暗绿色、草黄色粘性土：深 25.0～30.0m，厚 2.0～5.0m。可塑～硬塑，含氧化铁斑点，偶夹钙质结核。本层呈大面积分布，局部变薄或受古河道切割而缺失。

⑦草黄色、灰色粉性土、粉细砂：深 25.0～35.0m，厚 15.0～30.0m。上部为草黄色、灰色粉性土夹粉砂，中密～密实，含云母，夹薄层状粘性土，土质不均，分布较广，厚度变化大。中下部为灰色粉细砂，深 35.0～40.0，厚 10.0～20.0m。密实，含云母、石英、长石、土质较均匀，致密，分布较广，层位不稳定。本层为第二含气层系的主要含气层位。

下部滨海河口相沉积层：深 40.0～60.0m，厚 45～60m。

⑧青灰色粘性土夹粉砂：深 40.0～60.0m，厚 20～40m。可塑～软塑，含云母、腐殖质，夹砂，具交错层理，上部有气泡构造，分布较广，局部缺失。

⑨青灰色粉细砂：深 66.5～77.0m，厚 12.0～18.0m。上部为青灰色粉细砂夹粘性土，中密，砂粒自上而下变粗，分布稳定，局部缺失。下部为青灰色粉、细砂夹中、粗砂，夹砾石及粘性土透镜体，分布稳定，局部缺失。

2)东部地区

该区位于长江入海口，长期为河口堆积沉积条件，沉积物以陆源碎屑物为主，第四系厚度一般在 95～115m，变化不大，埋深有西北浅、东南深的趋势。与中部地区的 3 大沉积层系对照，有 3 个相应的沉积时期，其岩性简述如下：

上部：深 0.4～1.0m，厚 20.0～30.0m。底部为灰色砂质粉土、粘质粉土，夹薄层状粉砂，含沼气；向上粘性土与粉性土交替出现；富含云母碎片和有机质。

中部：深 26.0～27.0m，厚 20.0～30.0m。底部为草黄色～灰色粉细砂层，向上逐渐变为草黄色～灰色砂质粉土、粉砂，顶部为暗绿色～草黄色粘性土；含云母碎片及贝壳碎片；在粘土层中往往夹有贝壳砂透镜体；粉质粘土具有气孔构造。

下部：深 45.0～58.0m，厚 45～60m。底部为砂砾层，向上逐渐变细，为灰色细砂粘土互层。

据已有资料，崇明、长兴岛等地 17～18m 气层尚为发育；23～24m 气层在崇明、向化镇地区有较好的发育；30～31m 气层在长兴岛极为发育，沙与贝壳层储气，压力高达 0.18～0.32MPa；崇明在 36～43m 也有气层。

3)西部地区

西部包括青浦、淞江、金山诸县大部分地区和嘉定、奉贤、上海县的西部,第四纪受海水的影响较小,地层以浅水湖沼相的沉积为主。本区浅层沼气不发育,仅在本区东部地质历史时期受到海水影响的地方有一些小的斑块状气藏分布。

(2)第四纪地层的成因历史

上海地区浅层沼气分布与古沉积环境密切相关。第四纪初期,本区恰位于长江、钱塘江的入海口部位,当时气候比较干燥寒冷,强烈的物理风化作用,形成了大量的碎屑物质。长江、钱塘江携带这些物质,从西北、西南方向流经本市。由于入海河口地区地形宽缓,颗粒较粗的碎屑物质迅速沉积下来,从而形成了第四纪底部的砂砾层,较细的部分则东流入海。在本市东部沿海的局部地区,如川沙、北蔡以东,沉积物显著变细,且有海相化石发现,说明当时该区域滨海已开始接受海泛的沉积,为第四纪第一次海侵。本市西部青浦、嘉定一线以西,地势较高,为浅水的湖沼沉积区,沉积物以草绿色、黄褐色、褐色以及灰色的粘性土与砂性土交互层为主。湖沼区东部,除佘山、天马山等孤岛外,普遍接受了 20~30m 的灰色粘性土、砂性土沉积。到第一次海侵后期,本市水下三角洲已成雏形,形成了大大小小的沙洲、沙嘴。当时较大的沙洲在长江口的以宝山、罗店、刘行为中心,在钱塘江口的以奉贤、程航头为中心。

第一次海侵经历时间不长即行东退,本区成为陆地,长江、钱塘江各大水系向东延伸。本区普遍发育了冲积相的黄色沙层、黄褐色粉质粘土与滨海沼泽相草绿色粘土的沉积物。此时,长江经嘉定西北部的葛隆、陆定桥过嘉定城镇,经淞江山区的山前地带流向市区;钱塘江到今上海县漕河泾一带汇流入海。江流所经地区,曾冲刷切割了陆相沉积层,形成河谷。

全新世第二次海侵初期,海水沿着古河道及低洼地区首先超覆填充,其规模超过了本市范围。浅海沉积颇为稳定,以灰色的粘质粉土及灰色淤泥质粘土沉积为主,含有丰富的有机质。西部地区海侵短暂,以浅水湖沼相沉积为主。古海岸大致沿嘉定、黄渡、青浦蟠龙、淞江漕泾,直达杭州湾的玉皇山一线。大大小小的沙堤、贝壳堤沿海滨一线分布,向东变为贝壳沙堤,沉积方向为北西—南东。通过这次大规模的海侵,长江、钱塘江的古河道被浅海与滨海相沉积物填平,本市成为长江三角洲之前缘陆地。

2.4 主要含气层系

上海地区第四纪普遍发育有浅层沼气,自上而下可分为上部海相层、受中部陆相层控制的沉积层及下部滨海河口相沉积层 3 个含气层系。

(1)第一含气层系——上部海相含气层系

由于上部海相层系埋深相对较浅,分布最广泛,是开采利用以及地下工程施工中遇到最多的层系。该气层最浅仅 8m,最深 30m 左右,一般 12~25m,它与古地理沉降条件有着密切的关系,主要包含 2 个亚层:

①20m 以上的气层:分布在海侵最大时期形成的沉积层内,一般呈交互状的扁豆体出现,以贝壳层、贝壳沙层为主储气层,构成本市埋藏最浅的含气层。

②25m 左右的气层:为上部海相层的超覆盖式沉积,受中部陆相层顶部起伏的控制,主要储气层为砂层,一般呈透镜体或单向尖灭体出现。

(2)第二含气层系——受中部陆相层控制的含气层系

一般埋藏深度为 30m 以下,分布在中部陆相层缺失或埋藏较深(40~60m)的地方,海相层以充填的方式沉积嵌入陆相层内或与之成相变关系。储气层主要为沙层或沙与粘土互层类型，一般呈透镜体出现。

(3)第三含气层系——下部滨海河口相沉积层含气层系

通过钻孔及气测井工作，该层系中比较普遍地发现了气测异常(一般在50m以下，70m左右)及较多的气显示(如西郊某钻孔至50～60m发生气喷后即被沙堵，漕河泾附近71m获可燃气流等)，说明含有沼气，但由于埋深较大，资料较少。

2.5 储气层类型

按储气层岩性、埋藏条件和分布特点，上海市第四纪浅层沼气的储气层可分为4种类型。

(1)交叠层状贝壳层扁豆体储气层类型(如图7-2-1所示)

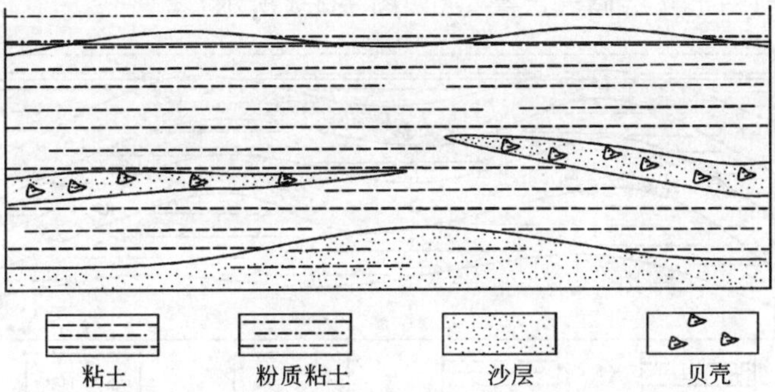

图7-2-1 王家塘贝壳层扁豆体储气层类型剖面示意图

贝壳层是本市主要的储气层之一，含气性很好，其特点是：

①分布面积广泛，含气面积一般较小，约0.5～0.8km^2左右。

②气层厚度不大，十几厘米至几十厘米，一般在20cm左右，有时为几个薄层夹于粘土层中，呈扁豆体出现。

③沼气储量大小不一，在气层厚度大、贝壳成分含量高(40%～90%)的地方，气储量较大。初始压力一般为0.08～0.12MPa。

④贝壳层结构疏松，孔渗性良好，是良好的储气层，但不一定是生气层。

⑤一般均为气水同产，高产区往往为干气井。

⑥单个气藏的储量一般不大。

(2)条带状沙层透镜体储气层类型(如图7-2-2所示)

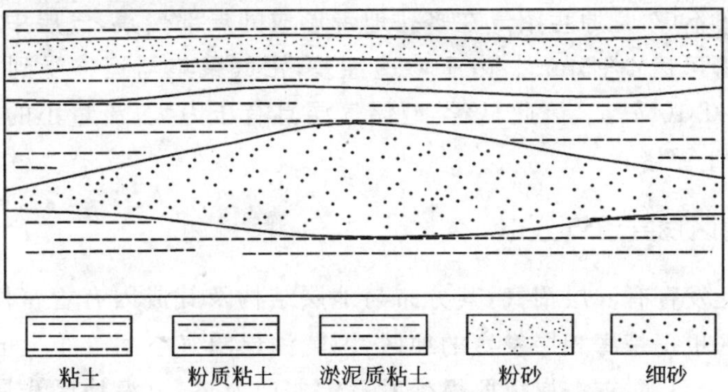

图7-2-2 北蔡条带状沙层透镜体储气层类型剖面示意图

沙层储气层是本区第四纪含气层共同具有的岩性特点。由于埋藏条件的差异，各含气层产气特点是不同的，现就其一般特点分述如下：

①沼气都聚集于沙层透镜体隆起部分和尖灭体封闭端，或沙层顶部起伏处。

②沙层不是主要的生气层，它是储气层，沙层也不一定都有气，这要看其所处位置及是否有气的补给来源。

③气层厚度较大，一般 0.5～1.0m，最厚达 1.5m 以上，如长江口附近粉砂含气层厚度为 4m 左右。

④气层往往具有底水，一般是气和水同产。

⑤气压高，气流稳定，原始压力一般为 0.10～0.20MPa，最大可超过 0.25MPa。

⑥单个气藏储量较大，一般达 10 万 m^3 以上。

(3)薄层状沙与粘土互层储气层类型（如图 7-2-3 所示）

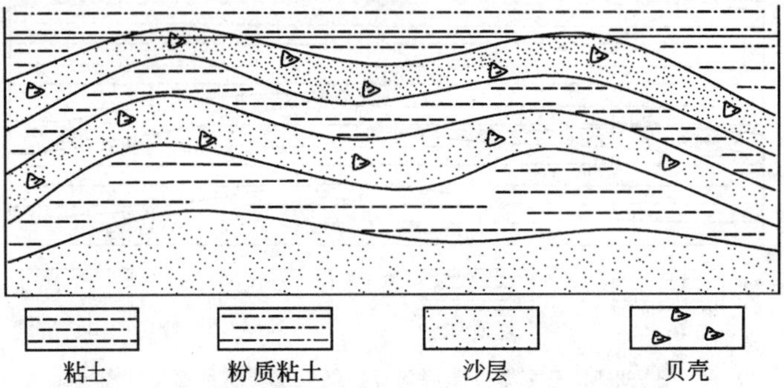

图 7-2-3　王家塘贝壳层扁豆体储气层类型剖面示意图

该种储气层类型，一般分布也很广泛，其特点是：

①储气层总厚度大，有时可达十几米，而每层沙和粘土的厚度都很小，一般在 1cm 左右，局部具条带状的沙层。

②沼气比较分散地存在，一般聚集在沙层中，它既是生气层，又是储气层。

③在不同层次的含气层中，它的储气特点有很大差别。在第一含气层系中气量小而分散；在第二含气层系内该种储气层类型为主要含气层，压力大于 0.15MPa。

④排气通道（如气井、钻孔等）易发生泥堵、砂堵和水淹气井，对开采不利，但对工程防渗漏来说，则相对有利。

(4)颗粒状多孔粉质粘土储气层类型

这种气层分布不广，是原生沼气在多孔地带形成的局部聚集，气层中气孔发育，孔径为 0.5～1.0mm，大者可达 4～5mm。由于渗透性差，沼气聚集与运移受到很大限制，储量有限，压力为 0.08～0.10MPa。因此，该类型储气层具有压力大、流量小的特点，一般为干气层，排气通道易发生泥堵。

2.6　上海地区浅层沼气分布

上海地区广泛发育有浅层沼气，其分布与地层结构及其成因有着密切的联系。一般浅层沼气发育的地区也正是海相层发育的地区，因此浅层沼气空间分布上的趋势与海相层基本一致，即东部多于西部，古海岸以西极少发育。如前所述，上海地区浅层沼气发育可以分为 3 个主要含气层系，它们在空间分布上特点有所不同。

(1)第一含气层系的分布

根据沉积古地理条件不同、沉积岩性差异、气藏聚集程度、气层层数多少等地质条件，第一含气层系的分布情况可以作如下分区：

①沿江岛屿含气区

包括崇明、长兴诸岛，面积约 820km^2，估算浅层沼气地质储量为 5 000 万 m^3。气层深度一般为 10～13m、16～18m、23～25m，以 23m 左右的贝壳层或粘土夹贝壳层储气最好。其中长兴岛 16～18m 的气层，气量较小。

②东部钦公塘外含气区

钦公塘以外，川沙、南汇东缘及奉贤南缘的沿江、沿海地区，面积约 230km^2。

本区第四纪上部为近代最新沉积层，在黄浦江口以北的东部沿海地区为侵蚀海岸，由于长期遭受长江水流的冲击影响，对浅层沼气的保存甚为不利；东南沿海是堆积生长中的海岸，浅气层发育；新的碎屑沉积在不断形成的地区则缺乏良好的生、储气条件。

③中部海积平原含气区

东部边界起自宝山旧城，沿钦公塘至南汇大团，折向西南经四团，直至杭州湾边。西部边界起自嘉定竹桥、上海县华漕、塘湾、奉贤钱桥到海边。北面与江苏省太仓县接界。包括宝山、川沙、南汇、奉贤、嘉定、上海六县的大部分地区及市区，面积 1 100km^2 以上，估算浅层沼气地质储量为 27 000 万 m^3 以上，是本市最重要的沼气分布区。

本区海相沉积层普遍发育，浅层沼气广泛分布，埋藏最浅的小于 9m，深的可达 30m 左右。储气层类型上部以扁豆体贝壳层，下部以透镜体沙层为主。另外也有沙与粘土互层及粉质粘土类型。含气区呈弧形中间向东突出，与近代海岸线方向一致。气层的发育受沉积古地理环境控制：东部海水深，海相沉积层就厚，气层层次也多；向西海相沉积层逐渐变薄，气层层次也相应变少。

④西部海泛、海陆交替相沉积区

中部海积平原含气区以西，包括嘉定西部、青浦、淞江、金山及奉贤西部地区，面积约 3 500km^2。

本区接受海相沉积时间短，海相沉积极不发育，主要是一套以湖沼相为主的陆相沉积，对沼气的生成、储存都相对不利，仅在本区的局部地区如淞江城镇、青浦重固等地，有一些零星的斑块状气藏分布，且储量较小。

(2)第二含气层系的分布

第二含气层系的沼气分布远不及第一含气层系那样广泛，受第四系中部陆相层分布的控制，一般地在中部陆相层缺失和海相、海陆交互相沉积发育的古河槽地带，才有沼气的富集。本市范围内的古河槽沿东西方向延伸，与古海岸线成垂直相交。当然在沿海与古海岸线一致的延伸方向上，也有第二含气层系的发育，这些地区目前大都处于长江河口处。本层系的气层埋深一般在 30m 以下，特点是干气层、压力较高、流量较大，但其分布范围较小，单个气藏的面积更小，排气通道易发生泥堵、沙堵。

(3)第三含气层系的分布

本层系沼气的分布也不广泛，受第四系下部滨海河口相沉积层分布的控制，其分布范围大致与古海岸线延伸方向一致。本层系由于埋深较大，一般在 50m 以下，资料较少，对工程的影响很小。

第 3 节　浅层沼气的赋存分带性

通过前一节的介绍，我们已经了解到上海地区浅层沼气的分布范围是很广泛的。浅层沼气的存在对于工程建设尤其是地下工程来说是极为不利的，严重威胁地下工程的安全施工与运营，为此有必要对浅层沼气地质灾害的破坏机理进行研究，而在此之前首先要搞清楚沼气在地层中的赋存规律以便提出试验的模型。针对这个问题，本节分析了沼气的赋存特征，提出了浅层沼气的赋存具有分带性的观点，并讨论了各带中沼气的存在对土结构的影响，为进一步提出室内试验的模型奠定了基础。

3.1　浅层沼气的生储条件

浅层沼气的生储条件是影响其赋存状态的重要因素。在上一节中已介绍了上海地区有 4 种储气层类型，其中砂性土层储气层和贝壳层储气层是最主要的两种类型。如果把贝壳层看作是一种颗粒形状特殊的砂性土层，那么上海地区浅层沼气生储的典型地层结构为粘性土层—砂性土层—粘性土层。粘性土层是沼气的主要生气层，同时也是盖层。粘性土层往往富含有机质，在还原环境下，有机质经过微生物的降解作用产生沼气，其主要成分是甲烷、氮和二氧化碳。这些沼气一部分被封闭在粘性土层中，一部分在土层固结过程中溢出到相邻的砂性土层中储存起来。砂性土层是沼气的主要储集层，其中的沼气大部分来自邻近的粘性土层，极少部分来自砂性土层自身所含的有机质的分解。由于沼气的密度比较小，当砂性土层比较均匀时，沼气会首先在砂性土层的顶板附近富集；但是如果砂性土层的不同部位因受沉积环境的影响而粒度成分不同，则沼气更易于在砂性土层颗粒较粗、分选性比较好的部分富集（见表 7-3-1），因为该部分孔隙的体积相对较大，粘粒含量少，孔隙连通性也较好，气体流动顺畅。这也是野外钻探时，部分钻孔在刚刚揭穿含气砂性土层顶板时并不喷气，而继续下钻一定深度后才喷气的原因。

喷气孔与无气孔砂性土层有关土工试验指标的比较　　表 7-3-1

孔号	顶板埋深(m)	土层名称	土层描述	e	n	不均匀系数 μ_u	极细砂粒含量(%)	粉粒含量(%)	粘粒含量(%)
Z_6	13.30	灰色粉砂	稍密—松散，中压缩性土，在 13.75m 处有气、水喷出，喷高 6m	0.816	44.9	8.63	48.6	43.1	8.3
Z_9	14.30	灰色粉砂	密实，中压缩性土，不含气	0.620	38.3	11.0	19.2	67.6	13.2

3.2　砂性土层中沼气赋存的分带性

浅层沼气一般为气、水同产，而高产区往往为干气层，这说明水气并不是均匀的混合在一起遍布整个含气层的。在上海市合流污水治理项目——竹园排放口工程地质勘察过程中，发现该勘察区内浅层沼气发育，约有 1/2 的钻孔发生孔喷或溢气。该区共发育有 3 个含气层段，其中第三含气层范围最大，见气孔最多，在所有见气孔中占了 81%。该含气层为灰色粉砂层，埋藏高程－22.9～－25.5m，喷气高度31.05～44.6m。该气层气喷时有如下特征：

①不同位置的钻孔，钻至同一层位含气粉砂层时，有的钻孔喷气剧烈，气量大，持续时间最长可达15天；而有的钻孔仅喷气几分钟甚至几秒钟，有的钻孔则没有沼气。这说明沼气在含气层中并不是均匀遍布的，有的部位气压高，气量大，有的部位则气压低，气量小，有的部位则无气。由此可以推断含气层中存在一个沼气富集、气压较高的区域。

②钻孔喷出物一般都是先喷泥、沙、水，然后喷水、沙、气，最后喷干气或气砂同喷。这说明最先喷出的泥、沙、水大部分为钻进时的泥浆水，最后喷的干气或气沙同喷，物质则主要来自含气层本身，同时也说明含气层中高压区的含水量较低。

3.3 各带中土的结构特征

(1)水封闭带

此带为沼气的富集中心，土中的孔隙大部分为气体充填，孔隙气相互之间是连通的，而孔隙水含量极少，仅以小透镜体的形式局限于土颗粒接触点附近，相互之间没有水力联系。与其他带中的土相比，此带中土的分选性、孔隙发育程度、渗透性相对比较好，气体的渗透系数比较高。

(2)双连通带

土中的孔隙气相互之间是连通的，孔隙水相互之间也是连通的。此带中土的渗透性也比较好，在一定的条件下(如高压气体释放等)，土体中会产生互不混合的水、气两种流体的流动。

(3)气封闭带

土中孔隙水是连续分布的，而孔隙气则被孔隙水分隔包围，以孤立的气泡的形式存在于孔隙中。随着含水量的变化，气泡的体积大小会有所变化，但是不会超过孔隙的体积，因而气泡的存在不会破坏土的骨架结构。

(4)承压饱水带

承压饱水带远离沼气富集中心，该带中土的孔隙几乎完全被孔隙水所充填，孔隙气主要以分子的形式溶解在孔隙水中，并不形成气泡，但是当含气层中压力降低时，承压水中的溶解气会释放出来。

3.4 粘性土层中的沼气

粘性土层往往富含有机质，是沼气的生气层。粘性土层中的有机质分解生成的沼气大部分逸出到相邻的砂性土层中储存起来，小部分则残留在该层中，形成封闭气泡。一般情况下非饱和海洋土中气泡体积要远大于土颗粒的体积。粘性土的颗粒比较细小，流塑性比较强，在气压力的作用下土颗粒容易发生移动，从而形成了相对比较大的气泡。各个气泡之间是相互孤立的，气泡以外的土的其他部分处于饱和状态。

粘性土层中封闭的气泡对土的工程性质具有明显的影响。一方面气泡的存在增加了土的压缩性，另一方面也破坏了土的骨架结构。当土受到外荷载时，在气泡周围的土骨架中会产生应力集中，使得土的抗剪强度降低。气泡越多，抗剪强度下降越多。当地下结构物从含气粘性土层中通过时应特别注意这一问题。

第4节　上海地区浅层沼气地质灾害的分区及防治

通过前两节的论述，我们对上海地区浅层沼气的产出和分布特点有了比较详细的了解，为进行上海地区浅层沼气地质灾害分区奠定了基础。本节根据区域性含气地质特征及浅层沼气蕴藏等情况，对浅层沼气地质灾害进行分区。

4.1　浅层沼气地质灾害分区的原则

浅气层的埋深、储量和气压是反映其对工程威胁性大小的主要指标，应作为浅层沼气地质灾害分区的主要标准，但是上海中部和东部地区浅层沼气分布极为广泛，且浅气层的产出在各地深浅不一，储量、气压也大小不一，即使在同一地区也可能存在埋深、储量、压力不同的几个层次的气层，缺乏明显的规律性，因此本书将从另外的角度进行分区。

如前所述，上海地区的浅层沼气发育与沉积古地理环境有着密切的联系，海相沉积层是浅层沼气的主要生储层，浅层沼气在空间上的分布趋势与海相层基本一致，本书地质灾害分区遵循以下原则：

(1)上海地区的浅层沼气发育与沉积古地理环境有着密切的联系，海相沉积层是浅层沼气的主要生储层，浅层沼气在空间上的分布趋势与海相层基本一致。

(2)上海地区浅层沼气的3个含气层系中，第一含气层系埋深相对较浅，分布也最广，是工程建设遇到的最多的层系，对工程安全影响最大，其次是第二含气层系，而第三含气层系对工程建设一般不会有影响。因此，在地质灾害分区时将主要考虑第一含气层系的特征，兼顾第二含气层系，对第三含气层系则不予考虑。

4.2　浅层沼气地质灾害分区

根据前面的论述，已知在西部地区(包括嘉定西部、青浦、淞江、金山县境的广大地区)浅层沼气极不发育，而中部和东部地区浅层沼气则比较发育，所以我们只需对中部和东部地区进行地质灾害分区。

一级区：川沙县南部、南汇县北部及上海县的龙华、杨思、漕河泾地区，宝山县城、盛桥一带和长兴岛亦可能在范围内。第四系均为海相沉积层，3个含气层系均发育，气藏分布密集，含气面积可达全区面积的50%以上。

二级区：川沙县东部及崇明、长兴岛部分地区属之。第四系海相层发育，第一、第二含气层系发育，25m左右的气层最发育，本区气藏中70%左右埋深在25m左右。

三级区：宝山县北部，川沙县合庆蔡路及崇明县北部地区，第四系海相层不很发育。已查明第一含气层系中，只有一个主要含气层，10～20m的气藏面积占全区的15%左右，第二含气层系有气显示，但是不很发育。

四级区：上海县浦东地区，南汇县西部，奉贤县东北部和宝山南部，嘉定东部，川沙西部及市区市区的广大范围内，陆相地层有广泛的分布。第一含气层中，10～20m的气藏面积占全区面积的10%左右，第二含气层系有气显示，但资源分布零星。

五级区：在中部海积平原含气区内主要指的是奉贤南部地区和南汇东部地区，陆相层分布广泛，第一含气层系不发育，仅有斑块状的零星气藏分布，气藏分布面积占全区面积的5%左右；第二含气层系在本区缺失。

4.3 浅层沼气地质灾害破坏机理

由前述内容可知，含气层中的气压力可以达到很大的值。在大的气压力作用下，含气层中的有效应力要远远低于自重应力。这必然使得土的结构相对比较疏松，所以在气体释放后，含气层会产生相对较大的沉降量。由试验结果可以看出，埋深18m左右，厚1.5m左右，初始孔隙气压力0.3MPa左右的含气层在气体缓慢释放的情况下，产生的沉降量约为5.0～8.0cm。如果初始孔隙气压力和含气层厚度更大(例如长江口附近存在厚度约为4.0m，气水压力最高可达0.61MPa的含气粉砂层)，那么变形量也会更大，这对地铁隧道或排水隧道等重要的地下工程来说是不能接受的。

与气体缓慢释放相比，急剧释放的情况则更加危险。在地下工程开挖时，随着上覆土层的变薄及工程振动的影响，高压沼气会揭穿顶板，急剧释放，快速的气流必然会对土层产生强烈的冲刷作用；含气层的气压力下降，必然会导致气—水分界面向喷气口推进，与此同时产生的地下水流也会对土层产生冲刷的作用，从而引起更大范围内土层的扰动。因此，沼气急剧释放会使土层产生剧烈的扰动，带走大量的土颗粒及水，引起流沙及土层的坍塌。这是浅层沼气造成灾难性事故的主要原因。

4.4 浅层沼气地质灾害防治措施

试验已经证明浅层沼气释放会带来土层的很大变形，而浅层沼气急剧释放使土层产生剧烈扰动更是造成危害的主要原因，对浅层沼气地质灾害进行防治的主要方向是防止浅层沼气在工程施工、建成使用过程中急剧释放。为了达到这一目的，可以采用以下措施：

(1)在工程施工之前，通过勘察，摸清含气层的位置，打排气孔揭穿含气层顶板，再负压抽气，将含气层中的气体提前释放掉。这样既大大减小了气层中的气压力和储气量，又使含气层预先发生了排气固结，其抗扰动的能力得到提高。由试验结果可知，气体一次释放完全后，含气层的塑性变形基本全部发生，即使气体再次回聚，再次释放，也不会再产生大的变形。因此，预先排气是一种有效的防治措施。

(2)由于提前排气往往进行的不彻底，且沼气会重新回聚，所以在地下工程施工过程中，要加强沼气的同步探排工作，有时还要采取必要的密封措施。例如，在地下隧道的盾构法施工中，在有浅层沼气威胁的地段最好采用密封的、具有超前触探排气装置的盾构。

(3)浅层沼气释放一方面对土层的稳定性影响很大，另一方面所释放的气体(主要成分为甲烷)在地下建筑物内积累到一定程度后，易发生火灾甚至爆炸，所以要加强地下建筑物内的通风工作，对易产生电火花的电器设备应加以防爆处理。

第5节 浅层沼气对隧道施工的危害性

沼气是易燃易爆气体，当它与空气混合到一定的浓度时，遇火即可燃烧或爆炸。

5.1 隧道内沼气含量控制指标

表7-5-1为隧道内沼气含量引燃情况，这里特别要注意的是：当沼气含量达到9.5%，并发生爆炸时，其爆炸威力最大，因为此时空气中的沼气全部参加了爆炸和燃烧的物理化学作

用。由表7-5-1可知，在隧道施工的过程中，能否控制沼气的涌入量与隧道内空气混合后其含量低于1%，是确保隧道施工过程中不致引燃、引爆，进行安全施工的关键。

隧道内沼气含量及引燃情况　　表7-5-1

隧道内沼气的含量(%)	引燃引爆情况	备　注
1～4	无爆炸性，但遇火燃烧	火焰呈淡蓝色
5～6	爆炸浓度下限	—
5～6至14～16	混合气体有爆炸性	—
14～16	爆炸浓度下限	—
>6	无爆炸性，也不燃烧	如有外部新鲜空气进入与沼气混合遇火仍能发生燃烧和爆炸

5.2　沼气进入隧道的途径

沼气进入盾构法施工隧道内部的途径有4种：

(1)含气地层中的沼气能从盾构头部，沿螺旋输送器随泥土一起进入隧道内；

(2)从刀盘与盾壳的接缝处渗入隧道内；

(3)从盾尾间隙进入隧道内；

(4)从管片衬砌接缝处、管片的裂缝处进入隧道内，特别是在地层深处的气体与隧道内部的压力差较大的情况下，地层中的沼气进入隧道内的可能性更大，一旦大量沼气涌入隧道，必将对隧道施工安全带来威胁，如处理不当将造成危害。

5.3　沼气在隧道施工中引燃引爆的可能性

根据钻探资料，在第⑤-2层灰色粉砂层中，第一次钻探放气实测气压高达0.598MPa，气体喷高为0.50～15.70m，各钻孔喷发时间从几十秒钟至15天以上不等，隧道衬砌本身和盾构机如有一处漏气，在这样的气量和压力下完全可以使逸出源附近10.00m内沼气含量很快达到或超过5%，致使9.1标段隧道内存在沼气爆炸的可能性。对于从盾构切削开挖面突然释放的沼气并不可怕，因为人们可以及时采取措施进行处理，可怕的是隧道内层状聚积的沼气，它缓慢地渗入隧道内并在隧道顶部形成层状聚积，使其含量逐步达到或超过5%。由于沼气无色无味，容易被人们忽视，稍不注意就有引起爆炸的可能，在隧道中一旦有沼气存在，又无良好的通风换气条件，则1%～5%的沼气含量极易达到，在此条件下有可能发生大面积火灾。发生火灾的概率与发生爆炸的概率相比要大得多，隧道内地下工程中的火灾扑灭非常困难，造成的伤害无法估量。

5.4　沼气对隧道施工危害实例

【实例1】　9.1标段隧道施工前曾提前一年、半年和三个月共进行三次前期钻孔放气，盾构施工时又进行超前触探引导放气，但仍发生了如表7-5-2中的险情，因此，软土地层中隧道施工轴线上及其周围的沼气囊体对隧道的安全施工带来了严重的危害，必须慎重对待。

9.1 标段隧道施工险情统计 表 7-5-2

日　　期	环号	险情发展	应急措施
1992 年 9 月 5 日	292	沼气由盾尾涌入，工作面沼气含量达 0.65%	1. 加强通风；2. 注浆
1992 年 9 月 8 日 20:00 至 1992 年 9 月 10 日 6:00	301～310	水、沼气由 301～310 之间环缝和盾尾涌入，工作面沼气含量达 2.5%，9 月 9 日工作面沼气含量达 5.1%	1. 用海绵封住盾尾； 2. 压注油溶性聚氨脂和浆液 3. 加强通风； 4. 抢险工作历时 32h
1993 年 3 月 28 日 15:10	931	水、沼气由盾尾涌入，工作面沼气含量达 1%，隧道下沉 25mm	1. 用海绵封住盾尾；2. 压注油溶性聚氨脂和浆液；3. 加强通风；4. 抢险工作历时 20h
1993 年 4 月 6 日 15:00	1007	水、沼气由盾尾涌入，工作面沼气含量达 2.8%，隧道下沉 56mm	1. 用海绵封住盾尾；2. 压注油溶性聚氨脂和浆液；3. 加强通风；4. 抢险工作历时 9h

【实例 2】 长江口另有一条圆形排水隧道，当盾构推进到长江底部粉砂层时（推进长度为 862.00m），在 835.00m 处迅速下沉并发生断裂，该处空气中的沼气含量高达 6%，虽历经 20 多小时的抢险工作，但仍无法阻止断裂隧道下沉，抢险失败。事后由于该处处于长江底部，无法进行修复工作，造成了重大的经济损失。

【实例 3】 上海浦东×××、×××工程等几条隧道都因沼气释放，使原先施工质量很好的隧道，在一定时间后，由于土体蠕动，再固结而产生不均匀横向移动或轴线沉降，致使隧道轴线呈蛇曲状，局部产生渗水或冒气、冒沙，影响了隧道的整体质量。

【实例 4】 上海某工程基坑开挖至地面以下 7.00m 时，在坑底约 10.00m 长、7.00～8.00m 宽的围内，突然向上隆起 3.00m，又发生喷爆声。在沼气喷发以后，土体产生扰动、蠕动，基坑边坡及坡顶在 8.50m 范围内产生滑塌，使基坑失稳。

【实例 5】 有一口沉井，下沉至地下 11.00m 时，因沼气喷发使沉井底部约 25.00m^3 的水很快漏入地下，并使沉井倾斜。

【实例 6】 杭州湾跨海大桥因为钱塘江地层中含有浅层高压沼气，不得不将原钻孔灌注桩方案改为钢管桩，为此工程建设投资大幅度增加。据"杭州湾大桥南岸滩涂浅层气勘探及工程对策专题研究报告"（中铁大桥勘测设计院 2002.7），杭州湾地层中的沼气气压达 0.4～0.5MPa。离杭州湾跨海大桥桥址较近的海盐有一口浅层气井，每天产气量达1 658m^3，为此设计部门不得不改变设计方案以保证桥基础的安全。

第 6 节　浅层沼气处理与安全施工决策

经过工程实践、室内试验与理论分析研究，在含沼气的软土层中用盾构法施工隧道必须采取以下工程措施。

6.1　浅层沼气处理

(1)沼气前期钻探排放

在盾构推进轴线两侧布置垂直钻孔放气并进行负压抽气，尽可能在隧道施工前将盾构推进轴线方向的沼气囊体中的沼气全部放掉。如:9.1 标段自 1988 年以来,先后进行了 3 次沼气前期排放,经钻孔放气和负压抽气。相应钻孔的沼气压力、含气量与第一次放气时的气压、气量相比较均有明显下降。例如第一次放气时沼气压力达到 0.59MPa;第三次进行负压放气的 97 号孔,沼气气压为 0.084MPa,放气量为 0.018 3m^3/min,历时 30h 全部放完,总气量 33m^3。其他钻孔情况相似。

(2)盾构施工时沼气超前触探导引

在盾构机刀盘之前设置超前探管,盾构机到达之前将地层遗留的沼气通过超前探管引入管路直接排放到地面,防止沼气进入隧道(见图 7-6-1),为此要求有特殊的超前探管和密封装置的盾构机相配合。

(3)盾构法施工隧道的密封措施

做好盾尾密封和提高隧道接缝的密封性,特别是隧道进入粉砂层后在衬砌处进行注浆,增加水密气封特性,充填粉砂层中的孔隙,减少残留沼气或沼气囊中的沼气进入隧道的机率,并可消除由于沼气的释放而引起的不均匀沉降,提高隧道的稳定性。

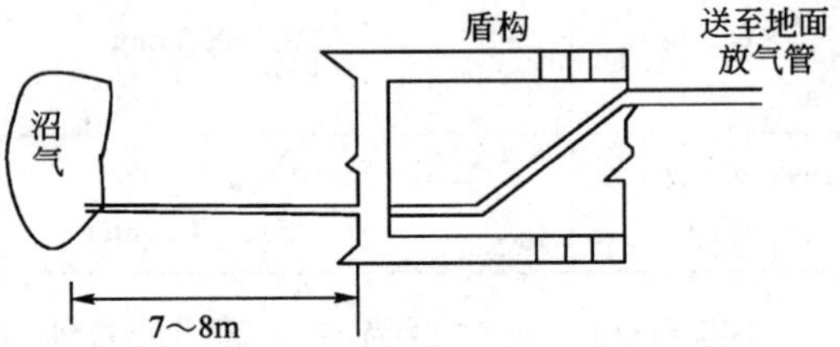

图 7-6-1 盾构推进沼气释放处理示意图

(4)测试手段

设立专职沼气检测人员,定时定点测定隧道内空气中沼气的浓度,并在盾构顶部安装自动报警仪。

(5)加强通风

加强通风,选用高效风机,将地面优质空气直接送到盾构附近,防止沼气在盾构附近聚积,并保证每人每分钟 4m^3 的供气量。加强通风是防止沼气在隧道内聚集的主要方法之一。由于沼气比重轻,只有 0.544,几乎只有空气的 1/2,在隧道施工时,沿着某一密封薄弱部位逸出的沼气在隧道顶部形成层状聚积。层状聚积的长度及体积是与逸出的沼气量及浓度成正比的,还与隧道内的风速有关。根据实际量测,参考煤矿巷道瓦斯浓度与排风风速的关系,有下述公式:

$$L = \frac{160(1+0.1C)q^{0.8}}{S^{1.7} \cdot v^{3.3}} \tag{7-6-1}$$

$$V = \frac{11.87(1+0.36C^{1.55})}{S^{1.58} \cdot v^{4.2}} \tag{7-6-2}$$

式中:L——沼气浓度 5%时的聚积长度,m;

V——沼气浓度 5%的聚积体积,m^3;

C——层状聚积附近的风流中沼气的平均浓度,%;

q——形成层状聚积的排泄源沼气排出量,m^3/min;

S——隧道断面面积,m^2;

v——隧道内平均风速,m/s。

当 $C=0\sim5\%$,$q=0.1\sim1m^3/min$,$v=0.15\sim1m/s$ 时公式(7-6-1)和公式(7-6-2)有效。

根据隧道内风速、隧道断面面积、沼气排出量,可用公式(7-6-3)计算出离形成层状聚积逸出源 10m 处的顶部沼气浓度达 5%的时间(T)

$$T = (99.5+16.6S)e^{-(2.78v+1.18q)} \tag{7-6-3}$$

6.2 施工安全规则

(1)所有将要进入隧道的人员都要进行防沼气和消防等安全教育。

(2)严禁在隧道内点火吸烟和用灯泡取暖或烧烤其他可燃物,严禁携带火种或易燃物品进入隧道(包括普通手电筒)。

(3)对易造成燃烧和爆炸的电器设备均应加以防爆装置,并建立机电的检查、维护专职制度。照明灯均须采用防爆灯及防爆开关。

(4)在隧道内进行电焊、气割(焊)等作业必须严格控制。

(5)隧道车架上必须配备足够的电气灭火器材。

(6)停电、停风时,要通知沼气检查安全员;恢复送电时,要经过沼气检查安全员检查后,才准许恢复送电和工作。

第7节　浅层沼气释放后含气层中土的变形规律模拟试验

上海地区浅层沼气地质灾害问题已经引起人们的重视,在某些工程中也积累了比较成功的防治浅层沼气地质灾害的经验,但是对沼气释放后土层变形的规律尚不清楚。本节将详细地介绍在室内进行的高压孔隙气释放后土层变形规律模拟试验,通过模拟试验,找出高压孔隙气释放与土层变形之间的关系,并对试验结果进行分析。

7.1 室内模拟试验设备简介

本次试验所采用的试验设备是早年吴林高教授和缪俊发博士设计、制造,后经卢梅艳博士改进的高压渗透固结仪。该设备由土固结室、土压力室、土层位移和孔隙气压力量测系统、数据采集系统、加压系统等几个部分组成。

7.2 试验土样

在前几节中已经介绍上海地区最主要的含气层为沙层和贝壳层,其中贝壳层一般厚度很小,单个气藏的气储量一般不大;而沙含气层厚度较大,单个气藏的气储量较大,因此本次试验将含气沙层作为研究的对象。上海地区的含气沙层主要为粉砂层和细砂层,因此本次试验土样决定采用粉砂和细砂。由前面内容可知,含气沙层中水封闭带是沼气的富集中心,工程危害性最大,是本次试验研究的重点,而该带中土的饱和度极低,所以本次试验所用土样的含水量也比较小。试验土样的含水量及颗粒分析试验结果见表7-7-1:

试验土样含水量及颗分结果表表　　表7-7-1

土样	ω	>0.5	0.5～0.25	0.25～0.1	0.1～0.074	<0.074
粉砂	4.17%	0.58%	0.96%	58.78%	10.58%	29.11%
细砂	3.94%	0.21%	17.63%	79.39%	2.13%	0.64%

7.3 模拟试验方法与步骤

模拟试验工作在常温下进行。试验内容包括模拟浅层沼气缓慢释放条件下土层的压缩变形过程、沼气重新回聚条件下土层的膨胀变形过程以及沼气再次释放后土层的再压缩变形过程。

7.3.1　试验仪器的标定

试验时，土样中的压力变化值先由压力传感器转换成电信号，再经导线将这些电信号传输到监视仪。监视仪接收到这些电信号后，将它们放大，并转换成可测读的数据，输出到显示屏。在这个过程中，信号的接收值与转换值之间往往不是相等的，且二者之间的比值也不是线形的，因此必须在试验之前进行标定，使这两个值之间保持一个固定的比例(即标定比例)，这样才能保证数据记录的准确性。本次试验，传感器的标定比例皆为1∶1。

监视仪将电信号转化成可测读的数据信号后，通过导线将这些信号传送到AD采样卡(安装在计算机中)。AD采样卡在接收到这些信号以后，由专门的程序(用BASIC语言编写)控制转换成可读数据并输出到数据文本中记录下来，数据在计算机显示屏上可以同步显示。在这个信号的接收与转换过程中，也存在一个接收值与转换值之间的比例问题，该比值也必须在试验前标定。本次试验，AD采样卡的标定比例也是1∶1。

7.3.2　试验土样与试验设备安装

土样和设备的安装是试验的前期准备工作，其具体步骤如下：

(1) 连接和安装信号转换系统、数据采集系统以及加压系统，调试好设备。

(2) 在土固结室底部的出气口处垫放几层纱布，防止排气时土颗粒被带出。之后将试验土样装入土固结室，并将表面摸平，然后在土样表面安装隔气的橡皮膜。

(3)安装土压力室的圆形钢筒，并通过铆固螺栓，使土固结室、橡皮膜边缘的橡胶垫圈及土压力室结合紧密，以防止漏气。

(4)通过筒壁上的固定支架将电感位移传感器安装在土压力室内。传感器的位移感应头置于橡皮膜的上表面。调节固定支架，使传感器的位移感应头垂直。

(5)安装土压力室的密封顶盖，铆固螺栓使土压力室密封。顶盖与土压力室之间有一层橡胶垫圈，以加强密封效果。

(6)分别将信号转换系统、数据采集系统和空气压缩机接通电源，依次检查各部分能否正常运转。

(7)检查输气管、密封圈及感应器接口处是否漏气。

检查固结室底部的出气口是否畅通无阻，检查完毕后，关闭阀门。

7.3.3　试验土样的预固结压缩过程

待试验土样和试验设备安装完毕后，模拟现场条件进行试验土样的预固结过程。该试验过程的目的是模拟开始排气之前，现场土层中的原始应力条件。具体步骤如下：

(1)将所有设备接通电源，将监视器初始数据调零。启动计算机，运行AD采样卡采样程序，并将初始值归零。

(2)开动空气压缩机，并使空气压缩机输出的空气压力达到满足试验要求的压力条件。

(3)通过压力调节装置，向土压力室及土固结室内输入空气。当土固结室和土压力室中的气压达到要求的数值后，通过压力调节装置，使各压力值保持不变。现场条件下，可能出现气层中的气压力值大于上覆土层自重压力的情况，但是由于上覆土层自身具有一定的结构强度，所以不致出现浅层沼气揭穿上覆层的现象。而在试验中，橡皮膜不具有现场上覆土层的结构强度，所以为了防止橡皮膜上鼓，一定要保持土压力室中的气压力大于土固结室中的气压力。

(4)观测、记录试验土样的预固结压缩变形量；观测、记录试验土样中超孔隙气压力的变化。

(5)试验土样的预固结压缩变形趋于稳定，表明试验土样的预固结压缩过程已经结束，可以开始进行下一阶段的排气压密与气体回聚膨胀模拟试验。

7.3.4　气体缓慢释放土层变形模拟试验

现场情况下，浅层沼气既可能缓慢地释放，也可能急剧地释放。沼气在急剧释放时，会带走土层中大量的土颗粒及伴有地下水涌出。这种情况下，土层的变形是三维的，且具有随机性，目前条件下难以准确描述和模拟这种情况下土层的变形规律。所以本试验决定通过观察气体缓慢释放后土层的变形规律，来推测浅层沼气地质灾害的破坏机理，并找出可行的防治措施。

气体缓慢释放条件下含气层的变形规律模拟试验步骤如下：

(1) 开启土固结室底部的出气口，调节阀门，使土固结室内高压孔隙气缓慢地排出。

(2) 自开启出气口开始排气之时刻起，同步观测试验土样的压缩变形及孔隙气压力的变化，并记录相应的测读时间。测读工作通过信号转换系统和数据采集系统自动进行，由专门的程序控制每隔 30s 自动测读一次数据，并同步存储于数据文本中。

(3) 土固结室中的孔隙气压力完全消散，土样变形趋于稳定，即表明气体缓慢释放土层变形模拟试验结束了，可以开始进行下一步的气体回聚土层变形恢复模拟试验。

7.3.5　气体回聚土层变形恢复模拟试验

该试验工程旨在模拟浅层沼气一次释放后又重新回聚对土层变形的影响情况，具体步骤如下：

关闭出气口，开动空气压缩机，通过压力调节装置向土固结室中缓慢地回灌气，模拟现场排气通道被封堵，沼气重新回聚的条件。土固结室中的孔隙气压力开始回升。

(1)自气体回聚之时刻起，同步观测、记录试验土样的回弹变形及孔隙气压力的变化，并记录相应的测读时间。测读工作也是通过信号转换系统和数据采集系统自动进行，由专门的程序控制每隔 30s 自动测读一次数据，并同步存储于数据文本中。

(2)当土样的回弹变形趋于稳定，表明气体回聚土层变形恢复模拟试验工程已经结束，可以进行下一步的气体再次释放土层变形模拟试验。

7.3.6　气体再次释放土层变形模拟试验

该试验过程旨在观察气体二次释放后土层再次压缩变形的规律，具体操作步骤如下：

(1)再次开启土固结室底部的出气口，调节阀门，使土固结室内孔隙气缓慢地排出。

(2)自开启出气口开始排气之时刻起，同步观测试验土样的压缩变形及孔隙气压力的变化，并记录相应的测读时间。测读工作通过信号转换系统和数据采集系统自动进行，由专门的程序控制每隔 30s 自动测读一次数据，并同步存储于数据文本中。

(3)当土固结室中的孔隙气压力完全消散，土样变形趋于稳定后，即表明气体再次释放土层变形模拟试验结束了。

7.4　试验数据整理与试验结果分析

7.4.1　试验数据整理

本次试验采用粉砂和细砂两种试验土样各进行了 5 组、4 组气体缓慢释放、回聚、再释放条件下土层变形模拟试验，每组试验的模拟固结压力及初始孔隙气压力见表 7-7-2 和表 7-7-3。

细砂组模拟试验初始条件　　表 7-7-2

试验分组	第一组	第二组	第三组	第四组	第五组
固结压力(MPa)	3.5	3.5	3.5	3.5	3.5
初始孔压(MPa)	3.0	3.0	3.0	3.0	2.0

粉砂组模拟试验初始条件　　表 7-7-3

试验分组	第一组	第二组	第三组	第四组
固结压力(MPa)	3.0	3.0	3.0	3.0
初始孔压(MPa)	2.5	2.5	2.5	2.0

取固结压力为 3.0～3.5MPa，对应于现场上覆土层厚度约为 18m 左右时所产生的自重压力。

当含气层中的含水量很小时，孔隙水的作用可以看作是提供土的表观凝聚力的因素之一，而在计算土的有效应力时则可以不计孔隙水压力，此时土中的有效应力可用下式求得：

$$\sigma' = \sigma - \sigma_a$$

在此基础上，可以将试验记录的孔隙气压力值换算为土中有效应力值，再将土样表面的位移值换算为应变值，这样就可以作出气体缓慢释放、回聚、再释放条件下土层变形的应力—应变曲线。为了反映土样压缩变形随时间的变化，同时作出土层变形的应变—历时曲线，粉砂和细砂各选择一组进行分析，整理所得曲线见图 7-7-1 至图 7-7-4。

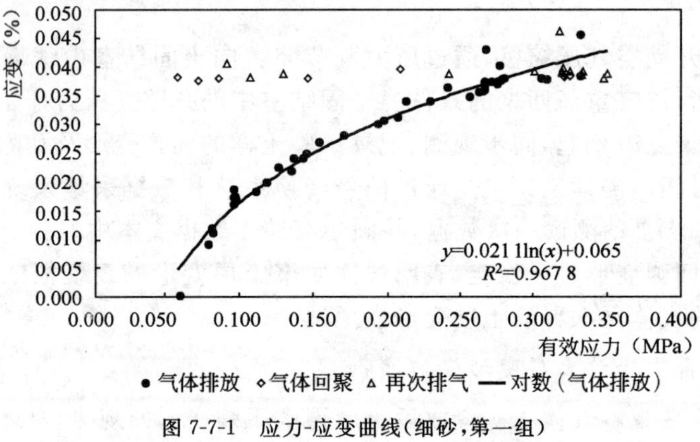

图 7-7-1　应力-应变曲线（细砂，第一组）

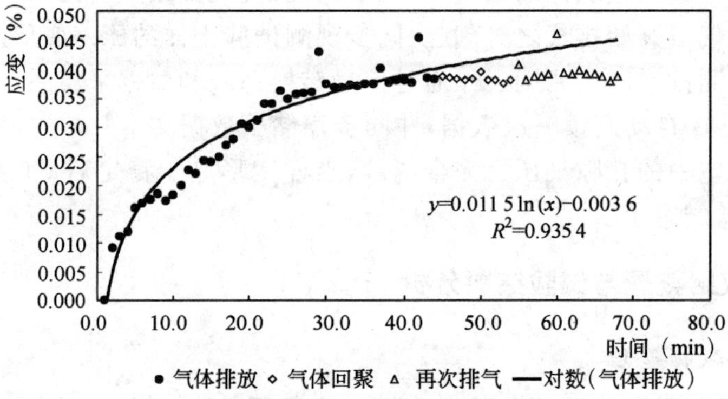

图 7-7-2　应变-历时曲线（细砂，第一组）

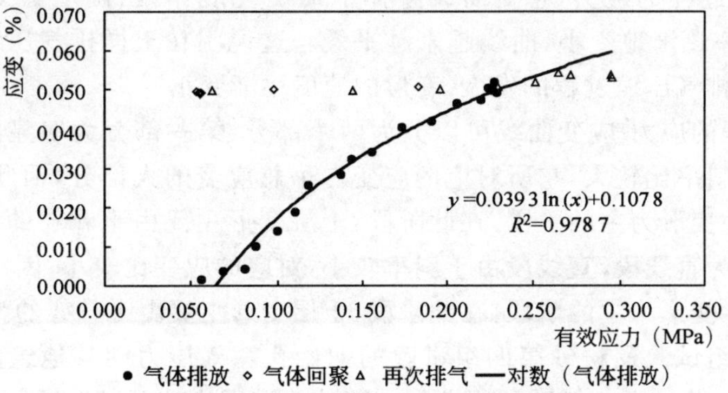

图 7-7-3 应力-应变曲线(粉砂,第一组)

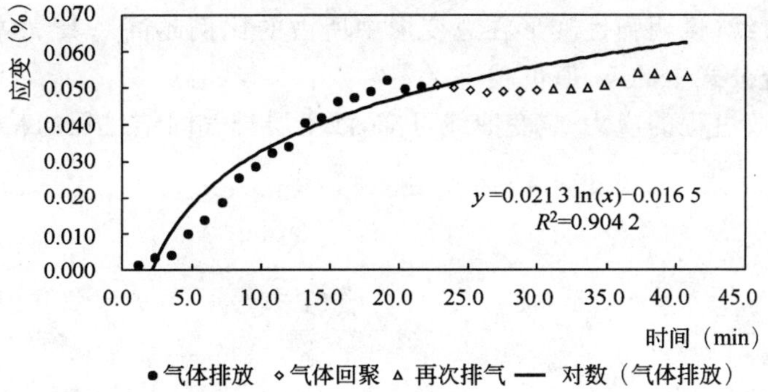

图 7-7-4 应变-历时曲线(粉砂,第一组)

7.4.2 试验结果分析

(1)由气体释放、气体回聚及再次排气过程的总的应力-应变曲线可以发现:与气体释放过程中土样所产生的沉降量相比,气体回聚过程中土样所产生的回弹量是很小的,再次排气过程所产生的再次沉降量也是很小的。这说明气体释放过程产生变形的主要为塑性变形,弹性变形只占一小部分。

(2)无论是细砂还是粉砂,其气体释放过程的应力-应变曲线都可以很好地用自然对数曲线拟合,应变与有效应力成简单对数关系,可以用下式表达:

$$y = k_1 \ln(x) + b_1 \tag{7-7-1}$$

式中:k_1、b_1——常数。k_1 值与土样的性质有关。本次试验中细砂的 k_1 值约为 0.023,粉砂的 k_1 值约为 0.035。粉砂的 k_1 值比细砂的 k_1 值要大,表明相同条件下,粉砂层的压缩量要大于细砂层。

(3)无论是细砂还是粉砂,其气体释放过程的应变-历时曲线同样可以很好地用自然对数曲线拟合,应变与有效应力成简单对数关系,可以用下式表达:

$$y = k_2 \ln(x) + b_2 \tag{7-7-2}$$

式中:k_2 与 b_2 为常数。k_2 值与孔隙气的释放速度有关。这是容易理解的,排气速度越慢,则变形速度越慢,k_2 值就越小。

(4)由气体释放过程的应力-应变曲线可知,试验模拟条件下,气体完全释放后土层的应变量细砂约在 0.035～0.04 之间,粉砂约在 0.04～0.06 之间。这样,如果含气层厚度为 1.5m,则沼气释放后产生的变形量,细砂层约为 5.4～6.0cm,粉砂层约为 6.0～8.0cm。

(5)气体释放过程的应力-应变曲线整体上的变化规律是：随着有效应力的增加，应力-应变曲线的斜率逐渐地变小，曲线越来越平缓。这说明在土样排气压缩的初始阶段，变形速度较快，随着排气压缩过程的发展，变形的速度逐渐变小。

气体释放过程的应力-应变曲线可以分为两个部分：第一部分为明显的曲线段，曲线段靠近应变轴，平均斜率比较大，它所对应的应变占了总应变的大部分，因此曲线段对应于土样变形过程的塑性变形为主的阶段，在此阶段，土层变形主要由土颗粒的位置移动、重排造成；第二部分近似为直线段，直线段由于斜率较小，对应的应变比较小，因此直线段对应于土样变形过程的弹性变形为主的阶段，在此阶段，土层变形主要由土骨架的弹性压缩造成。

(6)细砂第五组试验及粉砂第四组试验的初始孔隙气压力同其他组的相比要小(见表7-7-2及表7-7-3)。将这两组试验所得曲线与其他组进行比较可以发现：在总的固结压力相同的条件下，土样的初始孔隙气压力小，其排气固结总沉降量也小；其气体释放过程的应力-应变曲线越接近直线(说明弹性变形在总变形中所占的比例越高)；其气体释放过程的应变—历时曲线的拟合公式中的 k_2 值也越小。

(7)由气体释放过程的应力-应变曲线可知，沙土层排气固结过程的粘滞效应极不明显，可以不予考虑。

第8章 冲填土的工程特性及其工程处理措施

第1节 概 述

1.1 研究区概述

冲填土是采用人工方法把江河和湖海底部的泥沙通过水力吹填方式而形成的沉积土。近年来,随着我国经济的快速发展,城市化进程步伐不断加快,对土地资源的需求日益迫切,在沿海及江湖地区将疏浚出来的淤泥和泥沙用来造地,已成为沿海城市缓解土地资源紧张的有效途径。

本章以上海临港新城地区为例来探讨冲填土的工程特性及其工程处理措施。上海临港新城地区是通过围海造地形成的典型冲填土分布区,它位于长江和杭州湾的入海口。由于河流的减速,河水携带的泥沙长期淤积,滩涂和湿地不断形成,致使陆地面积不断扩大。自1973年以来,先后实施了5期围海造地,临港新城周围上百平方公里的土地就是最近一期冲填形成的冲填土。为了尽快开发利用,对新近堆积冲填土的工程地质特性亟待进行专项研究。

1.2 冲填土的分布

临港新城地区的人工冲填始于1973年,先后在1973年、1979年、1985年、1994年和2002年修筑了5道人工堤坝,分五期冲填,不断扩大冲填土造地面积(如图8-1-1所示)。

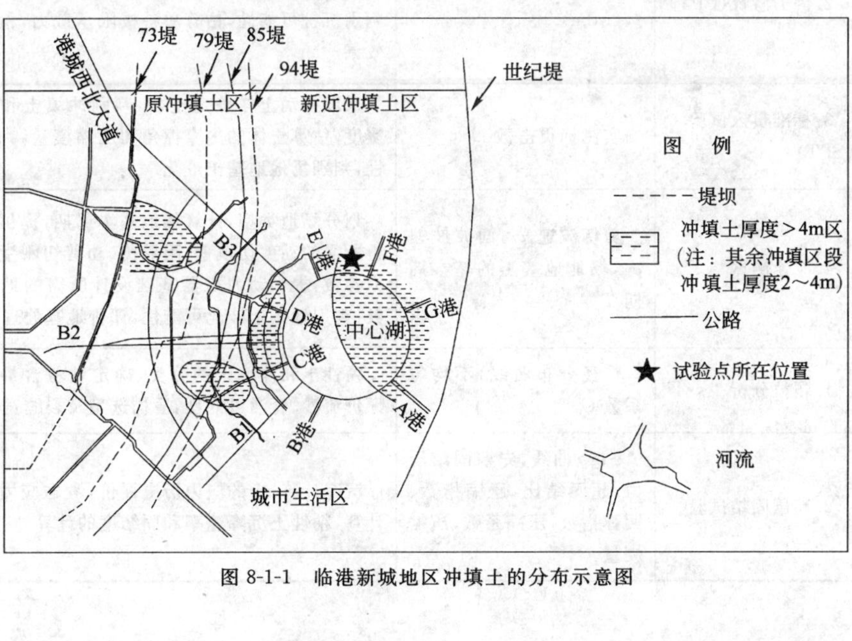

图 8-1-1 临港新城地区冲填土的分布示意图

根据地质普查结果，不同地点冲填土厚度为0～8.5m不等，一般厚度在4m以上，冲填土以下为自然沉积土。冲填土主要为粘质粉土或砂质粉土夹粉砂，有些区域还含有贝壳碎片夹层，主要成分为石英、云母，含少量的粘土矿物。冲填土自海堤向内陆方向厚度由大变小，颗粒沉积分选性比较明显，同时在垂直方向上存在明显的层理，沉积韵律比较明显。

1.3 研究目的与内容

冲填土属于欠固结土，它的成因和物理力学特性与自然沉积土均具有明显的差异。国外有关冲填土利用的成功实例在荷兰较多，但专门研究冲填土特性的理论体系尚未完全建立，这与国外重视保护湿地、保护生态、保护环境的意识密切相关。在国内，主要有刘莹、肖树芳、王清、郑娉慧、李振、王敬华等人曾做过一些模拟试验，对冲填土的粒度成分、结构强度、微观结构、孔隙水等基本特性进行了研究和探索，并对不同地区冲填土基本性质进行了对比分析，得出了由于冲填环境中泥沙来源以及冲填时的水力条件等方面的不同而造成它们在基本性质上的差别。但对冲填土的前期固结压力、自重固结沉降趋势、静力和动力固结沉降及动力学模型等方面的研究还有待于深入。这里是在已有研究成果的基础上，借助于大量的现场试验和室内试验等手段对冲填土进行综合研究和分析，以期探索出一些有价值的研究成果，对于充分了解冲填土的工程特性，指导具体的工程实践均具有十分重要的意义。

为了达到上述目的，需要对冲填土的物理力学特性进行比较详细的研究，通过现场及室内试验，获得评价冲填土所需的参数，达到评价冲填土的目的。表8-1-1是现场及室内试验的项目、参数含义、试验目的及工程应用。

试验研究项目、参数含义及试验目的　　表8-1-1

试验项目		参数含义	试验目的及工程应用
现场试验	1. 静载荷试验	根据 $p\sim s$、$\lg p\sim \lg s$、$s\sim \lg t$ 曲线计算变形模量 E_0，极限压力 p_u	确定地基土承载力，估算冲填土的变形模量、不排水抗剪强度、土的基床参数、固结系数
	2. 静力触探(CPT)	静力触探比贯入阻力 p_s(MPa)	查明土性变化，划分地层，估算冲填土的力学参数、地基土承载力，判别场地地基液化，选择桩基持力层，判别沉桩可能性，估算单桩极限承载力，检验地基加固效果
	3. 标准贯入试验(SPT)	实测标贯击数 N	采取扰动土样确定土名，判别冲填土和砂质粉土密实度，估算土体的内摩擦角和压缩模量，判别沉桩可能性，判别场地地基土液化
	4. 波速测试	剪切波速 v_s，面波波速 v_R，场地地基土的基本周期 T	划分场地类型，计算场地基本周期，提供地震反应分析所需的动剪切模量、阻尼比、动剪切刚度等地基土动力参数，提供动力机器基础设计所需的地基土动力参数，判别地基土液化可能性，评价地基处理效果
室内试验	1. 颗粒分析	粒径分布曲线，不均匀系数 C_u	粉性土和冲填土的分类，确定粘粒含量，判别液化，评价流沙、管涌可能性，盾构选型及裂缝宽度验算
	2. 高压固结试验	e-$\lg p$ 曲线，先期固结压力，超固结比，压缩指数、回弹指数，压缩系数、压缩模量	沉降计算，土的应力历史评价，考虑应力历史的沉降计算，粘性土沉降速率和固结度的计算

续上表

试验项目		参数含义	试验目的及工程应用
室内试验	3. 静止侧压力系数	K_0	静止侧压力计算
	4. 无侧限抗压强度	抗压强度 q_u，灵敏度 S_t	饱和软粘性地基强度计算，施工期稳定性验算
	5. 三轴固结排水剪	内摩擦角 φ_d，凝聚力 c_d	非常缓慢建造的地基稳定性验算
	6. 三轴不固结不排水剪	内摩擦角 φ_u，凝聚力 c_u	地基承载力计算，施工速度较快、排水条件差的粘性土地基稳定性验算，桩周土极限摩阻力计算，桩端下软弱下卧层强度验算
	7. 三轴固结不排水剪	总应力 ϕ_{cu}，c_{cu}； 有效应力 ϕ'，c'；	考虑上部荷载引起地基强度增长、固结后地基稳定性验算，一级基坑稳定性验算
	8. 直剪固快	内摩擦角 φ，凝聚力 c	天然地基承载力计算，基坑及边坡稳定性验算
	9. 流变试验	塑性变形	长期荷载作用下的变形与沉降计算
	10. 动三轴试验	动强度、动模量 E_d、阻尼比 λ	地震反应分析，地基液化判别

第2节　冲填土物理特性

2.1　冲填土的颗粒分析

2.1.1　冲填土的形成过程

冲填土的形成过程是泥浆夹带泥沙在静水中的沉降过程，它分为两个阶段：①以细颗粒絮凝下沉为主。海底泥沙挖出后稀释成泥浆，经搅拌及管道输送，泥沙结构遭到破坏，分散成细小颗粒（单个颗粒及较小的絮团）。颗粒沉积规律符合 Stocke 定律，即下沉的速度与团粒直径的平方成正比。②泥浆自重固结阶段。土的固体颗粒之间已开始相互接触，形成初始连接，传递粒间应力，初步形成骨架，孔隙水压力产生变化，有效应力相应增长，孔隙中一部分水排出土体，固体颗粒之间的相互位置将发生调整，结构连接不断增大，进而形成比较稳定的结构，相对沉降量减小，但延续时间却很长，沉降量与时间基本上呈线性关系。

2.1.2　冲填土颗粒分配曲线

根据标贯试验取不同深度土样进行粒度分析，采用筛分法和沉降分析法相结合，测得不同深度土样中各种大小颗粒的直径及其所占比例，然后绘制成累计百分率曲线，即颗粒粒径级配曲线。图 8-2-1 至图 8-2-3 为不同深度冲填土粒径级配曲线。

土样编号：B7-2

粒径（mm）	粒径含量（%）
0.5	
0.25	100.0
0.074	87.0
0.039 52	23.4
0.025 35	15.5
0.010 49	7.1
0.007 44	5.6
0.005 27	4.8
0.003 73	4.0

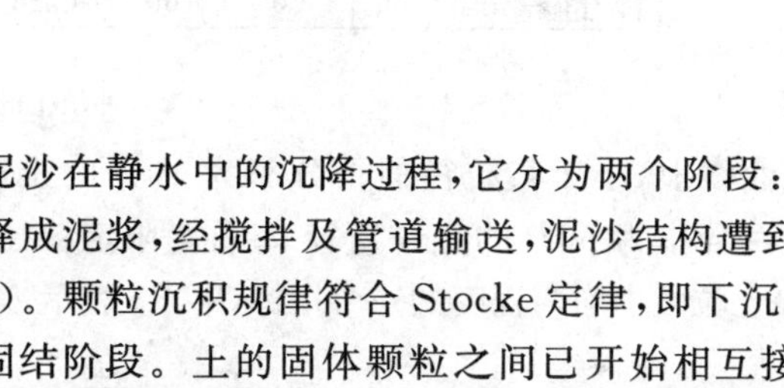

粒径组（mm）	>2.0	2.0～0.5	0.5～0.25	0.5～0.074	0.074～0.005	<0.005	土名
粒径组含量（%）	0.0	0.0	0.0	13.0	82.3	4.7	砂质粉土

图 8-2-1　2.15～2.45m 深度冲填土的颗粒分配曲线

土样编号:B7-3

粒径(mm)	粒径含量(%)
0.5	
0.25	100.0
0.074	77.5
0.039 25	31.8
0.025 31	18.7
0.010 48	8.7
0.007 44	6.4
0.005 26	5.6
0.003 73	4.0

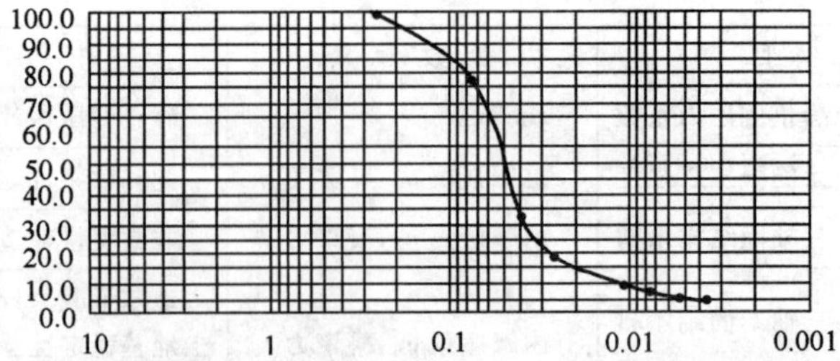

粒径组 (mm)	>2.0	2.0–0.5	0.5–0.25	0.25–0.074	0.074–0.005	<0.005	土名
粒径组含量 (%)	0.0	0.0	0.0	22.5	72.3	5.2	砂质粉土

图 8-2-2　3.15～3.45m 深度冲填土的颗粒分配曲线

土样编号：B7-4

粒径(mm)	粒径含量(%)
0.5	
0.25	100.0
0.074	84.5
0.038 67	43.3
0.025 00	29.0
0.010 44	13.1
0.007 42	9.5
0.005 28	4.8
0.003 75	2.8

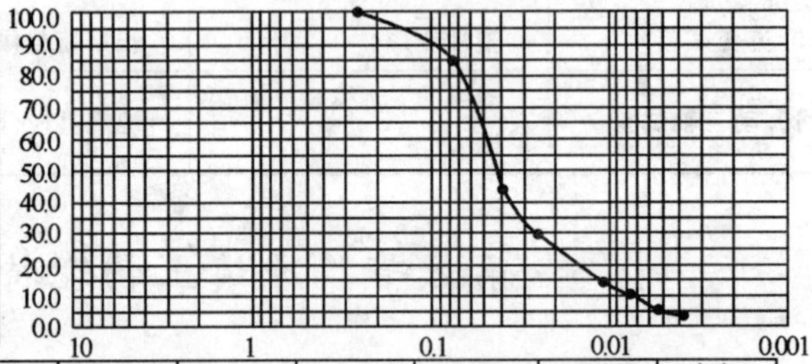

料径组 (mm)	>2.0	2.0–0.5	0.5–0.25	0.25–0.074	0.074–0.005	<0.005	土名
料径组含量 (%)	0.0	0.0	0.0	15.5	80.1	4.4	砂质粉土

图 8-2-3　4.15～4.45m 深度冲填土的颗粒分配曲线

在累积曲线上，小于某粒径的百分率为 10% 的土粒直径称为有效粒径，用 d_{10} 表示；而小于某粒径百分率为 60% 的土粒直径 d_{60} 称为限定粒径。这两个直径之比称为土的不均匀系数，它是反映土粒大小均匀程度的一个指标，用 K_u 表示。K_u 值越接近于 1 说明土颗粒越均匀。

$$K_u = \frac{d_{60}}{d_{10}} \tag{8-2-1}$$

2.1.3　冲填土的沉积韵律

(1)新近堆积冲填土

通过对不同深度采集的 24 个样品颗分结果进行统计，得到不同深度粒径的平均百分含量，并根据公式(8-2-1)计算同一深度冲填土粒径大小的不均匀系数，列于表 8-2-1 中。

不同深度冲填土粒径组百分含量(%)与不均匀系数　　表 8-2-1

土样深度(m)	>2.0(mm)	2.0～0.5(mm)	0.5～0.25(mm)	0.25～0.074(mm)	0.074～0.005(mm)	<0.005(mm)	不均匀系数
1.15～1.45	0	0	0	35.50	62.80	1.70	4.18
2.15～2.45	0	0	0	29.00	67.47	3.53	4.38
3.15～3.45	0	0	0	35.50	60.77	3.73	5.15
4.15～4.45	0	0	0	25.50	69.97	4.50	5.52
5.15～5.45	0	0	0	37.00	60.17	2.83	5.21
6.15～6.45	0	0	0	36.67	56.87	6.47	9.31
7.15～7.45	0	0	0	41.50	56.00	2.50	3.37
8.15～8.45	0	0	0	38.83	58.00	3.17	3.09

从表 8-2-1 中可以得到如下的规律：冲填土的粒径大都在 0.074～0.005mm 之间，粘粒含量低，同一地点不同深度自上而下，冲填土的不均匀系数总体上是由小变大，在冲填土与自然沉积土层分界点附近不均匀系数明显变大，进入自然沉积土层后不均匀系数又呈现出由小变大的规律。但同一深度范围内不同地点的土样，不均匀系数也存在一定的差异，这与不同地点沉积的先后次序和沉积环境有关。

(2)老冲填土

根据地调院普查取样得到的土工试验资料，1994 年以前吹填的冲填土称为老冲积土，对 1994 年前冲填土颗分资料进行统计，其结果如表 8-2-2 所示。

老冲填土的粒度成分 表 8-2-2

土样深度(m)	>2.0(mm)	2.0～0.5(mm)	0.5～0.25(mm)	0.25～0.074(mm)	0.074～0.005(mm)	<0.005(mm)	不均匀系数
1.00～1.30	0	0	0	30.89	65.78	3.33	2.612
2.00～2.30	0	0	0	33.40	63.10	3.50	3.131
4.00～4.30	0	0	0	16.37	78.75	4.88	3.333

对比表 8-2-1 和表 8-2-2 可以得出一个共同的规律：冲填土的粒径大多在 0.074～0.005mm 之间，且从地表往下不均匀系数逐渐变大，完全符合水力冲填的沉积规律。

2.1.4 冲填土的密实度评价

冲填土的密实度可以通过静力触探和标准贯入试验来进行评价，表 8-2-3 是上海市工程建设规范《岩土工程勘察规范》(DGJ08-37-2002)中对砂质粉土和冲填土密实度评价标准。根据本次现场试验结果，冲填土分布范围内，标准贯入击数均在 1～6 击之间，静力触探比贯入阻力 p_s 值为 0.01～2.59MPa 之间，只有极少数超过 2.6MPa，说明新近堆积的冲填土处于松散状态。

静力触探和标准贯入试验判别冲填土密实度标准 表 8-2-3

单桥静力触探 p_s 值(MPa)	标准贯入试验 N 值(击)	密实度
$p_s \leqslant 2.6$	$N \leqslant 7$	松散
$2.6 \leqslant p_s < 5$	$7 < N \leqslant 15$	稍密
$5 \leqslant p_s < 10$	$15 < N \leqslant 30$	中密
$p_s \geqslant 10$	$N > 30$	密实

2.2 冲填土的其他物理特性指标

2.2.1 新近堆积冲填土

根据上海市三维地质调查勘探取样得到的土工试验资料，对冲填土层的主要物理性质指标分别进行了统计，见表 8-2-4 所示。

冲填土的主要物理性质参数 表 8-2-4

统计值别	含水量 w(%)	密度 ρ	比重 G	孔隙比 e	液限 w_L	塑限 w_p	塑性指数 I_p	液性指数 I_L
最大值	58.4	1.96	2.75	1.66	49.7	28.4	21.5	2.12
最小值	22.7	1.61	2.69	0.66	32.0	18.7	12.6	0.65
平均值	31.9	1.85	2.70	0.91	36.7	20.8	15.9	1.23
样本个数	52	52	101	52	15	15	15	15
标准差	7.58	0.08	0.01	0.21	4.47	2.38	2.70	0.40
变异系数	0.24	0.04	0.00	0.23	0.13	0.12	0.18	0.33

从统计结果可以看出：含水量高、孔隙比大是冲填土最主要的物理性质之一。同时，含水量、孔隙比、液性指数等指标的变异系数比较大，说明其离散性较大；冲填土层分布地区在停止冲填后，表面自然蒸发常呈龟裂状，地下水位下降，上部含水量明显降低，但下部冲填土排水条件较差仍呈流动状态。冲填土颗粒愈细，这种现象愈明显。另外，冲填土形成的时间长短不同，其物理性质指标差别比较大，如新近冲填土，含水量、孔隙比等相对比老冲填土高，重度和比重相对比老冲填土低等特点。

2.2.2　新老冲填土物理特性

结合地质调查结果，对不同时期的冲填土的力学特性分别进行统计，其结果见表 8-2-5。

新老冲填土物理特性　　表 8-2-5

取土深度 (m)	冲填年份	含水量 w (%)	密度 ρ	孔隙比 e	液限 w_L	塑限 w_p	塑性指数 I_p	液性指数 I_L
1.00～1.30	1985～1994	31.74	1.88	0.901	32.7	20.1	14.7	1.64
	1994～2002	36.30	1.83	1.030	34.6	20.2		
2.00～2.30	1985～1994	28.29	1.91	0.817				
	1994～2002	29.40	1.90	0.830	36.5	20.3	16.2	0.65
3.00～3.30	1994～2002	28.33	1.92	0.804				
4.00～4.30	1985～1994	29.40	1.90	0.840				
	1994～2002	31.31	1.88	0.893	43.0	21.5	21.5	1.18
5.00～5.30	1994～2002	27.91	1.91	0.814				

新老冲填土对比可知：老冲填土的含水量、孔隙比小于新冲填土，而老冲填土的密度要高于新冲填土。

2.3　冲填土的沉积规律

2.3.1　试验地点冲填土的沉积规律

根据土工试验分析结果，冲填土的塑性指数 I_p 指标在粉质粘土的范围内，但也有砂质粉土类的冲填土。颗粒粗细相间分布，明显地表现出冲填土吹填的期次型，即采用多次吹填方式形成，冲填土层的静力触探比贯入阻力 P_s 曲线很直观地印证了冲填土颗粒沉积过程中的粗细变化及沉积韵律关系，如图 8-2-4 所示。

2.3.2　冲填土的区域沉积规律

根据上海地质调查研究院提供的冲填土土工试验成果及地质剖面图分析，冲填土形成具有明显的三维沉积韵律：

①在垂直方向上，不同冲填地点的冲填土沉积均具有明显的分层性，下部颗粒较粗，上部颗粒较细，且具有多期次沉积旋回的特点，一般至少具有两个冲填旋回，层理不是水平的，而是缓倾斜；

②在水平方向上，北面东西向分布较短，南面东西向分布较长，不同堤坝内的冲填土颗粒粗细基本上具有相同的沉积规律；由西向东，冲填土的厚度为 0～8.5m 不等，且南北方向上北厚南薄；

③在时间上，冲填土形成较早的密实度较大，固结程度高；相反，新近吹填的土，密实度小，固结程度低。

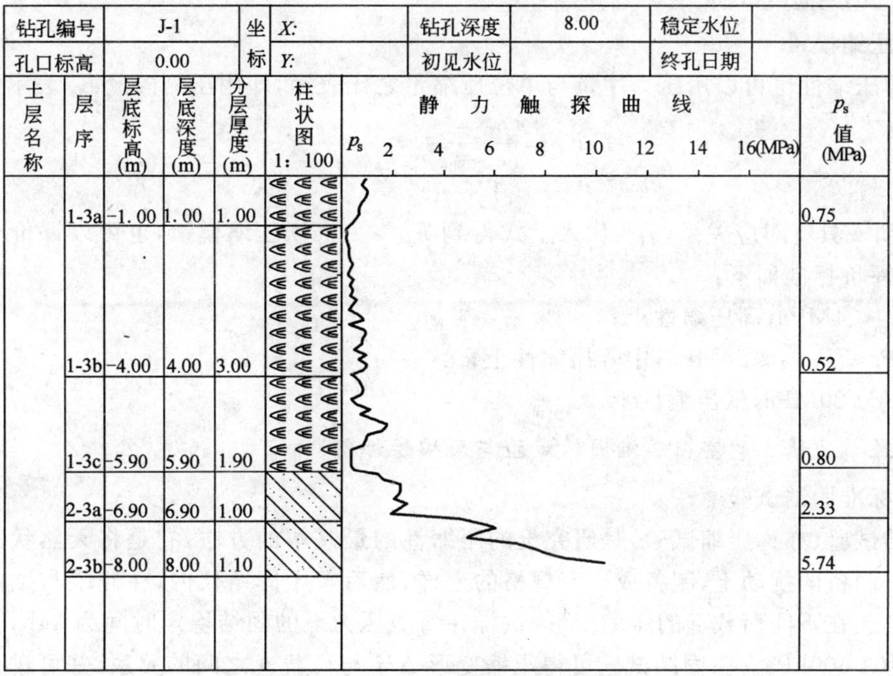

图 8-2-4　J1 点静力触探曲线与沉积韵律的关系

第 3 节　冲填土的力学特性

3.1　冲填土的压缩特性

3.1.1　土体的压缩性评价指标

压缩性是土的主要力学特征之一，地基的沉降主要是由于地基土在上部建筑物荷载作用下压缩变形所引起。土体的压缩性可以通过室内土工试验和现场载荷试验，用相应的指标来评价。假定固体颗粒和水是不可压缩的，土的压缩变形是由于孔隙体积的减小所致，可以通过孔隙比 e 的变化来表示。随着荷载增大，孔隙不断被压缩，土体发生变形，荷载与变形稳定时孔隙比之间的关系可用 e—p 曲线表示。这条曲线是作为计算建筑物最终沉降量的依据，其中，压缩系数 a 和压缩模量 E_s 是反映土体压缩性的主要指标。

(1)压缩系数

在 e—P 曲线上任一点的切线斜率 a 表示相应压力 p 作用下土的压缩性，切线斜率 a 就是压缩系数。a 的表达公式如下：

$$a=-\frac{\mathrm{d}e}{\mathrm{d}p} \text{ 或 } a=\frac{e_1-e_2}{p_2-p_1} \tag{8-3-1}$$

为了便于比较土的压缩性大小，通常规定压力在 100～200kPa 时的压缩系数作为标准，e_1 和 e_2 分别为 $P_1=100$kPa 和 $P_2=200$kPa 时的孔隙比，这一特征压缩系数用 a_{1-2} 表示。根据特征压缩系数 a_{1-2} 的大小可以对土体的压缩性进行评价，其评价标准如下：

$a_{1-2}<0.1\text{MPa}^{-1}$ 时，属于低压缩性土；

$0.1\leqslant a_{1-2}\leqslant 0.5\text{MPa}^{-1}$ 时，属于中压缩性土；

$a_{1-2} > 0.5\text{MPa}^{-1}$时，属于高压缩性土。

(2)压缩模量

土的压缩性也可以用压力增量与单位压缩量之比表示，即用压缩模量 E_s 表示。

$$E_s = \frac{p_2 - p_1}{\frac{e_1 - e_2}{1 + e_1}} = \frac{1 + e_1}{a} \tag{8-3-2}$$

E_s 和 a 具有对应关系，a_{1-2}代入上式得到 E_{s1-2}。根据压缩模量，也可以评价土体的压缩性，其评价标准如下：

$E_{s1-2} < 4\text{MPa}$，高压缩性土；

$4\text{MPa} \leqslant E_{s1-2} \leqslant 20\text{MPa}$，中等压缩性土；

$E_{s1-2} \geqslant 20\text{MPa}$，低压缩性土。

3.1.2 冲填土的室内压缩固结试验与压缩性评价

(1)标准固结试验

固结试验(亦称压缩试验)是研究土的压缩性的最基本的方法，它是将天然状态下原状土或人工制备的扰动土，制备成一定规格的土样，然后置于固结仪内，在侧限与轴向排水条件下测定土在不同荷载下的压缩变形，试样在每级压力下的固结稳定时间为 24h，荷载压力最大值为 1 600kPa。由固结试验可得压缩变形 ΔH 与荷载 p 之间的关系，并可进一步得到相应的孔隙比 e 与荷载 p 之间的关系：$e \sim p$ 曲线或 $e \sim \lg p$ 曲线。根据不同深度固结试验结果绘制的标准固结试验曲线见图 8-3-1 至图 8-3-3。

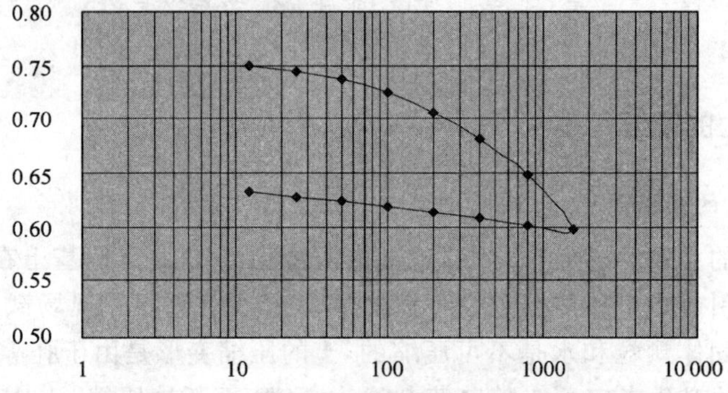

图 8-3-1　1.15～1.45m 深处标准固结试验曲线

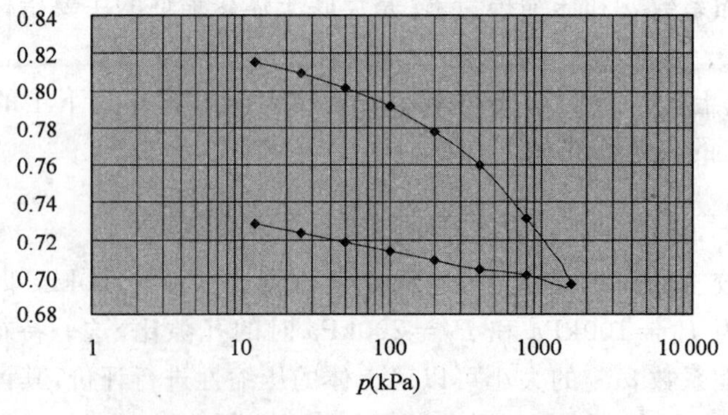

图 8-3-2　3.15～3.45m 深处标准固结试验曲线

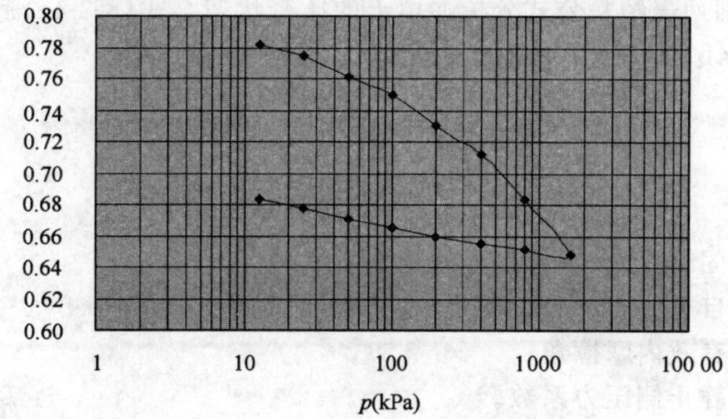

图 8-3-3　4.15～4.45m 深处标准固结试验曲线

(2)前期固结压力的确定方法

土体前期固结压力确定的方法有多种，如 C 法、CC 法、f 法、s 法等，这里采用 CC 法，根据原状土室内压缩试验结果来确定，如图 8-3-4 所示，其步骤如下：

①根据 $e-\lg p$ 曲线上的直线段，按下式计算压缩指数 C_c：

$$C_c=\frac{e_1-e_2}{\lg p_2-\lg p_1} \tag{8-3-3}$$

②作斜率为 $C_c'=0.1+0.2C_c$ 的直线 CD，切于曲线段上 O 点；

③过 O 点再作斜率为 $C_c''=\frac{1}{2}C_c'$ 的直线 OE；

④延长 $e-\lg p$ 曲线的直线段，与 CC″线相交于 F 点，F 点所对应的压力即为前期固结压力 p_c。

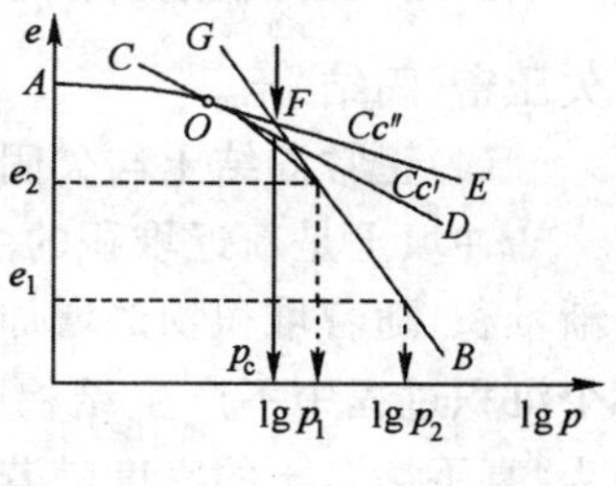

图 8-3-4　CC 法确定前固结压力 p_c

(3)冲填土的压密状态

冲填土的主要特征为结构疏松、孔隙比大、含水量高、强度低。大量资料表明，冲填土结构效应十分明显，属于结构性土，具有一定的结构连接强度。对于这种土，由于具有一定的结构强度，在应力水平低、结构得以保持完整时，土体表现出较好的力学性质；而一旦应力超过一定值时，结构将会突然发生大量破坏，土的力学性质急剧变化。由于冲填土的高含水量和低透水性，使得地基中受建筑物荷载作用后的变形复杂，通常要考虑应力历史对地基变形的影响。

传统意义上土体应力历史状态的描述主要是通过前期固结压力(P_c)和超固结比(OCR)等物理量来反映，其中前期固结压力是指天然土层在历史上所经受的包括自重压力和其他作用形成的最大竖向有效固结压力，一般根据原状土压缩曲线($e-\lg p$)拐点处的固结压力来确定。然而，对结构性土，其拐点处的固结压力并不代表其历史上所受的最大的固结压力，而应包括土的结构强度，即传统的根据压缩曲线拐点确定的压力应称为结构屈服压力，它是先期固结压力和结构强度之和。因此，对于结构性土，根据传统方法确定的先期固结压力(实为结构屈服压力)而确定的超固结比(OCR)以及据此对土压密状态的判断会往往出现矛盾的结论，如对新近堆积的具有一定结构强度的欠固结土，往往误定为超固结土。高压试验得出的先期固结压力实际上为冲填土的先期固结压力和结构强度之和，因此冲填土压密状态不宜用传统意义上的先期固结压力直接进行判断。这与沈珠江、G. Mesri、孔德金等人的研究结果一致。

这里采用阿别列夫经验公式分析冲填土的压密状态。式(8-3-4a)适用于液性指数大于1的软土,式(8-3-4b)适用于一般软土。

$$\frac{p_c}{\sigma_z}=\frac{2K_0}{1-\sin\varphi'}-1 \tag{8-3-4a}$$

$$\frac{p_c}{\sigma_z}=\frac{4K_0}{1-\sin\varphi'}-3 \tag{8-3-4b}$$

式中:p_c——先期固结压力(不包括土的结构强度);

σ_z——土的自重应力;

φ'——土的有效内摩擦角;

K_0——土的静止侧压力系数。

根据室内试验获得冲填土的平均液性指数为1.23,平均有效内摩擦角30.8°,平均静止侧压力系数为0.44,代入式(8-3-4a)计算得:

$$\frac{p_c}{\sigma_z}=\frac{2\times0.44}{1-\sin30.8^\circ}-1=0.802$$

因此,上海临港新城地区冲填土的超固结应力比$OCR(\frac{p_c}{\sigma_z})$为0.802,$OCR<1$,冲填土为欠压密(固结)土。

(4)正常固结土与欠固结土的区别

冲填土是新近堆积的由人工吹填作用形成的,在沉积过程中,大小颗粒在重力作用下逐渐堆积,随着堆积物的增加,土体在重力作用下压密。如果在整个沉积过程中不产生结构强度,土体的密度与压力之间的关系为"真平衡",土的密度随着压力的增大而增加,曲线ab称为"原始压缩曲线",具有这样压缩特性的土就是正常压密(固结)的土,如图8-3-5所示。但冲填土在沉积过程中,由于尚未完成正常压密过程,压缩曲线不是沿着ab线发展,而是沿着cd线发展。cd线位于ab线之上,在同一压力p时,点2所对应的孔隙比e_2大于点1所对应的孔隙比e_1,存在孔隙比差值$\Delta e=e_2-e_1>0$。

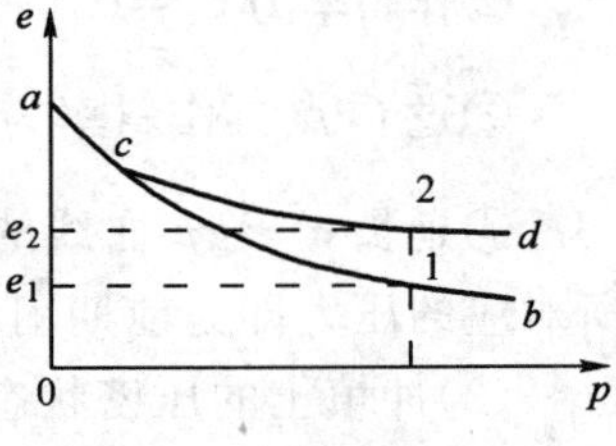

图8-3-5 欠固结土与正常固结土压缩对比曲线

3.1.3 冲填土的压缩性评价

钻探取得的不同深度冲填土样,在没有侧向膨胀的条件下进行高压固结试验,得到$e-\lg p$曲线,通过计算可以求得压缩系数、压缩模量,同时还可以得到压缩指数和回弹指数等,见表8-3-1。根据室内试验结果,结合土体的压缩模量或压缩系数指标对冲填土进行评价,不同深度的冲填土的压缩性均属于中等。

冲填土土样的压缩性及其评价 表8-3-1

取土深度(m)	压缩模量E_{s1-2}(MPa)	压缩系数a_{1-2}(MPa^{-1})	压缩指数C_c	回弹指数C_s	压缩性等级评价
1.15~1.45	14.75	0.115	0.0910	0.0120	中等压缩性
1.14~1.45	7.46	0.247	0.1629	0.0205	中等压缩性
2.15~2.45	7.98	0.232	0.1742	0.0164	中等压缩性
2.15~2.45	7.31	0.262	0.1955	0.0201	中等压缩性
3.15~3.45	11.42	0.160	0.1226	0.0169	中等压缩性
4.15~4.45	12.99	0.132	0.1055		中等压缩性
5.15~5.45	10.12	0.187	0.1561	0.0156	中等压缩性
6.16~6.45	8.19	0.224	0.1546		中等压缩性

3.1.4 现场载荷试验确定地基的变形模量

(1)变形模量的含义

现场载荷试验和室内压缩试验两者之间有很大差异，室内压缩试验土样侧向不容许有变形发生，所以它是单向压缩变形，而载荷试验地基土的竖向变形是在有侧向变形情况下发生的。因此，二者的受力条件也不同。室内试验竖向应力与侧向应力之间满足 $\sigma_x = K_0\sigma_z$，K_0 为静止侧压力系数，在这种应力条件下土样不会发生破坏；而现场情况，土单元的侧向应力 σ_x 随着 ε_x 的增大而逐渐减小，直至土体发生剪切破坏，这时 $\sigma_x = K\sigma_z$，K 称为主动土压力系数，σ_x 称为主动土压力，K 必小于静止侧压力系数 K_0，所以它们的沉降与时间关系曲线和荷载与沉降关系曲线的形态也不一样。

载荷试验沉降曲线($p-s$ 曲线)可以分为 3 个阶段：

①压密阶段：在 $p-s$ 曲线上从原点到比例界限 p_b 的阶段，荷载与沉降关系接近于正比例关系，地基的变形主要是土的压缩；

②剪切阶段：在 $p-s$ 曲线上从 p_b 到 p_j 阶段，荷载 p 与沉降 s 不再保持比例关系，沉降 s 随着荷载的增加而增加，这一阶段地基土继续压缩，但局部位置上的剪应力达到了土的抗剪强度，土开始向周围挤出，地基剪切破坏开始；

③破坏阶段：当荷载达到极限值 p_j 后，承载板在不增加荷载条件下不断下沉，且不能稳定下来，土中可能形成连续的滑动面，土从承压板下面挤出，在周围形成隆起。

(2)变形模量的确定

根据半无限体表面作用一均匀分布荷载时地表位移的计算公式，就可以从 $p-s$ 曲线求得地基变形的总变形模量 E：

$$E = \omega(1-\mu^2)\frac{pd}{s} \tag{8-3-5}$$

式中：E——地基土的变形模量，kN/m²；

ω——荷载面积形状系数，对于圆形承压板 $\omega = 0.785$，对于方形承压板 $\omega = 0.886$；

μ——土的泊松比，可以近似地采用，冲填土 0.2～0.3，粘性土 0.4～0.5；

p——承压板地面的压力，kN/m²；

d——圆形承压板的直径或方形承压板的边长；

s——对应于 p 的沉降。

变形模量 E 是从图的总变形出发，而不是从弹性变形出发的，所以也叫做“总变形模量”，用 E_0 表示。变形模量可以用来计算建筑物的稳定变形，对于基础地面几何形状比较简单，基础底面下相当大的深度范围内，地基土比较均匀，且不受相邻荷载的影响，就可以直接根据式(8-3-5)计算基础的稳定沉降。

(3)临港新城现场载荷试验

载荷试验承压板采用 0.5m² 的正方形钢板，加荷系统为油压千斤顶，用堆载作为千斤顶加压的反力系统，观测系统采用百分表，承压板的四角各置一个，分别量测一定荷载下承压板的沉降量，然后取平均值作为本级荷载下承压板的沉降量。加荷等级每级为 10kPa。试验共进行了 3 个点，这里选择其中一个点进行介绍。根据 1 号试验点观测计算结果(见表 8-3-2)，绘制静载点的 $Q-s$ 曲线、$s-\lg t$ 曲线，见图 8-3-6a)和图 8-3-6b)。

1号静载点试验汇总表 表 8-3-2

序号	荷载(kN)	历时(min)		沉降(mm)	
		本级	累计	本级	累计
0	0	0	0	0.00	0.00
1	10	120	120	0.78	0.78
2	15	120	240	0.85	1.63
3	20	120	360	1.19	2.82
4	25	150	510	1.66	4.48
5	30	150	660	2.35	6.83
6	35	180	840	3.95	10.78
7	40	210	1050	6.58	17.36
8	45	210	1260	11.90	29.26
9	50	240	1500	19.30	48.56
10	55	5	1505	45.99	94.55
11	55	10	1515	6.13	100.68
12	45	30	1545	−0.79	99.89
13	35	30	1575	−0.94	98.95
14	25	30	1605	−1.09	97.86
15	15	30	1635	−1.26	96.60
16	0	180	1815	−1.95	94.65
最大沉降量:100.68mm		最大回弹量:−1.95mm		回弹率:1.94%	

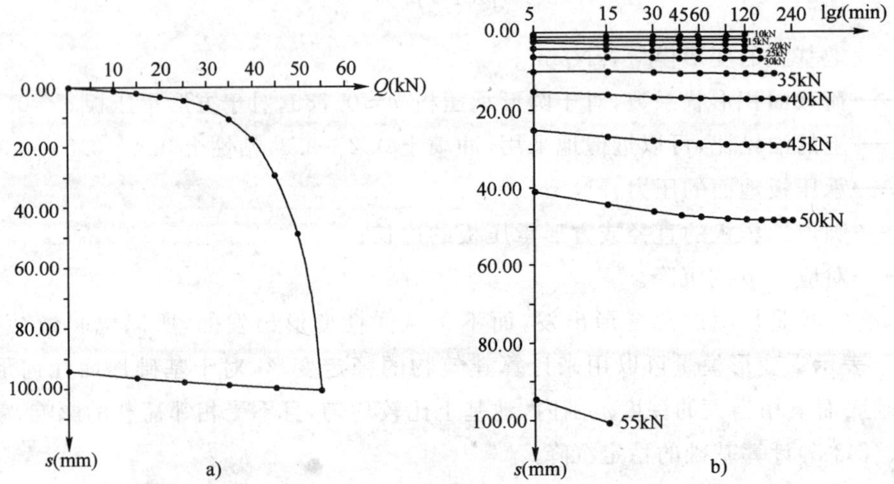

图 8-3-6

a) 1号静载点的荷载-沉降(Q−s)曲线;b) 1号静载点的沉降-时间对数(s−lgt)曲线图

根据测试结果并依据上海市工程建设规范《地基基础设计规范》(DGJ 08—11—99)第14.7.5条的规定,在 $s-\lg t$ 曲线上取曲线尾部明显向下曲折的前一级所对应的荷载为天然地基极限承载力值,但由于试验曲线拐点不明显,采用相对沉降控制法进行核算,取 $s/b=0.01\sim0.015$ 所对应的荷载作为地基承载力特征值(s 为承压板稳定沉降,b 为承压板的边长或直径)，相应点的 $p_{0.02}$ 作为地基承载力标准值。由 $s/b=0.07$ 对应的 $p_{0.07}$ 作为极限荷载。根据 $p-s$ 曲线图分析可得，1 号点地基承载力标准值为 75kPa，极限荷载为 95kPa；2 号点地基承载力标准值为 80kPa，极限荷载为 105kPa。3 号点地基承载力标准值为 90kPa，极限荷载不小于 120 kPa。冲填土各被测点的天然地基极限承载力如表 8-3-3 所示。

冲填土天然地基的极限承载力表 表 8-3-3

试验点号	试验时间	最大加载量(kN)	最大沉降量(mm)	残余沉降量(mm)	回弹率(%)	天然地基极限承载力(kPa)
1	05.4.15	55	100.68	6.03	1.94	95
2	05.4.17	60	65.22	7.44	3.84	105
3	05.4.18	60	26.30	8.51	7.41	不小于 120

由静载试验结果可以得出：不同地点冲填土地基的承载力极限荷载有一定的差异，这也说明冲填土具有非均匀性的特点。

3.1.5 土的变形模量和压缩模量之间的关系

土的变形模量 E_0 和压缩模量 E_s 是反映土在不同约束条件下的变形特征指标，二者之间有一定的理论联系。现设一个高度为 H 的土样，在无侧向膨胀条件下，在压力 p 作用下压缩，即室内压缩试验的情况。根据压缩模量 E_s 的公式计算出土样的压缩应变为

$$\frac{\Delta H}{H}=\frac{p}{E_s} \tag{8-3-6}$$

根据变形模量 E_0 计算，得：

$$\frac{\Delta H}{H}=\frac{p}{E_0}-\mu\left(\frac{\sigma_x+\sigma_y}{E_0}\right)=\frac{1}{E}(p-2\mu K_0 p)=\frac{p}{E_0}\left(1-\frac{2\mu^2}{1-\mu}\right) \tag{8-3-7}$$

以上二式相等，得到：

$$E_0=\left(1-\frac{2\mu^2}{1-\mu}\right)E_s \tag{8-3-8}$$

据有关文献介绍，冲填土的泊松比 μ 一般取值 0.33，代入到式(8-3-8)中即得到变形模量与压缩模量之间的经验关系为

$$E_0=0.675E_s$$

3.2 冲填土的强度特性

土的强度一般是指一部分土体相对于另一部分土体滑动时的抵抗力，即抗剪强度。地基的破坏表现为土体的滑动，抗剪强度的库仑准则表达式如下：

$$\tau_f=\sigma\tan\varphi+c \tag{8-3-9}$$

3.2.1 三轴抗剪强度

三轴试验包括：不固结不排水、固结不排水和固结排水，通过三轴试验取得的参数，对于具体的工程实践具有十分重要的意义。不同的工程背景需要选择不同的试验参数，如不固结不排水试验，适用于施工速度较快、排水条件差的地基稳定性验算、地基承载力计算、桩周土极限摩擦阻力计算、桩端下软弱下卧层强度验算等；固结排水适用于施工速度较慢，考虑上部荷载引起地基强度增长，固结后地基稳定性验算，一级基坑稳定性验算；而固结排水则适用于非常缓慢建造的地基稳定性验算。

(1)不固结不排水试验强度

试验共进行了6组，根据各组试验结果，得到表8-3-4。从表中可以看出，随着深度增大，不固结不排水剪切试验得到的凝聚力和内摩擦角都在不断增大，这与土体受自重压缩和固结有一定的关系。

不固结不排水试验结果 表8-3-4

试验编号	取土深度(m)	凝聚力 cu（kPa）	内摩擦角 φu(°)	抗剪强度(kPa)
1	1.15～1.45	35	2.5	$\tau_f=0.0437\sigma+35$
2	3.15～3.45	75	8.1	$\tau_f=0.1423\sigma+75$
3	1.00～1.30	47	12.7	$\tau_f=0.2254\sigma+52$
4	4.00～4.30	试验结果出现异常		
5	6.00～6.30	45	13.8	$\tau_f=0.2456\sigma+45$
6	7.00～7.30	62	3.5	$\tau_f=0.0612\sigma+62$

(2)固结不排水强度

固结不排水试验完成了6组，不同深度试验结果可以用表8-3-5表示。

固结不排水剪切试验 表8-3-5

试验编号	取土深度(m)	总应力凝聚力 c_{cu}(kPa)	总应力内摩擦角 φ_{cu}(°)	有效应力凝聚力 c'(kPa)	有效应力内摩擦角 φ'(°)
1	3.15～3.45	31	18.6	32	16.4
2	4.15～4.45	25	22.5	29	19.1
3	1.00～1.30	6	40.8	5	42.5
4	2.00～2.30	试验结果出现异常			
5	1.00～1.30	1	45.2	13	43.5
6	3.00～3.30	18	36.9	31	32.5

(3)固结排水强度

固结排水试验进行了6组，见表8-3-6。试验结果显示，随着深度的增加，凝聚力变化不大，但内摩擦角有增大的趋势。同时，可以看出：固结排水的凝聚力要比不固结不排水、固结不排水小，而内摩擦角要比不固结不排水、固结不排水大。

固结排水试验 表8-3-6

试验编号	取土深度(m)	凝聚力 c_{cd}(kPa)	内摩擦角 φ_{cd}(°)	抗剪强度(kPa)
1	3.00～3.30	−3	40.3	$\tau_f=0.848\sigma-3$
2	3.00～3.30	8	36.2	$\tau_f=0.732\sigma+8$
3	3.00～3.30	−2	53.9	$\tau_f=1.371\sigma-2$
4	4.00～4.30	5	44.7	$\tau_f=0.990\sigma+5$
5	2.00～2.30	5	34.8	$\tau_f=0.695\sigma+5$
6	5.00～5.30	4	43.5	$\tau_f=0.949\sigma+4$

3.2.2 无侧限抗压强度试验

(1)无侧限抗压强度

冲填土的结构连接具有部分可逆性特征，一部分结构连接破坏后还可能恢复，而另一部分则不能恢复，一旦土的结构破坏后强度就降低。同一密度、含水量的重塑土的强度要比原状土要小。

无侧限抗压强度是在 $\sigma_3=0$ 的条件下施加轴向压力，直到土样破坏为止。当 σ-ε 曲线出现峰值时，取峰值作为无侧限抗压强度。如果不出现峰值，可取应变为 20% 时的 σ 值作为无侧限抗压强度，用 q_u 表示。因试样在压缩过程中体积不变，竖向压缩而侧向膨胀，若破坏时的压缩应变为 $\varepsilon=\dfrac{\Delta h}{h_0}$，则土样平均截面面积为 $A=\dfrac{A_0}{1-\varepsilon}=\dfrac{1}{1-\varepsilon}\left(\dfrac{\pi}{4}d_0^2\right)$，而平均应力应为 $\sigma=\dfrac{P}{A}=\dfrac{4P}{\pi d_0^2}(1-\varepsilon)$。

(2)土体的灵敏度计算

冲填土的结构性对强度的影响用灵敏度(S_t)表示，灵敏度越大，土的结构性对强度影响越大。

$$S_t=\frac{q_u}{q_u'} \tag{8-3-10}$$

式中：q_u——原状土的无侧限抗压强度；

q'_u——重塑土的无侧限抗压强度。

土体灵敏度测试标准，一般将灵敏度分为 4 级：

$S_t<2$　不灵敏　$S_t=2\sim4$　中等灵敏

$S_t=4\sim8$　灵敏　$S_t=8\sim16$　特别灵敏

根据无侧限抗压强度试验结果，得到不同深度土体的灵敏度见表 8-3-7。

不同深度冲填土样的灵敏度　表 8-3-7

土样编号及取土深度	q_u(kPa)	q_u'(kPa)	灵敏度 S_t	灵敏度分级评价
B4(4.15～4.45m)	50.16	18.47	2.72	中等灵敏
B5(4.15～4.45m)	74.8	18.7	4.00	灵敏
B6(4.15～4.45m)	44.5	29.9	1.49	不灵敏
B7(4.15～4.45m)	40.4	11.2	3.61	中等灵敏
B9(4.15～4.45m)	33.3	16.4	2.03	中等灵敏
B2(7.15～7.45m)	39.9	9.35	4.27	灵敏
B3(7.15～7.45m)	38.76	18.24	2.13	中等灵敏
备注	B8 土样重塑土的强度不断增加，甚至超出了冲填土的强度，属于异常			

天然状态下的土体都具有一定的结构性，冲填土是经过扰动后沉积形成的，其灵敏度均较高，大都属于中等灵敏到灵敏土。

(3)冲填土原状土与重塑土无侧限抗压强度比较

无侧限抗压强度试验共做了 8 组，比较有代表性的试验结果见图 8-3-7。

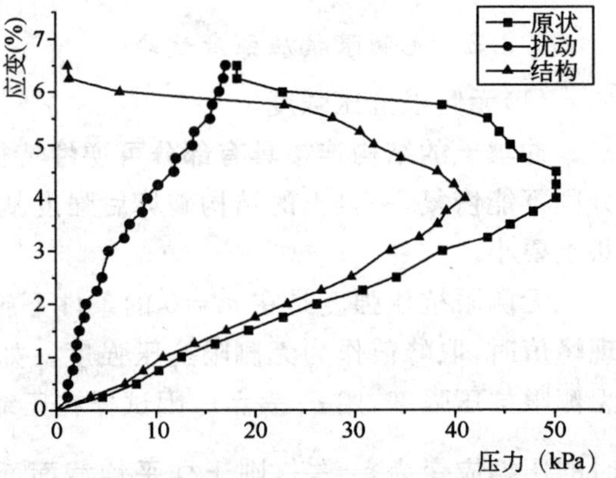

图 8-3-7　4.15～4.45m 原状土与重塑土无侧限抗压强度

3.2.3　冲填土的主要力学参数

为了全面地了解冲填土的工程地质特性，上海地质调查研究院做了大量的调查和研究工作，对冲填土的基本力学特性进行了分析和统计，见表 8-3-8。由于是普查阶段，钻孔间距在 1km 以上，所得到的规律是宏观上的一般规律。而要直接指导具体的工程实践，必须做更深入细致的研究工作，以更加全面地了解冲填土的各种力学特性。

冲填土的主要力学性质参数　　表 8-3-8

统计值别	直剪固快(峰值)		直剪固快		压缩指数	压缩模量	标准贯入	贯入比阻力
	凝聚力 c(kPa)	内摩擦角 φ(°)	凝聚力 c(kPa)	内摩擦角 φ(°)	$a_{0.1-0.2}$ (MPa^{-1})	$E_{s0.1-0.2}$ (MPa)	$N_{63.5}$(击)	p_s(MPa)
最大值	18	40.0	13	30.5	1.43	18.53	14.7	2.53
最小值	1	16.0	1	11.5	0.09	1.82	4.0	0.28
平均值	7	30.5	5	22.5	0.28	9.86	7.0	0.67
样本个数	28	28	28	28	44	44	36	28
标准差	4.82	6.17	3.49	4.86	0.25	4.45	2.21	0.69
变异系数	0.72	0.21	0.74	0.22	0.91	0.46	0.32	0.67

3.3　冲填土地基承载力

3.3.1　室内试验确定冲填土地基承载力

根据室内试验得到的强度指标可以计算得到极限承载力 P_u，再除以安全系数 K 即可得到地基容许承载力。太沙基的极限承载力经验公式为

$$P_u = 0.4\gamma B N_r + q N_q + c N_c \qquad (8\text{-}3\text{-}11)$$

式中：　γ——土的重度；

B——基础的宽度；

c——凝聚力；

q——土的自重应力；

N_r、N_q、N_c——太沙基承载力系数，可根据内摩擦角 φ 查表得到。

公式适用于地基土比较密实的方形基础。对于松软土质，太沙基建议采用较小的 C_0、φ_0 值代入上式计算，即令

$$\tan\varphi_0 = \frac{2}{3}\tan\varphi;\ C_0 = \frac{2}{3}C$$

三轴试验和慢剪试验均得到了土的强度指标，土的重度为 18.7kN/m³，安全系数为 3，分别计算不同强度指标下冲填土地基（q=0）的极限承载力，进而求出相应的地基容许承载力。

慢剪试验所得 C_s 在 1.9～12.5kPa 之间，φ_s 在 33.3°～36.4°之间，取中间值 C_s＝7.2 kPa，φ_s＝34.9°。三轴不固结不排水抗剪强度指标 C_u＝35kPa，φ_u＝2.5°，固结不排水抗剪强度指标 C_{cu}＝31kPa，φ_{cu}＝18.6°；C'＝32kPa，φ'＝16.4°。查表分析及计算结果见表 8-3-9。

冲填土层的极限承载力 表 8-3-9

试验项目	c(kPa)	φ(°)	C_0	φ_0	N_r	N_c	p_u(kPa)	[σ]
不固结不排水	35	2.5	23.33	1.67	0.17	6.25	175	58
固结不排水(C_{cu},φ_{cu})	31	18.6	20.67	12.65	1.52	11.34	289	96
固结不排水(C',φ')	32	16.4	21.33	11.1	1.33	10.31	270	90
慢剪	7.2	34.9	4.8	24.94	11	25.1	202	67

3.3.2 静力触探试验确定土基承载力

本次试验在 3 个载荷试验位置进行了静力触探，并与附近未进行载荷试验的场地进行对比。其中 J1、J4 和 J5 分别为场地原状冲填土的静力触探统计结果，J2、J3 和 J6 是在静载试验后场地上进行的静力触探统计结果。根据比贯入阻力值，冲填土层又可以划分为 3 个亚层，这种成层性与冲填土的形成方式有关。泥浆从海底抽上来以后，在静水环境下沉降固结，其沉降速率与泥浆的浓度以及泥浆颗粒的大小有关，粒径大的沉降快，粒径小的沉降慢，这就形成了冲填土的成层性。一般在 6m 以下为灰色粉性土和粉砂，含云母及贝壳碎屑，夹薄层粘性土，土质不均匀。土性强度较高，压缩性较低。

对比载荷试验前后场地的静力触探曲线可以看出：载荷试验后场地土的比贯入阻力 P_s 比试验前有一定程度的增大，土体的承载力均有一定程度的提高，且在表层 0～1m 深度范围表现较为明显。根据勘察规范，可以采用经验公式：$f_0=40+0.05p_s$（p_s 为比贯入阻力，单位为 MPa）。冲填土的地基承载力基准值、特征值及设计值见表 8-3-10。

静力触探确定地基承载力 表 8-3-10

值　别	1 号试验点		2 号试验点		3 号试验点	
	J1	J2	J3	J4	J5	J6
比贯入阻力 p_s(MPa)	0.654	0.729	0.652	0.578	1.198	1.285
地基承载力基准值 f_0(kPa)	72.7	76.5	72.6	68.9	99.9	104.3
地基承载力特征值 f_{ak}(kPa)	65.4	68.8	65.3	62.0	89.9	93.9
地基承载力设计值 f_d(kPa)	80	84	80	76	110	115

3.4 冲填土的动力特性

3.4.1 动三轴试验

为了研究动荷载作用对冲填土的影响以及冲填土对振动荷载的响应特征，采用动三轴试验进行模拟，在一定围压、循环应力比和不同振动频率作用的条件下，通过对冲填土试样施加模拟的动主应力，同时测得冲填土试样在承受施加的动荷载作用下表现的动态反应。这种动态反应包括：动应力（或动应力比）与相应的动应变的关系、动应力与相应的孔隙压力的变化关系，其中动应力与动应变的关系是最基本也是最主要的。根据动三轴试验，计算出冲填土的各项动弹性参数及粘弹性参数，来模拟冲填土试样在某种实际震动应力作用下表现的性状。试验采用的设备是 Global Digital Systems(GDS)，见图 8-3-8。

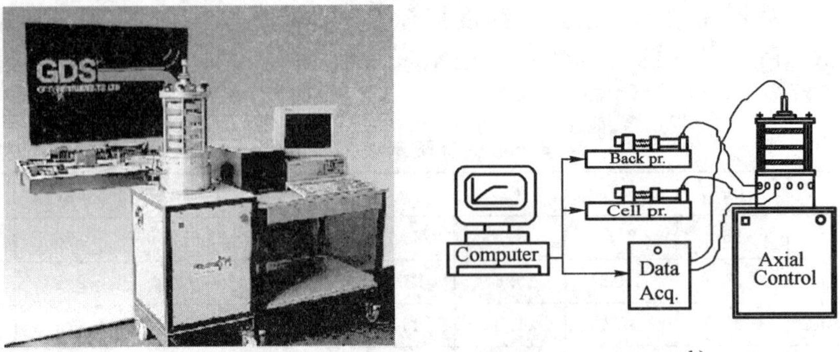

a)　　　　　　　　b)

图　8-3-8

a)动三轴试验设备照片；b)动三轴试验设备及工作原理

(1) 试验方案设计

假设振动荷载为大型卡车，载荷为 20t(即 200kN)，汽车的尺寸为 8m×3m；汽车作用的混凝土路面 30cm 厚，路基 60cm 厚；汽车的影响范围按 2 倍宽度计算，即汽车的影响面积为 $(2\times8\times2)\times(3\times2\times2)=384m^2$，道路路面对冲填土影响的扩散角定为 30°，土体的影响深度在 3～5m 范围内。汽车运行速度按照 60km/h 考虑，汽车振动向冲填土施加一个规则的动荷载作为输入来测试土的动力特性。概念模型如图 8-3-9 所示，其设计参数按表 8-3-11 进行。

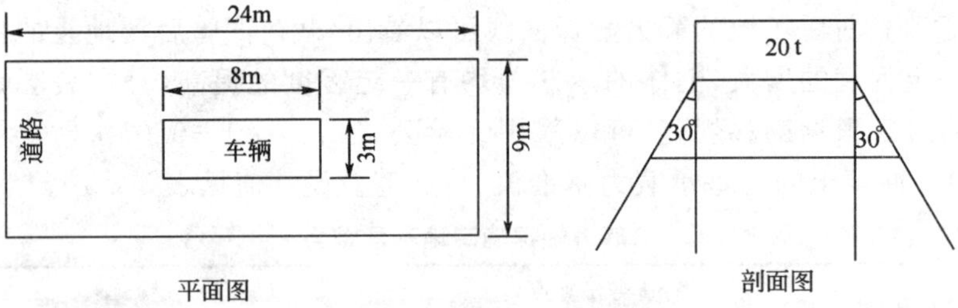

图 8-3-9　动三轴试验概念模型

动三轴试验方案设计　　　　表 8-3-11

试验序号	试验参数						
	振动频率(Hz)	试样深度(m)	围压(kPa)	反压(kPa)	K_0	循环应力比 OCR	动载(kN)
1-1	0.2	3.0～3.3	40.96	27.46	0.44	0.035	0.002
2-1		3.0～3.3	40.96	27.46	0.44	0.035	0.002
1-2	0.7	3.0～3.3	40.96	27.46	0.44	0.035	0.002
2-2		3.0～3.3	40.96	27.46	0.44	0.035	0.002
1-3	1.5	3.0～3.3	40.96	27.46	0.44	0.035	0.002
2-3		3.0～3.3	40.96	27.46	0.44	0.035	0.002
1-4	2.5	3.0～3.3	40.96	27.46	0.44	0.035	0.002

(2)临界循环应力比的确定

Larew 和 Leonards 根据大量的动三轴试验研究结果，提出了"临界循环压力比"的概念。当轴向重复压力与轴向静力压强之比小于某一临界值时，试样的轴向应变将趋于稳定不变，这种不使土体破坏的最大循环压力比称之为临界循环应力比，用 R 表示，它是评价饱和土体破坏与否的重要指标。

$$R=\frac{\tau_d}{\sigma_0}=\frac{\sigma_d}{2\sigma_0} \tag{8-3-12}$$

式中：σ_0——施加于土样上的固结围压，kPa；

τ_d——轴向循环剪应力，kPa；

σ_d——等向固结后施加的轴向动应力，kPa。

(3)应变破坏标准

饱和冲填土比较容易发生液化，并且随着振动次数的增加，孔隙水压力增长的速率将逐渐减缓并趋向于一个小于 σ_3 的稳定值，但是变形却随振动次数增加而继续发展，因此如同静力试验一样，对于周期荷载也可以规定一个限制应变作为破坏的标准。例如等压固结，即 $K_c=1.0$ 时，常用双幅轴向动应变 $2\varepsilon_d$ 等于 5%或 10%作为破坏应变，如图 8-3-10 所示。

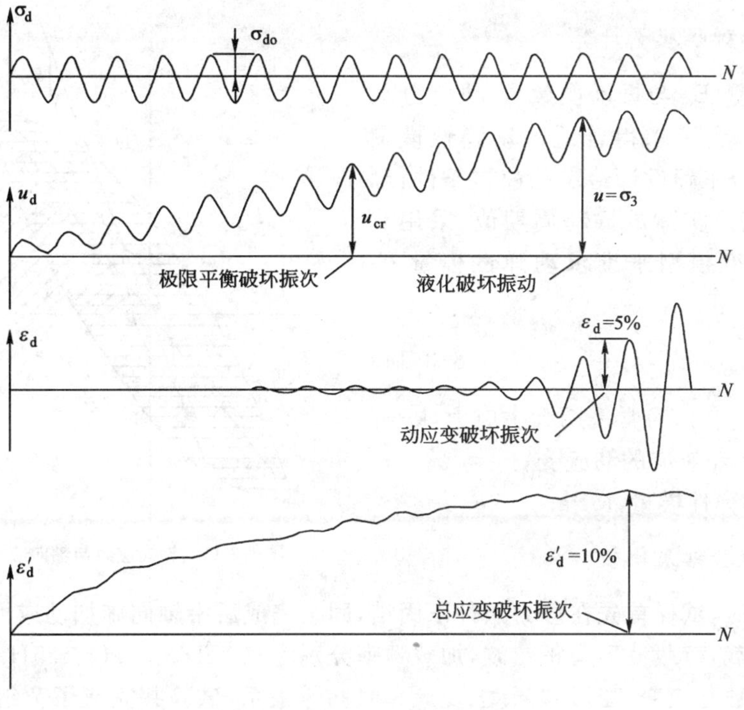

图 8-3-10　周期加荷动三轴试验记录曲线

在周期剪切下试样发生破坏时，周期剪应力的大小与其往复作用的次数有关。试验时将激振力调至适当的大小，连续施加。激振的频率接近实际动荷载作用的频率，在不排水条件下量测并记录在振动过程中试样的轴向应力、应变和孔隙水压力的变化，直到孔隙水压力上升到等于侧向固结压力或应变达到规定的破坏标准数值为止，确定试样达到破坏的剪应力及其对应的振动次数作为剪应力($\tau_1=\sigma_d/2$)和动强度($\tau_{df}=\sigma_d/2$)，对应的振次为破坏振次 N_f。在振动过程中的轴向压力、轴向应变和孔隙压力的变化如图 8-3-10

所示。图中 u_d、ε_d 分别表示均压固结时的动孔压时程与动应变时程，ε'_d 表示偏压固结时的动应变时程。

当用周期三轴试验的资料在一个周期内整理出动应力 $\sigma_d(t)$ 与动应变 $\varepsilon_d(t)$ 的关系（如图 8-3-10 所示）或直接将激振力调至需要的大小，对压力室中的试样施加轴向周期压力，用函数记录仪绘出轴向应力 σ_d 与应变 ε_d 的关系曲线（如图 8-3-11 所示，称为滞回圈）时，从滞回圈可以看出，在一周加荷卸荷过程中土的应力与应变关系不同，从滞回圈顶点到原点连一条直线，以该直线的斜率代表应变幅值，等于滞回圈顶点处应变的动模量 E，称为等效动模量。等效阻尼比由式(8-3-13)确定，即

$$\lambda = \frac{A_L}{4\pi A_T} \tag{8-3-13}$$

式中：A_L——滞回圈包围的面积，表示加荷与卸荷损失的能量；

A_T——滞回圈顶点至原点连线与横轴所形成的直角三角形的面积，表示加荷或卸荷的应变能。

由图 8-3-11 可见，随着滞回圈顶点应变的增大，顶点与原点连线的斜率减小，滞回圈的面积增大。这表示等效弹性模量减小、阻尼比增大。

3.4.2 动弹性模量计算

动弹性模量 E_d 与振动次数 n、动应力 σ_d 大小密切相关，为了求得合适的动弹性模量 E_d 值，需要结合工程设计给定的前提条件：确定动应力 σ_d 值及实际的振动周期值，采用非线性应力—应变模型来推求动弹性模量 E_d 值，计算公式如下：

$$E_d = \frac{\sigma}{\varepsilon_d} \tag{8-3-14}$$

式中：σ_d——动应力，通常采用大主应力，kPa；

ε_d——与 σ_d 对应的动应变；

E_d——动弹性模量，MPa。

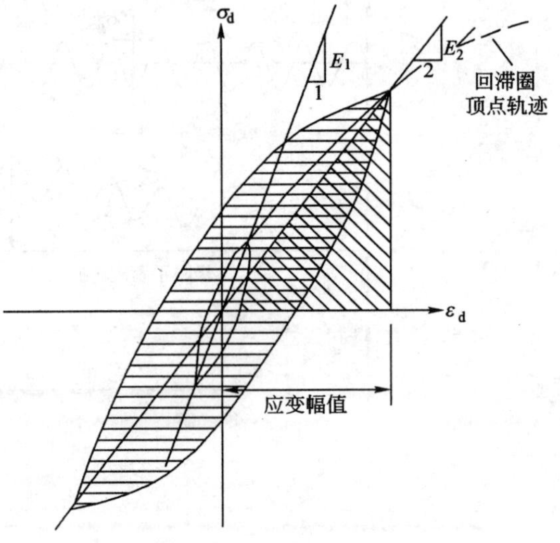

图 8-3-11 轴向应力与轴向应变关系曲线

3.4.3 试验结果比较

试验开始时，试样首先在静力条件下固结，固结完成后沿轴向施加动应力（或动应变）为常数周期荷载，荷载波形为正弦波，加载频率分别为 0.2Hz、0.7Hz、1.5Hz、2.5Hz。得到冲填土振动次数与应变、变形和强度、变形和时间等关系，试验共完成了 7 组。图 8-3-12 就是试验过程中加载的动应力波形及截取的振动时间与土样变形曲线。

(1)0.2Hz 和 0.7Hz 振动频率下振动次数与轴向应变的关系

由图 8-3-13 可以看出，随着振动频率的增大，土体的变形增大，且容易使土体发生液化或破坏。

(2)0.2Hz 和 0.7Hz 振动频率下轴向应变与应力的关系

0.2Hz 和 0.7Hz 振动频率下轴向应变与应力的关系见图 8-3-14。

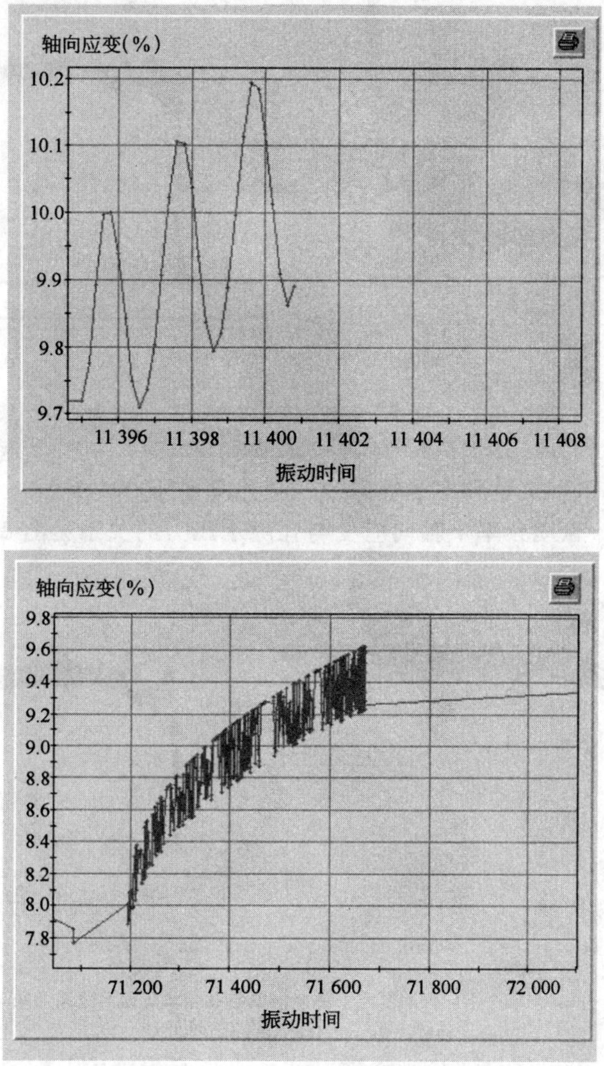

图 8-3-12 采集的振动时间与土样变形关系曲线

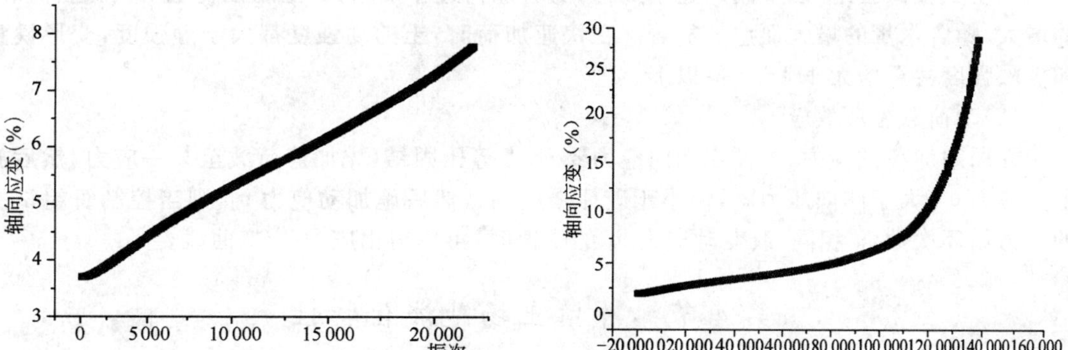

a) b)

图 8-3-13

a)振动频率为 0.2Hz 时振动次数与应变的关系；b)振动频率为 0.7Hz 时振动次数与应变的关系

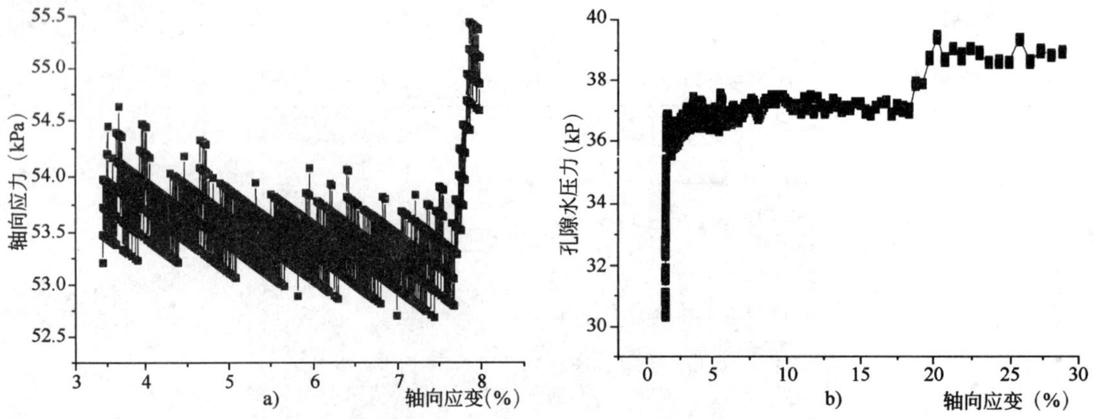

图 8-3-14　不同振动频率下轴向应变与应力的关系曲线

a)频率为 0.2Hz；b)振动频率为 0.7Hz

(3)0.2Hz 和 0.7Hz 振动频率下轴向应变与孔隙水压力的关系

0.2Hz 和 0.7Hz 振动频率下轴向应变与孔隙水压力的关系见图 8-3-15。

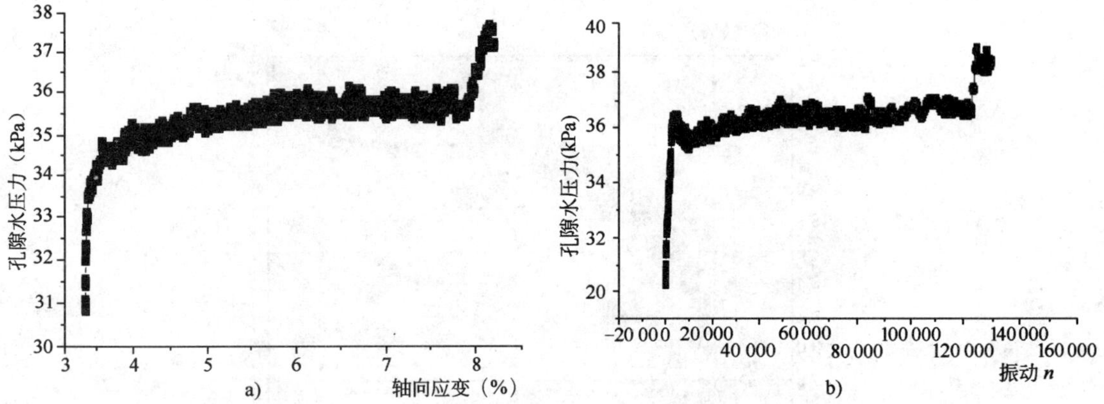

图 8-3-15　不同振动频率下轴向应变与孔隙水压力的关系曲线

a)振动频率为 0.2Hz；b)振动频率为 0.7Hz

3.4.4　动荷载效应对土动强度的影响

(1)动荷载速率效应

在动三轴试验中，以不同的速率加荷，随着加荷速率的增大，土的强度也增大，这种强度的增大，随含水量的增大而愈加显著。在快速加荷时，土的动强度都大于静强度，变形模量和极限强度甚至增大 1.1～2 倍以上。

(2)动荷载循环效应

在周期加荷试验中，试样在侧向应力 σ_r 下做等压固结，先加静荷载至某一应力，然后施加动应力 σ_s（大于侧向压力 σ_r，但小于破坏强度 σ_f），然后施加动应力 σ_d，则当控制每组试验的动力循环次数 N 相同，改变动应力 σ_d 的幅值时，可以得出应力-应变曲线。

第 4 节　冲填土场地液化特性

液化是指饱和冲填土或饱和粉土在动荷载作用下，超孔隙水压力剧烈增大，使土体抗剪强度突然降低或消失的现象。液化冲填土或粉土由于强度极低，又处于往复振动作用下，往往有很大的活动性，并伴随产生大规模的地面变形、地裂与喷水冒砂，给工程建筑、道路及水利工程等造成灾害性的破坏。试验场地冲填土的主要成分为砂质粉土，其密实度处于松散状，而且地下水位埋深较浅，土层大多处于饱和状态，其液化问题也值得关注。

4.1 静力触探法研究冲填土的液化特性

本次试验在 3 个载荷试验位置进行了静力触探，并与附近未进行载荷试验的场地进行对比。

$$P_{scr}=P_{s0}\left[1-0.06d_s+\frac{(d_s-d_w)}{a+b(d_s-d_w)}\right]\sqrt{\frac{3}{\rho_c}} \tag{8-4-1}$$

式中：P_{scr}——比贯入阻力临界值；

P_{s0}——比贯入阻力基准值，可取 2.60MPa；

d_s——静探试验点深度，m；

d_w——地下水年平均水位深度，m，可取 0.5m；

a——系数，可取 1.0；

b——系数，可取 0.75；

ρ_c——粘粒含量百分率，可按位于同一地质单元的邻近钻孔或场地内相应深度出土样的结果取值，当小于 3 或为冲填土时，应采用 3。

通过计算，1.0m 以下静力触探的比贯入阻力临界值均大于实际测得的比贯入阻力值，说明 1.0m 以下的冲填土层均为液化层。

4.2 标准贯入法研究冲填土的液化特性

本次试验共打了 3 个标贯孔，分别位于 3 处载荷试验附近，贯入深度深度为 8.45m，标准贯入试验每米一次，共打了 24 个标贯，如图 8-4-1 所示。其试验结果列入表 8-4-1 中。

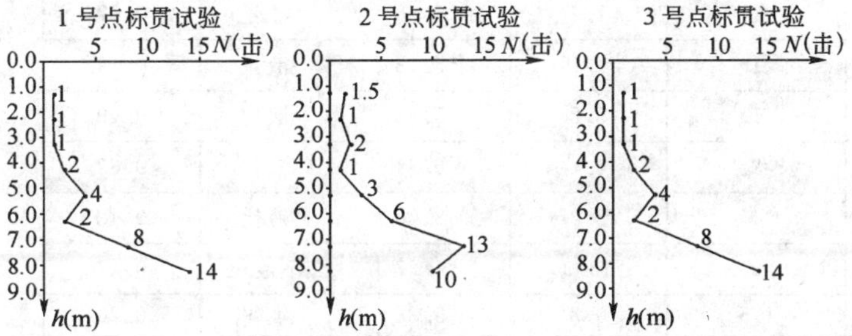

图 8-4-1 标贯击数与深度关系曲线

标贯试验捶击数统计表 表 8-4-1

标贯点编号	标贯位置及深度(m)							
	1.15～1.45	2.15～2.45	3.15～3.45	4.15～4.45	5.15～5.45	6.15～6.45	7.15～7.45	8.15～8.45
B7	1	1	1	2	4	2	8	14
B11	1.5	1	2	1	3	6	13	10
B18	1	1	1	2	4	2	8	14

根据标贯锤击数判断，冲填土的分布厚度一般不超过 6.5m，按上海市《岩土工程勘察规范》，判断液化的标准贯入试验锤击数临界值可按下式计算：

$$N_{cr} = N_0[0.9 + 0.1(d_s - d_w)]\sqrt{\frac{3}{\rho_c}} \tag{8-4-2}$$

式中：N_{cr}——标准贯入试验锤击数临界值；

N_0——标准贯入试验锤击数基准值，可取 6；

d_s——标准贯入试验试验点深度，m；

d_w——地下水年平均水位深度，m，可取 0.5m；

ρ_c——粘粒含量百分率，当小于 3 或为冲填土时，采用 3。

根据公式(8-4-2)得到的标准贯入试验锤击数临界值 N_{cr} 见表 8-4-2，冲填土层的标准贯入锤击数临界值均大于实际捶击数，说明冲填土在震动作用下均可能会发生液化。对可液化土层应按下式计算各测试点的液化强度比和单孔平均液化指数：

$$F_{le} = N/N_{cr};I_{le}\sum_{i=1}^{n}(1-F_{lei})d_iW_i \tag{8-4-3}$$

式中：F_{le}——液化强度比；

N——标准贯入试验锤击数实测值；

N_{cr}——标准贯入试验锤击数临界值；

I_{le}——液化指数；

n——可液化范围内的分层总数；

F_{lei}——第 i 试验点的液化强度；

d_i——第 i 试验点所代表的土层厚度，m；

W_i——第 i 点的层位影响权函数值，m^{-1}，当分层中点深度不大于 5 m 时应采用 10。

标贯液化判别结果见表 8-4-2。

标贯液化判别结果 表 8-4-2

孔号	试验深度（m）	实测捶击数 N（击）	粘粒含量（%）	临界击数 N_{cr}（击）	判别结果	液化强度比 F_{le}	液化指数 I_{le}	土性
B7	1.15～1.45	1	2.7	5.88	液化	0.17	58.40	砂质粉土
	2.15～2.45	1	4.7	5.18	液化	0.19		砂质粉土
	3.15～3.45	1	5.2	5.38	液化	0.19		砂质粉土
	4.15～4.45	2	4.4	6.34	液化	0.32		砂质粉土
	5.15～5.45	4	2.2	8.28	液化	0.48		砂质粉土
	6.15～6.45	2	13.0	4.27	不液化	0.47		砂质粉土
B11	1.15～1.45	1.5	0.3	5.88	液化	0.26	55.05	砂质粉土
	2.15～2.45	1	2.6	6.48	液化	0.15		砂质粉土
	3.15～3.45	2	3.8	6.29	液化	0.32		砂质粉土
	4.15～4.45	1	5.0	5.95	液化	0.17		砂质粉土
	5.15～5.45	3	1.0	8.28	液化	0.36		砂质粉土
	6.15～6.45	6	0.8	8.88	液化	0.68		砂质粉土
B18	1.15～1.45	1	2.1	5.88	液化	0.17	59.30	砂质粉土
	2.15～2.45	1	3.3	6.18	液化	0.16		砂质粉土
	3.15～3.45	1	2.2	7.08	液化	0.14		砂质粉土
	4.15～4.45	2	4.1	6.57	液化	0.30		砂质粉土
	5.15～5.45	4	5.3	6.23	液化	0.64		砂质粉土
	6.15～6.45	2	5.6	6.50	液化	0.31		砂质粉土

综合以上 3 个钻孔的液化评价结果,本场地地表以下 15m 范围内的冲填土层在地震强度为 7 度时均属可液化土层,地基液化指数平均值为 57.58,地基液化等级为 III 级,即为严重液化场地。

4.3 波速测试研究冲填土的液化特性

4.3.1 波速测试布置

测试区域分为两块(A 区和 B 区),A 区对应标贯 1 号点位置,B 区对应标贯试验 2 号点位置,波速测试孔布置见图 8-4-2。

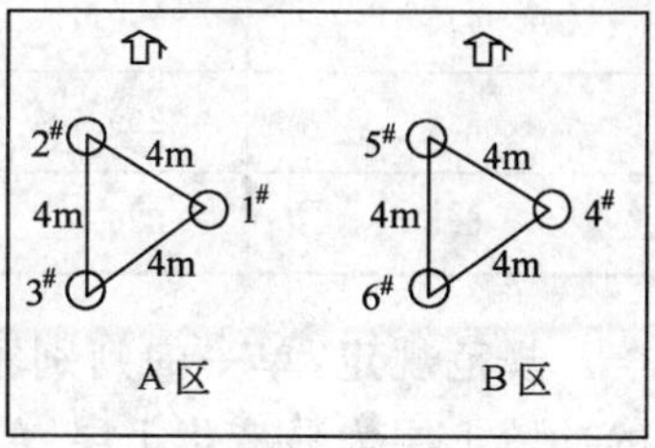

图 8-4-2 波速测试钻孔平面分布图

4.3.2 波速测试结果

根据试验测试数据分析,得到剪切波波速,再根据公式 $v_p = v_s \cdot \sqrt{2(1+\mu)}$($\mu$ 为动泊松比,冲填土地区取经验值0.38),求得压缩波波速,见下表 8-4-3。

波速试验结果　　　表 8-4-3

埋深(m)	平均剪切波速 v_s(m/s)		平均压缩波速 v_p(m/s)	
	A 区	B 区	A 区	B 区
0.5	116	126	193	209
1.5	108	121	179	201
2.5	103	115	171	191
3.5	112	126	186	209
4.5	95	114	158	189
5.5	119	98	198	163
6.5	128	136	213	226
7.5	138	142	229	236

冲填土剪切波波速和压缩波波速均较天然沉积土数值小,主要是由于冲填土孔隙大、密度小,波速衰减快的缘故。

4.3.3 利用波速进行液化判别

剪切波速度临界值计算,对冲填土采用以下公式:

$$v_{scr} = k\sqrt{d_s - 0.01d_s^2} \tag{8-4-4}$$

按剪切波速判别液化,即剪切波速 v_s 与土层剪切波速临界值 v_{scr} 进行比较,当 $v_s > v_{scr}$ 时,可初步判别为不液化或不考虑液化影响。按 7 度抗震烈度设防,对于饱和冲填土 k 取 92,则剪切波速临界值及液化评价见表 8-4-4。

波速测试评价场地液化　　　表 8-4-4

深度(m)	A 区			B 区		
	v_{scr}(m/s)	v_s(m/s)	液化评价	v_{scr}(m/s)	v_s(m/s)	液化评价
0.5	64.89	116	不液化	64.89	126	不液化
1.5	111.83	108	液化	111.83	121	不液化
2.5	143.86	103	液化	143.86	115	液化
3.5	169.08	112	液化	169.08	126	液化

续上表

深度(m)	A区			B区		
	v_{scr}(m/s)	v_s(m/s)	液化评价	v_{scr}(m/s)	v_s(m/s)	液化评价
4.5	190.72	95	液化	190.72	114	液化
5.5	209.74	119	液化	209.74	98	液化
6.5	226.80	128	液化	226.80	136	液化

规范规定,单一的判别不宜下肯定液化与否的结论,上述3种评价方法均得出2～6m的冲填土层为易液化土层,剪切波速法得出1.5m以上土层为不液化土层,分析其原因可能是因为地下水位埋深在1m左右,以致1m以上的土层为非饱和土,这样在用选取系数k时可能会有误差,但总的说来结合抗震规范计算和剪切波速判别,可以认为试验地区6m以上冲填土层属于易液化土层。

试验场地两个位置的液化指数分别为41.2和37.5,均大于15,按地基液化等级划分属于III等,即严重液化区,所以在该地区的建设施工中应该充分考虑振动荷载(打桩、重型车辆等)对场地土强度的影响,同时在建筑设计时还应充分考虑建筑物的抗震性。

4.3.4 动模量计算

波速测试除了判断场地地基液化情况外,还可以计算出土的动剪切模量G_d和动弹性模量E_d,计算方法如下:

动剪切模量:
$$G_d=\rho v_s^2 \tag{8-4-5}$$

动弹性模量:
$$E_d=\rho v_p^2\frac{(1+\mu_d)(1-2\mu_d)}{(1-\mu_d)} \tag{8-4-6}$$

动弹性模量和动剪切模量之间的关系:
$$G_d=\frac{E_d}{2(1+\mu_d)} \tag{8-4-7}$$

式中:G_d——动剪切模量;

E_d——动弹性模量,kPa;

ρ——土的质量密度,t/m^3;

v_s——剪切波波速,m/s;

v_p——压缩波波速,m/s;

μ_d——土的动泊松比。

根据公式计算得到的冲填土层的动弹性模量和动剪切模量如表8-4-5所示。

冲填土层的动态参数 表8-4-5

土层名称	剪切波波速(m/s)	压缩波波速(m/s)	动剪切模量(kPa)	动弹性模量
冲填土	118.56	196.94	26005	38328

冲填土的动模量不是一个常数,它的值与应变水平相对应,但由于波速测试激振产生的应变量级比一般的地震小得多,所以计算时常会高估土的动模量,不过由于波速模量是在对土扰动较小的情况下测得的小应变下的模量,它代表了模量随应变变化时的最高可能达到的数值,因此,它也具有比较重要的实际意义。

第5节　冲填土的结构强度与自重固结沉降规律

5.1　冲填土沉积固化后的结构强度

土的结构是指孔隙及颗粒形状、大小和排列以及粒间连接粘性土都具有连接强度，但原状土（保持天然结构）的连接强度和扰动土（天然结构已破坏）的连接强度是有差别的，把二者之差称为土的结构强度。结构强度大的土称为结构性土。土的连接类型有接触连接、吸附水膜连接、胶结连接和链条连接等等，有些连接是可以恢复的，如接触连接和吸附水膜连接，而后几种是属于结构破坏后不能恢复的固化连接，也即结构强度。

由人工吹填形成的冲填土在沉积固化后是否具有结构强度，刘莹、肖树芳等人对此进行了相关的试验。试验所采用的试样添加了一定比例的添加剂，分别对原状土和重塑土进行了试验，得到了原状土和扰动土的压缩曲线，如图8-5-1所示。

从图中可以看出，扰动土的压缩曲线位于原状土的左侧，由此可知冲填土经过沉积固化后具有了一定的结构强度，而根据此曲线即可计算出它们的结构强度。结构强度就是曲线上同一时间两土样压力的差值，而两曲线开始处的初始差值则为点接触所产生的初始结构强度。初始结构强度很小，外力小于此强度时，变形小，而当外力大于此强度时，外表无具体表现。

5.2　结构强度随压力增长的规律

通过压缩曲线绘制出了结构强度与压力的关系曲线，用以探讨结构强度随压力的变化趋势，见图8-5-2所示。从图中可以看出，试样的结构强度随着压力增大呈增长的趋势，这主要是由于粘粒的胶结作用。决定天然土结构强度和工程性质的主要是基本单元体之间的结构连接。冲填土在沉降过程中，土层的自重压力使土层压密，单位截面内颗粒之间的接触点增多，结构的接触连接强度也有所增加，粘粒使土颗粒之间的连接类型从接触连接转变为胶结连接，胶结连接使土颗粒之间的连接强度增强，使土的结构强度呈现不断增长的线性趋势。

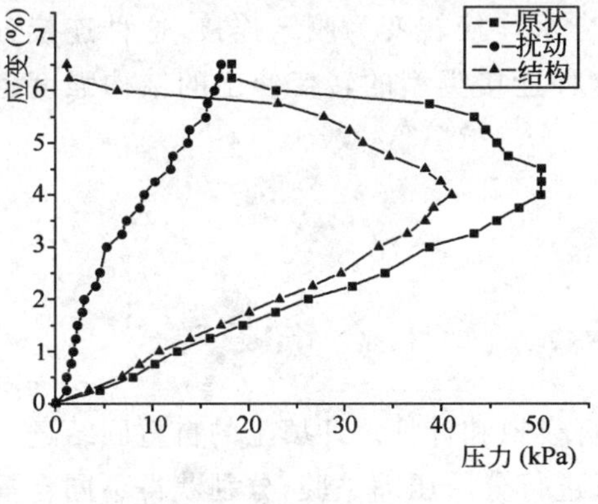

图8-5-1　4.00～4.30m冲填土结构强度与应力、应变的关系

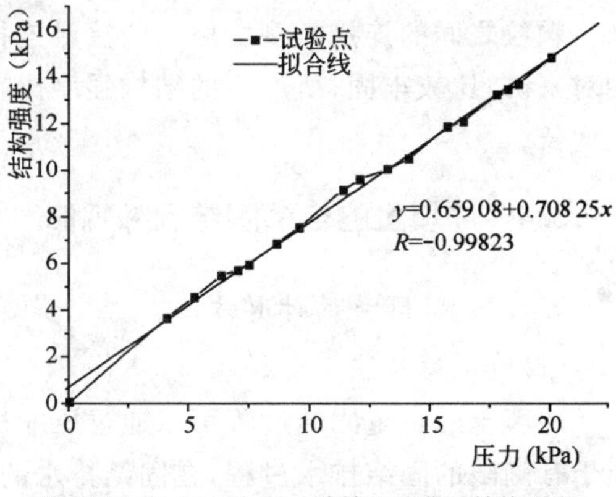

图8-5-2　4.00～4.30m冲填土固化后结构强度与压力关系曲线

5.3 结构强度增长机理

为了研究冲填土在固结条件下的结构强度的增长机理，对沉积固化后的土取样进行了不同固结压力下的固结试验。试验表明，冲填土沉积固化后结构强度的增长包括3个部分，即由压密作用、定向性和连接类型的改变所引起的结构强度的增长。

5.3.1 压密作用

冲填土沉积固化后的结构强度的增长，一部分是来自于土颗粒之间的压密作用。压力的增长，使基本单元体经过多次重新排列，使单元体进入一个比较稳定的位置，孔隙也随之调整到一个稳定的状态，随着压力的增大，单位截面内的颗粒之间的接触点增多，孔隙数量减少，直径变小，数量减少；另一方面，颗粒也随之调整到最稳定的形式，土颗粒被压密，结构变得紧密。

5.3.2 定向性

根据前人对不同固结压力下的土样进行的微观结构定向分析，结构单元体和孔隙的定向性都随着压力的增加有增强的趋势。这是由于在固结前期土骨架的有效应力在不断变化，使颗粒排列方向不断地变化调整，随着压力的进一步增大，颗粒之间相对距离缩小到一定程度后，颗粒排列方向的调整逐渐达到一种自身稳定的状态，定向性增强。结构单元体系是指具有一定轮廓界线的承力固体单元，它既可能是单个矿物颗粒（单粒），也可能是多个矿物的聚合体（聚粒）。

随着压力的增加，结构单元体和孔隙的定向化程度越来越好。这是由于加压以后，土颗粒立即发生调整，天然条件下所形成的结构被逐渐改变，适应于变化了的压力环境，新的结构逐渐形成；随着压力的增加，新形成的结构逐渐适应新的环境，主要是结构要素做适当调整，以巩固新结构的平衡。土的宏观变形的进一步发展，主要靠结构要素的整体性变化和部分结构参数的微观调整加以实现，随着压力的增加，定向性增强，压力越高，定向程度越好。

5.3.3 连接类型的改变

冲填土中含水量高，土层中含有一定量的粘土颗粒。泥浆在初始状态下，颗粒分散，颗粒间没有接触，随着时间的推移，土的自重压力使土颗粒被压密，颗粒之间接触点增多，这时的连接形式主要是接触连接和结合水连接，土中粘粒起到了胶结物的作用，将颗粒连接起来。颗粒之间的连接类型由原来的接触连接和结合水连接转变为胶结连接，这种连接方式相对来讲，比较牢固，所产生的结构强度比较大，这种连接类型的转变使土的结构强度也随之增长。

5.4 冲填土的自重固结沉降规律

5.4.1 沉降量的计算方法

(1)分层总和法

冲填土的自重固结过程可以通过压缩试验进行模拟和计算。冲填土的自重固结过程相当于有侧限的固结排水过程，在固结排水的条件下进行分层压缩试验，分别获得不同自重荷载和围压下的应变量，采用分层总和法计算总沉降量，即为冲填土的自重固结沉降量。其计算方法如下：

将冲填土分为 n 层，其厚度分别为 $h_1, h_2, h_3, \cdots\cdots, h_n$。第1层的自重为 γh_1，其围压为 $K_0 \gamma h_1$（K_0 为静止侧压力系数，在应用研究部分将作详细介绍）。在计算时，地下水位以上和地下水位以下的 γ 是不相同的。在压缩过程中，获得应力-应变曲线，其分层应变分别为 $\varepsilon_1, \varepsilon_2, \cdots, \varepsilon_n$，其总自重固结沉降量为

$$s = \sum_{i=1}^{n} h_i \varepsilon_i \tag{8-5-1}$$

冲填土的压缩曲线是由室内固结试验得到的，土的压缩（沉降）可分为3部分：瞬时变形、主固结变形和次固结变形。冲填土静力、动力固结沉降参数分析，这里主要研究由静荷重作用引起的弹性沉降和固结沉降。

冲填土在施加外荷载后发生的沉降不但包括附加荷载的沉降，而且还包括土层在实际上覆土层荷载下尚未平衡的沉降。计算方法如下：

①自重引起的 $\Delta e'$ 为

$$\Delta e' = C_c \lg \frac{p_0}{p_c} \tag{8-5-2}$$

②附加应力引起的 $\Delta e''$ 为

$$\Delta e'' = C_c \lg \frac{p_0 + \Delta p}{p_0} \tag{8-5-3}$$

③总的压缩量为

$$\Delta e = \Delta e' + \Delta e'' \tag{8-5-4}$$

④压缩层范围内地基的总沉降量 s 为

$$s = \sum_{i=1}^{n} \frac{H_i}{1 + e_{0i}} C_{ci} \lg\left(\frac{p_0 + \Delta p}{p_c}\right) \tag{8-5-5}$$

根据室内压缩和固结试验取得的参数，采用弹塑性理论建立自重固结沉降模型，对沉降趋势进行分析，并根据建立的模型进行沉降预测。对现场试验和室内试验数据进行综合分析研究，建立冲填土自重沉降、荷载沉降以及静荷载沉降的分析模型和参数。

(2)弹性力学计算方法

冲填土由于渗透性比较强，在荷载的作用过程中不会产生超孔隙水应力，可以采用排水状态来模拟地基的变形，直接计算得到最终的沉降量。地基最终沉降量的弹性力学方法是以布西奈斯克位移解为依据，在弹性半空间表面作用一个竖向集中力 P 时，表面位移 $w(x, y, 0)$ 就是地基表面的沉降。在集中荷载作用下，离作用点水平距离为 r 处的地面沉降为

$$s_r = \frac{p}{\pi r} \frac{1 - \mu^2}{E} \tag{8-5-6}$$

式中：μ——土的泊松比；

E——地基土的弹性模量（或地基土的变形模量）；

r——地基表面任意点到集中力作用点的距离，$r = \sqrt{x^2 + y^2}$。

对于局部荷载作用下地基表面的沉降，即可利用上式，根据叠加原理积分求得。设荷载面积为 F，在面积范围内 $N(\xi, \eta)$ 点处微面积（$d\xi d\eta$）上的分布荷载为 $P_0(\xi, \eta)$，该微面积上的分布荷载改由集中荷载 $P = P_0(\xi, \eta) d\xi d\eta$ 代替。于是，地基表面上与 N 点距离为 $r = \sqrt{(x-\xi)^2 + (y-\eta)^2}$ 的 M 点的沉降 $s(x, y, 0)$ 可由位移公式积分得到：

$$s(x,y,0)=\frac{1-\mu^2}{\pi E}=\iint_F\frac{P_0(\xi,\eta)\mathrm{d}\xi\mathrm{d}\eta}{\sqrt{(x-\xi)^2+(y-\eta)^2}} \tag{8-5-7}$$

从上式知道，如果应力分布已知，就可以求得地基的沉降。

5.4.2 分层总和法计算最终沉降量

利用分层总和法计算沉降量的深度是有限的，把这个深度称之为受压层厚度，沉降量计算仅计算受压层厚度范围以内的土层。

根据前期固结压力试验结果，前期固结压力值均大于土体的自重应力，冲填土实际上为欠固结土。研究区钻探揭露的冲填土的厚度约为6m，地下水水位埋深为1.0米左右，结合上海地调院提供的前期地质调查时土工试验的测试结果，对不同深度(1m,2m,3m,4m,5m,6m)的沉降量分层进行计算。

按照分层总和法计算沉降量：

$$s=\sum\frac{H_i}{1+e_{0i}}C_{ei}\lg\frac{p_{0i}+\Delta p_i}{p_{0i}}$$

式中：s ——总沉降量，m；

H_i——第 i 层厚度，m；

e_{0i}——第 i 层孔隙比；

C_{ei}——第 i 层回弹系数；

p_{0i}——第 i 层自重应力；

Δp_i——第 i 层附加应力增量。

在上面公式中，需有附加应力 Δp_i。把 i 层以上的土层的自重考虑为附加应力 Δp_i，把 i 层自重应力考虑为 p_{0i}，其各层的沉降和累计沉降量计算结果见表8-5-1。

分层沉降与累计沉降量计算结果 表8-5-1

序号	分层厚度(m)	回弹指数	自重应力(kPa)	附加应力(kPa)	分层沉降量(mm)	累计沉降量(mm)
1	1	0.0205	19.2	9.6	1.96	1.96
2	1	0.016 4	9.39	19.2	4.31	6.27
3	1	0.016 9	9.09	28.59	5.49	11.76
4	1	0.015 3	9.19	37.68	5.92	17.68
5	1	0.015 6	9.59	46.87	6.90	24.58
6	1	0.015 4	9.09	56.46	7.10	31.68

5.4.3 冲填土的沉降规律模拟

根据上面的计算结果，对充填土深度和累计沉降量采用线性回归、抛物线、双曲线、指数式等进行模拟，结果以抛物线型关系最为理想，相关系数 R 达到0.98，其累计沉降与深度的关系式为：$y=-0.3498x^2-3.535\,5x+2.025\,0$($x$ 为深度，m；y 为累计沉降量，mm)。将实测曲线和拟合曲线绘制成图形(图8-5-3)。

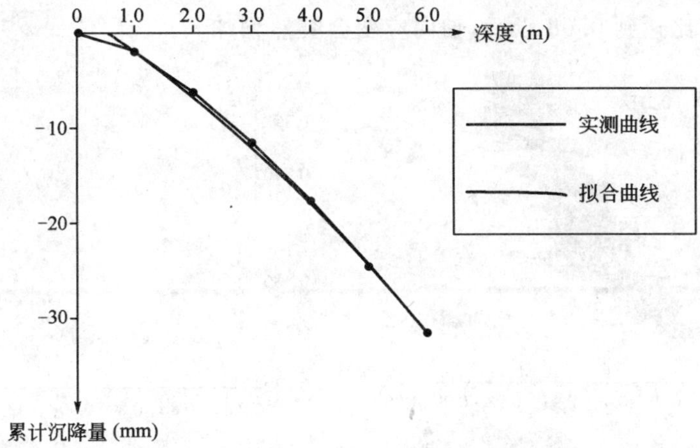

图 8-5-3 冲填土沉降实测曲线和拟合曲线

第 6 节 冲填土的动力响应特性与沉降规律

6.1 动三轴试验

由于上海洋山深水港与东海大桥的建设,作为集装箱中转货运区的上海临港新城城区规划和建设也在迅速展开。临港新城地区大面积的新近堆积冲填土,其冲填厚度为 3.0～8.0m,该区地下水位约 1m。由于冲填土结构不均匀,工程特性较差,在车辆(特别是重型货车)振动荷载作用下变形明显,因此充分利用冲填土作为道路或建筑物的持力层,避免由于冲填土路基(在车辆振动荷载作用下)的变形、破坏所产生的工程地质灾害已经成为临港新城建设中的一大难题。

为了探索临港新城地区冲填土路基在车辆振动荷载作用下变形、沉陷的规律,进行了大量的室内振动三轴试验,试验所用仪器为国外引进的先进 GDS 计算机控制动三轴仪,可适时监视试验过程,并记录储存试验过程中土样的孔隙水压力、轴向应力、应变等数据。

试验采用 GDS 计算机控制动三轴仪控制系统中的 DynamicCyclic(Load)模块实现,属应力式控制,以相同振幅和固结比、不同振动频率进行试验。通过土工试验求得试样的侧压力系数 K_0 为 0.45,因此冲填土固结比取 2.2,经统计调查,上海地区最常见载重货车为 20t 货车,因此选用该类货车作为模拟的对象。经计算,该类车对路基 4m 深处的作用力接近 0.002kN,因此,动三轴试验中,其振幅取 0.002kN。车流量统计结果表明,车辆作用周期集中在 0.5～5s 之间,因此,频率选用 0.2Hz、0.7Hz。

6.2 孔隙水压力对动荷载的响应特征

6.2.1 孔隙水压力与轴向应变关系

由试验获得的冲填土孔隙水压力与轴向应变的关系如图 8-6-1 和图 8-6-2 所示。图中 ε 为轴向应变,u_f 破坏时轴向应变值,这里取 5%,u 为孔隙水压力值,u_f 为试样有效围压值。

从图 8-6-1 和图 8-6-2 中可以看出,轴向应变随着孔隙水压力的增加而增大,在孔隙水压力比达到 0.9 以前，轴向应变增加缓慢，但当孔隙水压力比达到 0.9 以后，轴向应变增加较快，孔隙水压力比达到 0.98 以后，轴向应变会突然增加。

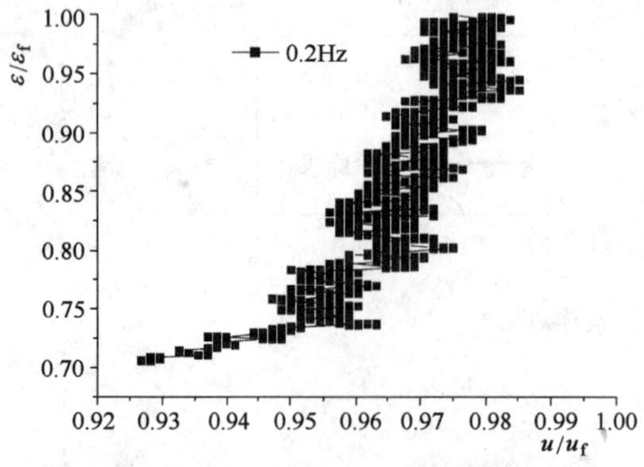

图 8-6-1　频率为 0.2Hz 时孔隙水压力与轴向应变的关系

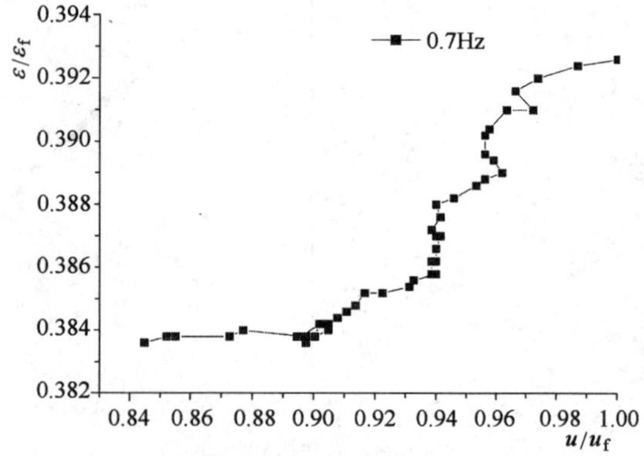

图 8-6-2　频率为 0.7Hz 时孔隙水压力与轴向应变的关系

6.2.2　孔隙水压力与振动次数之间的关系

由试验获得的冲填土孔隙水压力与振动次数的关系如图 8-6-3 和图 8-6-4 所示。图中 N 为振动次数，N_f 破坏时的振动次数，u 为孔隙水压力值，u_f 为试样有效围压值。

从图 8-6-3 和图 8-6-4 中可以看出，孔隙水压力随着振动次数的增加而增大，在开始振动的前一段时间，即振动次数比达到 0.2 以前，孔隙水压力增加较快，但当振动次数比达到 0.2 以后，孔隙水压力增加比前一段时慢，但会一直持续增加，直到试样破坏。

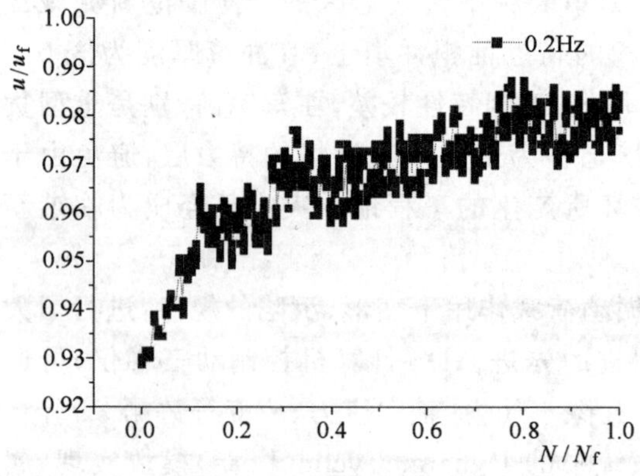

图 8-6-3　频率为 0.2Hz 时孔隙水压力与振动次数的关系

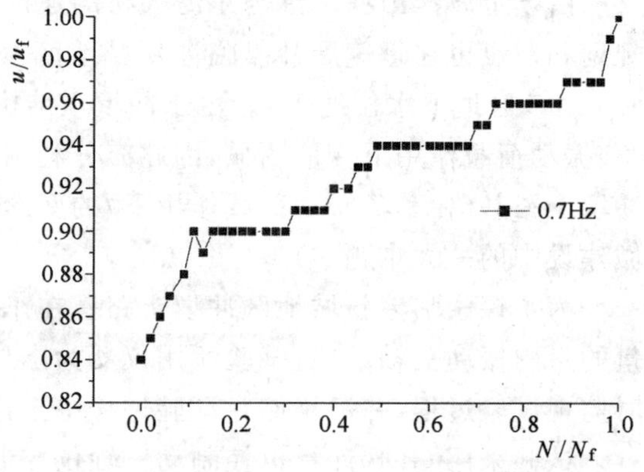

图 8-6-4　频率为 0.7Hz 时孔隙水压力与振动次数的关系

6.2.3　孔隙水压力发展规律

图 8-6-5 和图 8-6-6 表明，孔隙水压力总的趋势是在振动的前一段时间孔隙水压力的增长速率较大，曲线呈快速上升的趋势，当振动比达到 0.2 以后，孔隙水压力增长渐进缓和。孔隙水压力具有相同的规律，其增长规律可以用三次多项式拟合，拟合曲线如图 8-6-5 和图 8-6-6 所示，拟合表达式为

$$u/u_f = a + b_1 \cdot \left(\frac{N}{N_f}\right) + b_2 \cdot \left(\frac{N}{N_f}\right)^2 + b_3 \cdot \left(\frac{N}{N_f}\right)^3 \tag{8-6-1}$$

对试验结果，式(8-6-1)中参数如下：

当振动频率为 0.2Hz 时，$a=0.941\,4$，$b_1=0.104\,1$，$b_2=-0.118\,7$，$b_3=0.054\,1$，通过拟合相关分析，得到 u/u_f 与 N/N_f 的相关系数 $R=0.886$。

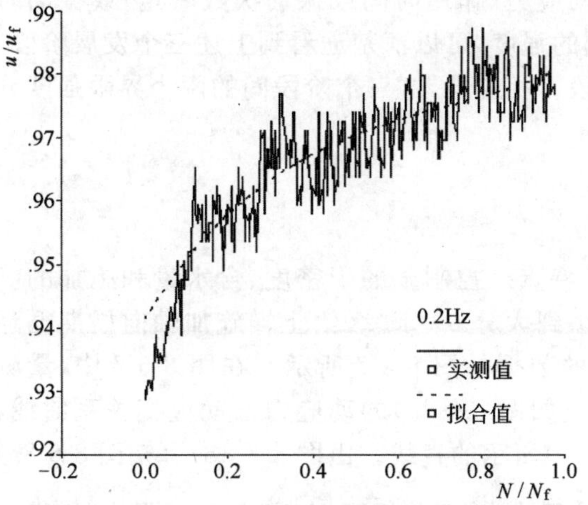

图 8-6-5　频率为 0.2Hz 时孔隙水压力发展规律

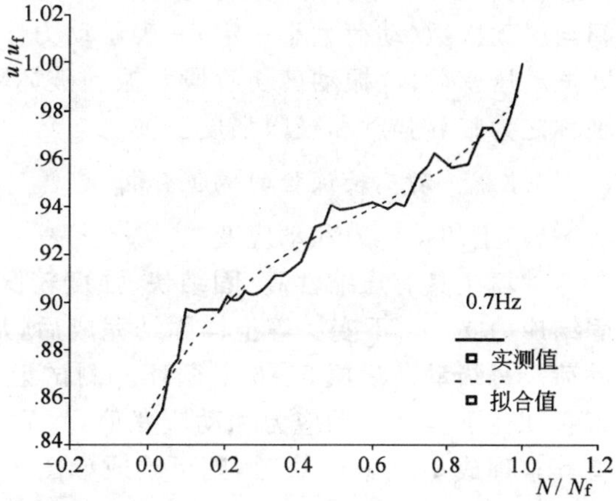

图 8-6-6　频率为 0.7Hz 时孔隙水压力发展规律

当振动频率为 0.7Hz 时，$a=0.8514$，$b_1=0.304$，$b_2=-0.4096$，$b_3=0.243$，通过拟合相关分析，得到 u/u_f 与 N/N_f 的相关系数 $R=0.983$。

从图 8-6-5 和图 8-6-6 可以看出，模拟的三次多项式曲线与实测曲线稳合良好，因此冲填土路基在低频车辆振动荷载作用下变形、破坏过程中孔隙水压力的发展规律可以用式(8-6-1)来描述。

冲填土孔隙水压力发展过程表明，冲填土在振动的过程中，因为土体发生不可恢复的变形，使得土体中残余孔隙水压力逐渐积累，孔隙水压力增大。当振动的频率低时，孔隙水压力有较长的消散时间，每次振动残余下来的孔隙水压力较小，所以孔隙水压力增加较慢。当振动的频率高时，孔隙水压力消散的时间很短，每次振动残余下来的孔隙水压力较大，所以孔隙水压力增加快。但当孔隙水压力快达到有效围压值时，增长相对变得缓慢。

为了探索不同频率车辆振动荷载作用下路基变形、破坏的规律，对上海临港新城大面积的、大厚度的冲填土地层取样进行了大量的室内试验研究，振动三轴试验结果表明不同频率车辆振动荷载作用下冲填土路基变形、破坏时孔隙水压力的发展规律如下：

(1)在固结比相同、振动幅值相同，不同频率车辆振动荷载作用下，冲填土路基变形、破坏时的孔隙水压力的发展的模式不同，低频率下其孔隙水压力的发展规律可以用多项式进行模拟，而高频率下其孔隙水压力的发展规律可以用幂指数模型进行模拟。

(2)车辆荷载振动频率为 0.2Hz 时，当孔隙水压力达到有效围压时，应变也能同时达到 5%，即孔隙水压力标准和应变标准几乎可以同时达到。而车辆荷载振动频率为 0.7Hz 时，当孔隙水压力达到有效围压时，其应变值只能达到标准值的 60%左右。

试验结果表明对于冲填土路基在车辆振动荷载作用下的变形、破坏可取孔隙水压力达到有效围压值作为破坏的标准。因此，在冲填土路基中要有效防止冲填土在车辆振动荷载作用下孔隙水压力的增长，从而预防冲填土路基的变形、破坏发生，此研究成果为上海临港新城冲填土地层分布区的道路路基的设计、施工提供了有价值的参考。

6.3　冲填土的动力响应特征

6.3.1　土的动力反映三阶段及界限强度

在逐渐增大的动荷强度作用下，土的变形、强度或孔压总要经历轻微变化、加速变化，再到急剧变化这三个发展阶段。以振动加速度、动应力(作用时间或振动次数一定)或振动时间与振动次数(动荷大小一定)来表示动力作用的强度,可以清楚地看到上述三个发展阶段,即振动压密阶段、振动剪切阶段和振动破坏阶段。相应地,这三个阶段间的两个界限强度分别称之为临界强度和极限强度。

6.3.2 动三轴试验的幅值分析

(1)土的动应力和动应变

冲填土具有压缩性高、固结快、强度较低等特点。控制土的干密度、含水量和施加的静固结应力 σ_{1c},σ_{3c}不变。等土样固结完成后,从小到大分 5~10 级给土样施加轴向周期循环动荷。每级动荷激振 5~6 个循环。测试记录的数据如图 8-6-7 所示。在图 8-6-7 中,量测每级动荷下的平均动应力和动应变值,然后绘成如图 8-6-8a)的动应力—动应变关系曲线,将其整理成 $\varepsilon_d/\sigma_d-\varepsilon_d$ 资料,则可绘成如图 8-6-8b)所示的直线。由图 8-6-8b)可知图 8-6-8a)所示曲线的方程式为 $\sigma_d=\varepsilon_d/(\alpha+b\varepsilon_d)$。在这个方程式中,经分析可知,当 ε_d 趋于很小时,$\frac{1}{\alpha}=E_{max}$,当 ε_d 趋于很大时,$\frac{1}{b}=\sigma_{max}$;E_{max}和 σ_{max}为最大动应力。

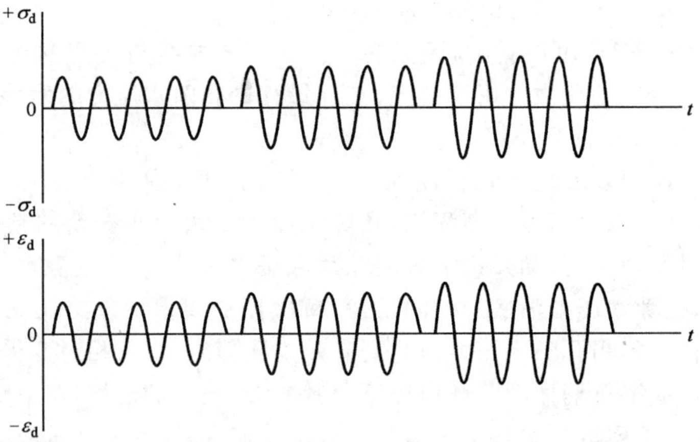

图 8-6-7 轴向动应力时程曲线及轴向动应变时程曲线

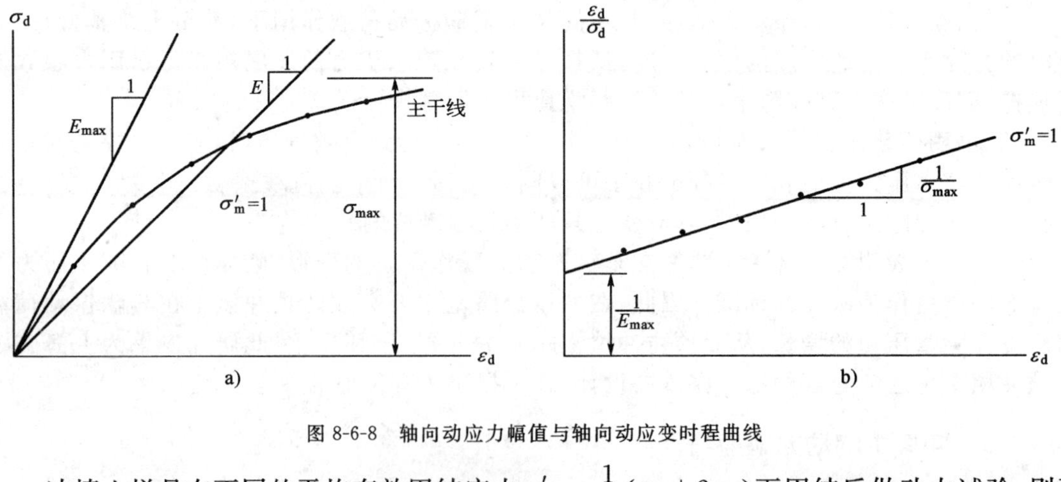

图 8-6-8 轴向动应力幅值与轴向动应变时程曲线

冲填土样是在不同的平均有效固结应力 $\sigma'_m=\frac{1}{3}(\sigma_{1c}+2\sigma_{3c})$下固结后做动力试验,则可得出如图 8-6-9a)和图 8-6-9b)所示的曲线。若将不同 σ'_m 和相应 E_{max}的资料在双对数纸上点绘，则可绘成如图 8-6-9c)所示的直线。图中的 k 和 n 为实验参数。根据这些资料，就可以进一步分析土的动力本构关系。

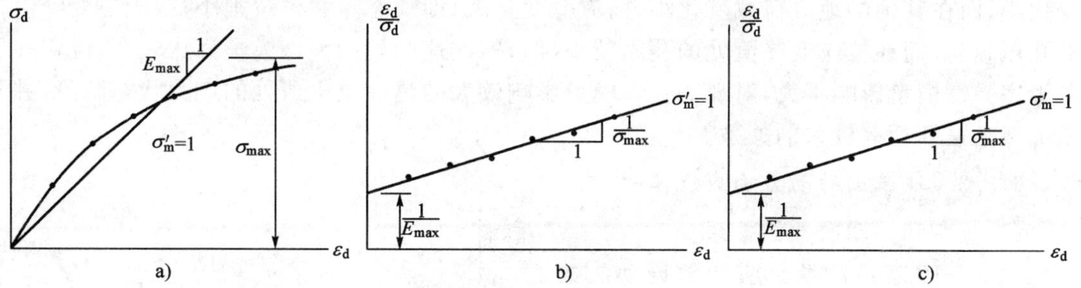

图 8-6-9 同一土样不同固结应力时 $\frac{1}{E} \sim \varepsilon_d$ 和 $E_{max} \sim \sigma'_m$ 关系线

(2)冲填土的动强度

动荷载是在地基原有应力的基础上，增加一个动应力。显然，土的动强度与振前的应力状态密切相关，因此要测试充填土的动强度必须模拟振前的静应力状态。

动三轴试验的土试件是一个圆柱体，装在压力室内，先加以周围压力 σ_3 和轴向应力 σ_1 固结，以模拟土体振动前的应力状态。振前应力状态通常以 σ_3 和固结应力比 $K_c = \sigma_1/\sigma_3$ 表示。土样固结后，通过动力加载系统对试件施加均匀的周期应力，常用的是简谐应力，$\sigma_d = \sigma_{d0}\sin\omega t$。在加动力的试验过程中，用传感器测出试件的动应力、动应变和孔隙水压力的时程曲线。从记录曲线和如下所述的破坏标准，可以找出这种动应力幅下的破坏振次 N_f。在动强度试验中，对于饱和粘性土常用如下二种破坏标准。

(1)极限平衡标准

假定土的静力极限平衡条件也适用于动力试验中，而且动载和静载的莫尔－库伦破坏包线相同，即土的动力有效内摩擦角 φ'_d 等于静力有效内摩擦角 φ'，这时试件达破坏状态。根据几何条件，可以推导极限平衡状态的孔隙水压力如下：

$$u_{cr} = \frac{\sigma_1 + \sigma_3}{2} - \frac{\sigma_1 - \sigma_3 - \sigma_d(1 - \sin\varphi')}{2\sin\varphi'} + \frac{c'}{\tan\varphi'} \qquad (8\text{-}6\text{-}2)$$

式中：φ'——土的静力有效内摩擦角；

c'——土的静力有效凝聚力；

σ_d——动应力幅值。

计算出 u_{cr} 后，在试验中所记录的孔隙水压力发展曲线上可找到孔隙水压力等于 u_{cr} 的振次，它就是动应力幅为 σ_d 时的破坏振次 N_f。

经分析，用这种标准将过低估计土的动强度，因而具有过高的安全度。

(2)应变破坏标准

对于不出现液化破坏的饱和粘性土，随着振次增加，孔隙水压力增长的速率将逐渐减缓并趋向于一个小于 σ_3 的稳定值，但是变形却随振次而继续发展，因此也如静力试验一样，对于周期荷载也可以规定一个限制应变作为破坏标准。例如等压固结，即 $K_c = 1.0$ 时，常用双幅轴向动应变 $2\varepsilon_d$ 等于 5%或 10%作为破坏应变。

轴向弹性模量是研究冲填土液化过程中衰化的一个重要指标，随着振动次数的增加，冲填土的刚度逐渐减少。利用采集的轴向力与轴向位移数据进行分析，取回滞环的切线斜率作为瞬态弹性模量，得到如下结果：冲填土液化过程中，其轴向瞬态弹性模量会发生变化，不仅表现为不同的循环次之间不同，即使在同一循环次内不同的阶段，轴向瞬态弹性模量也不同，研究表明，在一个循环内，瞬态弹性模量在应变峰值处大，表现为荷载大幅变化，而应变变化小，而在其他的地方荷载变化小，而应变变化大，即瞬态弹性模量则小；在压应变峰值处的孔压较高，而在拉应变峰值处的孔压较小，但是，在这两处的弹性模量都比较大，说明孔压对瞬态弹性模量影响不大，对瞬态弹性模量影响较大的是冲填土所处的应力状态阶段，并与是加载还是卸荷有极大的关系。

6.3.3 冲填土的动力响应规律

(1)应变和振动次数的关系

图 8-6-10 就是冲填土应变随振动次数的关系曲线。

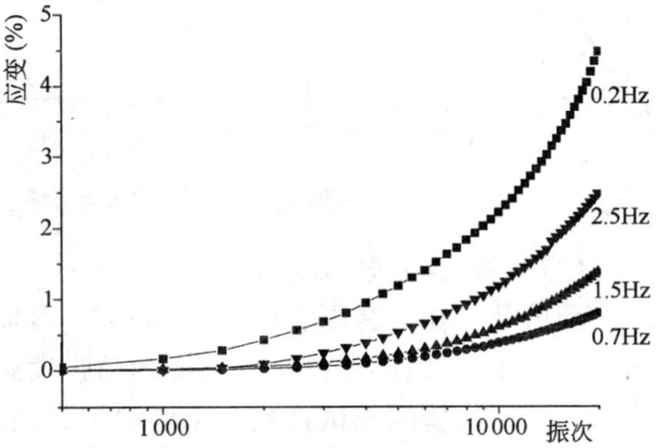

图 8-6-10 冲填土应变与振动次数的关系

从图 8-6-10 中可以看出，土体的破坏与振动次数密切相关，在同一振次下，应变由小变大依次是 0.7Hz、1.5Hz、2.5Hz、0.2Hz，这可能与冲填土土体的固有频率有一定关系。

(2)轴向动弹模量

①冲填土液化的滞回曲线随着振动次数的增加是会发生变化的，变化的原因是冲填土进入了特殊的应力状态，结构发生了变化；

②冲填土的应变发展与冲填土应力路径紧密相关，进入状态转换面后，标志着冲填土的结构发生了重大变化，应变出现大的发展；

③轴向残余应变与残余孔压之间有着密切的联系，进一步的研究将有利于对孔压的发展有更深的了解；

④轴向动弹性模量 t 是一个不断变化的参量，随着振动的增加，其表现为衰化，与孔压的发展有关系，瞬态动弹性模量与孔压的大小关系不大，其值取决于所处的加卸荷阶段。

6.4 静荷载作用下的沉降规律

6.4.1 静力作用下土体沉降的比奥固结模型

静力作用下土体沉降采用比奥(Biot)固结理论，从固结机理出发推导反映孔隙水应力消散与土骨架变形相互关系的三维固结方程。考虑土体内一微分单元，体积力只考虑重力，则对于空间问题平衡微分方程为总应力表达式：

$$\begin{cases}\dfrac{\partial\sigma_x}{\partial x}+\dfrac{\partial\tau_{xy}}{\partial y}+\dfrac{\partial\tau_{zx}}{\partial z}=0\\[2ex]\dfrac{\partial\tau_{xy}}{\partial x}+\dfrac{\partial\sigma_y}{\partial y}+\dfrac{\partial\tau_{yz}}{\partial z}=0\\[2ex]\dfrac{\partial\tau_{zx}}{\partial x}+\dfrac{\partial\tau_{yz}}{\partial y}+\dfrac{\partial\sigma_z}{\partial z}=-\gamma\end{cases}\tag{8-6-3}$$

根据有效应力原理，上式可写成：

$$
\begin{cases}
\dfrac{\partial \sigma'_x}{\partial x}+\dfrac{\partial \tau_{xy}}{\partial y}+\dfrac{\partial \tau_{zx}}{\partial z}+\dfrac{\partial u}{\partial x}=0 \\
\dfrac{\partial \tau_{xy}}{\partial x}+\dfrac{\partial \sigma'_y}{\partial y}+\dfrac{\partial \tau_{yz}}{\partial z}+\dfrac{\partial u}{\partial y}=0 \\
\dfrac{\partial \tau_{zx}}{\partial x}+\dfrac{\partial \tau_{yz}}{\partial y}+\dfrac{\partial \sigma'_z}{\partial z}+\dfrac{\partial u}{\partial z}=-\gamma
\end{cases}
\tag{8-6-4}
$$

式中：$\dfrac{\partial u}{\partial x}$、$\dfrac{\partial u}{\partial y}$、$\dfrac{\partial u}{\partial z}$——各个方向的单位渗透力。

线弹性条件下，有效应力与土体应变之间的关系服从虎克定律为

$$
\begin{cases}
\sigma'_x = 2G\left(\dfrac{\mu}{1-2\mu}\varepsilon_v+\varepsilon_x\right) \\
\sigma'_y = 2G\left(\dfrac{\mu}{1-2\mu}\varepsilon_v+\varepsilon_y\right) \\
\sigma'_z = 2G\left(\dfrac{\mu}{1-2\mu}\varepsilon_v+\varepsilon_z\right) \\
\tau_{yz}=G\gamma_{yz},\tau_{zx}=G\gamma_{zx},\tau_{xy}=G\gamma_{xy}
\end{cases}
\tag{8-6-5}
$$

式中：$G=\dfrac{E}{2(1+\mu)}$——剪切模量；

E——土骨架的弹性模量；

μ——土骨架的泊松比；

$\varepsilon_x,\varepsilon_y,\varepsilon_z$——三个方向的应变分量；

$\varepsilon_v=\varepsilon_x+\varepsilon_y+\varepsilon_z$——体积应变。

土的压缩曲线是由室内固结试验得到的，土的压缩或沉降可分为 3 部分：瞬时变形、主固结变形和次固结变形。相应地，地基的总沉降量 s_∞ 可写成：

$$
s_\infty = s_d + s_c + s_a \tag{8-6-6}
$$

式中：s_d——瞬时沉降或施工期沉降；

s_c——固结沉降；

s_a——次固结沉降。

有关沉降过程曲线通常可以采用以下的经验公式表示：

$$
s_t = s_d + (s_\infty - s_d)U \tag{8-6-7}
$$

6.4.2 地基沉降参数分析

(1)压缩模量及相关因素分析

影响土的压缩的因素是多方面的，既包括成分因素也包括环境因素。前面提到的土的压缩模量与有效上覆压力存在一定关系，为了研究影响冲填土压缩性的其他相关因素，本次试验对同一深度(2m)土层的 4 个土样进行了快速固结试验，分别得到了它们的压缩模量 E_{s1-2} 以及相应的密度 ρ、含水量 w 和孔隙比 e，数据统计见表 8-2-4。

分别绘制 $E_{s1-2}\sim\rho$、$E_{s1-2}\sim w$ 以及 $E_{s1-2}\sim e$ 关系曲线，可得 3 个量均与 E_{s1-2} 呈线性关系，即 3 个量与 E_{s1-2} 之间分别满足以下关系式：

$E_{s1-2}=35.914\rho-57.839$(式中 E_{s1-2}单位取 MPa,ρ 单位取 g/cm^3)

$E_{s1-2}=28.393-20.534e$(式中 E_{s1-2}单位取 MPa)

$E_{s1-2}=29.33-0.578w$(式中 E_{s1-2}单位取 MPa,w 为%)

可见土的密度越大,其压缩模量越大,土层越难被压缩;土的含水量和孔隙比越大,土的压缩模量越小,土越容易被压缩。

由于 3 个关系式均为线性关系式,采用线性迭加的方法将 3 个公式组合迭加在一起即得到压缩模量 E_{s1-2}与密度 ρ,含水量 w 和孔隙比 e 三个量之间的组合关系式:

$$E_{s1-2}=\frac{1}{3}[(35.914\rho-57.839)+(28.393-20.534e)+(29.33-0.578w)]$$

整理后得到:

$$E_{s1-2}=11.97\rho-6.84e-0.19w-0.04 \qquad (8\text{-}6\text{-}8)$$

第 7 节　冲填土流变特性与沉降规律

7.1　流变模型

冲填土的应力-应变关系受时间的影响比较明显,其变形不是瞬时产生并完成的,而是以一定速度增长。根据应力状态的不同,冲填土的变形有时是极其缓慢的,最后趋于停止;有时则逐渐增长,最后导致破坏。冲填土强度、变形和时间有密切的关系,因此,深入研究冲填土的流变特性也具有比较重要的工程应用价值。冲填土的流变特性主要包括蠕变特性、应力松弛特性、流动特性以及长期强度。

研究冲填土流变特性,主要有以下经典模型:

①流变元件模型,包括:a. H-K 三元件粘弹性模型,b. Burger 模型,c. Singh-Mitchell 模型;

②屈服面流变模型,包括:a. 单屈服面模型,b. 双屈服面模型。有关流变模型介绍请参阅相关教材。

7.2　冲填土的流变试验研究

7.2.1　土样准备

试验所用的土样取自滴水湖附近冲填土原状土。对于三轴流变试验,用切土器制备直径 38mm、高 76mm 的圆柱形的土样;对于固结试验则采用环刀切取直径 61.8mm、高 2mm 的原圆饼形土样。

为了避免抽气饱和可能对原状土结构的影响,土样饱和采用过水饱和方式进行。具体方法是在将土样安置于固结或三轴压力室内后,通过从下排水通道进水,待上排水口开始出水后,继续维持水流一段时间,使土样充分饱和。前期预备试验表明,经过一天左右时间的过水饱和,土样饱和度均能超过 95%,并接近 100%。

7.2.2 试验设备：土体三轴流变试验机（见图 8-7-1）

仪器功能：可进行一定围压下恒定压力的蠕变试验和恒定应变下的应力松弛试验，并且在恒定压力时实施低频的动荷载。

根据实验的需要，可同时采集压力、变形、孔隙水压或排水流量等数据。

主要技术参数有：

最大轴向力：10kN；

最大围压：2000kPa；

最大孔隙水压：0～2000kPa；

最大变形：20mm；

连续工作时间大于 500h。

图 8-7-1 土体三轴流变试验机

7.2.3 三轴流变试验

首先将土样就位于压力室的基座上，待土样透水饱和之后，利用 GDSLAB 试验控制软件中的固结模块进行固结；然后保持围压不变，进行竖向加载，依次提高轴向压力以施加最大主应力在竖向的偏差应力。

7.3 冲填土的流变结果分析

7.3.1 不同偏应力(σ_h-σ_v)条件下的轴向应变随时间发展曲线

图 8-7-2 为冲填土土样在不同偏应力条件下的轴向应变随时间发展曲线，在试验中的竖向偏差应力值为设计压力（100kPa）的情况下，土体的压缩应变在受力开始时有明显上升，但随时间发展，压缩应变很快趋于稳定，稳定值约为 1.2%附近，这种流变现象与 H-K 三元件粘弹性模型所描述的相似。

但当试样所承受的竖向偏差应力为 200kPa 时，由图 8-7-2 可见，试样的应变曲线呈现出缓慢发展的趋势，并在 5d 以后，维持在一定的应变速率水平，最终应变发展速率急剧增大并导致土样破坏。这种流变现象可由 Singh-Mitchell 模型进行描述。

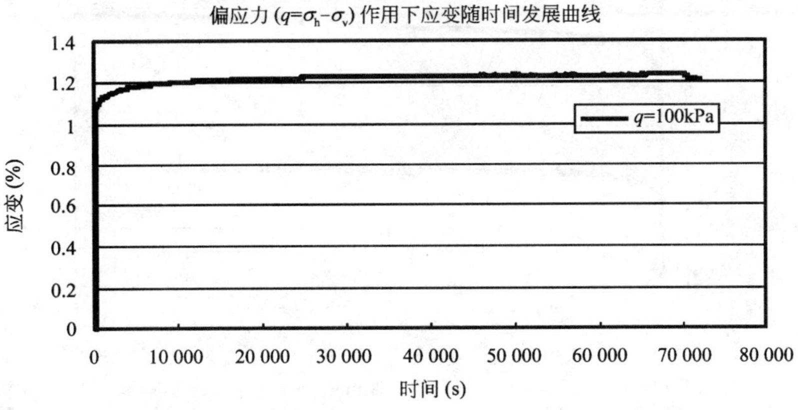

a)

图 8-7-2 冲填土土样在不同偏应力(σ_h-σ_v)条件下的应变随时间发展曲线

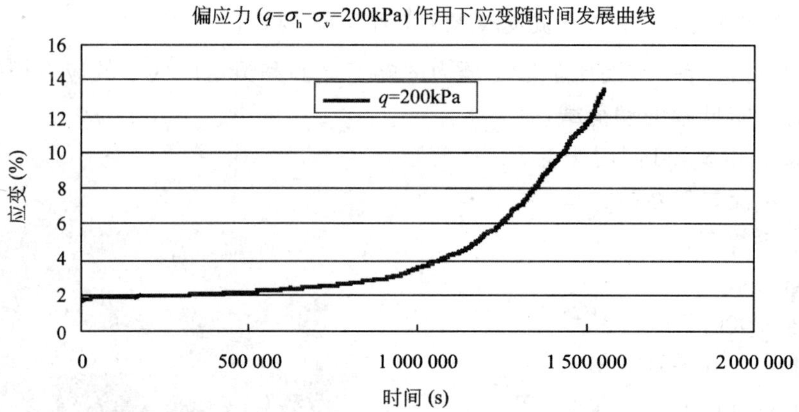

b)

图 8-7-2　冲填土土样在不同偏应力(σ_h-σ_v)条件下的应变随时间发展曲线

根据上述分析，可以确定用 Burger 模型对试验土样在竖向压力作用下的流变特征进行研究。

图 8-7-3 是围压为 100kPa，偏应力分别为 50kPa 和 100kPa 条件下冲填土的流变曲线，不同的偏应力其应变差别较大。

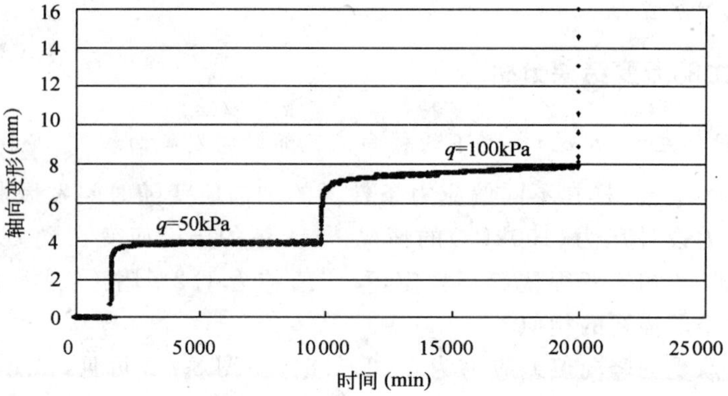

a)

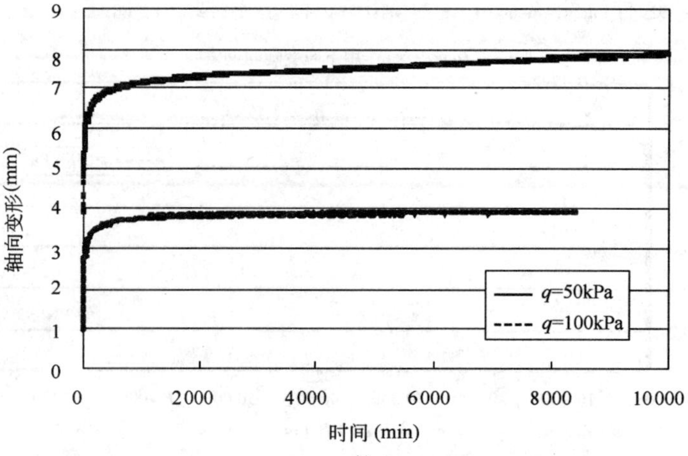

b)

图 8-7-3　围压为 100kPa 条件下的流变曲线

7.3.2 偏应力(σ_h-σ_v)条件下的应变与时间曲线的拟合

利用 Burger 模型对冲填土层土样在竖向加载的流变曲线进行模拟，通过对偏应力(σ_h-σ_v)为 100kPa 条件下的应变与时间发展关系的试验曲线进行回归分析，可以得到回归曲线(如图 8-7-4 所示)。

由回归分析得到竖向加载时偏应力为 100kPa 条件下的 Burger 模型参数见表 8-7-1。

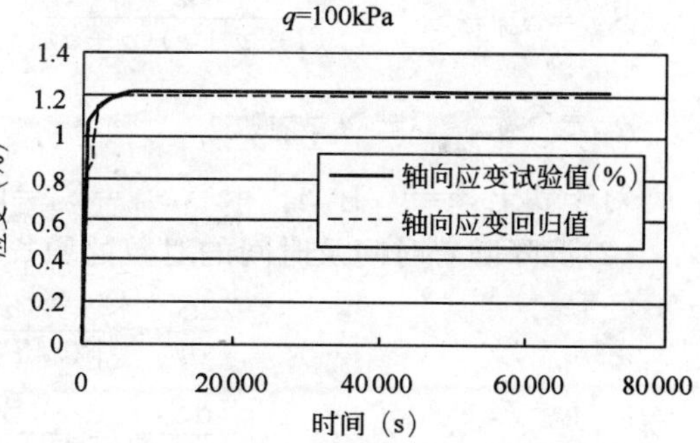

图 8-7-4 偏应力(σ_h-σ_v)为 100kPa 条件下的应变与时间曲线

竖向加载时偏应力为 100kPa 条件下的 Burger 模型参数 表 8-7-1

偏应力(σ_h-σ_v)(kPa)	E_1(kPa)	E_2(kPa)	η_2(kPa)	η_3(kPa)
100	500	100	8.0E+4	4.0E+8

由表 8-7-1 可见，偏应力(σ_h-σ_v)为 100kPa 时，土样的应力与应变关系基本符合粘弹性的关系，模型中的粘滞系数 η_2、η_3 与水平向加载时偏应力较低时的情况相似。

7.4 冲填土流变特性与沉降分析

7.4.1 最终沉降量的计算

(1)最终沉降由瞬时沉降、固结沉降和流变沉降三部分组成，即

$$S_f = S_{im} + S_{co} + S_{cr} \tag{8-7-1}$$

式中：S_f——最终沉降；

S_{im}——瞬时沉降；

S_{co}——固结沉降；

S_{cr}——流变沉降。

(2)沉降与时间关系曲线的预测模型：

$$S_t = S_f \frac{(t/T_{eop})^b + C}{(t/T_{eop})^b + a + c} \tag{8-7-2}$$

式中：a,b,c——预测未知参数，均大于等于 0；

S_f——最终沉降曲线；

T_{eop}——主次固结分界点的时间。

7.4.2 沉降模型特点

(1)公式(8-7-2)能够清楚地反映瞬时沉降、固结沉降和流变沉降：

当 $t=0$ 时，$S_t = S_0 = S_f \dfrac{c}{a+c}$

当 $t=T_{eop}$ 时，$S_t = S_{tep} = S_f \dfrac{1+c}{1+a+c}$

当 $t=\infty \geqslant T_{eop}$ 时，$S_t = S_\infty = S_f$

从而有：

$S_{im} = S_0 = S_f \dfrac{a}{a+c}$

$$S_{CO}=S_{tep}-S_0=S_f\frac{a}{(1+a+c)(a+c)}$$

$$S_{Cr}=S_{\infty}-S_{tep}=S_f\frac{a}{1+a+c}$$

对于砂土，$a=0$，有 $S_{im}=S_f, S_{\infty}=S_{cr}=0$

(2)沉降随着时间及时间的对数的增长大于等于零，即

$$\frac{dS_t}{dt}=\frac{abS_f(t/T_{eop})^b}{[(t/T_{eop})^b+(a+c)]^2t} \tag{8-7-3}$$

$$\frac{dS_t}{d(\ln t)}=\frac{abS_f(t/T_{eop})^b}{[(t/T_{eop})^b+(a+c)]^2} \tag{8-7-4}$$

易知：$\frac{dS_t}{dt}\geqslant 0, \frac{dS_t}{d(\ln t)}\geqslant 0$。

(3)沉降率将变得越来越慢：

$$\frac{d^2S_t}{dt^2}=\frac{adS_f(t/T_{eop})^b}{[(t/T_{eop})^b+(a+c)]t^2}[(a+c)(b-1)-(b+1)](t/T_{eop})^b \tag{8-7-5}$$

若使$\frac{d^2S_t}{dt^2}$恒小于零，必须有 $b<1$。

(4)沉降-时间对数曲线存在一个拐点，即

$$\frac{d^2S_t}{d(\ln t)^2}=\frac{adS_f(t/T_{eop})^b}{[(t/T_{eop})^b+(a+c)]^2t^2}[(a+c)-(t/T_{eop})^b] \tag{8-7-6}$$

显然有

当 $t<T_{eop}(a+c)^{1/b}$ 时，$\frac{d^2S_t}{d(\ln t)^2}>0$

当 $t=T_{eop}(a+c)^{1/b}$ 时，$\frac{d^2S_t}{d(\ln t)^2}=0$

当 $t>T_{eop}(a+c)^{1/b}$ 时，$\frac{d^2S_t}{d(\ln t)^2}<0$

故在 $t=T_{eop}(a+c)^{1/b}$ 处存在拐点。

存在拐点的原因是由于主次固结变形机理有差别，对于主次固结比较明显的土类，可认为拐点的对应时间为 T_{eop}，此时 $a+c=1$。可以看出，一般 $a+c=1, b\leqslant 1$ 选择的范围比较小。事实上，主固结和次固结通常是同时发生，只是在刚开始阶段，主固结占主要成分，到后面次固结占主要成分而已，从而导致 $a+c$ 在 1 附近左右波动。

第 8 节　冲填土的工程处理措施

8.1　强夯法在新近冲填土地基加固中的应用

8.1.1　加固目的

地基加固的目的是：

(1)使新近冲填土和新近填土消除前期固结沉降和不均匀沉降，提高地基土承载力，满足一般轻型建筑物基础、仓库堆料地坪、设备基础所要求的强度和变形要求。

(2)冲填土层下部第②1 层土按 7 度抗震设防时判定为轻微液化，通过地基加固，可使

该层的标准贯入锤击数大于相应的临界值，消除其浅层地基土在地震时的液化沉陷。

(3)对采用桩基的厂房和仓库，通过地基加固，除了使地基土满足厂房内设备基础和仓库内堆料地坪所要求的强度和变形指标，还能加速浅层土的固结，消除因后期固结沉降过大而对桩基产生负摩擦力的影响，特别是大大减小仓库堆料对桩基产生的负摩擦力。

8.1.2 强夯法的加固机理

从地基土的构成和物理力学指标来看，第①层冲填土、第②层砂质粉土在垂直向和水平向都有较高的渗透系数(渗透系数一般为：$n\times10^{-5}\sim n\times10^{-4}$ cm/s)。从已有的地基土情况类似的地基加固成功的实例来分析，采用强夯法较其他方法在技术上更有效，工程费用也更经济。

关于强夯法加固地基的机理，一般认为地基经强夯后强度提高的过程可分为4个阶段：

(1)夯击能量转化，同时伴随强制压缩或振密，气体排出，孔隙水压力上升；

(2)土体液化或土体结构破坏，表现为土体强度降低或抗剪强度丧失；

(3)排水固结压密，表现为渗透性能改变、土体裂隙发展、土体强度提高；

(4)触变恢复并伴随固结压密，部分自由水又变成薄膜水，土的强度继续提高。其中第一阶段是瞬时发生的；第四阶段是在强夯后很长时间才能达到；中间两个阶段介于二者之间。对具体工程而言，可以认为该场地第①层冲填土和第$②_3$层砂粉土因是饱和无粘性土，在强夯时受瞬时施加的强大冲击能，使地基土中产生冲击波和动应力，土体发生液化，产生松动压密和强夯置换作用(强夯置换仅对土层中局部夹有的淤积粘性土而言)，造成夯点及附近的土体结构破坏，土颗粒被压密或重组，并在一定范围内产生超孔隙水压力。此时，辅以排水通道加强排水，使超孔隙水压力迅速消散，地基土体有效固结，孔隙比减小，土体有效强度得到提高。

8.1.3 有效加固深度和夯击能的确定

(1)有效加固深度

有效加固深度指强夯加固后该土层强度提高和压缩模量增大而加固效果显著的土层范围。根据具体工程地基加固的目的，地基有效加固深度应至第$②_3$层砂质粉土层层底。

(2)夯击能

根据不同工程或区域的加固深度要求，确定强夯的单击能量。在试夯前按以下经验公式计算：

$$h=\alpha\sqrt{QH} \tag{8-8-1}$$

式中：h——有效加固深度，m；

Q——锤重，t；

H——有效落距，m；

α——修正系数。

修正系数α是经上海地区统计的对Menard公式的经验修正数据，一般为0.6～0.8。根据强夯加固实施单位上海岩土工程勘察设计研究院的经验，本工程取$\alpha=0.6$。强夯有效加固深度除了与锤重、落距有关外，还与地基土性质，不同土层的厚度、埋藏顺序、地下水位与其他强夯参数均有密切关系。

8.1.4 强夯参数确定

(1)夯击范围：此范围超出建筑物基础外边缘的宽度不小于有效加固深度的1/3；

(2)夯点布置夯点采用5m×5m间距正方形插档法布置，夯点间距2.5m，分3遍点夯，1遍平夯，平夯夯印要求彼此搭接。

(3)单点夯击能；

(4)夯点夯击次数(夯点夯击总能量)；

(5)夯击间歇时间；

(6)排水措施，强夯施工对土层的含水量有比较严格的要求。

8.1.5 强夯效果的检测结果

强夯施工以后，根据设计要求，要委托检测单位对加固区域进行静载荷试验、静力触探试验、标准贯人试验、颗粒分析试验和轻便触探试验。上述现场试验在强夯加固结束后满21天进行。

8.2 真空预压法在新近冲填土地基加固中的应用

真空预压施工包括场地平整、铺设荆芭、铺设沙垫层(厚度为80cm)、打设塑料排水板(间距为80cm，深度10m，正方形布置)、施工区滤管埋设、真空薄膜铺设以及真空系统安装。布置真空泵全面抽真空，全部膜下真空度超过80kPa。

表面沉降观测，孔隙水压力、侧向位移观测，现场十字板剪切试验，在真空预压范围内边缘地区沉降较小，中心地带沉降较大，施工区周围土体均向加固区内水平收缩变形，说明在真空预压荷载作用下可避免土体发生向外剪切位移，提高了加固区的地基稳定性。

固结度＝施工沉降量/最终沉降量。

孔隙水压力在施工期间均已降到负值，说明真空压力随塑料排水板向地基深处传递良好，加固效果显著。

真空预压后土体抗剪强度得到明显提高，说明加固效果显著。

8.3 堆载预压法在新近冲填土地基加固中的应用

临港新城地区原为海域，在吹填形成陆域后，由于较厚冲填土的堆载作用，经一段时间后下部软土层土性可能发生显著变化。临港新城地质调查结果表明，在吹填一定厚度的冲填土后，下部原灰黄-灰色淤泥质粘土层在吹填前后土层性质发生变化。

临港新城地区原为海域，下部淤泥泥面高程为－9.0～－12.0m，2004年5月吹填完成。地面高程2.7～5.9m。为提高地基承载力，减少工后沉降，一般采用塑料排水板堆载预压法进行地基加固处理。

8.3.1 场地岩土工程特征及其变化

为详细了解吹填后场区岩土工程特征，上海地调院2005年上半年对临港新城地区进行了大面积的地质调查工作。岩土工程检验过程中，试验钻孔揭露地层自上而下为：

①$_1$层素填土，仅在新近堆积的滩涂地区没有分布；①$_3$冲填土分部在新近堆积的沿海滩涂地区，层厚变化较大，以粉性土为主，饱和、稍密、夹沙或粘土，局部有少量有机质及腐殖质，土质不匀，松散，均匀性极差，局部地区见暗浜填土、冲填土，一般不宜作建筑物的天然地基持力层。

②$_1$层为褐黄色粘性土，沉因类型为滨海～河口相，湿，可缩，含铁锰质氧化物锈斑，夹粘土，土质较匀，属中压缩性土。②$_3$层为灰色砂质粉土，成因类型为滨海～河口相，饱和，稍密，

含云母、石英，夹薄层粘土及少量贝壳碎屑，土质较匀，属中压缩性土，一般属可液化土层；

③层为灰色淤泥质粉质粘土；

④层为灰色淤泥质粘土；

$⑤_1$ 层灰色粘土，层灰色砂质粉土，在缺失第⑥层暗绿色粘性土地区分布有 $⑤_3$ 层黑灰色粘性土、$⑤_4$ 灰绿色粉质粘土；

⑥层暗绿色粘性土；

$⑦_1$ 层草黄色～灰色砂质粉土、粉砂；$⑦_2$ 层灰色粉砂，中密～密实，中～低压缩性；

⑧层为灰色粘性土；

⑨层为灰色粉砂，属低压缩性土。

8.3.2　压缩沉降

通过收集洋山港一个区段吹填前(2002 年 6 月)和吹填后塑料排水板施工受阻后(2004 年 8 月)各土层层位资料，除吹填冲填土层外，只有天然沉积土层中原③淤泥质粉质粘土层有较大的变化，呈压缩变薄趋势。

原第③层淤泥质土层约为 7.0m，按双面排水情况，以每层厚度 $h=0.5$m，根据公式 $s=(e_1-e_2)/(1+e_1)\times h$，在大面积堆载作用下，运用分层总和法估算其最终理论沉降量约为 75.3cm。

根据以上研究，可以得出以下结论：

(1)大面积超厚冲填土具有“堆载预压”效应。因此，地基处理设计前，宜按冲填土堆载时间、冲填土荷重进行设计计算校核，看其下部软弱土层工程性质是否达到质的改善。

(2)对大面积冲填土地区工程，在地基处理设计之前应辅以必要的岩土工程检测。由于吹填材料的不均匀性，局部地区土的成分与吹填施工报告资料可能差别很大，以致需变更设计。

(3)冲填土底部有淤泥质土存在，当按冲填土堆载时间、冲填土荷重计算，它们不能满足工程需要时，为工程的安全和正常使用考虑，可以在吹填前插入塑料排水板，起到更好的排水作用，不仅可以缩短吹填土地基加固处理的时间，也为后期采用预压法地基加固减少预压时间，缩短工期。

参考文献

［1］ A. Lloret, E. E. Alonso. Consolidation of unsaturated soils including swelling and collapse behaviour. Geotechnique, 1980, 30(4): 449～477.

［2］ A. Noúr, A. Slimani, N. Laouami. Foundation settlement statistics via finite element analysis[J]. Computers and Geotechnics. 29(2002), 641-672.

［3］ D. G. Frdlund, H. Rachardjo. Soil mechanics for unsaturated soils. John Wiley&Sons, Inc, 1993.

［4］ D. G. Fredlund, J. U. Hasan. One-dimensional consolidation theory: unsaturated soils. Canadian geotechnical Journal, 1979, 16: 521～531.

［5］ D. G. Fredlund, N. R. Morgenstern. Stress state variables for unsaturated soils. Journal of geotechnical engineering division, Proc of ASCE, 1977, 103(5): 447～466.

［6］ D. G. Fredlund, N. R. Morgensten, Widger, R. A. The shear strength of unsaturated soils. Canadian geotechnical Journal, 1978, 15: 313～321.

［7］ D. G. Fredlund, N. R. Morgensten. Constitutive relations for volume change in unsaturated soils. Canadian geotechnical journal, 1976, 13(3): 261～276.

［8］ D. G. Fredlund, V. Dakshanamurthy, Prediction of moisture flow and related swelling or shrinking in unsaturated soils. Geotechnical engineering, 1982, 13: 15～49.

［9］ D. G. Fredlund. A diffused air volume indicator for unsaturated soils. Canadian geotechnical journal, 1975, 12(4): 533～539.

［10］ D. G. Fredlund. Density and compressibility characteristics of air-water mixtures. Canadian geotechnical journal, 1976, 13(4): 386～396.

［11］ J. K. M. Gan, D. G. Fredlund, H. Rahardjio. Determination of the shear strength parameters of an unsaturated soil using the direct shear test. Canadian geotechnical journal, 1988, 25(3): 500～510.

［12］ Kang-He Xie, Xin-Yu Xie, Wen Jiang. A study on one-dimensional nonlinear consolidation of double-layered soil[J]. Computers and Geotechnics 29(2002), 151-168.

［13］ L. Barden. Consolidation of clays compacted dry and wet of optimum water content. Geotechnique, 1974, 24(4): 605～625.

［14］ L. Simoni, V. Salomoni, B. A. Schrefler. Elasto-plastic subsidence models with and without capillary effects[J]. Comput. Methods Appl. Mech. Engrg. 171(1999), 491-502.

[15] M. F. Bransby, S. M. Springman. 3-D Finite Element Modeling of Pile Groups Adjacent to Surcharge Loads[J]. Computers and Geotechnics 19(1996), 301-324.

[16] M. M. Allan, A. Sridharan, Stresses present in unsaturated soils. Journal of Geotechnical engineering division. 1987, 113(11): 1395～1399.

[17] R. Bahar, B. Cambou. Forecast of creep settlements of heavy structures using pressure meter tests[J]. Computers and Geotechnics 17(1995), 507-521.

[18] R. L. HU, Z. Q. Yue, L. C. Wang. Review on current status and challenging issues of land subsidence in China [J]. Engineering Geology 76(2004), 65-77.

[19] R. Lancellotta. A general nonlinear mathematical model for soil consolidation problems[J]. Int. J. Engng Sci., 35(1997), 1045-1063.

[20] Ronaldo I. Borja, Enrique Alarcon. Elastoplastic consolidation at finite strain -Part 2: Finite element implementation and numerical examples[J]. Comput. Methods Appl. Mech. Engrg. 159(1998), 103-122.

[21] Ronaldo I. Borja, Enrique Alarcon. A mathematical framework for finite strain elastoplastic consolidation-Part 1: Balance law, variational formulation, and linearization [J]. Comput. Methods Appl. Mech. Engrg. 122(1995), 145-171.

[22] S. J. Wheeler. A conceptual model for soils containing large gas bubbles. Geotechnique, 1988, 38: 389～397.

[23] S. J. Wheeler. The undrained shear strength of soils containing large gas bubbles. Geotechnique, 1988, 38: 399～413.

[24] T. R. Shearer. A numerical model to calculate land subsidence applied at Huangu in China[J]. Engineering Geology 49(1998), 85-93.

[25] Tang Yiqun, Zhang Xi, Wang Jianxiu, Zhou Nianqing. Subsidence Caused by Metro Tunnel Excavation With Shield Meyhod in Shanghai, Proceering of the Seventh International Symposium on Land Subsidence, Vol. I: 257—269, Shanghai Scientific & Technical Publishers, 2005. 10.

[26] TangYiqun, Ye Weimin, Huang Yu. Prediction of Ground Settlement Caused by Subway Tunnel Construction in Shanghai, "International Conference on Engineering and Technological Sciences 2000", 2000. 10.

[27] TangYiqun, Ye Weimin. STUDY OF GROUND STEELEMENT CAUSED BY TUNNEL CONSTRUCTION IN SHANGHAI, 第三十届国际地质大会, 1996. 7, 《ADVANCES IN ENGINEERING GEOLOGY》CHIN THREE GORGES PUBLISHING HOUSE.

[28] V. Escario, J. Saez. The shear strength of partly saturated soils. Geotechnique, 1986, 36(3): 453～456.

[29] Wei Dong Guo. Visco-elastic consolidation subsequence to pile installation[J]. Computers and Geotechnics, 26(2000), 113-144.

[30] Zhang Agen, Gong Shiliang, Laura Carbognin, A. Ivan Johnson. Land Subsidence-Proceedings of the Seventh International Symposium on Land Subsidence(Vol. I). Shanghai Scientific & Technical Publishers, 2005. 10.

[31] Zhang Agen, Gong Shiliang, Laura Carbognin, A. Ivan Johnson. Land Subsidence-Proceedings of the Seventh International Symposium on Land Subsidence(Vol. II). Shanghai Scientific & Technical Publishers, 2005. 10.

[32] 安关峰,高大钊. 弹粘塑性 3D-FEM 在地基蠕变沉降预测中的应用[J]. 同济大学学报,2001,29(2):195-199.

[33] 安关峰,徐斌. 桩(土)与承台组合结构罚有限元分析. 岩土工程学报,2000. Vol. 22, No. 6:686～690.

[34] 白云,丁志诚. 盾构穿过存在高压沼气囊的砂性土层的施工技术. 地下工程学术年会论文集,1993,119～125.

[35] 包承纲. 非饱和土的应力应变关系和强度特征. 岩土工程学报,1986,8(1):26～31.

[36] 北京减灾协会编. 城市可持续发展与灾害预防. 1998. 气象出版社:北京.

[37] 蔡新,郭兴文等. 软土地基三维固结分析及其工程应用[J]. 河海大学学报,2001,29(5):27-32.

[38] 蔡袁强; 钱磊. 钱塘江防洪堤地震液化及稳定分析. 水利学报. 2001, No. 1:57-61.

[39] 曹晖,钟楚虹,张亦静. 流变性软土蠕变特性研究进展[J]. 株洲工学院学报,2004,18(2):102-106.

[40] 陈少林,廖振鹏. 两相介质动力学问题的研究进展. 地震工程与工程振动,2002. Vol. 22, No. 2:1～8.

[41] 陈卫军,张璞. 列车动载作用下交叠隧道动力响应数值模拟. 岩土力学,2002. Vol. 23, No. 6:770～774.

[42] 陈晓平,白世伟. 软土蠕变-固结特性及计算模型研究[J]. 岩石力学与工程学报,2003,22(50):728-734.

[43] 陈晓平,白世伟. 软粘土地基粘弹塑性比奥固结的数值分析. 岩土工程学报,2001. Vol. 23, No. 4:481～484.

[44] 陈晓平; 杨春和. 软基上吹填边坡蠕变特性有限元分析. 岩石力学与工程学报,2001,20(4):514-518.

[45] 陈远洪,洪宝宁等. 一个考虑土体流变的修正剑桥粘弹塑性模型[J]. 河海大学学报,2002,30(5):44-47.

[46] 陈云敏,王立忠,张超杰. 一维弹粘塑性固结模型研究. 水利学报. 2003. No. 5:16-23.

[47] 陈正汉,王永胜,谢定义. 非饱和土有效应力探讨. 岩土工程学报,1994,16(3):62～69.

[48] 陈正汉,谢定义,刘祖德. 非饱和土固结的混合物理论(I). 应用数学和力学,1993,14(2):127～137.

[49] 陈正汉,谢定义,王永胜. 非饱和土的气水运动规律及其工程性质的研究. 岩土工程学报,1993,15(3):9～20.

[50] 陈正汉. 非饱和土固结的混合物理论(II). 应用数学和力学,1993,14(8):687～698.

[51] 陈忠祥,郎兆新(译),и. A. 恰内尔(著). 地下气-水动力学. 石油工业出版社,1982.

[52] 陈仲颐,周景星,王宏瑾. 土力学. 清华大学出版社,1997.

[53] 陈佐. 城市轨道交通对生态环境的影响. 中国铁道科学,2001. Vol. 22, No. 3:126～131.

[54] 戴福隆,尚海霞,林国松等. 定向结晶材料高温蠕变规律研究. 力学学报,2002. Vol.

34,No.2:186～191.

[55] 戴荣良,陈晖,俞云研.上海高层建筑桩基土类型特性和沉降分析.岩土工程学报,2001.Vol.23,No.5:627～630.

[56] 董明钢,范厚彬,胡志平.一种软粘土三轴流变试验的数值模拟技术[J].土工基础,2003,17(3):42-45.

[57] 高惠瑛,冯启民.场地沉陷埋地管道反应分析方法.地震工程与工程振动,1997,17(1):68～75.

[58] 高文华.流变性软土地基模型的实效性分析与刚度计算[J].岩土力学,1998,19(4):25-30.

[59] 龚士良.上海城市建设对地面沉降的影响[J].中国地质灾害与防治学报,1998,9(2):108-111.

[60] 龚晓南.高等土力学.浙江大学出版社,1996.

[61] 国家科委重大自然灾害综合研究组(马宗晋主编).中国重大自然灾害及减灾对策(总论).1994.科学出版社:北京.

[62] 侯永峰,张航,周建,龚晓南.循环荷载作用下水泥复合土变形形状试验研究.岩土工程学报,2001.Vol.23,No.3:288～291.

[63] 胡瑞林,李焯芬.动荷载作用下黄土的强度特征及结构变化机理研究.岩土工程学报,2000.22(2):174-181.

[64] 华东水利学院土力学教研室主编.土工原理与计算:上册.水利电力出版社,1984.

[65] 黄雨;叶为民.桩基震陷的有效应力动力计算方法.工程力学,2001,18(4):123-129.

[66] 蒋军,陈龙珠.长期循环荷载作用下粘土的一维沉降.岩土工程学报,2001.Vol.23,No.3:366～369.

[67] 蒋彭年.非饱和土工程性质简论.岩土工程学报,1989,11(6):39～59.

[68] 蒋彭年.土的本构关系.北京:科学出版社,1982.

[69] 孔亮,王燕昌,郑颖人.土体动本构模型研究评述.宁夏大学学报(自然科学版),2001,22(1):17-22.

[70] 李国琛,M.耶纳著.塑性大应变微结构力学.1993.科学出版社:北京.

[71] 李竞生,陈崇希(译),J.贝尔(著).多孔介质流体动力学.中国建筑工业出版社,1983.

[72] 李亮,赵成刚.饱和土体动力本构模型研究进展.世界地震工程,2003(4).

[73] 李林,周剑雄,张家云著.矿物的电子显微镜研究.1984.地质出版社:北京.

[74] 李勤奋,王寒梅等.上海地面沉降模型研究及存在问题[J].上海地质,2002,(4):11-15.

[75] 李维显,容人德,冯诗齐.长江口海区表层沉积物及其有机质分布特征.上海地质,1987,23(3):40～54.

[76] 李希元.上海市区饱和软粘土的三维非线性粘弹塑性流变分析[J].工程力学,1997:443-452.

[77] 李相然,陈永建,时向东.现代城市环境工程地质研究的关键技术与问题探讨[J].地质与勘察,2001,37(3):68-72.

[78] 李尧臣,周顺华.动力固结流—固耦合模型的求解方法.岩土力学,2001,022(001):6-11.

[79] 廖红建,宋丽,杨政等.往返荷载下粘性土的强度及取值标准试验研究.岩土力学,2001.Vol.22,No.1:16～20.

[80] 林鲁生，蒋刚，白世伟等．土体抗剪强度参数取值的统计分析方法．2003．Vol．24，No．2：277～280．

[81] 林鹏，许镇鸿，徐鹏等．软土压缩过程中固结系数的研究．岩土力学，2003．Vol．24，No．1：106～108．

[82] 刘汉龙，陈水生．土体动力本构模型及其动力分析研究进展．岩土工程青年专家学术论坛文集．中国建筑工业出版社，1998：29-42．

[83] 刘洪洲，孙钧．软土隧道盾构推进中地面沉降影响因素的数值法研究．现代隧道技术，2001．Vol．36，No．6：24～28．

[84] 刘明柱，陈鸿汉，叶念军等．GIS 在区域地下水资源评价中的应用．水利学报，2002．No．1：52～55，61．

[85] 刘润，闫澍旺．海河干流治理工程吹填土堤防的稳定及变形分析．海河水利．2001，(1)：18-19．

[86] 刘毅，张先林等．上海市近期地面沉降形势与对策建议[J]．中国地质灾害与防治学报，1998，9(2)：13-17．

[87] 刘莹，肖树芳，王清．吹填土沉积固化后结构强度增长的机理分析．同济大学学报，2003．Vol31，No．11：1295-1298．

[88] 刘莹，王清，肖树芳．不同地区吹填土基本性质对比研究．岩土工程技术，2003，(004)：197-200．

[89] 刘莹，肖树芳，王清．吹填土沉积固化后结构强度增长的机理分析．同济大学学报(自然科学版)，2003．Vol．31，No．11：1295-1298．

[90] 刘莹，肖树芳，王清．吹填土室内模拟试验研究．岩土力学，2004．Vol．25，No．4：518-521，528．

[91] 刘祖德等．(土的抗剪强度特性之第三章)非饱和土的应力-应变关系和强度特性．岩土工程学报，1986，8(1)：26～31．

[92] 卢梅艳，赵锡宏，吴林高．抽灌水作用下砂层土变形机理的室内试验研究．中国土木工程学会第七届土力学及基础工程学术会议论文集．中国建筑出版社，1994，128～132．

[93] 卢肇君，张惠明等．非饱和土的抗剪强度与膨胀压力．岩土工程学报，1992，14(3)：1-8．

[94] 陆佑方著．柔性多体系统动力学．1996．高等教育出版社：北京．

[95] 吕少伟，唐益群，叶为民．浅层沼气赋集层中土的工程性质浅析．上海地质，1998，67(3)：50～55．

[96] 栾茂田，王栋．考虑土骨架加速度效应的海床动力反应及其影响因素分析．海洋学报，2002．Vol．24，No．6：112-119．

[97] 马淑芝，贾洪彪，孟高头．孔隙水压力静力触探动态贯入过程的有限元模拟．岩土力学，2002．Vol．23，No．4：478～481．

[98] 么印凡，谢定义，王士风．饱和沙土振后再固结变形规律的试验研究．工程抗震，1995年12月，第4期：32～34．

[99] 门福录．上海粘土流变性质及地面沉降问题初步研究(二)[J]．自然灾害学报，1999，8(4)：123-132．

[100] 门福录．上海粘土流变性质及地面沉降问题初步研究(一)[J]．自然灾害学报，1999，8(3)：117-126．

[101] 孟庆山.淤泥质粘土在冲击荷载下固结机理研究及应用.岩石力学与工程学报,2003. Vol. 22,No. 10:1762.

[102] 孟庆山,汪稔.冲击荷载下饱和软土动态响应特征的试验研究.岩土力学,2005. Vol. 26,No. 1:17-21.

[103] 孟庆山,汪稔.软土动力固结理论研究及应用的现状.建筑技术.2005. Vol. 36,No. 3:179-181,185.

[104] 孟庆山,汪稔;陈震.淤泥质软土在冲击荷载作用下孔压增长模式.岩土力学,2004. Vol. 25,No. 7:1017-1022.

[105] 缪俊发,吴林高.考虑含水层组三维抽水压密变形的粘弹性越流理论.同济大学学报,1991,23(3):309～314.

[106] 潘林有,程玉梅,胡中雄.卸荷状态下粘性土强度特性试验研究.岩土力学,2001. Vol. 22,No. 4:490～493.

[107] 裴杰,陆建飞,王建华.考虑地基固结和流变的上部结构和地基基础的共同作用问题[J].力学季刊,2001,22(2):167-173.

[108] 钱伟文.钦州湾海底软粘土工程地质特性探讨.勘察科学技术.2004,000(002):33-36,43.

[109] 冉启全,顾小芸.考虑流变特性的流固耦合地面沉降计算模型[J].中国地质灾害与防治学报,1998,9(2):99-103.

[110] 沈珍瑶,杨志峰,刘昌明.水资源的天然可再生能力及其与更新速率之间的关系.地理科学.2002. Vol. 22,No. 2:162～165.

[111] 沈珠江,杨代泉.非饱和土的研究途径和发展前景.非饱和土理论与实践学术研讨会文集,中国土木工程学会土力学及基础工程学会编,1992,1～8.

[112] 沈珠江.关于固结理论和有效应力理论的讨论.岩土工程学报,1995,17(6):118～119.

[113] 施伟华.建设工程与水资源开发对地面沉降影响分析[J].上海地质,1999,(72):50-54.

[114] 施行觉,孙道远.循环应力作用下松散介质的波速和衰减特性.岩土工程学报,2001. Vol. 23,No. 1:114～116.

[115] 史玉成.软土的流变特性及三轴应力松弛试验仪的应用[J].岩土工程师,1992,4(1):1-6.

[116] 孙吉言,周健.往返荷载作用下土体的广义塑性分析.岩土力学,2001. Vol. 22,No. 2:126～129.

[117] 汤斌,陈晓平,张伟.考虑土体流变性状的固结理论发展综述[J].土工基础,2003,17(3):87-90.

[118] 汤岳飞,冯紫良等.软土工程中固结非线性流变耦合分析[J].建筑结构,2000,30(11)47-50.

[119] 唐世栋,何连生,傅纵.软土地基中单桩施工引起的超孔隙水压力.岩土力学,2002. Vol. 23,No. 6:725～729.

[120] 唐益群,黄雨,叶为民,王艳玲.地铁列车荷载作用下隧道周围土体的临界动应力比和动应变分析[J].岩石力学与工程学报,2003,22(9):1566-1570.

[121] 唐益群,黄雨,叶为民.深基坑工程施工中几个问题的探讨[J].施工技术,2002,31

(1):5-6,11.
[122] 唐益群,吕少伟,叶为民.浅层沼气的赋存特征及其对土的工程性质的影响.同济大学学报,1998,26(增刊):34～37.
[123] 唐益群,沈峰,胡向东等.A Study on Dynamic-Strain Relation of Melted Dark Green Silty Soil in Shanghai,第三届中日盾构隧道技术交流会,2005.8.
[124] 唐益群,沈锋,胡向东等.上海地区冻融后暗绿色粉质粘土动本构关系及微结构研究[J].岩土工程学报,2005,11:1249-1252.
[125] 唐益群,宋永辉,周念清等.土压平衡盾构在砂性土中施工问题的试验研究[J].岩石力学与工程学报,2005,24(1):52-56.
[126] 唐益群,王艳玲,黄雨等.地铁列车荷载作用下土体的动强度和动应力—应变关系研究[J].同济大学学报,2004,32(6):701-704.
[127] 唐益群,徐超等.制约上海城市发展的若干环境地质问题[J].地下空间,1997,17(2):95-98.
[128] 唐益群,叶为民,张庆贺.长江口软土层中沼气与隧道安全施工技术研究.同济大学学报,1996,24(4):465～470.
[129] 唐益群,叶为民等.上海地铁盾构法施工隧道中几个问题研究(二)[J].地下空间,1993,13(3).
[130] 唐益群,叶为民等.上海地铁盾构法施工隧道中几个问题研究(一)[J].地下空间,1993.13(2).
[131] 唐益群,叶为民等.上海地铁盾构施工引起地面沉降的分析研究(三)[J].地下空间,1994,15(4).
[132] 唐益群,张曦,王建秀等.粉性土中EBP盾构施工扰动影响的现场试验研究[J].同济大学学报,2005,33(8):1031-1035.
[133] 唐益群,张曦,周念清等.地铁振动荷载作用下隧道周围饱和软粘土性状微观研究[J].同济大学学报,2005,33(5):626-630.
[134] 唐益群.地面沉降并非"限高"主要原因[J].科学生活,2003.12,总第249期:31-32.
[135] 唐益群等.高楼大厦不等于现代化,光明日报,2003.11.18(第2版).
[136] 唐益群等.上海地区人工冻土无侧限瞬时抗压强度的试验研究[J].工程地质学报,2006,14(3):376-379.
[137] Yi-qun Tang,Wei-Min Ye,Yu Huang. Marsh gas in shallow soils and safety measures for tunnel construction. Engineering Geology,2003,67(1):373-378.
[138] Yi-Qun Tang,Shu-Kai Zhao;Yu Huang. Jian-Xiu Wang and Nian-Qing Zhou,Experimental Studies on Consolidation Law of the Stratum containing High-pressure Gas. ASCE,Geotechnical Special Publication,2006,No. 148,315-322.
[139] 唐益群,严学新,王建秀,卢辰.高层建筑群对地面沉降影响的模型试验研究.同济大学学报,2007,35(3):13-18.
[140] 唐益群,张曦,赵书凯,王建秀,周念清.地铁振动荷载下隧道周围饱和软粘土的孔压发展模型.土木工程学报,2007,40(4):67-70.
[141] 唐益群,杨坪,沈锋,周念清.上海暗绿色粉质粘土冻融前后微观性状研究.同济大学学报,2007,35(1):6-9.

[142] 汪克让,刘海青,荆勇.固结土体与结构相互作用弹塑性有限元分析[J].天津大学学报,1994,27(6):728-735.

[143] 王冠英,肖树芳,刁春飞.海积软土前期固结压力与结构强度的关系及成因分析.世界地质,2004. Vol. 23,No. 1:69-74.

[144] 王寒梅,唐益群,严学新.软土地区工程性地面沉降预测的非等时距GM(1,1)模型[J].工程地质学报,2006,14(3):398-400.

[145] 王家远.粘弹塑性地基计算模型及边界元分析[J].深圳大学学报,1995,12(3～4):75-83.

[146] 王凯.非牛顿流体的流动、混合和传热.浙江大学出版社,1988.

[147] 王如路,周贤浩,余泳亮.近年来上海地铁监护发现的问题及对策.中国土木工程学会隧道及地下工程学会地下铁道专业委员会第十四届学术交流会论文集.2001.北京:239-242.

[148] 王思敬.论人类工程活动与地质环境的相互作用及其环境效应[J].地质灾害与环境保护,1997,8(1):19-26.

[149] 王祥秋,邓修甫,陈秋南.粘性土非线性流变特性与积分蠕变方程[J].湘潭矿业学院学报,1999,14(3):68-72.

[150] 王勇,周祖冀.灾变——世界的昨天和明天.1996.中国环境科学出版社:北京.

[151] 王钊,邹维列,李广信.挡土结构上的土压力和水压力.岩土力学.2003. Vol. 24,No. 2:146～150.

[152] 王志建,陶太江等.软土地基Biot固结的一种有限元方法[J].岩土工程学报,1990,l2(6):91-98.

[153] 王自强,段祝平.塑性细观力学.1995.科学出版社:北京.

[154] 吴林高,缪俊发,张瑞,姚迎.渗流力学.上海科学技术文献出版社,1996.

[155] 吴林高,缪俊发.抽灌水作用下土层变形及应力—应变本构律的研究.地球科学—中国地质大学学报,199520(5):581～588.

[156] 吴明战,周洪波,陈竹昌.循环加荷后饱和软粘土退化性状的试验研究.同济大学学报.1998. Vol. 26,No. 3:274～278.

[157] 吴晓辉.Magnan一维固结模型及应用.中国铁道科学,1995,16(3):97～105.

[158] 夏才初,孙钧.蠕变试验中流变模型辨识及参数确[J]定.同济大学学报,1996,24(5):498-503.

[159] 谢海澜;王清;李萍.生石灰和水泥混合处理吹填土的试验研究.工程地质学报.2003. Vol. 11,No. 1:49-53.

[160] 谢康和,蓝柳和,郑辉.成层软粘土地基非线性流变固结理论研究[J].科学技术与工程,2003,3(2):172-174.

[161] 谢宁,姚海明.土流变研究综述[J].云南工业大学学报,1999,15(1):52-56.

[162] 谢宁.土的室内流变试验探讨[J].岩土工程师,1999,11(1):5-9.

[163] 熊军民,李作勤.粘土的蠕变—松弛耦合试验研究[J].岩土力学,1993,14(4):17-24.

[164] 徐干成,谢定义,郑颖人.饱和沙土循环动应力应变特性的弹塑性模型研究.岩土工程学报,1995,17(20):1-12.

[165] 严学新,龚士良等.上海城区建筑密度与地面沉降的关系[J].水文地质工程地质,

2002,6:21-25.
［166］ 叶为民，唐益群等.上海市地下工程中地质灾害危险程度分区研究［J］.同济大学学报，2000，28(6)：726-730.
［167］ 叶义华，许梦国，叶义成等编著.城市防灾工程.1999.冶金工业出版社：北京.
［168］ 俞茂宏，孟晓明.双剪弹塑性模型及其在土工问题中的应用.岩土工程学报，1992，14(3)：71～75.
［169］ 袁静，龚晓南等.软土各向异性三屈服面流变模型［J］.岩土工程学报，2004，26(1)：88-94.
［170］ 张阿根，魏子新.上海地面沉降研究的过去、现在与未来［J］.水文地质工程地质，2002，5：72-75.
［171］ 张冬梅.饱和粘性土的时效特性分析及隧道长期沉降的预测.同济大学博士学位论文.2003.上海.
［172］ 张宏良，刘若愚.上海地区地下资源和地质环境概论.上海地质，1991，37(1)：1～6.
［173］ 张洪武.饱和多孔介质动力应变局部化分析中的尺度律.岩土力学.2001.Vol.22，No.3：249～253.
［174］ 张吉国，张志勇，邢仲星.多模型 Biot 固结有限元分析［J］.四川建筑科学研究，2000，26(1)：47-50.
［175］ 张荣堂；TomLunne.近海粘土设计参数与指标特性之间的关系分析.岩土力学，2003.Vol.24，No.5：705-709.
［176］ 张双寅.粘弹体中裂纹演化的细观力学分析.应用数学和力学.2002.Vol.23，No.3：249～253.
［177］ 张维然，段正梁等.上海市地面沉降特征及对社会经济发展的危害［J］.同济大学学报，2002，30(9)：1129-1133.
［178］ 张西平，黄一平.浅析静止侧压力系数测试技术.大坝观测与土工测试.2001，25(2)：41-42，44.
［179］ 赵久斋.连云港软土路基沉降研究.岩土工程学报.2000.Vol.22，No.6：643～649.
［180］ 郑洽馀，鲁钟琪.流体力学.机械工业出版社，1987.
［181］ 郑榕明，陆浩亮，孙钧.软土工程中的非线性流变分析［J］.岩土工程学报，1996，18(5)：1-13.
［182］ 周成，沈珠江，陈生水等.次塑性模型及饱和冲填土动力弹塑性响应分析.岩土力学，2004.Vol.25，No.4：549-553.
［183］ 周建，龚晓南，李剑强.循环荷载作用下饱和软粘土特性试验研究.工业建筑，2000.Vol.30，No.11：43～47.
［184］ 周念清，唐益群，王建秀等.饱和粘性土体中孔隙水压力对地铁振动荷载响应特征分析.岩土工程学报，No.12：2149-2152.
［185］ 周燕国，陈云敏，柯瀚.冲填土液化势剪切波速简化判别法的改进.岩石力学与工程学报，2005.Vol.24，No.23：2369-2375.
［186］ 朱长歧，郭见杨.粘土流变特性的再认识及确定长期强度的新方法［J］.岩土力学，1990，11(2)：15-22.
［187］ 朱俊高，陆晓平.大面积地面沉降研究现状.地质灾害与环境保护，2001.Vol.12，

No. 4:74～78.
[188] 祝波恩,蔡袁强,凌道盛.饱和地基二维动力 Biot 固结分析.岩土工程学报,2004. Vol. 26,No. 2:248-253.
[189] 杨代泉,沈珠江.非饱和土一维固结简化计算.岩土工程学报,1991,13(5):70～78.
[190] 杨代泉,沈珠江.非饱和土一维广义固结的数值计算.水利水运科学研究,1991 年第 4 期:375～385.
[191] 杨林德,时蓓玲,杨超.基坑变形及其安全性的随机预测.同济大学学报,2002. Vol. 30,No. 4:403～408.
[192] 姚军,姚起杭.结构随机振动响应的工程简化分析.应用力学学报,2002. Vol. 19, No. 1:103～105.
[193] 叶为民,唐益群,张先林等著.上海地区浅层地质环境与地质灾害.同济大学出版社,2001.
[194] 夏明耀,曾进伦.地下工程设计施工手册.中图建筑工业出版社,1999.